高等数学应用基础

主　编　陈　君
副主编　葛喜芳　陈　思
主　审　朱孝春
编　委　薛丽娟　刘　颖　杨立新

ZHEJIANG UNIVERSITY PRESS
浙江大学出版社

图书在版编目（CIP）数据

高等数学应用基础 / 陈君主编. —杭州：浙江大学出版社，2015. 8(2019. 7 重印)

ISBN 978-7-308-15008-8

Ⅰ. ①高… Ⅱ. ①陈… Ⅲ. ①高等数学—高等职业教育—教材 Ⅳ. ①O13

中国版本图书馆 CIP 数据核字(2015)第 194283 号

内容提要

高等数学是所有理工类专业的基础理论课，对大学生的思维习惯和学习方法的培养以及后续专业课的学习有着重要意义. 本教材的编写，根据编者多年的教学经验，以教育部《关于全面提高高等职业教育教学质量的若干意见》(教高〔2006〕16 号文件)和劳动社会保障部《国家技能振兴战略》的精神为指导，结合高职院校高等数学的教学目标和社会对高职学生的职业能力要求，大范围地引入了生产实践中的数学应用，结合哲学思想、人文理念和电脑技术，强化对“自我学习、信息处理、数字应用、解决问题、创新”等职业核心能力的培养.

本教材的内容包含函数与极限、一元函数微分学、一元函数积分学、向量代数与空间解析几何、常微分方程和无穷级数共六章，每章设置五大模块：课程目标、基本知识、解题示范、类型归纳、同步训练(A 组为基本版、B 组为提高版)，书末还附有常用积分表、习题参考答案与提示.

本教材结构严谨、目标明确、题量充分、可读性强，有利于教师教学，便于学生进行自我学习、自我提高和自我创新，可供高职高专等学生参考使用.

高等数学应用基础

陈　君　主编

责任编辑　王　波
责任校对　金佩雯
封面设计　刘依群
出版发行　浙江大学出版社
(杭州市天目山路 148 号　邮政编码 310007)
(网址：http://www.zjupress.com)
排　　版　杭州中大图文设计有限公司
印　　刷　嘉兴华源印刷厂
开　　本　787mm×1092mm　1/16
印　　张　19.5
字　　数　475 千
版 印 次　2015 年 8 月第 1 版　2019 年 7 月第 4 次印刷
书　　号　ISBN 978-7-308-15008-8
定　　价　48.00 元

前　言

本教材以知识内容“必须够用”为原则，以培养学生“可持续发展”为目的，结合《高等数学课程教学基本要求》，综合吸收大量优质教材的特点，力求简洁、通俗、高效，符合学生的学习心理，便于学生对高等数学的学习、理解和应用.

本教材借鉴了行为引导教学法进行结构与内容的设计，充分体现了“工学结合”的教学模式，着力于对学生职业核心能力的培养.在格式上，实施了创新与突破：通过“引言”，引导学生进入学习角色，去发现和探索新的数学知识；通过“类型归纳”，指导学生掌握专门的技能技巧；通过“结束语”，使学生全面了解知识的结构特点和应用方法.在课程内容的节点编排上，层次鲜明，渗透了高等数学的思想、方法以及相关哲学的理念，结合了水利、机电、建筑、经济等专业实践中的数学应用，具有较强的阅读性和分析解决实际问题的参照性.

本教材由浙江同济科技职业学院陈君任主编，葛喜芳、陈思任副主编，朱孝春任主审.其中，第一章由陈思编写，第二章第一至第五节由刘颖编写，第二章第六至第九节由薛丽娟编写，第三章第一至第四节由葛喜芳编写，第三章第五至第十节由朱孝春编写，第四章由杨立新编写，第五章由陈君编写，第六章由葛喜芳、陈思编写，全书所有的插图由朱孝春绘制.本教材在编写过程中，得到了浙江同济科技职业学院等院校有关老师的指导与大力支持，在此一并表示感谢.

本教材配套的习题册是浙江大学出版社出版的《高等数学应用基础形成性习题册》（刘颖主编），习题册与教材同步发行.

由于客观条件的限制，教材中难免会出现不妥之处，敬请读者谅解并提出宝贵意见，以便再版时修正、完善.

编　者

2019 年 5 月

前言

目录

绪 论

数学的发展过程与人类文明进程同步.随着社会经济的不断繁荣,数学在自然科学、社会科学中的重要地位日益突出.作为非数学专业的理工类大学生,学习数学的主要目的在于用数学知识解决学习过程中所遇到的实际问题,不仅在校期间许多课程需要用到数学,毕业之后在从事的各项实际工作中还需要更多地运用数学.数学与文化教育素质也有着密切的联系,数学的思想、方法所造就的理性思维习惯,用以认识与解决问题,更是让人受益终身.因此,学好数学是一件具有长远意义的事.

数学概念常常以某种抽象的数学语言描述,学习数学,要在基本概念的把握上多花力气.我们应该多去考虑这些概念的本质,了解它的直观背景(几何、物理、经济,甚至日常生活中的背景),这是透过抽象形式把握其本质的重要途径.弄懂定理的证明固然重要,但对非数学专业的学生来说,着重点更应该是了解定理的背景,理解定理条件与结论的含义,清楚定理结论的作用并会使用它,这就需要我们了解数学的发展史.

一、中国数学发展史简介

古代的中国在数学上居于世界领先地位,在算术、代数、几何和三角等方面都十分发达.现在就来简单回顾初等数学在中国发展的历史.

3000 年以前,中国已经知道自然数的四则运算.运算的部分结果,被保存在古代的文字和典籍中.大家都很熟悉的乘法口诀表,早在 2500 年以前,中国就已经有了,称之为"九九".那时,人们便以"九九"来代表数学.

到了战国时期,四则运算在算术领域得到了确立,乘法口诀在《管子》、《荀子》、《周逸书》等著作中得以零散出现,分数计算也开始被运用于种植土地、分配粮食等方面.在几何领域,出现了勾股定理.在代数领域,出现了负数概念的萌芽.现代运用数学领域的"对策论"问题,在这一时期也出现了萌芽,它是运筹学的一个分支,主要是用数学方法来研究有利害冲突的双方在竞争性的活动中是否有战胜对方的最优策略,以及如何找出这些策略等问题.

图 0-1 祖冲之

(429—500)

西汉末期至隋朝中叶是中国数学理论的第一个高峰期,其标志就是数学专著《九章算术》的诞生.这本书的诞生,说明我国古代完整的数学体系已经形成.这一时期创造数学新成果的杰出人物是:三国人赵爽、魏晋人刘徽和南朝人祖冲之(见图 0-1).

从隋朝中叶到元代末年,由于统治者采取一系列开明政策,经济得到了迅速发展,科学技术也得到了很大提高,数学也在此时进入了全盛时期.这一时期最主要的特点是数学教育正规化和数学人才辈出.唐朝数学家李淳风(602—670)等人奉政府令,经过研读、筛选,规定了国子监算馆专用教科书——《算经十书》,包括《周髀算经》、《九章算术》、《孙子算经》、《五曹算经》、《夏侯阳算经》、《张丘建算经》、《海岛算经》、《五经算术》、《缀术》和《缉古算经》.国子监还规定了学习年限,建立了每月一考的制度,数学教育从这时开始逐步完善.在日趋完善的数学教育制度下,涌现出了一代名垂青史的数学泰斗:王孝通、刘焯、一行、沈括、李冶、贾宪、杨辉、秦九韶、郭守敬、朱世杰等.

元朝末期,小巧灵便的算盘出现了,并且很快引出了珠算口诀和珠算法书籍.十六七世纪,在我国大量的有关珠算的书籍中,最有名的是程大位的《直指算法统宗》.

19 世纪 60 年代开始,曾国藩、李鸿章等为了维护腐败的清政府,发起了"洋务运动".这时以李善兰、徐寿、华蘅芳为代表的一批知识分子,作为数学家、科学家和工程师,参加了引进西学、兴办工厂、学校等活动,奠定了近代科技、近代数学在中国的发展基础.

到了 19 世纪末 20 世纪初,中国数学界发生了很大的变化,派出大批留学生,创办新式学校,组织学术团体,有了专门的期刊,中国从此进入了现代数学研究阶段.

1949 年,新中国成立之初,国家虽然正处于资金匮乏、百废待兴的困境,然而政府却对科学事业给予了极大关注.1949 年 11 月,中国科学院成立;1952 年 7 月,中国科学院数学研究所成立.接着,中国数学会及其创办的学报恢复并增创了其他数学专刊,一些科学家的专著也竞相出版.这一切都为数学研究铺平了道路.

二、国外数学发展史简介

1.古代数学史

(1)埃及古代数学

埃及是世界上文化发达最早的几个地区之一.尼罗河每年 6 月到 10 月泛滥,淹没了土地,在水退后需要重新丈量耕地面积,这就积累了许多的测地知识,逐渐发展成为几何学.埃及很早就用十进记数法,却不知道位值制,每一个较高的单位就用特殊的符号来表示.他们能解决一些一元一次方程的问题,并有等差、等比数列的初步知识.尤其重要的是分数算法,即把所有分数都化成单位分数(即分子是 1 的分数)的和.

古代埃及人积累了一定的实践经验,但还未上升为系统的理论.

(2)古希腊数学

希腊数学的兴起与希腊商人通过旅行交往接触到古代东方的文化有密切关系.

泰勒斯在数学方面的贡献是开始了命题的证明,它标志着人们对客观事物的认识从感性上升到理性,这在数学史上是一个不寻常的飞跃.毕达哥拉斯学派企图用数来解释一切,不仅仅认为万物都包含数,而且说万物都是数.他们以发现勾股定理(西方叫作毕达哥拉斯定理)闻名于世,又由此促使不可通约量的发现.该学派将算术和几何紧密联系起来.

公元前 5 世纪,雅典成为人文荟萃的中心.他们提出数学上的"三大问题":三等分任意角;倍立方,求作一个立方体,使其体积是已知立方体的两倍;化圆为方,求作一正方形,使其面积等于一已知圆.这些问题的难处,是作图只许用没有刻度的直尺和圆规.希腊人的兴趣是在尺规的限制下从理论上去解决这些问题，这是几何学从实际运用向系统理论过渡所迈出的重要一步.

这个学派的安提丰提出用“穷竭法”去解决化圆为方的问题，这是近代极限理论的雏形.公元前3世纪，柏拉图在雅典建立学派，创办学园.他主张通过几何的学习培养逻辑思维能力，因为几何能给人以强烈的直观印象，将抽象的逻辑规律体现在具体的图形之中.这个时期的希腊数学中心，还有以芝诺为代表的埃利亚学派，他提出4个悖论，给学术界带来了极大的震动.

公元前4世纪以后的希腊数学，逐渐脱离哲学和天文学，成为独立的学科.数学的历史于是进入一个新阶段——初等数学时期.在这一时期里，初等几何、算术、初等代数大体已成为独立的科目，其研究内容可以用“初等数学”来概括，因此叫作初等数学时期.它的特点是，数学(主要是几何学)已建立起自己的理论体系，从以实验和观察为依据的经验科学过渡到演绎的科学.由少数几个原始命题(公理)出发，通过逻辑推理得到一系列的定理，这是希腊数学的基本精神.

欧几里得的《几何原本》是一部划时代的著作，其伟大的历史意义在于它是用公理法建立起演绎体系的最早典范.过去所积累下来的数学知识，是零碎的、片断的，需要借助于逻辑方法，把这些知识组织起来，加以分类、比较，揭示彼此间的内在联系，形成一个严密的系统.《几何原本》体现了这种精神，它对整个数学的发展产生了深远的影响.

阿基米德是古希腊哲学家、数学家、物理学家，他善于将抽象的理论和工程技术的具体运用结合起来，在实践中洞察事物的本质，通过严格的论证，使经验事实上升为理论.对于阿基米德来说，机械和物理的研究发明只是次要的，他比较有兴趣而且投注更多时间的是纯理论研究，尤其是在数学和天文方面.在数学方面，他运用“逼近法”算出球面积、球体积、抛物线长度、椭圆面积，后世的数学家将这样的“逼近法”加以发展，得到了近代的“微积分”.阿基米德将欧几里得提出的“趋近观念”做了有效的运用，提出圆内接多边形和相似圆外切多边形，当边数足够大时，两多边形的周长便一个由上、一个由下地趋近于圆周长.他先用六边形，以后逐次加倍边数，到了九十六边形，求出π的估计值介于3.14163和3.14286之间.另外，他算出球的表面积是其内接最大圆面积的4倍.他又导出圆柱内切球体的体积是圆柱体积的2/3.这个定理就刻在他的墓碑上.

2.16世纪与17世纪数学史

16世纪和17世纪的欧洲，封建社会开始推解体，代之而起的是资本主义社会.资本主义工场手工业的繁荣和向机器生产的过渡，促使科学技术和数学急速发展.

在科学史上，这一时期出现了许多重大的事件，向数学提出了新的课题.首先是哥白尼提出地动说，使神学的重要理论支柱——地心说发生了根本的动摇.他的弟子们推算出了每隔10″的正弦、正切及正割的三角函数表.

16世纪下半叶，丹麦天文学家第谷进行了大量精密的天文观测.在此基础上，德国天文学家开普勒总结出行星运动的三大定律，为后来牛顿万有引力的发现奠定了基础.

开普勒的《酒桶的新立体几何》将酒桶看作由无数的圆薄片累积而成，从而求出其体积，这是积分学的前驱工作.

意大利科学家伽利略主张自然科学研究必须进行系统的观察与实验，充分运用数学工具去探索大自然的奥秘.这些观点对科学(特别是物理和数学)的发展有巨大的影响.他的学生卡瓦列里创立了“不可分原理”,依靠这个原理,他解决了许多现在可以用更严格的积分法解决的问题.“不可分”的思想萌芽于1620年,深受开普勒和伽利略的影响,是希腊欧多克索斯的穷竭法到牛顿、莱布尼兹的微积分的过渡.

法国的韦达集前人之大成,创设了大量代数符号,用字母代表未知数,改良计算方法,使代数学大为改观.

17世纪初,变量数学产生,用运动的观点探索事物变化和发展的过程.

变量数学以解析几何的建立为起点,接着是微积分学的勃兴.这一时期还出现了概率论和射影几何等新的领域,但似乎都被微积分的强大光辉掩盖了.分析学以汹涌澎湃之势向前发展,到18世纪达到了空前辉煌的程度,其内容之丰富,运用之广泛,使人目不暇接.

这一时期所建立的数学,大体上相当于现今大学一二年级的学习内容.为了与中学阶段的初等数学相区别,有时也叫古典高等数学,这一时期也相应叫作古典高等数学时期.

对概率论的兴趣,本来是由保险事业的发展而产生的,但促使数学家去思考一些特殊的概率问题却来自赌博者的请求.费马、帕斯卡、惠更斯是概率论的早期创立者.经过十八九世纪拉普拉斯、泊松等人的研究,概率论成为一个被运用广泛的庞大数学分支.

17世纪是一个创作丰富的时期,而最辉煌的成就是英国伟大的数学家、物理学家、天文学家和自然哲学家牛顿(见图0-2)与德国最重要的自然科学家、数学家、物理学家、历史学家和哲学家莱布尼兹(见图0-3)的微积分的发明.它的出现是整个数学史,也是整个人类历史的一件大事.它从生产技术和理论科学的需要中产生,同时又回过头来深刻地影响着生产技术和自然科学的发展.

牛顿、莱布尼兹的最大功劳是将两个貌似不相关的问题联系起来,一个是切线问题(微分学的中心问题),一个是求积问题(积分学的中心问题),建立起两者之间的桥梁,用微积分基本定理或者“牛顿-莱布尼兹公式”表达出来.

图0-2　艾萨克·牛顿(Isaac Newton,1643年1月—1727年3月)

图0-3　戈特弗里德·莱布尼兹(Gottfried Leibniz,1646年7月—1716年11月)

任何一项重大发明,都不可能一开始就完美无瑕.17世纪的微积分带有严重的逻辑困难,以致受到多方面的非议.它的基础是极限论,而牛顿、莱布尼兹的极限观念是十分模糊的.究竟极限是什么,无穷小是什么,这在当时是带有根本性质的难题.尽管如此,微积分在实践方面的胜利,足以令人信服.许多数学家暂时搁下逻辑基础不顾,勇往直前地去开拓这个新的园地.

数学和其他自然科学的联系更加紧密,实验科学(从伽利略开始)的兴起,促进了数学的发展,而数学的成果又渗透到其他学科中去.许多数学家,如牛顿、莱布尼兹、笛卡儿、费马等，本身也都是天文学家、物理学家或哲学家.

推动微积分学深入发展，是18世纪数学的主流.这种发展是与广泛的运用紧密交织在一起的，并且刺激和推动了许多新分支的产生，使数学分析形成了在观念和方法上都具有鲜明特点的独立的数学领域.

任何一门科学都有它自己产生和发展的历史，数学史就是研究数学的发生、发展过程及其规律的一门学科.它主要讨论的是数学概念、数学方法和数学思想的起源与发展，以及它与社会政治、经济和一般文化的联系.数学是非常古老而又有着巨大发展潜力的科学，其历史的足迹也就更漫长而艰辛.数学的每一阶段性成果都有着它的产生背景.为何提出，如何解决，如何进一步改进，这其中体现的思想方法或思维过程，无论是对人的知识的丰富，还是对人的创造能力的发挥，都是非常有益的.通过数学发展史的学习，我们可以了解数学研究的根本方法，开阔眼界，激发兴趣，提高文化素养.

第一章　函数与极限

第一节　函　数

【学习要求】

1. 深入理解函数概念的含义，会熟练地使用函数和函数值记号，会求函数的定义域；

2. 熟练地掌握五类基本初等函数的定义、解析式、定义域、值域和图形，以及它们的基本性质，如有界性、奇偶性、周期性和单调性；

3. 会熟练地分析复合函数的复合层次，正确分析初等函数的结构；

4. 初步掌握分段函数的概念与性质.

【学习重点】

1. 函数的图像与性质；

2. 定义域的求法与复合函数的分解.

【学习难点】

1. 函数定义域的求法；

2. 复合函数的分解；

3. 对实际问题建立变量之间的函数关系.

引言▶▶▶

在中学数学中，我们已经学习了有关函数的一些基本知识，可以知道，函数是高等数学的主要研究对象，相关的一些基本知识在学习高等数学的过程中会经常用到，接下来有必要在中学数学的基础上，进一步讨论函数的结构和特性.

一、函数的概念

水库的水位，是水库管理的重要参数，特别是旱涝季节，需要时刻预警监测. 假设某水库某天上午每隔 1h 的水位由测量员测试确认，得到的水位变化见表 1-1.

表 1-1　水位变化

测试时间	6 时	7 时	8 时	9 时	10 时	11 时	12 时
水库水位	122m	123m	122m	123m	124m	124m	123m

那么,测试时间和水库水位,就构成一个对应的关系.这种事物与事物的对应关系,反映在数学上,就是函数.

定义 1-1　设 D 是非空数集,若存在一个对应法则 f,使得对于 D 中的每一个 x,通过 f,总有唯一确定的实数 y 与之对应,则称 y 是定义在 D 上的 x 的函数,记作 $y=f(x)$.数集 D 叫作这个函数的定义域,x 叫作自变量,y 叫作因变量.

说明:

(1)函数是事物与事物量化的对应关系,表现在变量与变量在一定条件下的联动和约束.

(2)函数有两个要素:定义域 D 和对应关系 f.

(3)函数的定义域,是使得函数有意义的自变量的全体.

对于应用题,要根据实际意义来确定函数的定义域.

【例 1-1】　某河道防洪大堤的横截面设计为抛物线,抛物线顶点落在河床上,大堤高度为 5m,抛物线向河道延伸的距离为 2m,试求防洪大堤横截面的方程.

解　建立适当的坐标系(见图 1-1),设所求方程为

$$y=ax^2(0\leqslant x\leqslant 2).$$

由题意可知,$y|_{x=2}=5$,则 $a=\dfrac{5}{4}$,所以,防洪大堤横截面的方程为

$$y=\frac{5}{4}x^2(0\leqslant x\leqslant 2).$$

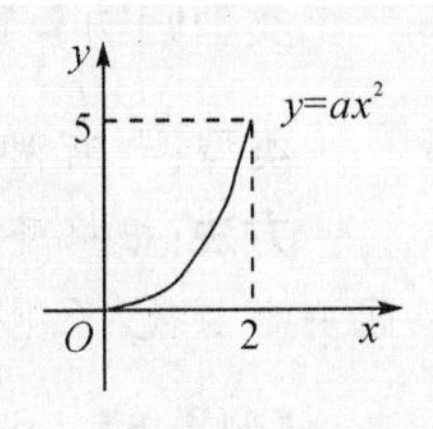

图 1-1

【例 1-2】　设某城市居民普通用电的电价为 0.538 元/度(1 度=1kW·h),如果使用峰谷电,则分段计价.早上 8 点整起至晚上 10 点整止,称为“峰时”,电价为 0.568 元/度;晚上 10 点整起至次日早上 8 点整止,称为“谷时”,电价为 0.228 元/度.那么,居民用电量的峰谷比为多少时,选用峰谷电计费合算?

解　设某户居民峰时用电 x 度,谷时用电 y 度,则使用普通电表计费,需要支出

$$0.538(x+y)(\text{元}).$$

如果改用峰谷电表计费,则需要支出

$$0.568x+0.228y(\text{元}).$$

要想选用峰谷电计费合算,必须满足

$$0.538(x+y)>0.568x+0.228y,$$

$$\frac{x}{y}<10.3333.$$

这表示,假设该户居民在峰时用电 10.3333 度,那么谷时用电 1 度以上,选用峰谷电计费才合算.

类型归纳

类型:应用题的求解.

方法:根据变量的实际意义建立函数关系,并求解.

【例 1-3】 函数 $y=1+x$ 与函数 $y=\frac{x^2-1}{x-1}$ 是否表示同一函数?

解 否.它们表示两个不同的函数.前者的定义域为 $(-\infty,+\infty)$,后者的定义域为 $(-\infty,1)\cup(1,+\infty)$.既然定义域不同,所以函数也就不同.有人认为后一式可约去 $(x-1)$ 而化为前一式,即 $y=\frac{x^2-1}{x-1}=\frac{(x-1)(x+1)}{x-1}=x+1$,由此认为它们表示同一函数,这是不对的,约分只能在 $x\neq 1$ 的条件下进行,所以,约去因式 $(x-1)$ 就改变了原来函数的定义域.

【例 1-4】 函数 $f(x)=1-x^2$ 与函数 $\varphi(x)=\sqrt{(1-x^2)^2}$ 是否表示同一函数?

解 否.因为函数 $f(x)=1-x^2$ 的定义域为 $(-\infty,+\infty)$,而函数 $\varphi(x)$ 为分段函数 $\varphi(x)=\sqrt{(1-x^2)^2}=|1-x^2|$.当 $-1\leqslant x\leqslant 1$ 时,$\varphi(x)=1-x^2$;当 $x<-1$ 或 $x>1$ 时,$\varphi(x)=x^2-1$.函数 $f(x)$ 与 $\varphi(x)$ 的对应法则不同,因此,它们表示两个不同的函数.

类型归纳

类型:判断两个函数是否相同.

方法:根据函数的两个要素,若两个函数的定义域和对应法则都相同,则这两个函数是同一个函数,否则就是不同函数.

【例 1-5】 求函数 $\varphi(x)=\sqrt{x+1}+\frac{1}{x-3}+\ln(4-x)$ 的定义域.

解 要使得函数有意义,必须满足

$$\begin{cases}x+1\geqslant 0,\\ x-3\neq 0,\\ 4-x>0.\end{cases}$$

上述不等式组的解为

$$\begin{cases}x\geqslant -1,\\ x\neq 3,\\ x<4.\end{cases}$$

于是,所求函数的定义域为 $[-1,3)\cup(3,4)$.

类型归纳

类型:求函数定义域.

方法:为使函数有意义,构造不等式或不等式组,并解之.

定义 1-2 如果自变量在定义域内任取一个数值时,对应的函数值总是只有一个,这种函数叫作单值函数,否则叫作多值函数.

说明:

多值函数是单值函数的复杂表现,只要把单值函数研究透彻了,多值函数的问题也就迎刃而解了,所以我们重点研究单值函数.本教材讨论的函数,都是单值函数.

定义 1-3 设函数 $y=f(x)$ 的定义域为 D,值域为 W.反过来,如果对于 W 中的每一个 y,通过原来的变化关系,也能找到 D 内的唯一的 x 与之对应(见图 1-2),这样的反对应关系,称为函数 $y=f(x)$ 的反函数,记作 $x=f^{-1}(y)$.它的定义域为 W,值域为 D.相对于反函数 $x=f^{-1}(y)$,原来的函数 $y=f(x)$ 称为直接函数.

说明:

(1)一般地,横坐标表示自变量,纵坐标表示因变量,即自变量用 x 表示,因变量用 y 表示,把反函数 $x=f^{-1}(y)$ 中的 y 改成 x,x 改成 y,得反函数的一般形式 $y=f^{-1}(x)$.

(2)反函数的求法:$y=f(x)\xrightarrow{\text{变形}}x=f^{-1}(y)\xrightarrow{\text{改写}}y=f^{-1}(x)$.

(3)存在反函数的函数,必须满足一定的条件.换言之,不是所有函数都存在反函数.

【例 1-6】 求函数 $y=\dfrac{1-2^x}{1+2^x}$ 的反函数.

解 第一步,“变形”:

由 $y=\dfrac{1-2^x}{1+2^x}$ 得 $2^x=\dfrac{1-y}{1+y}$,将等式两边取以 2 为底的对数,得

$$x=\log_2\frac{1-y}{1+y}.$$

第二步,“改写”:

将式中的 x 改写为 y,把 y 改写为 x,就得到所要求的反函数为

$$y=\log_2\frac{1-x}{1+x},$$

其中,反函数定义域为$(-1,1)$.

类型归纳 ▶▶▶

类型:求反函数.

方法:通过“变形—改写”完成.由于反函数的定义域和值域分别是它的原函数的值域和定义域,因此反函数的定义域不是由其对应法则本身确定的,而应由它的原函数的值域确定.有时候,求原函数的值域,可以通过求其反函数的定义域来完成.

二、基本初等函数

定义 1-4 下列 5 类函数都称为基本初等函数.

(1)幂函数:$y=x^\mu$(μ 是任意常数).

(2)指数函数:$y=a^x$(a 是常数,$a>0$ 且 $a\neq1$).

(3)对数函数:$y=\log_a x$,(a 是常数,$a>0$ 且 $a\neq1$).

(4)三角函数:$y=\sin x$,$y=\cos x$,$y=\tan x$,$y=\cot x$,$y=\sec x$,$y=\csc x$.

(5)反三角函数:$y=\arcsin x$,$y=\arccos x$,$y=\arctan x$,$y=\operatorname{arccot} x$.

说明：

基本初等函数和常数是构成函数的最基本元素，必须熟练掌握它们的表达式和对应的图像(见图 1-2 至图 1-12).

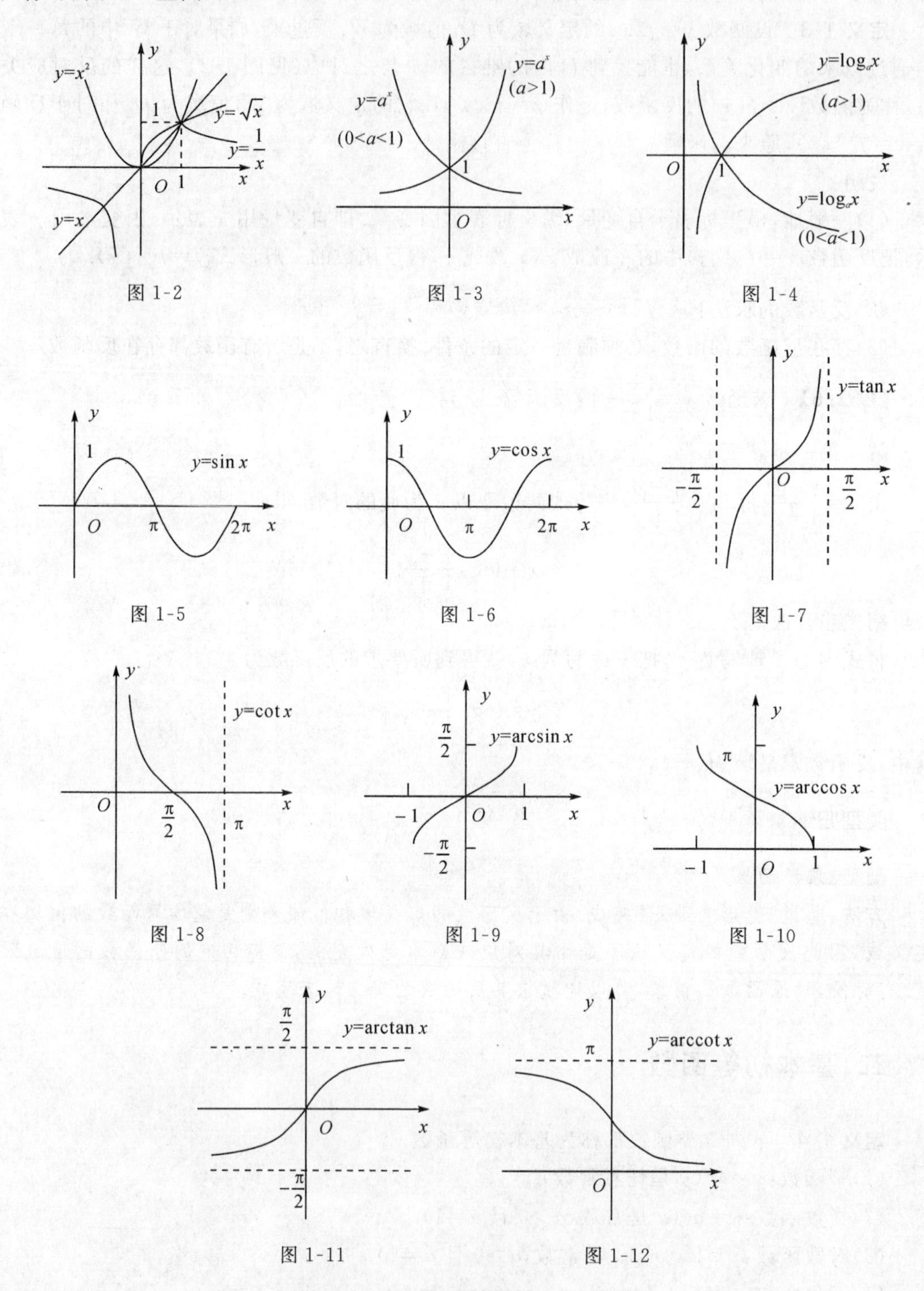

图 1-2　图 1-3　图 1-4

图 1-5　图 1-6　图 1-7

图 1-8　图 1-9　图 1-10

图 1-11　图 1-12

三、复合函数

事物与事物的关系，通常是相互关联、错综复杂的. 例如，某水库的水位，是因为时间的变化而改变的；而水库的蓄水量，又是由水库的水位决定的. 因此，水库的蓄水量与时间之间，也发生着联动关系，这种相互连带关系，抽象为数学的概念，就是复合函数.

定义 1-5 设函数 $y=f(u)$ 及 $u=g(x)$，当 $u=g(x)$ 的值域与 $y=f(u)$ 的定义域交集不为空时，则称函数 $y=f[g(x)]$ 为由函数 $y=f(u)$ 及 $u=g(x)$ 复合而成的复合函数. x 是自变量，y 是因变量，而 u 称为中间变量.

说明：

(1)不是任何两个函数都可以组合成一个复合函数；

(2)复合函数可以由两个或两个以上的函数经过复合组成；

(3)复合函数的分解原则是"由外向内"；

(4)分解后的各个函数的形式，必须是单个基本初等函数，或者是含有基本初等函数与常数的和、差、积的运算式，必须很好掌握，正确分解函数是后续的复合函数求导计算的关键.

【例 1-7】 $y=\sqrt{1-u^2}$ 与 $u=x^2+2$ 能否组成复合函数？

解 不能. 因为对函数 $y=\sqrt{1-u^2}$ 而言，必须要求变量 u 满足不等式 $-1\leqslant u\leqslant 1$，而 $u=x^2+2\geqslant 2$，所以对任何 x 的值，y 都得不到确定的对应值.

类型归纳 ▶▶▶

类型： 判别两个或多个函数能否复合.

方法： 根据函数定义域来确定.

【例 1-8】 复合函数分解.

(1) $y=3^{\arccos(3x+2)}$；(2) $y=\ln\cos\dfrac{1}{x}$；(3) $y=\arccos[\sin^2(3+\sqrt{x})]$.

解 (1) $y=3^u, u=\arccos v, v=3x+2$；

(2) $y=\ln u, u=\cos v, v=\dfrac{1}{x}$；

(3) $y=\arccos u, u=v^2, v=\sin w, w=3+\sqrt{x}$.

【例 1-9】 函数 $y=\sin^2(3x+2)$ 是由哪些基本初等函数复合而成的？

解 由外向内看，首先是一个幂函数，然后是正弦函数、一次函数，所以 $y=\sin^2(3x+2)$ 由 $y=u^2, u=\sin v, v=3x+2$ 复合而成.

【例 1-10】 分解复合函数 $y=\sqrt{1+\ln(3+\cos e^x)}$.

解 $y=\sqrt{1+\ln(3+\cos e^x)}$ 是由 $y=\sqrt{u}, u=1+\ln v, v=3+\cos w, w=e^x$ 复合而成的.

类型归纳 ▶▶▶

类型： 复合函数的分解.

方法： 当把一个比较复杂的函数 $y=F(x)$ 拆成 $y=f(u), u=\varphi(v), v=g(x)$ 几个函数的

时候，其中的 $f(u)$、$\varphi(v)$ 和 $g(x)$ 一般要求是基本初等函数或基本初等函数与常数四则运算式. 分析的时候，应该从外到里，一层一层地拆解.

四、初等函数与分段函数

定义 1-6 由常数和基本初等函数经过有限次的四则运算及有限次的函数复合步骤所组成并且可以用一个解析式表示的函数，称为初等函数.

说明：

初等函数是我们研究函数的主题. 在生产实践中所遇到的函数，通常都是初等函数，或者是由初等函数组合的函数. 我们还将进一步知道，初等函数具有许多重要的性质，这些性质，能够帮助我们解决生产实践中的问题.

定义 1-7 在自变量的不同变化范围中，对应法则用不同式子表示的函数称为分段函数.

说明：

分段函数是一个函数，不要误认为是几个函数. 分段函数的定义域是各段函数定义域的并集，值域也是各段函数值的并集. 到目前为止，我们所遇到的函数，就是这两大类：初等函数与分段函数.

例如，符号函数

$$\operatorname{sgn}x=\begin{cases}1, & x>0,\\ 0, & x=0,\\ -1, & x<0\end{cases}$$

就是一个分段函数，点 $x=0$ 称为该分段函数的分段点（见图 1-13）. 借助于 $\operatorname{sgn}x$，绝对值函数可以有新的表达式，即 $f(x)=|x|=x\operatorname{sgn}x$.

又如，取整函数

$$\operatorname{int}(x)=\begin{cases}\cdots\\ -2, & -2<x\leqslant -1,\\ -1, & -1<x\leqslant 0,\\ 0, & 0<x\leqslant 1,\\ \cdots\end{cases}$$

也是一个分段函数（见图 1-14），它在计算机编程时经常被用到. 生活中也有大量的问题，需要用取整函数表示. 取整函数也叫高斯函数，有时用 $\operatorname{int}(x)$ 简化表示.

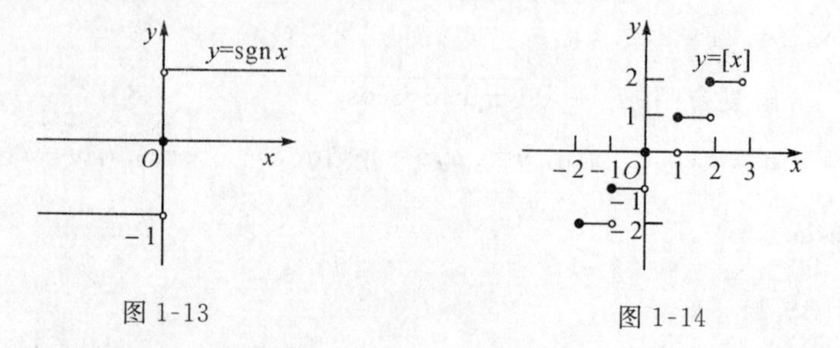

图 1-13　　图 1-14

【例 1-11】 脉冲发生器产生一个单三角脉冲,其波形如图 1-15所示,试求电压 U 与时间 $t(t\geqslant 0)$之间的函数关系式.

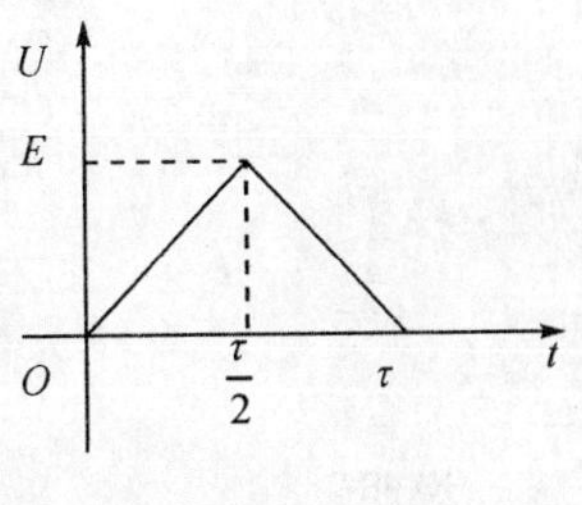

图 1-15

解 由题意可知,单三角脉冲波形的各部分都是直线的一部分,可根据直线方程得到单三角脉冲函数.

当 $0\leqslant t\leqslant \frac{\tau}{2}$时,直线经过坐标系原点,直线方程形式为 $U=kt$. 又直线的斜率 $k=\frac{E}{\frac{\tau}{2}}=\frac{2E}{\tau}$,所以函数关系为 $U=\frac{2E}{\tau}t$.

类似地,当$\frac{\tau}{2}<t\leqslant \tau$ 时,直线方程为 $U=-\frac{2E}{\tau}t+2E$.

综合之,该单三角脉冲中,电压 U 与时间 t 之间的函数关系式为

$$U=\begin{cases}\frac{2E}{\tau}t, & 0\leqslant t\leqslant \frac{\tau}{2},\\ -\frac{2E}{\tau}t+2E, & \frac{\tau}{2}<t\leqslant \tau,\\ 0, & t>\tau.\end{cases}$$

类型归纳 ▶▶▶

类型: 建立分段计价应用题的函数关系.

方法: 根据变量的实际意义设置.

五、函数的几个常见特性

定义 1-8 设函数 $f(x)$的定义域为 D,数集 $X\subset D$,如果存在正数 M,使得对任意 $x\in X$,对应的函数值 $f(x)$都满足不等式

$$|f(x)|\leqslant M,$$

则称函数 $f(x)$在 X 上有界(见图 1-16),否则就称函数 $f(x)$在 X 上无界.

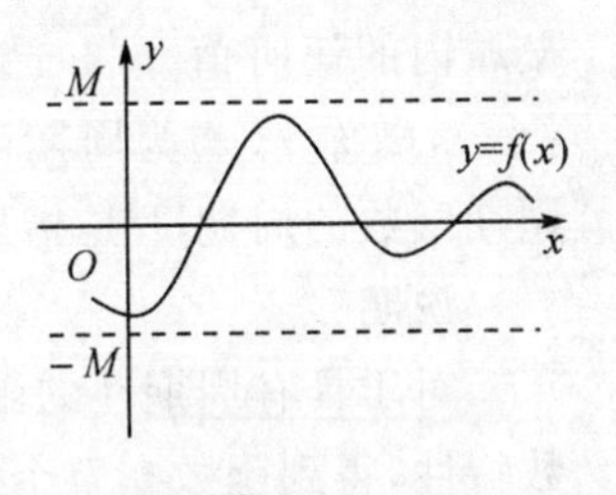

图 1-16

说明:

有界函数是指函数的取值限制在一定的范围内. 我们把与 x 轴平行的直线称为横直线. 换言之,可以找到两条与 x 轴平行的直线,使得函数的图像被框在这两条横直线的内部. 有界性是依赖于区间的,例如 $y=\frac{1}{x}$在区间$(0,1)$内无界,但在区间$(1,2)$内有界.

定义 1-9 设函数 $f(x)$的定义域为 D,区间 $I\subset D$.

(1)如果对于区间 I 上任意两点 x_1 及 x_2,当 $x_1<x_2$ 时,恒有 $f(x_1)<f(x_2)$,则称函数 $f(x)$在区间 I 上是单调增加的(见图 1-17);

(2)如果对于区间 I 上任意两点 x_1 及 x_2,当 $x_1<x_2$ 时,恒有 $f(x_1)>f(x_2)$,则称函数 $f(x)$在区间 I 上是单调减少的(见图 1-18).

单调增加与单调减少函数统称为单调函数.

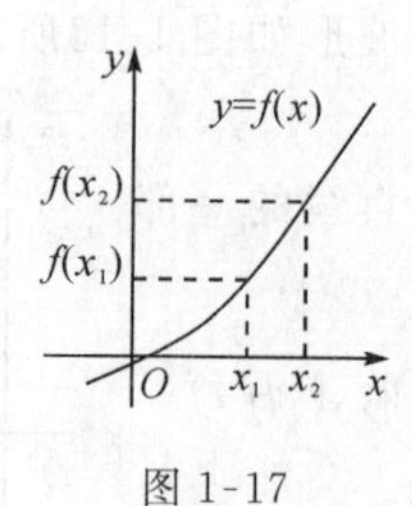

图 1-17

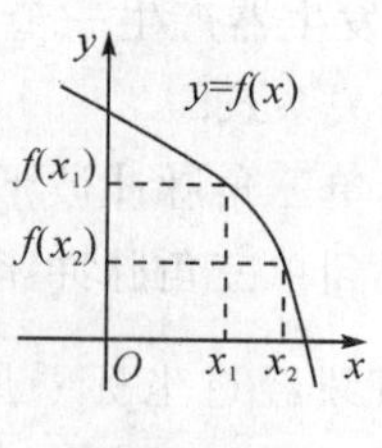

图 1-18

说明：

单调性反映了函数取值的变化趋势. 有时候函数在整个定义域范围内不是单调的，但在其中某个区间内，函数具有单调性.

定义 1-10 设函数 $f(x)$ 的定义域为 D，关于原点对称.

(1)如果对任意 $x\in D$，都有 $f(-x)=f(x)$，则称 $f(x)$ 为偶函数；

(2)如果对任意 $x\in D$，都有 $f(-x)=-f(x)$，则称 $f(x)$ 为奇函数.

说明：

对于具有奇偶性的函数，可以通过研究 y 轴的一侧的函数特性，得到函数在整个定义域内的性质.

【例 1-12】 判别 $y=x^2\cos x$ 的奇偶性.

解 定义域为 $(-\infty,+\infty)$，关于原点对称.

因为 $f(-x)=(-x)^2\cos x(-x)=x^2\cos x=f(x)$，所以 $y=x^2\cos x$ 是偶函数.

类型归纳 ▶▶▶

类型： 判别函数的奇偶性.

方法： 首先，考察定义域是否关于原点对称. 其次，考察 $f(-x)$，若满足关系式 $f(-x)=f(x)$，则函数为偶函数；若满足关系式 $f(-x)=-f(x)$，则函数为奇函数.

定义 1-11 对于函数 $f(x)$，若存在常数 $T>0$，使得对于定义域内的任何值 x，$x\pm T$ 仍在定义域内，且满足 $f(x+T)=f(x)$，则称 $f(x)$ 为周期函数，T 叫作 $f(x)$ 的周期. 通常，我们说周期函数的周期 T 是指最小正周期(见图 1-19).

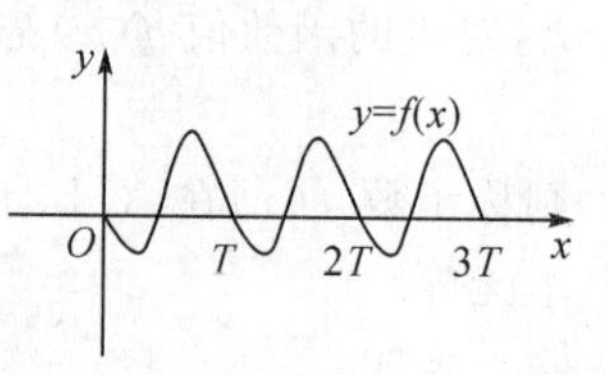

图 1-19

说明：

对于具有周期性的函数，我们可以通过研究一个周期内的函数特性，得到函数在整个定义域内的性质.

六、特殊函数的性质

性质 1(互为反函数的关系)

(1)直接函数 $y=f(x)$ 与反函数 $y=\varphi(x)$ 的图形关于直线 $y=x$ 对称(见图 1-20)；

(2)单调函数存在反函数，并且单调性相同.

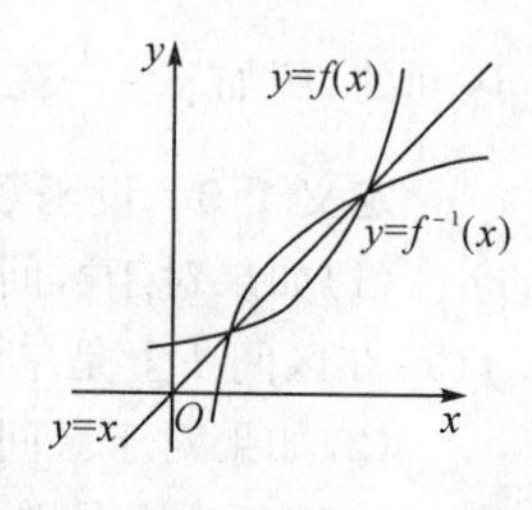

图 1-20

性质 2(奇偶函数的图像特性)

(1)奇函数的图像关于原点对称(见图 1-21),偶函数的图像关于 y 轴对称(见图 1-22);

(2)奇函数的曲线若与 y 轴有交点,则该交点一定为坐标系原点.

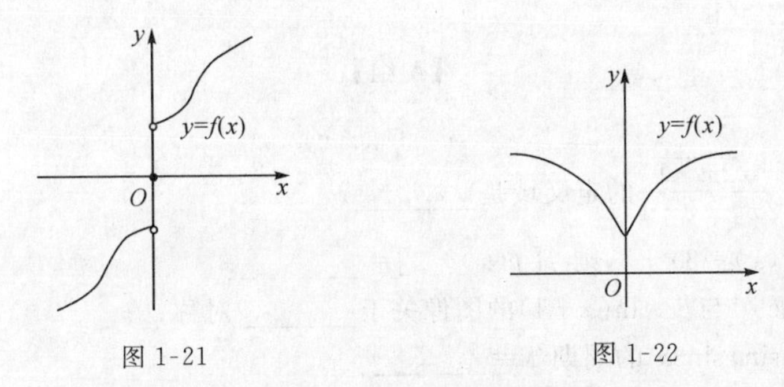

图 1-21　　图 1-22

【例 1-13】 通过 $y=f(x)$ 的图像(见图 1-23)作函数 $y=f(|x|+1)$ 的图像.

解 由 $f(|-x|+1)=f(|x|+1)$ 可得 $y=f(|x|+1)$ 是偶函数,所以函数 $y=f(|x|+1)$ 的图像关于 y 轴对称. 只要研究 $x>0$ 的情形,再运用对称性,即可得到整个图形.

当 $x>0$ 时,$y=f(|x|+1)=f(x+1)$,这时,相当于把 $y=f(x)$ 的图像向左平移一个单位(见图 1-24),并舍去 $x<0$ 的部分,再运用对称性得到整个图形(见图 1-25).

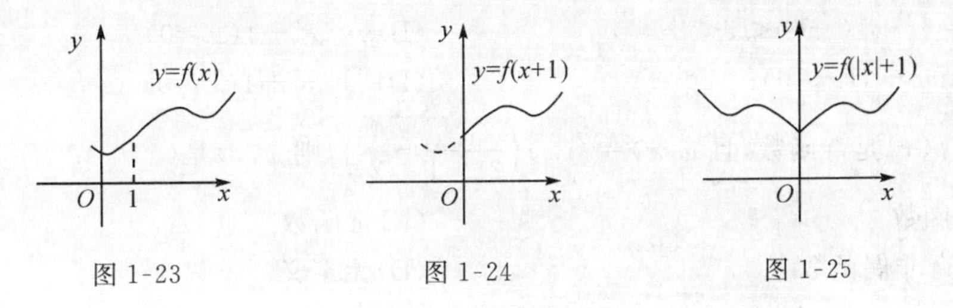

图 1-23　　图 1-24　　图 1-25

类型归纳 ▶▶▶

类型:判别两函数的图像关系.

方法:根据对称性和平移理论确定两函数的图像有关系.

结束语 ▶▶▶

一切事物,皆在千变万化中.要了解这些事物的发展变化及其规律,首先要研究这些事物之间的相互关系,这种事物与事物的依赖关系的量化表示,就是函数.在实际问题中,有些变量与变量的关系,可以通过分析找到对应的解析式.而更多的关系,由于不确定的因素很多,是很难找到简单的表达式的,只有通过经验,设法用一个简单的函数近似地表示.于是,又转为基本函数的讨论与研究.函数贯穿于高等数学的整个过程,掌握函数的基本理论对于后续课程的学习来说是非常重要的.在函数学习过程中,一定要牢记基本初等函数的定义和图像,这是构成函数的最基本的元素.对于复杂函数图像的描绘,可以通过最原始的,也就是最基本的“描点法”作图,或者用复合关系进行绘制,也可以运用网络资源,搜索并下载免费的作图软件来完成.有了函数的图像,就可以充分运用“数形结合”思想来解决相关问题.记住:“学函数若不会画图,学数学则没有前途.”

同步训练

【A组】

1. 填空题：

(1)函数 $y=\dfrac{\sqrt{2x+1}}{2x^2-x-1}$ 的定义域是________；

(2)设函数 $f(x)=3x+5$，则 $f[f(x)-2]=$________；

(3)函数 $y=e^{x+1}$ 与 $y=\ln(x+1)$ 的图像关于________对称；

(4)函数 $y=\sin x\sin 3x$ 的周期 $T=$________.

2. 单项选择题：

(1)如果函数 $f\left(\dfrac{1}{x}\right)=\left(\dfrac{x+1}{x}\right)^2(x\neq 0)$，则 $f(x)=($　　$)$；

(A)$\left(\dfrac{x}{x+1}\right)^2(x\neq -1)$　　(B)$\left(\dfrac{x+1}{x}\right)^2$

(C)$(1+x)^2$　　(D)$(1-x)^2$

(2)函数 $y=-\sqrt{x-1}$ 的反函数是(　　)；

(A)$y=x^2+1(-\infty<x<+\infty)$　　(B)$y=x^2+1(x\geqslant 0)$

(C)$y=x^2+1(x\leqslant 0)$　　(D)$y=x^2+1(x\neq 0)$

(3)设 $f(x)$ 是奇函数，且 $\varphi(x)=f(x)\left(\dfrac{1}{2^x+1}-\dfrac{1}{2}\right)$，则 $\varphi(x)$ 是(　　).

(A)偶函数　　(B)奇函数

(C)非奇非偶函数　　(D)无定义

3. 设函数 $f\left(x-\dfrac{1}{x}\right)=\dfrac{x^3-x}{x^4+1}(x\neq 0)$，求 $f(x)$.

4. 已知函数 $f(x)=\begin{cases}x^2, & 0\leqslant x<1,\\ 1, & 1\leqslant x<2,\\ 4-x, & 2\leqslant x\leqslant 4,\end{cases}$ 求 $f(0),f(1.2),f(3),f(4)$.

5. 下列函数由哪些基本初等函数复合而成？

(1)$y=\sin\dfrac{1}{x}$；(2)$y=\sqrt{\ln x}$；(3)$y=e^{\sqrt{x}}$；(4)$y=\cos x^2$；

(5)$y=e^{\tan\frac{1}{x}}$；(6)$y=\ln\ln\ln x$；(7)$y=\arctan\sqrt{x}$；(8)$y=\ln\arcsin e^x$；

(9)$y=\sin^3(2x-1)$；(10)$y=\sqrt{1+x^2}$.

6. 设某商品的供给函数(供应量作为价格的函数)为 $S(x)=x^2+3x-70$，需求函数(需求量作为价格的函数)为 $D(x)=410-x$，其中价格 $x\in[0,410]$.

(1)在同一坐标系中，画出函数 $S(x)$ 和 $D(x)$ 的图像；

(2)求该商品的供应量和需求量均衡时的价格.

【B组】

1. 求下列函数的定义域：

(1) $y=\sqrt{4-x^2}$； (2) $y=\dfrac{1}{1-x^2}+\sqrt{x+3}$.

2. 求由函数 $f(x)=\arcsin x$，$\varphi(x)=\ln x$ 复合而成的函数 $\varphi[f(x)]$ 的定义域.

3. 设函数 $f(x)=\begin{cases}2x, & 0\leqslant x\leqslant 1,\\ x^2, & 1<x\leqslant 2,\end{cases}$ $g(x)=\ln x$，求 $f[g(x)]$ 与 $g[f(x)]$.

4. 要设计一容积为 $V=20\pi\ \mathrm{m}^3$ 的有盖圆柱形贮油桶，已知桶盖单位面积造价是侧面的一半，而侧面单位面积造价又是底面的一半设桶盖造价为 a(单位：元/m^2)，试把贮油桶总造价 p 表示成油桶半径 r 的函数.

5. 乘坐某城市的出租车，行程不超过3km，起步价为10元；行程3～10km时，超过3km的路程，每千米加价2元；行程10千米以上，超过10km的路程，每千米加价3元. 以行程作为自变量，试求该城市出租车的计费函数.

第二节　数列与函数的极限

【学习要求】

1. 正确理解数列极限的定义，并明确其几何意义；
2. 正确理解函数极限的定义，并明确其几何意义；
3. 掌握极限的四则运算法则和复合函数的极限运算法则.

【学习重点】

1. 极限的概念；
2. 极限的运算.

【学习难点】

1. 极限的哲学理念；
2. 求极限的一些技巧.

引言 ▶▶▶

极限，是研究事物变化收敛趋势的理论. 譬如“杯半问题”：有两只盛有水的足够大的杯子A和B，先把A杯一半的水倒入B杯，再把B杯一半的水倒入A杯，这样无穷无尽地倒来倒去. 排除水的损耗，那么，最后的趋势是A杯和B杯的水量有一个确定的平衡关系，这个关系的结果，就是极限值.

极限思想是微积分的第一重要思想，一系列的重要概念和定理都是借助于极限来定义和论证的. 只要真正掌握了极限思想，整个微积分学就容易学习，并且还能取得较高的理论水平.

一、数列的极限

定义 1-12 如果数列$\{x_n\}$的项数n无限增大时,它的一般项x_n无限接近于某个确定的常数a,则称a是数列$\{x_n\}$的极限,也称数列$\{x_n\}$收敛于a(见图 1-26),记作$\lim\limits_{n\to\infty}x_n=a$或$x_n\to a(n\to\infty)$.

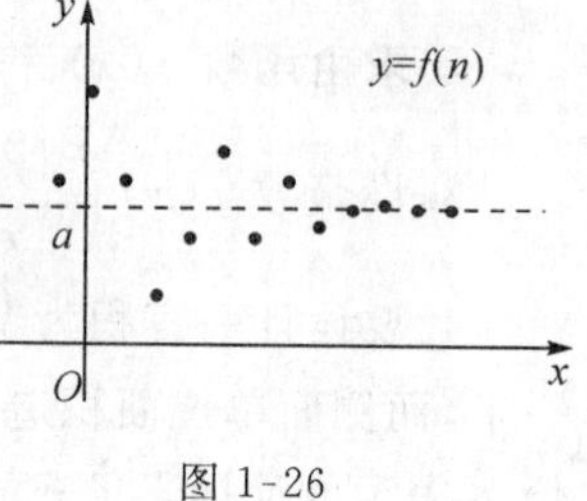

图 1-26

说明:

这是数列极限的描述性定义.数列的通项$x_n=f(n)$,它是一种特殊的函数,自变量的取值是正整数,所以$f(n)(n\in\mathbf{Z}^+)$也称为"整标函数".所谓"当n无限增大时,x_n无限接近于a"的意思是:当n充分大时,x_n与a可以任意靠近,要有多近就能多近.

定义 1-13 如果数列$\{x_n\}$的项数n无限增大时,它的一般项x_n不接近于任何确定的常数,则称数列$\{x_n\}$没有极限,或称数列$\{x_n\}$发散,记作$\lim\limits_{n\to\infty}x_n$不存在.

说明:

如果n无限增大时,数列$\{x_n\}$的值也无限增大,这时,虽然$\lim\limits_{n\to\infty}x_n$不存在,习惯上也记作$\lim\limits_{n\to\infty}x_n=\infty$.

定义 1-14 对于数列$\{x_n\}$,如果存在正数M,使得对于一切x_n都满足不等式

$$|x_n|\leqslant M,$$

则称数列$\{x_n\}$有界(见图 1-27);如果这样的正数M不存在,就说数列$\{x_n\}$无界.

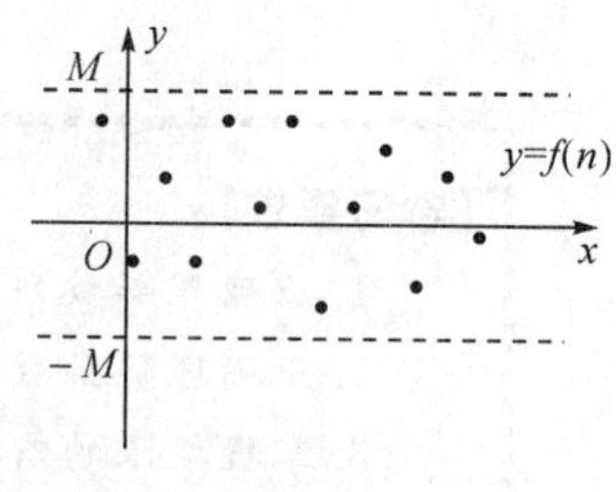

图 1-27

说明:

收敛数列都是有界的,发散数列不一定有界,无界数列总是发散的.数列有界是数列收敛的必要条件,而不是充分条件.有界数列未必收敛.

【例 1-14】 设某企业的房租、工人基本工资等每天的固定支出为 10000 元,生产n个产品需要的材料、能耗、工人奖金等的支出是$\sqrt{6+7n+8n^2}$.问:当产量足够大的时候,每个产品的平均生产成本大概是多少?

解 每天的总支出(成本函数)为

$$C(n)=10000+\sqrt{6+7n+8n^2}\text{(元)},$$

平均成本为

$$\overline{C}(n)=\frac{10000+\sqrt{6+7n+8n^2}}{n}\text{(元)}.$$

当产量非常大即$n\to+\infty$时,

$$\lim_{n\to+\infty}\overline{C}(n)=\lim_{n\to+\infty}\left(\frac{10000}{n}+\sqrt{\frac{6+7n+8n^2}{n^2}}\right)$$
$$=\lim_{n\to+\infty}\left(\frac{10000}{n}+\sqrt{\frac{6}{n^2}+\frac{7}{n}+8}\right)=\sqrt{8}\text{(元)}.$$

【例 1-15】 计算极限:(1) $\lim\limits_{n\to\infty}\dfrac{3n^2+4n-5}{4n^2+5n-6}$;(2) $\lim\limits_{n\to\infty}\dfrac{2^n-1}{4^n+1}$($n$ 为正整数).

解 (1) $\lim\limits_{n\to\infty}\dfrac{3n^2+4n-5}{4n^2+5n-6}=\lim\limits_{n\to\infty}\dfrac{3+\dfrac{4}{n}-\dfrac{5}{n^2}}{4+\dfrac{5}{n}-\dfrac{6}{n^2}}=\dfrac{3}{4}$;

(2) $\lim\limits_{n\to\infty}\dfrac{2^n-1}{4^n+1}=\lim\limits_{n\to\infty}\dfrac{\dfrac{1}{2^n}-\dfrac{1}{4^n}}{1+\dfrac{1}{4^n}}=\dfrac{0}{1}=0$.

类型归纳 ▶▶▶

类型: 求当 $n\to\infty$ 时的分式的极限,其中分子和分母都是多项式或幂的形式,分子和分母均为无穷大.

方法: 当分子和分母为多项式时,分子和分母同除以最高次项;当分子和分母为幂的形式时,分子和分母同除以较大的幂.

【例 1-16】 计算极限 $\lim\limits_{n\to\infty}\left(\dfrac{1}{n^2}+\dfrac{2}{n^2}+\dfrac{3}{n^2}+\cdots+\dfrac{n-1}{n^2}\right)$.

解
$$\lim_{n\to\infty}\left(\frac{1}{n^2}+\frac{2}{n^2}+\frac{3}{n^2}+\cdots+\frac{n-1}{n^2}\right)=\lim_{n\to\infty}\frac{1}{n^2}[1+2+3+\cdots+(n-1)]$$
$$=\lim_{n\to\infty}\frac{1}{n^2}\frac{n(n-1)}{2}=\frac{1}{2}\lim_{n\to\infty}\frac{n-1}{n}=\frac{1}{2}.$$

类型归纳 ▶▶▶

类型: 求无限相加的和的极限.

方法: 先求前 n 项和,再求极限.

二、函数的极限

1. 当 $x\to\infty$ 时函数 $f(x)$ 的极限

定义 1-15 设函数 $f(x)$ 在 $x>M$ 时($M>0$)有定义,当 x 无限增大($x\to+\infty$)时,对应的函数值无限接近确定的数 A,则称 A 是函数 $f(x)$ 当 $x\to+\infty$ 时的极限,记作 $\lim\limits_{x\to+\infty}f(x)=A$ 或 $f(x)\to A(x\to+\infty)$.

说明:

函数极限是数列极限的推广.在数列极限中,自变量 n 只取正整数,取极限时,自变量 n 跳跃式地"离散"增大;而在函数极限中,自变量 x 可取大于 M 的所有实数,取极限时,自变量 x"连续"地增大.

从几何上看,极限式 $\lim\limits_{x\to+\infty}f(x)=A$ 表示:随着 x 无限增大,曲线 $y=f(x)$ 上对应的点与直线 $y=A$ 的距离无限地变小(见图 1-28).

由于∞可以分为 $+\infty$ 和 $-\infty$,类似地,我们可以定义函数 $f(x)$ 当 $x\to-\infty$ 时的极限
$$\lim_{x\to-\infty}f(x)=A \text{ 或 } f(x)\to A(x\to-\infty).$$

这里 $x\to-\infty$ 表示 x 的数值无限减小,而绝对值无限增大.

如果函数 $f(x)$ 当 $x\to+\infty$ 和 $x\to-\infty$ 时都以 A 为极限(见图 1-29),就说 A 是 $f(x)$ 当 $x\to\infty$ 时的极限,记作

$$\lim_{x\to\infty}f(x)=A \text{ 或 } f(x)\to A(x\to\infty).$$

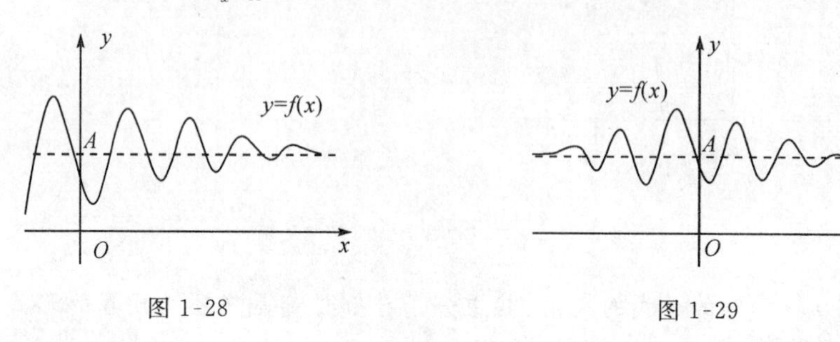

图 1-28　　　　图 1-29

【例 1-17】 把一个 5Ω 的电阻与一个电阻为 r 的可变电阻并联,当可变电阻突然断路时,求并联电路的总电阻.

解 由电工学知识可知,并联电路的总电阻为

$$R=\frac{5r}{5+r}(\Omega).$$

当可变电阻突然断路时,即 $r\to\infty$,这时,并联电路的总电阻为

$$\lim_{r\to\infty}R=\lim_{r\to\infty}\frac{5r}{5+r}=\lim_{r\to\infty}\frac{5}{\frac{5}{r}+1}=5(\Omega).$$

【例 1-18】 计算极限 $\lim\limits_{x\to\infty}\frac{(x-1)(x-2)(x-3)(x-4)(x-5)}{(5x-1)^5}$.

解 $\lim\limits_{x\to\infty}\frac{(x-1)(x-2)(x-3)(x-4)(x-5)}{(5x-1)^5}$

$$=\lim_{x\to\infty}\frac{\left(1-\frac{1}{x}\right)\left(1-\frac{2}{x}\right)\left(1-\frac{3}{x}\right)\left(1-\frac{4}{x}\right)\left(1-\frac{5}{x}\right)}{\left(5-\frac{1}{x}\right)^5}=\frac{1}{5^5}.$$

【例 1-19】 计算极限:(1) $\lim\limits_{x\to\infty}\frac{1-2x+3x^2}{2-x^2+x^3}$;(2) $\lim\limits_{x\to\infty}\frac{2x^3+2x-5}{3x^2-3x+1}$.

解 (1) $\lim\limits_{x\to\infty}\frac{1-2x+3x^2}{2-x^2+x^3}=\lim\limits_{x\to\infty}\frac{\frac{1}{x^3}-\frac{2}{x^2}+\frac{3}{x}}{\frac{2}{x^3}-\frac{1}{x}+1}=\frac{0}{1}=0$;

(2) $\lim\limits_{x\to\infty}\frac{2x^3+2x-5}{3x^2-3x+1}=\lim\limits_{x\to\infty}\frac{2+\frac{2}{x^2}-\frac{5}{x^3}}{\frac{3}{x}-\frac{3}{x^2}+\frac{1}{x^3}}=\infty$.

类型归纳 ▶▶▶

类型:求 $x\to\infty$ 时多项式分子和分母均为无穷大的极限.

方法:先将分子和分母同除以最高次数幂,再运用极限的除法运算法则.

【例 1-20】 计算极限$\lim\limits_{x\to\infty}(\sqrt{x^2+1}-\sqrt{x^2-1})$.

解 $$\lim_{x\to\infty}(\sqrt{x^2+1}-\sqrt{x^2-1})=\lim_{x\to\infty}\frac{(\sqrt{x^2+1}-\sqrt{x^2-1})(\sqrt{x^2+1}+\sqrt{x^2-1})}{\sqrt{x^2+1}+\sqrt{x^2-1}}$$
$$=\lim_{x\to\infty}\frac{2}{\sqrt{x^2+1}+\sqrt{x^2-1}}=0.$$

类型归纳 ▶▶▶

类型:求无理式"$\infty-\infty$"的极限.

方法:先有理化,再运用极限的运算法则.

2. 当 $x\to x_0$ 时函数 $f(x)$的极限

定义 1-16 设函数 $f(x)$在点 x_0 处的左右附近构成的某一个开区间(不包含点 x_0)内有定义,A 为常数,如果在自变量 $x\to x_0$ 的变化过程中,函数值 $f(x)$无限接近于 A,就称 A 是函数 $f(x)$当 $x\to x_0$ 时的极限,记作$\lim\limits_{x\to x_0}f(x)=A$ 或 $f(x)\to A(x\to x_0)$.

说明:

在定义中,"设函数 $f(x)$在点 x_0 处的左右附近构成的某一个开区间(不包含点 x_0)内有定义",表示我们关心的是函数 $f(x)$在点 x_0 附近的变化趋势,而不是 $f(x)$在 x_0 这一静止点的情况. 极限$\lim\limits_{x\to x_0}f(x)$是否存在,与 $f(x)$在点 x_0 处有没有定义或函数取什么数值都没有关系.

【例 1-21】 计算极限$\lim\limits_{x\to 4}\frac{(x-4)^2}{x^2-16}$.

解 $$\lim_{x\to 4}\frac{(x-4)^2}{x^2-16}=\lim_{x\to 4}\frac{(x-4)(x-4)}{(x-4)(x+4)}=\lim_{x\to 4}\frac{x-4}{x+4}=0.$$

【例 1-22】 计算极限$\lim\limits_{x\to 0}\frac{(1+x)(1+2x)(1+3x)-1}{x}$.

解 $$\lim_{x\to 0}\frac{(1+x)(1+2x)(1+3x)-1}{x}=\lim_{x\to 0}\frac{1+6x+11x^2+6x^3-1}{x}$$
$$=\lim_{x\to 0}(6+11x+6x^2)=6.$$

类型归纳 ▶▶▶

类型:求多项式的分子和分母为零值的极限.

方法:因式分解,把使分子分母同时为零的因式分解出来,约分化简.

定义 1-17 设函数 $f(x)$在点 x_0 处的左侧(或右侧)的某一个开区间内有定义,如果 x 从 x_0 的左(或右)侧无限趋于 x_0 时,函数值 $f(x)$无限接近于 A,就称 A 是函数 $f(x)$在点 x_0 处的左(或右)极限.

函数 $f(x)$在点 x_0 处的左极限记作 $\lim\limits_{x\to x_0^-}f(x)$或 $f(x_0^-)$,函数 $f(x)$在点 x_0 处的右极限记作 $\lim\limits_{x\to x_0^+}f(x)$或 $f(x_0^+)$.

定理 1-1(极限存在的判定原理) 函数 $f(x)$当 $x\to x_0$ 时,极限存在的充分必要条件是左极限和右极限都存在且相等,即

$$f(x_0^-)=f(x_0^+)=A\Leftrightarrow\lim_{x\to x_0}f(x)=A.$$

说明：

由定理 1-1 可知，当 $f(x_0^-)$ 及 $f(x_0^+)$ 都存在但不相等，或者 $f(x_0^-)$ 和 $f(x_0^+)$ 中至少有一个不存在时，就可以说函数 $f(x)$ 在点 x_0 处的极限不存在.

【例 1-23】 判断函数 $f(x)=\begin{cases}e^x, & x>0,\\ x+1, & x\leqslant 0\end{cases}$ 在点 $x=0$ 处是否存在极限，如果存在，求其值.

解 因为 $f(0^-)=\lim\limits_{x\to 0^-}f(x)=\lim\limits_{x\to 0^-}(x+1)=1$，

又因为 $f(0^+)=\lim\limits_{x\to 0^+}f(x)=\lim\limits_{x\to 0^+}e^x=1$，

故 $f(0^-)=f(0^+)=1$.

所以函数 $f(x)$ 在点 $x=0$ 处存在极限，且 $\lim\limits_{x\to 0}f(x)=1$.

类型归纳 ▶▶▶

类型：判断分段函数在分界点上的极限存在.

方法：根据分界点上的左右极限值及其关系判定.

三、极限的运算法则和性质

法则 1-1（极限的四则运算法则） 如果极限 $\lim f(x)$ 和 $\lim g(x)$ 都存在，则有：

(1) $\lim[f(x)\pm g(x)]=\lim f(x)\pm\lim g(x)$；

(2) $\lim[f(x)\times g(x)]=\lim f(x)\times\lim g(x)$；

(3) $\lim[C\cdot f(x)]=C\lim f(x)$（其中常数 $C\in\mathbf{R}$）；

(4) $\lim[f(x)]^n=[\lim f(x)]^n$（其中常数 $n\in\mathbf{Z}^+$）；

(5) 若 $\lim g(x)\neq 0$，则 $\lim\dfrac{f(x)}{g(x)}=\dfrac{\lim f(x)}{\lim g(x)}$.

说明：

(1) 上述法则中极限条件省略，表示极限条件可以是 $x\to x_0$，$x\to\infty$，$x\to x_0^+$，$x\to x_0^-$，$x\to+\infty$ 或 $x\to-\infty$. 只要表达式中的极限条件相同，上述等式均成立.

(2) 以上极限的四则运算法则，都可以统一用“分别存在极限，可分别求极限”来概括，“常数因子可以提出”.

【例 1-24】 计算极限 $\lim\limits_{x\to 0}\dfrac{(x-3)^2}{x^2-16}$.

解 $\lim\limits_{x\to 0}\dfrac{(x-3)^2}{x^2-16}=\dfrac{(-3)^2}{0-16}=-\dfrac{9}{16}$.

类型归纳 ▶▶▶

类型：初等函数在定义域内求极限.

方法：直接代入，即“能代就代”.

【例 1-25】 计算极限$\lim\limits_{x\to 1}\left(\frac{1}{x-1}-\frac{3}{x^3-1}\right)$.

解 $\lim\limits_{x\to 1}\left(\frac{1}{x-1}-\frac{3}{x^3-1}\right)=\lim\limits_{x\to 1}\frac{x^2+x-2}{x^3-1}=\lim\limits_{x\to 1}\frac{(x-1)(x+2)}{(x-1)(x^2+x+1)}$

$$=\lim_{x\to 1}\frac{x+2}{x^2+x+1}=1.$$

类型归纳 ▶▶▶

类型: 求分式"$\infty-\infty$"的极限.

方法: 先通分,后因式分解,约去零的公因式,再求极限.

法则 1-2(复合函数的极限运算法则) 设函数 $y=f(u)$ 与 $u=\varphi(x)$ 满足如下条件:

(1)$\lim\limits_{u\to \alpha}f(u)=A$;

(2)当 $x\neq x_0$ 时,$\varphi(x)\neq\alpha$,且$\lim\limits_{x\to x_0}\varphi(x)=\alpha$,则

$$\lim_{x\to x_0}f[\varphi(x)]=\lim_{u\to\alpha}f(u)=A.$$

下面介绍极限的几个性质.

性质 1(极限的不等式关系) 如果 $X\leqslant Y$,且极限 $\lim X=A$ 和极限 $\lim Y=B$ 都存在,则 $A\leqslant B$.

性质 2(极限的局部保号性) (1)如果$\lim\limits_{x\to x_0}f(x)=A$,且 $A>0$(或 $A<0$),那么在点 x_0 处的左右附近构成的某一个开区间(不包含点 x_0)内,都有 $f(x)>0$[或 $f(x)<0$];

(2)如果在点 x_0 处的左右附近构成的某一个开区间(不包含点 x_0)内,都有$f(x)\geqslant 0$[或 $f(x)\leqslant 0$],且$\lim\limits_{x\to x_0}f(x)=A$,那么 $A\geqslant 0$(或 $A\leqslant 0$).

性质 3(数列极限几个常用的结论)

(1)$\lim\limits_{n\to\infty}\frac{1}{n^\alpha}=0(\alpha>0)$;

(2)$\lim\limits_{n\to\infty}q^n=0(|q|<1)$.

【例 1-26】 "杯半问题":有两只盛有水的足够大的杯子 A 和 B,设 A 杯和 B 杯的原始水量均为 1,先把 A 杯一半的水倒入 B 杯,再把 B 杯一半的水倒入 A 杯,以此作为一轮,这样无穷无尽地倒来倒去.排除水的损耗,那么,最后 A 杯和 B 杯的水量有什么关系?

解 我们依次把 A 杯一半的水倒入杯,再把 B 杯一半的水倒入 A 杯,作为一个轮次,可以按表 1-2 列表.

表 1-2

轮次	A 杯的水量	B 杯的水量
0	1	1
1	$\frac{2}{2}+\frac{1}{2^2}$	$\frac{1}{2}+\frac{1}{2^2}$
2	$\frac{3}{2^2}+\frac{4}{2^3}+\frac{1}{2^4}$	$\frac{1}{2^2}+\frac{3}{2^3}+\frac{1}{2^4}$

续表

轮次	A 杯的水量	B 杯的水量
3	$\frac{4}{2^3}+\frac{10}{2^4}+\frac{6}{2^5}+\frac{1}{2^6}$	$\frac{1}{2^3}+\frac{6}{2^4}+\frac{5}{2^5}+\frac{1}{2^6}$
4	$\frac{5}{2^4}+\frac{20}{2^5}+\frac{21}{2^6}+\frac{8}{2^7}+\frac{1}{2^8}$	$\frac{1}{2^4}+\frac{10}{2^5}+\frac{15}{2^6}+\frac{7}{2^7}+\frac{1}{2^8}$
…	…	…

如果用 Excel 运算，效果更加明显，见表 1-3.

表 1-3

	A	B	C	D
1	轮次	A 杯的水量	B 杯的水量	A 与 B 的水量比
2	0	1	1	1
3	1	1.25	0.75	1.666666667
4	2	1.3125	0.6875	1.909090909
5	3	1.328125	0.671875	1.976744186
6	4	1.3320313	0.66796875	1.994152047
7	5	1.3330078	0.66699219	1.998535871
8	6	1.333252	0.66674805	1.999633834
9	7	1.333313	0.66668701	1.99990845
10	8	1.3333282	0.66667175	1.999977112
11	9	1.3333321	0.66666794	1.999994278
12	10	1.333333	0.66666698	1.999998569
13	11	1.3333333	0.66666675	1.999999642
14	12	1.3333333	0.66666669	1.999999911
15	13	1.3333333	0.66666667	1.999999978
16	14	1.3333333	0.66666667	1.999999994
17	15	1.3333333	0.66666667	1.999999999
18	16	1.3333333	0.66666667	2
19	17	1.3333333	0.66666667	2
20	18	1.3333333	0.66666667	2
21	…	…	…	…

其中,设初始轮次 A2=0,A 杯的初始水容量 B2=1,B 杯的初始水容量 C2=1,A 杯与 B 杯的水量比 D2=B2/C2.再设 A3=A2+1,B3=B2/2+C3,C3=(B2/2+C2)/2,涂黑 D2,往下拉右下角的黑小十字至 D3,再涂黑 A3-D3,往下拉右下角的黑小十字,即可得到此表.这时,如果任意改变 A 杯和 B 杯的初始水容量,可以发现,只要达到一定的轮次,A 与 B 的水量比都无限接近于 2(见表 1-4).

表 1-4

	A	B	C	D
1	轮次	A 杯的水量	B 杯的水量	A 与 B 的水量比
2	0	7	8	0.875
3	1	9.25	5.75	1.608695652
4	2	9.8125	5.1875	1.891566265
5	3	9.953125	5.046875	1.972136223
6	4	9.9882813	5.01171875	1.992985191
7	5	9.9970703	5.00292969	1.998243217
8	6	9.9992676	5.00073242	1.999560611
9	7	9.9998169	5.00018311	1.999890141
10	8	9.9999542	5.00004578	1.999972534
11	9	9.9999886	5.00001144	1.999993134
12	10	9.9999971	5.00000286	1.999998283
13	11	9.9999993	5.00000072	1.999999571
14	12	9.9999998	5.00000018	1.999999893
15	13	10	5.00000004	1.999999973
16	14	10	5.00000001	1.999999993
17	15	10	5	1.999999998
18	16	10	5	2
19	17	10	5	2
20	18	10	5	2
21	…	…	…	…

类型归纳 ▶▶▶

类型:求应用题的极限.

方法:建立数学模型,可运用 Excel 运算求极限.

结束语

我们知道，$\frac{1}{3}=0.3333\cdots$，而 $3\times\frac{1}{3}=1$，又 $3\times\frac{1}{3}=0.9999\cdots$，因此 $0.9999\cdots=1$. 这个结论，用极限来理解，就容易了. 因为 $0.9999\cdots$ 中的 9 有无限多个，它是一个运动的数，表示的是一个数列 $1-\frac{1}{10},1-\frac{1}{10^2},1-\frac{1}{10^3},\cdots,1-\frac{1}{10^n},\cdots$ 的极限，当 $n\to+\infty$ 时，$1-\frac{1}{10^n}$ 的极限值就是 1. 如果是 $0.9999\cdots9$，则其中的 9 是有限多个，它是一个静止的数，只能说 $0.9999\cdots9$ 很靠近 1，而不是无限靠近 1. 同样地，无理数 $\sqrt{2}$，也可以用数列 1.4，1.41，1.414，1.4142，1.41421，… 的极限来认识. 而当初就因为没有完善的极限理论，发现 $\sqrt{2}$ 的古希腊人希帕索斯(Hippasus)为此献出了宝贵的生命.

从极限思想的产生到极限理论的确立，经历了大约两千年的时间. 极限理论是一个涉及数学和哲学领域的一个重要理论，它的确立，使微分和积分有了坚实的逻辑基础，并使微积分在当今科学的各个领域得到更广泛、更合理、更深刻的运用和发展. 高等数学中一些最重要的基本概念，如导数、定积分、偏导数和重积分、曲线曲面积分以及级数的和等，实质上都是一些特殊的极限. 可以说，极限概念是微积分的灵魂. 在学习极限的过程中，要充分运用哲学思想，善于归纳和抽象运算方法. 为了书写方便，极限的运算法则中下面的条件省略时，表示涵盖了所有的可能，即“没有表示所有”. 而极限的所有运算法则，只要记住“分别存在极限，可分别求极限”即可.

同步训练

【A 组】

1. 填空题：

(1) 设函数 $f(x)=\begin{cases}1+\sin x, & x<0,\\ a+e^x, & x>0,\end{cases}$ 若极限 $\lim\limits_{x\to0}f(x)$ 存在，则 $a=$________；

(2) 设函数 $f(x)=\begin{cases}2, & x\neq2,\\ 0, & x=2,\end{cases}$ 则极限 $\lim\limits_{x\to2}f(x)=$________；

(3) 极限 $\lim\limits_{x\to\infty}\sin x=$________.

2. 单项选择题：

(1) 函数 $y=f(x)$ 在点 $x=x_0$ 处有定义是 $x\to x_0$ 时 $f(x)$ 有极限的(　　)；

(A) 必要条件　　(B) 充分条件

(C) 充要条件　　(D) 无关条件

(2) $f(x_0^+)$ 与 $f(x_0^-)$ 都存在是函数 $f(x)$ 在点 $x=x_0$ 处有极限的(　　)；

(A) 必要条件　　(B) 充分条件

(C) 充要条件　　(D) 无关条件

(3)设函数 $f(x)=\begin{cases}3x+2, & x\leqslant 0\\ x^2-2, & x>0\end{cases}$,则极限 $\lim\limits_{x\to 0^+}f(x)=($　　$)$;

(A)2　　(B)-2　　(C)-1　　(D)0

(4)极限 $\lim\limits_{x\to 1}\left(\dfrac{1}{x-1}-\dfrac{2}{x^2-1}\right)=($　　$)$;

(A)-1　　(B)$\dfrac{1}{2}$　　(C)0　　(D)∞

(5)极限 $\lim\limits_{n\to\infty}\dfrac{2^n-1}{3^n+1}=($　　$)$.

(A)$\dfrac{2}{3}$　　(B)$\dfrac{3}{2}$　　(C)0　　(D)∞

3.计算下列各极限:

(1)$\lim\limits_{x\to -1}\dfrac{x^2+2x-2}{x^2+1}$;　　(2)$\lim\limits_{x\to 2}\dfrac{x^2-4}{x-2}$;

(3)$\lim\limits_{x\to\sqrt{2}}\dfrac{x^2-2}{x^2+1}$;　　(4)$\lim\limits_{x\to\infty}\dfrac{x^2-1}{2x^2-x}$;

(5)$\lim\limits_{x\to\infty}\left(1+\dfrac{1}{x}\right)\left(2-\dfrac{1}{x^2}\right)$.

【B 组】

1.填空题:

(1)$\lim\limits_{x\to\infty}\dfrac{(2x-1)^{15}(3x+1)^{30}}{(3x-2)^{45}}=$________;

(2)$\lim\limits_{n\to\infty}\dfrac{1+\dfrac{1}{2}+\dfrac{1}{4}+\cdots+\dfrac{1}{2^{n-1}}}{1+\dfrac{1}{3}+\dfrac{1}{9}+\cdots+\dfrac{1}{3^{n-1}}}=$________.

2.计算下列各极限:

(1)$\lim\limits_{n\to\infty}\dfrac{1+2+3+\cdots+(n+1)}{n^2}$;　　(2)$\lim\limits_{n\to\infty}\dfrac{(n+1)(n+2)(n+3)}{3n^2}$;

(3)$\lim\limits_{x\to 2}\left(\dfrac{1}{x-2}-\dfrac{12}{x^3-8}\right)$;　　(4)$\lim\limits_{h\to 0}\dfrac{(x+h)^3-x^3}{h}$;

(5)$\lim\limits_{x\to 1}\dfrac{\sqrt{5x-4}-\sqrt{x}}{x-1}$;　　(6)$\lim\limits_{x\to 4}\dfrac{\sqrt{2x+1}-3}{\sqrt{x-2}-\sqrt{2}}$.

3.已知某种药物在人体内的代谢速度 v 与药物进入人体的时间 t 呈现的关系式是

$$v(t)=12(1-0.21^t).$$

试求代谢速度最后的稳定值.

4.一种材料放入200℃的炉内进行加热,假设材料在放入后 t s时刻的摄氏温度 T 为

$$T=a(1-\mathrm{e}^{-kt})+b(\text{常数 } k>0),$$

且材料的初始温度为20℃,试求 a 和 b 的值.

第三节　两个重要极限

【学习要求】

1. 掌握两个重要极限，牢记条件和结论；
2. 掌握运用两个重要极限求极限的基本思路和方法，并能灵活运用；
3. 领悟第二个极限公式的思想过程，认识无理数 e.

【学习重点】

灵活运用两个重要极限公式求函数的极限.

【学习难点】

1. 在运用两个重要极限公式求函数极限的过程中，创造满足公式的条件；
2. 求极限过程中的整体换元思想.

引言

会求极限是高等数学理论中的基本功，而有些极限的计算不能简单地完成，需要更多的方法和技巧. 两个重要的极限，就是极限运算中经常要使用的公式. 之所以被称为重要极限，是因为它不仅是微积分学的计算基础，而且本身也体现了微积分学的基本思想. 欧拉公式的最早获得也与它们有着直接的关系.

一、预备知识

定理 1-2(极限存在定理)

1. 两边夹准则

若 $X\leqslant Z\leqslant Y$，且 $\lim X=\lim Y=a$，则 $\lim Z=a$.

说明：

这里 lim 没注明条件，指对所有条件准则都成立.

2. 单调有界数列必有极限

(1) 如果数列 $\{x_n\}$ 单调增加且有上界，即存在数 M，使得

$$x_n\leqslant M\ (n=1,2,3,\cdots),$$

那么 $\lim\limits_{x\to\infty}x_n$ 存在且不大于 M.

(2) 如果数列 $\{x_n\}$ 单调减少且有下界，即存在数 m，使得

$$x_n\geqslant m\ (n=1,2,3,\cdots),$$

那么 $\lim\limits_{x\to\infty}x_n$ 存在且不小于 m.

二、两个重要极限

定理 1-3(两个重要极限)

第一个重要极限：$\lim\limits_{x\to 0}\frac{\sin x}{x}=1$.

第二个重要极限：$\lim\limits_{x\to\infty}\left(1+\frac{1}{x}\right)^{x}=\mathrm{e}$(其中无理数 e=2.718281828…).

说明：

可以证明，第二个重要极限的等价形式为$\lim\limits_{x\to 0}(1+x)^{\frac{1}{x}}=\mathrm{e}$，证明略.

第一个重要极限$\lim\limits_{x\to 0}\frac{\sin x}{x}=1$ 的特征是：一个变量的正弦函数值与这个变量的比求极限.求极限条件是这个变量无限靠近 0.推广形式为

$$\lim_{\varphi(x)\to 0}\frac{\sin\varphi(x)}{\varphi(x)}=1,$$

其中 $\varphi(x)$的单位是弧度制.

类似第一个重要极限类型的极限通常称为“$\frac{0}{0}$”型未定式.

第二个重要极限$\lim\limits_{x\to\infty}\left(1+\frac{1}{x}\right)^{x}=\mathrm{e}$ 的特征是：所求极限函数为幂的底数为 1 与一个变量的倒数的和，指数为同一个变量.求极限条件是这个变量的绝对值无限大.其推广形式为

$$\lim_{\varphi(x)\to\infty}\left[1+\frac{1}{\varphi(x)}\right]^{\varphi(x)}=\mathrm{e}\text{ 或 }\lim_{f(x)\to 0}\left[1+f(x)\right]^{\frac{1}{f(x)}}=\mathrm{e}.$$

类似第二个重要极限类型的极限通常称为“1^{∞}”型未定式.

上述两个重要极限，可以由定理 1-2 得到证明(这里不再证明)，也可以通过 Excel 的运算实验得到(见表 1-5 和表 1-6).

表 1-5

	A	B	C	D	E	F
1	x	1	0.1	0.01	0.001	0.0001
2	$\sin x$	0.841471	0.099833	0.01	0.001	1E−04
3	$\sin x/x$	0.841471	0.998334	0.999983	1	1

表 1-6

	A	B	C	D	E	F	G	H	I
1	n	1	10	100	1000	10000	100000	1000000	10000000
2	$(1+1/n)\hat{}n$	2	2.593742	2.704814	2.716924	2.718146	2.718268	2.71828	2.718282

当 x 取负数时，也有类似的计算结果.

【例 1-27】 计算极限$\lim\limits_{x\to0}\frac{\tan x}{x}$.

解 $\lim\limits_{x\to0}\frac{\tan x}{x}=\lim\limits_{x\to0}\left(\frac{\sin x}{x}\cdot\frac{1}{\cos x}\right)=\lim\limits_{x\to0}\frac{\sin x}{x}\lim\limits_{x\to0}\frac{1}{\cos x}=1.$

【例 1-28】 计算极限$\lim\limits_{x\to0}\frac{1-\cos x}{x^2}$.

解 $\lim\limits_{x\to0}\frac{1-\cos x}{x^2}=\lim\limits_{x\to0}\frac{2\sin^2\frac{x}{2}}{x^2}=\frac{1}{2}\lim\limits_{x\to0}\frac{\sin^2\frac{x}{2}}{\left(\frac{x}{2}\right)^2}=\frac{1}{2}\lim\limits_{x\to0}\left[\frac{\sin\frac{x}{2}}{\frac{x}{2}}\right]^2=\frac{1}{2}.$

类型归纳 ▶▶▶

类型:求含有三角函数的“$\frac{0}{0}$”型极限.

方法:可以考虑运用第一个重要极限.

【例 1-29】 计算极限$\lim\limits_{x\to\infty}x\sin\frac{1}{x}$.

解 $\lim\limits_{x\to\infty}x\sin\frac{1}{x}=\lim\limits_{x\to\infty}\frac{\sin\frac{1}{x}}{\frac{1}{x}}=\lim\limits_{t\to0}\frac{\sin t}{t}=1.$

【例 1-30】 计算极限$\lim\limits_{x\to3}\frac{\sin(x^2-9)}{x-3}$.

解 $\lim\limits_{x\to3}\frac{\sin(x^2-9)}{x-3}=\lim\limits_{x\to3}\left[\frac{\sin(x^2-9)}{x^2-9}\cdot(x+3)\right]$

$$=\lim\limits_{x\to3}\frac{\sin(x^2-9)}{x^2-9}\lim\limits_{x\to3}(x+3)=1\times6=6.$$

【例 1-31】 计算极限$\lim\limits_{x\to a}\frac{\sin x-\sin a}{x-a}$.

解 $\lim\limits_{x\to a}\frac{\sin x-\sin a}{x-a}=\lim\limits_{x\to a}\frac{2\sin\frac{x-a}{2}\cos\frac{x+a}{2}}{x-a}=\lim\limits_{x\to a}\frac{\sin\frac{x-a}{2}}{\frac{x-a}{2}}\lim\limits_{x\to a}\cos\frac{x+a}{2}$

$$=1\times\cos\frac{2a}{2}=\cos a.$$

【例 1-32】 计算极限$\lim\limits_{x\to0}\frac{\arctan x}{x}$.

解 令 $t=\arctan x$,当 $x\to0$ 时,$t\to0$. 所以

$$\lim\limits_{x\to0}\frac{\arctan x}{x}=\lim\limits_{t\to0}\frac{t}{\tan t}=\lim\limits_{t\to0}\left(\frac{t}{\sin t}\cdot\cos t\right)=1.$$

类型归纳 ▶▶▶

类型:可化为 $\lim\limits_{\varphi(x)\to0}\frac{\sin\varphi(x)}{\varphi(x)}$形式的极限.

方法:先运用三角函数的和差化积公式将变量变形,然后运用第一个重要极限求出极限值.

【例 1-33】 计算极限$\lim\limits_{x\to\infty}\left(1+\dfrac{3}{x}\right)^{x}$.

解 $\lim\limits_{x\to\infty}\left(1+\dfrac{3}{x}\right)^{x}=\lim\limits_{x\to\infty}\left(1+\dfrac{1}{x/3}\right)^{\frac{x}{3}\times 3}=\left[\lim\limits_{x\to\infty}\left(1+\dfrac{1}{x/3}\right)^{\frac{x}{3}}\right]^{3}=\mathrm{e}^{3}$.

【例 1-34】 计算极限$\lim\limits_{x\to\infty}\left(1-\dfrac{1}{x}\right)^{x}$.

解 $\lim\limits_{x\to\infty}\left(1-\dfrac{1}{x}\right)^{x}=\left[\lim\limits_{x\to\infty}\left(1+\dfrac{1}{-x}\right)^{-x}\right]^{-1}=\mathrm{e}^{-1}$.

注:一般地,$\lim\limits_{x\to\infty}\left(1+\dfrac{c}{x}\right)^{x}=\mathrm{e}^{c}(c\in\mathbf{R})$.

【例 1-35】 计算极限$\lim\limits_{x\to 0}(1+2x)^{\frac{1}{x}}$.

解 $\lim\limits_{x\to 0}(1+2x)^{\frac{1}{x}}=\lim\limits_{x\to 0}(1+2x)^{\frac{1}{2x}\times 2}=[\lim\limits_{x\to 0}(1+2x)^{\frac{1}{2x}}]^{2}=\mathrm{e}^{2}$

注:一般地,$\lim\limits_{x\to 0}(1+cx)^{\frac{1}{x}}=\mathrm{e}^{c}(c\in\mathbf{R})$.

【例 1-36】 计算极限$\lim\limits_{x\to 0}\dfrac{\ln(1+x)}{x}$.

解 $\lim\limits_{x\to 0}\dfrac{\ln(1+x)}{x}=\lim\limits_{x\to 0}\ln(1+x)^{\frac{1}{x}}=\ln[\lim\limits_{x\to 0}(1+x)^{\frac{1}{x}}]=\ln\mathrm{e}=1$.

注:此题运用了复合函数的极限运算法则和第二个重要极限进行求解.

【例 1-37】 计算极限$\lim\limits_{x\to+\infty}\left(1-\dfrac{1}{x}\right)^{\sqrt{x}}$.

解 令$\sqrt{x}=t$,则$x=t^{2}$,当$x\to+\infty$时,$t\to+\infty$,则

$$\lim_{x\to+\infty}\left(1-\frac{1}{x}\right)^{\sqrt{x}}=\lim_{t\to+\infty}\left(1-\frac{1}{t^{2}}\right)^{t}=\lim_{t\to+\infty}\left(1+\frac{1}{t}\right)^{t}\lim_{t\to+\infty}\left(1-\frac{1}{t}\right)^{t}=\mathrm{e}\times\mathrm{e}^{-1}=1.$$

【例 1-38】 计算极限$\lim\limits_{x\to\infty}\left(\dfrac{2+x}{1+x}\right)^{x}$.

解 方法 1:
$$\lim_{x\to\infty}\left(\frac{2+x}{1+x}\right)^{x}=\lim_{x\to\infty}\left(1+\frac{1}{1+x}\right)^{x}$$
$$=\lim_{x\to\infty}\left(1+\frac{1}{1+x}\right)^{1+x}\lim_{x\to\infty}\left(1+\frac{1}{1+x}\right)^{-1}=\mathrm{e}\times 1=\mathrm{e}.$$

方法 2:
$$\lim_{x\to\infty}\left(\frac{2+x}{1+x}\right)^{x}=\lim_{x\to\infty}\left(\frac{1+\frac{2}{x}}{1+\frac{1}{x}}\right)^{x}=\lim_{x\to\infty}\frac{\left(1+\frac{2}{x}\right)^{x}}{\left(1+\frac{1}{x}\right)^{x}}=\frac{\mathrm{e}^{2}}{\mathrm{e}}=\mathrm{e}.$$

类型归纳 ▶▶▶

类型:求"1^{∞}"型极限.

方法:可以考虑运用第二个重要极限.

【例 1-39】 2011 年 4 月 6 日调整后,我国银行一年期整存整取的年利率为 3.25%,某人存入 1 万元.问:(1)一年后,连本带利共有多少?(2)如果银行按月计息或按连续计息,则连本带利又有多少?

解 (1)按年度计息,一年后,连本带利共有

$$1\times(1+0.0325)^1=1.0325(\text{万元}).$$

(2)如果银行按月计息,一年分为12个月,一年后,连本带利共有

$$1\times\left(1+\frac{0.0325}{12}\right)^{12}=1.032989(\text{万元});$$

如果银行按每时每刻地连续计息,将时间进行无限分割,一年后,连本带利共有

$$\lim_{n\to\infty}\left[1\times\left(1+\frac{0.0325}{n}\right)^n\right]=e^{0.0325}=1.033034(\text{万元}).$$

类型归纳 ▶▶▶

类型:求连续变化的利率问题.

方法:无限分割时间,再利用第二个重要极限求解.在经济界,e被称为银行家常数.

结束语 ▶▶▶

我们在求一个变量的极限时,一般采用的方法,都是"能代就代,不能代则恒等变换".但是,并不是所有变量都可以通过恒等变换来求极限,我们需要一些求极限的模型,这就是"两个重要极限".之所以被称为重要极限,一是数量不多,就两个;二是这两个极限模型被广泛运用在极限运算中.两个重要极限应重点掌握,特别要注意其格式和对应变量的抽象性,通过"凑"的方法,把所求的极限化为重要极限模型加以解决.

同步训练

【A组】

1. 单项选择题:

(1)下列各式正确的是(　　);

(A)$\lim\limits_{x\to 0}\frac{x}{\sin x}=0$　　(B)$\lim\limits_{x\to\infty}\frac{\sin x}{x}=1$

(C)$\lim\limits_{x\to 0}\frac{\sin x}{x}=1$　　(D)$\lim\limits_{x\to\infty}\frac{x}{\sin x}=1$

(2)若$\lim\limits_{n\to\infty}\left(1+\frac{2}{n}\right)^{kn}=e^{-3}$,则 $k=$(　　);

(A)$\frac{3}{2}$　　(B)$\frac{2}{3}$

(C)$-\frac{3}{2}$　　(D)$-\frac{2}{3}$

(3)$\lim\limits_{n\to\infty}\left(1+\frac{2}{n}\right)^{n+2}=$(　　).

(A)e^2　　(B)e^4

(C)$e^{\frac{1}{4}}$　　(D)$e^{-\frac{1}{4}}$

2. 计算下列各极限：

(1) $\lim\limits_{x\to 0}\dfrac{\sin\omega x}{x}$；

(2) $\lim\limits_{x\to 0}\dfrac{\sin mx}{\sin nx}$；

(3) $\lim\limits_{x\to 0}\dfrac{\tan 4x}{x}$；

(4) $\lim\limits_{x\to 0}\dfrac{x-\sin x}{x+\sin x}$.

3. 计算下列各极限：

(1) $\lim\limits_{x\to\infty}\left(1+\dfrac{2}{x}\right)^{x}$；

(2) $\lim\limits_{x\to\infty}\left(1+\dfrac{3}{5x}\right)^{x}$；

(3) $\lim\limits_{x\to 0}(1-x)^{\frac{1}{x}}$；

(4) $\lim\limits_{x\to 0}(1+2x)^{\frac{2}{x}}$；

(5) $\lim\limits_{x\to\infty}\left(\dfrac{1+x}{x}\right)^{2x}$；

(6) $\lim\limits_{x\to\infty}\left(1+\dfrac{2}{1+x}\right)^{x}$.

【B 组】

计算下列各极限：

(1) $\lim\limits_{n\to\infty}3^{n}\sin\dfrac{x}{3^{n}}$（常数 $x\neq 0$）；

(2) $\lim\limits_{x\to\pi}\dfrac{\sin x}{\pi-x}$；

(3) $\lim\limits_{x\to 0}\dfrac{\tan x-\sin x}{\sin^{3}x}$；

(4) $\lim\limits_{x\to\infty}\left(\dfrac{4+3x}{3x-1}\right)^{x+1}$；

(5) $\lim\limits_{x\to 2}[1+(x-2)]^{\frac{3}{x-2}}$；

(6) $\lim\limits_{x\to\frac{\pi}{2}}(1+\cos x)^{2\sec x}$.

第四节　无穷小量与无穷大量

【学习要求】

1. 掌握无穷小量与无穷大量的概念；
2. 掌握无穷小量与无穷大量的阶的概念；
3. 运用无穷小量与无穷大量求某些函数的极限.

【学习重点】

无穷小量在求极限时的等价替换.

【学习难点】

适时使用无穷小量替换原理求极限.

引言

在学习两个重要极限的过程中，我们遇到了变量的变化趋势是无限靠近于 0 或无限靠近于∞，事实上，在函数极限中会经常出现这两种变量. 一般地，在某个变化过程中，一种变量可以无限变小，而且要有多小就有多小；另一种变量的绝对值可以无限变大，而且要有多大就有多大，我们分别将它们称为无穷小量和无穷大量. 无穷小量是高等数学里非常重要的概念,有些学者甚至把微积分称作无穷小分析.

一、无穷小量的概念

定义 1-18 在自变量的某一变化过程中,变量 X 的极限为 0,则称 X 为自变量在此变化过程中的无穷小量(简称无穷小),记作 $\lim X=0$. 其中"$\lim X$"是简记符号,极限的条件可以是 $n\to\infty$,$x\to x_0$,$x\to\infty$中的某一个.

说明:

(1)无穷小和一个很小的确定常数(如 10^{-10})不能混为一谈,这是因为无穷小是个变量,在自变量的某一个变化过程(如 $x\to x_0$)中,其绝对值可以任意小,要有多小就有多小;而 10^{-10}是个定数,与任何一个自变量无关,在自变量的某一个变化过程中,其绝对值始终保持不变,不能任意小,所以 10^{-10}不是无穷小.

(2)一般地,无穷小量是有条件的,要注意自变量的变化过程. 例如$\lim\limits_{x\to 2}(x-2)^3=0$,$\lim\limits_{x\to 3}(x-2)^3=1$,表示变量$(x-2)^3$ 在 $x\to 2$ 时是无穷小,但在 $x\to 3$ 的条件下,变量$(x-2)^3$ 就不是无穷小.

(3)特殊地,0 也是无穷小,这是因为 $\lim 0=0$,即在任意条件下,0 都是无穷小. 换言之,常数 0 在自变量任何一个变化过程中,极限总为 0,因此 0 可以作为无穷小的唯一的常数.

【例 1-40】 当 x 趋于何值时,变量 $\sqrt{x+1}-\sqrt{x}$是无穷小?

解 因为
$$\lim_{x\to+\infty}(\sqrt{x+1}-\sqrt{x})=\lim_{x\to+\infty}\frac{(\sqrt{x+1}-\sqrt{x})(\sqrt{x+1}+\sqrt{x})}{\sqrt{x+1}+\sqrt{x}}$$
$$=\lim_{x\to+\infty}\frac{1}{\sqrt{x+1}+\sqrt{x}}=0,$$
所以,当 $x\to+\infty$时,变量 $\sqrt{x+1}-\sqrt{x}$是无穷小.

类型归纳 ▶▶▶

类型:判断变量是否为无穷小.

方法:根据变量的极限值是否为 0 来判定.

二、无穷小量的阶的比较

定义 1-19 无穷小量的阶的比较(以下讨论的 α 和 β 都是自变量在同一变化过程中的无穷小量,且 $\alpha\neq 0$,而 $\lim\dfrac{\beta}{\alpha}$也是在这个变化过程中的极限):

(1)若 $\lim\dfrac{\beta}{\alpha}=0$,则称 β 是比 α 高阶的无穷小量,记作 $\beta=o(\alpha)$,当 $\beta\neq 0$ 时,也称 α 是比 β 低阶的无穷小量;

(2)若 $\lim\dfrac{\beta}{\alpha}=c(c\neq 0)$,则称 β 与 α 为同阶无穷小量;

(3)若 $\lim\dfrac{\beta}{\alpha}=1$,则称 β 与 α 是等价无穷小量,记作 $\alpha\sim\beta$ 或 $\beta\sim\alpha$.

说明：

显然，等价无穷小是同阶无穷小的特殊情形，即 $c=1$ 的情况. 常见的等价无穷小量有（当 $x\to 0$ 时）：$x\sim\sin x\sim\tan x\sim\arcsin x\sim\arctan x\sim\ln(1+x)\sim(e^x-1)$；$(1-\cos x)\sim\frac{x^2}{2}$；$[(1+x)^a-1]\sim ax(a\neq 0)$.

【例 1-41】 当 $x\to 0$ 时，比较无穷小量 $\sin x^2$ 与 x 的阶.

解 因为 $\lim\limits_{x\to 0}\frac{\sin x^2}{x}=\lim\limits_{x\to 0}\left(x\cdot\frac{\sin x^2}{x^2}\right)=\lim\limits_{x\to 0}x\cdot\lim\limits_{x\to 0}\frac{\sin x^2}{x^2}=0$,

所以，当 $x\to 0$ 时，$\sin x^2$ 是比 x 高阶的无穷小量.

类型归纳 ▶▶▶

类型： 比较无穷小量的阶.

方法： 用无穷小量的比的极限值判定.

三、无穷小量的性质

性质 1（极限与无穷小的关系） 在自变量 x 的某一个变化过程中，函数 $f(x)$ 有极限 A 的充要条件是 $f(x)=A+\alpha$，其中 α 是自变量 x 在同一变化过程中的无穷小量.

性质 2（无穷小量的代数性质）

(1)有限个无穷小量之和仍是无穷小量；

(2)无穷小量与有界变量之积仍是无穷小量；

(3)常数与无穷小量之积是无穷小量；

(4)有限个无穷小量之积仍是无穷小量.

【例 1-42】 计算极限 $\lim\limits_{x\to 0}x\cos\frac{1}{x}$.

解 因为 $\left|\cos\frac{1}{x}\right|\leqslant 1$，所以函数 $f(x)=\cos\frac{1}{x}$ 是有界函数. 根据无穷小量的代数性质"有界变量与无穷小量之积仍是无穷小量"，可得 $\lim\limits_{x\to 0}x\cos\frac{1}{x}=0$.

【例 1-43】 计算极限 $\lim\limits_{x\to\infty}\frac{\arctan x}{x}$.

解 当 $x\to\infty$ 时，$\frac{1}{x}$ 是无穷小量，又 $-\frac{\pi}{2}\leqslant\arctan x\leqslant\frac{\pi}{2}$，即 $\arctan x$ 是有界函数，由"无穷小量与有界变量之积仍是无穷小量"的性质，得

$$\lim_{x\to\infty}\frac{\arctan x}{x}=\lim_{x\to\infty}\left(\frac{1}{x}\cdot\arctan x\right)=0.$$

【例 1-44】 计算极限 $\lim\limits_{x\to\infty}\frac{\sin x}{x}$.

解 运用无穷小量的代数性质，可得 $\lim\limits_{x\to\infty}\frac{\sin x}{x}=\lim\limits_{x\to\infty}\left(\frac{1}{x}\cdot\sin x\right)=0$.

注： 这里要注意求极限的条件，不要和上一节中的第一个重要极限的条件混淆.

类型归纳

类型:求有界变量与无穷小量之积的极限.

方法:根据无穷小量的代数性质求解.

定理 1-4(等价无穷小量的替换原理) 在自变量的同一变化过程中,α、α'、β 和 β' 都是无穷小量,且 $\alpha\sim\alpha'$,$\beta\sim\beta'$,如果 $\lim\frac{\beta'}{\alpha'}$存在,那么

$$\lim\frac{\beta}{\alpha}=\lim\frac{\beta'}{\alpha'}.$$

根据等价无穷小的替换原理,我们还可以得到无穷小的又一个性质:

性质 3(无穷小量的传递性质) 在自变量的同一变化过程中,如果无穷小量 α、β 和 γ 满足 $\alpha\sim\beta$ 且 $\beta\sim\gamma$,则 $\alpha\sim\gamma$.

【例 1-45】 计算极限$\lim\limits_{x\to0}\frac{\arctan x}{\sin 4x}$.

解 因为 $x\to0$ 时,$\arctan x\sim x$,$\sin 4x\sim 4x$,

所以 $\lim\limits_{x\to0}\frac{\arctan x}{\sin 4x}=\lim\limits_{x\to0}\frac{x}{4x}=\frac{1}{4}$.

【例 1-46】 计算极限$\lim\limits_{x\to0}\frac{(x+2)\sin x}{\arcsin 2x}$.

解 $\lim\limits_{x\to0}\frac{(x+2)\sin x}{\arcsin 2x}=\lim\limits_{x\to0}\frac{(x+2)x}{2x}=\lim\limits_{x\to0}\frac{x+2}{2}=1$.

类型归纳

类型:求两个无穷小量之比的极限.

方法:用适当的等价无穷小量进行替换求解.

【例 1-47】 计算极限:(1)$\lim\limits_{n\to\infty}\frac{\frac{1}{n}-\frac{1}{n+1}}{\frac{1}{n^2}}$;(2)$\lim\limits_{x\to0}\frac{x(\tan x-\sin x)}{\sin x^4}$.

解 (1)$\lim\limits_{n\to\infty}\frac{\frac{1}{n}-\frac{1}{n+1}}{\frac{1}{n^2}}=\lim\limits_{n\to\infty}\frac{\frac{1}{n(n+1)}}{\frac{1}{n^2}}=\lim\limits_{n\to\infty}\frac{n}{n+1}=1$;

(2)$\lim\limits_{x\to0}\frac{x(\tan x-\sin x)}{\sin x^4}=\lim\limits_{x\to0}\frac{x\tan x(1-\cos x)}{\sin x^4}=\lim\limits_{x\to0}\frac{x^2\cdot\frac{x^2}{2}}{x^4}=\frac{1}{2}$.

类型归纳

类型:求含有无穷小量和差算式的极限.

方法:化和差为积商,对于无穷小量乘积因子,选用适当的等价无穷小量进行替换求解.

四、无穷大量的概念

定义 1-20 在自变量的某一个变化过程中，变量 X 的绝对值 $|X|$ 无限增大，则称 X 为自变量在此变化过程中的无穷大量（简称无穷大），记作 $\lim X=\infty$. 其中"$\lim X$"是简记符号，极限的条件可以是 $n\to\infty$，$x\to x_0$，$x\to\infty$ 中的某一个.

说明：

(1)表达式 $\lim X=\infty$，只是为了数学的表述方便，而沿用了极限符号，无穷大变量的极限值是不存在的；

(2)无穷大∞不是数，不可与绝对值很大的数（如 10^{10} 等）混为一谈. 无穷大量是指绝对值可以任意变大的变量.

例如，当 $x\to0^+$ 时，$\dfrac{1}{x}\to+\infty$，则 $e^{\frac{1}{x}}$ 是无穷大量；但当 $x\to0^-$ 时，$\dfrac{1}{x}\to-\infty$，则 $e^{\frac{1}{x}}$ 时是无穷小量.

五、无穷小量与无穷大量的关系

性质（无穷小量与无穷大量的关系） 在自变量的同一变化过程中：如果 X 是无穷大量，则 $\dfrac{1}{X}$ 是无穷小量；如果 $X\neq0$ 且 X 是无穷小量，则 $\dfrac{1}{X}$ 是无穷大量.

【例 1-48】 计算极限 $\lim\limits_{x\to1}\dfrac{x-1}{x^2-2x+1}$.

解 因为

$$\lim_{x\to1}\frac{x^2-2x+1}{x-1}=\lim_{x\to1}\frac{(x-1)^2}{x-1}=\lim_{x\to1}(x-1)=0,$$

所以

$$\lim_{x\to1}\frac{x-1}{x^2-2x+1}=\infty.$$

类型归纳 ▶▶▶

类型： 求极限值为无穷大量的极限.

方法： 运用无穷大量与无穷小量的倒数关系求解.

结束语 ▶▶▶

世界上的一切事物，在我们看来都是以"有"的形式存在着，这是因为我们总是相信眼见为实. 而无穷小量和无穷大量是我们见不到的，它同一般的数值不同，也与一般的变量不同. 正是由于这种不同，无穷小量和无穷大量都不是很好理解，但它们在高等数学中具有重要的意义.

假如有一根竹签，每天对折一次，这样就可无限地分下去，一万年、十万年、百万年也折不到尽头，于是就产生了无穷小的概念. 同样，如果存在一种在传递中不存在能量消耗的光线，它也会一万年、十万年、百万年地永远传递下去，于是就出现了无穷大的概念. 通过这两个事例，你能说无穷小和无穷大是不存在的吗？

有了无穷小量和无穷大量的概念，我们可以对一些变量的变化趋势进行简单的描述. 特别是有了无穷小量的替换原理，在求极限问题时，我们又多了一个有效的方法.

同步训练

【A 组】

1. 单项选择题：

(1)当 $x\to1$ 时，下列变量中不是无穷小量的是(　　)；

(A)x^2-1　　(B)$x(x-2)+1$

(C)$3x^2-2x-1$　　(D)$4x^2-2x+1$

(2)$\lim\limits_{x\to0}\dfrac{\sin\left(-\dfrac{x}{2}\right)}{\sin\dfrac{x}{3}}=$(　　)；

(A)$\dfrac{2}{3}$　　(B)$\dfrac{3}{2}$　　(C)$-\dfrac{2}{3}$　　(D)$-\dfrac{3}{2}$

(3)当 $n\to\infty$ 时，与 $\sin^3\dfrac{1}{n}$ 等价的无穷小量是(　　).

(A)$\ln\left(1+\dfrac{1}{n}\right)$　　(B)$\ln\left(1+\dfrac{1}{\sqrt{n}}\right)$

(C)$\ln\left(1+\dfrac{3}{n}\right)$　　(D)$\ln\left(1+\dfrac{1}{n^3}\right)$

2. 当 x 趋于何值时，下列变量是无穷小量？

(1)$\dfrac{1}{1+x^2}$；　　(2)$\tan x$；　　(3)$\arcsin x$.

3. 当 x 趋于何值时，下列变量是无穷大量？

(1)$\dfrac{1}{x-1}$；　　(2)$\ln(x+2)$；　　(3)$\dfrac{1}{\dfrac{\pi}{2}-\arctan x}$.

4. 在下列各题中，哪些是无穷小量？哪些是无穷大量？

(1)$\dfrac{1+2x}{x^2}\ (x\to\infty)$；　　(2)$\dfrac{1+x}{x^2-9}\ (x\to3)$；　　(3)$2^{-x^{-1}}\ (x\to0)$；

(4)$\ln|x|\ (x\to0)$；　　(5)$\dfrac{\sin x}{1+\cos x}(x\to0)$.

【B 组】

1. 运用等价无穷小量的性质，计算下列各极限：

(1)$\lim\limits_{x\to0}\dfrac{\sin(x^n)}{(\sin x)^m}$；　　(2)$\lim\limits_{x\to0}\dfrac{\tan3x}{\sin5x}$；

(3)$\lim\limits_{x\to0}\dfrac{\tan x-\sin x}{\ln(1+x^3)}$；　　(4)$\lim\limits_{n\to+\infty}n[\ln(n+1)-\ln n]$；

(5) $\lim\limits_{x\to 0}\dfrac{(e^x-1)\sin x}{1-\cos x}$；　　(6) $\lim\limits_{x\to\infty}x^2\left(1-\cos\dfrac{1}{x}\right)$.

2. 设函数 $f(x)=\ln x$，求 $\lim\dfrac{f(x+\Delta x)-f(x)}{\Delta x}$.

第五节　函数的连续性

【学习要求】

1. 理解函数在某点处连续的定义，了解左、右连续；
2. 了解初等函数的连续性和连续的等价命题；
3. 知道间断点的判定方法和分类；
4. 知道闭区间上的最值定理和介值定理.

【学习重点】

1. 函数在某点连续的定义；
2. 间断点的判定；
3. 根的存在判定；
4. 初等函数的连续性.

【学习难点】

1. 左连续、右连续的概念；
2. 在某点处连续的判定.

引言

我们已经学习了极限，现在，通过极限理论进一步考察函数的变化关系，可以发现，在自然界中有很多现象，如气温的变化、河水的流动、植物的生长等，都是连续变化的. 就植物的生长来看，当时间变化很微小时，植物的变化也很微小，这种现象在函数关系上的反映就是函数的连续性. 对于连绵不断变化的函数，或者是在某点处断开的函数，它们在数学上的特性与函数的极限密切相关，都可以用极限来进行数学描述.

一、函数连续的概念

定义 1-21　设函数 $y=f(x)$ 在点 x_0 处及其附近有定义，如图 1-30所示.

$$x: x_0\to x_0+\Delta x,$$
$$y: f(x_0)\to f(x_0+\Delta x),$$
$$\Delta y=f(x_0+\Delta x)-f(x_0),$$

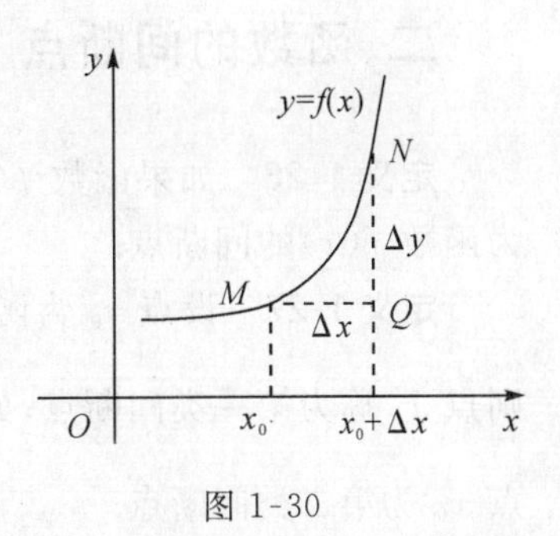

图 1-30

如果当自变量的增量 $\Delta x=x-x_0$ 趋于零时，对应的函数的增

量 $\Delta y=f(x_0+\Delta x)-f(x_0)$ 也趋于零，即 $\lim\limits_{\Delta x\to 0}\Delta y=0$，那么就称函数 $y=f(x)$ 在点 x_0 处连续.

定义 1-22 设函数 $y=f(x)$ 在点 x_0 处及其附近有定义，如果函数 $f(x)$ 当 $x\to x_0$ 时的极限存在，且等于它在 x_0 处的函数值 $f(x_0)$，即

$$\lim_{x\to x_0}f(x)=f(x_0),$$

那么称函数 $y=f(x)$ 在点 x_0 处连续.

说明：

(1)以上两种定义方式都同样确切地叙述了函数 $f(x)$ 在点 x_0 处连续的概念，它们没有实质性的区别，是等价的.

(2)第一种定义便于我们理解函数 $f(x)$ 在点 x_0 处连续的内涵：$|\Delta x|$ 很微小时，$|\Delta y|$ 也很微小，多用于检验函数在某一个区间上的连续性问题；第二种定义，是在前一定义中令 $x_0+\Delta x=x$ 化简得到的，多用于检验函数在某一指定点 x_0 处的连续性问题.

由于函数在某点处是否连续，是用极限来判断的，而极限又可以分解为左极限和右极限，因此，函数在某点处是否连续，也可以进行类似的分解.

定义 1-23 设函数 $y=f(x)$ 在点 x_0 处及其左侧附近有定义，若

$$\lim_{x\to x_0^-}f(x)=f(x_0),$$

则称函数 $f(x)$ 在点 x_0 处左连续.

相应地，设函数 $y=f(x)$ 在点 x_0 处及其右侧附近有定义，若

$$\lim_{x\to x_0^+}f(x)=f(x_0),$$

则称函数 $f(x)$ 在点 x_0 处右连续.

定义 1-24 在开区间 (a,b) 内每一点都连续的函数，称为在开区间 (a,b) 内的连续函数，或者称函数在开区间 (a,b) 内连续.

定义 1-25 如果函数在开区间 (a,b) 内连续，且在左端点 a 右连续，在右端点 b 左连续，那么称函数在闭区间 $[a,b]$ 上连续.

说明：

连续函数的图形是一条连绵不断的曲线. 基本初等函数在各自的定义域内都是连续函数. 多项式函数 $f(x)$ 在区间 $(-\infty,+\infty)$ 内是连续的；对于有理分式函数 $\frac{P(x)}{Q(x)}$，只要 $Q(x)\neq 0$，那么有理分式函数在其定义域的每一点都是连续的.

二、函数的间断点

定义 1-26 如果函数 $f(x)$ 在点 x_0 处不连续，则称函数 $f(x)$ 在点 x_0 处间断，称点 x_0 为函数 $f(x)$ 的间断点.

定义 1-27 设点 x_0 为函数 $f(x)$ 的间断点，如果单侧极限 $\lim\limits_{x\to x_0^-}f(x)$ 及 $\lim\limits_{x\to x_0^+}f(x)$ 都存在，则点 x_0 称为第一类间断点；如果单侧极限 $\lim\limits_{x\to x_0^-}f(x)$ 及 $\lim\limits_{x\to x_0^+}f(x)$ 中至少有一个不存在，则称点 x_0 为第二类间断点.

说明：

要判定点 x_0 为函数 $f(x)$ 的间断点，可分为下述 3 种情况：

(1)函数 $f(x)$ 在点 x_0 处没有定义；

(2)虽然函数 $f(x)$ 在点 x_0 处有定义，但是极限 $\lim\limits_{x\to x_0}f(x)$ 不存在；

(3)虽然极限 $\lim\limits_{x\to x_0}f(x)$ 存在，$f(x_0)$ 也有定义，但是 $\lim\limits_{x\to x_0}f(x)\neq f(x_0)$.

以上 3 个条件，只要有一个条件符合，则此函数在点 x_0 处就不连续，即点 x_0 就是函数的间断点.

如果间断点处至少有一个单侧极限为无穷大(见图 1-31)，则称该间断点为无穷间断点；如果间断点处的左右极限都存在，但不相等，则在该点处的函数图像呈跳跃状(见图 1-32)，称该间断点为跳跃间断点；如果间断点处的左右极限都存在且相等，那么，只要令该点的函数值为该点的极限值，则函数连续，因此，称该间断点为可去间断点(见图 1-33)

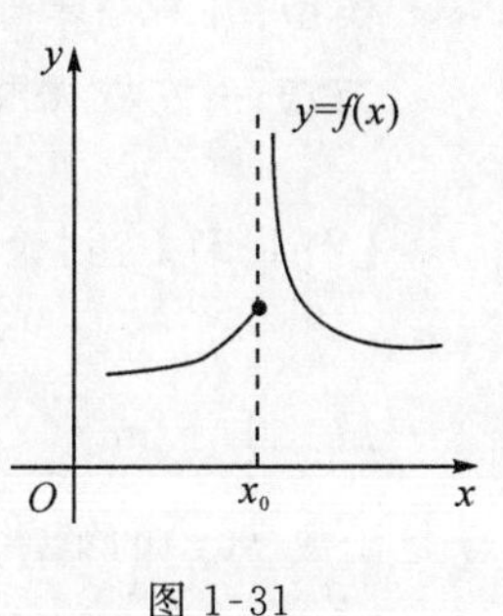

图 1-31

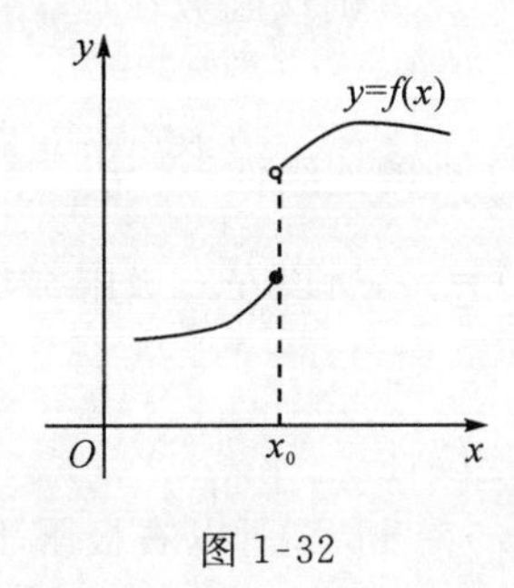

图 1-32

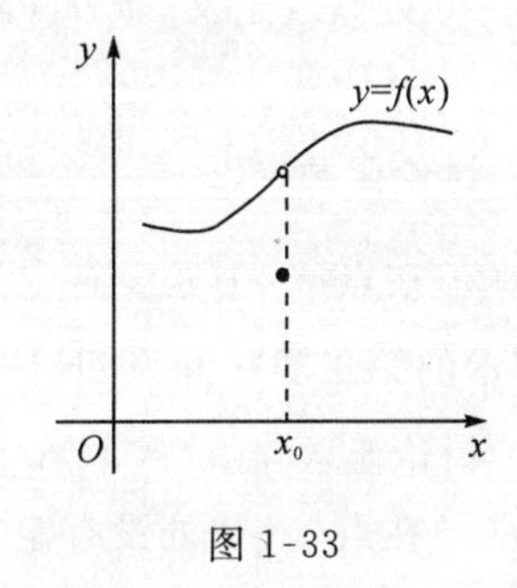

图 1-33

定理 1-5(点连续的判定定理)　设函数 $y=f(x)$ 在点 x_0 处既左连续又右连续，即

$$\lim_{x\to x_0^-}f(x)=f(x_0)\text{且}\lim_{x\to x_0^+}f(x)=f(x_0),$$

则函数 $f(x)$ 在点 x_0 处连续.

【例 1-49】　讨论函数 $f(x)=\begin{cases}\dfrac{1}{x^2}, & 0<x\leqslant 1,\\ 2-x, & 1<x\leqslant 2\end{cases}$ 在点 $x=1$ 处的连续性.

解　$f(x)$ 在点 $x=1$ 处函数有定义，且函数值为 $f(1)=1$. 该点处的左右极限分别是

$$\lim_{x\to 1^-}\frac{1}{x^2}=1,\lim_{x\to 1^+}(2-x)=1,$$

左右极限存在且相等，并且等于该点的函数值，因而函数 $f(x)$ 在点 $x=1$ 处连续.

【例 1-50】　讨论函数 $f(x)=\begin{cases}x^2+1, & x<0,\\ 0, & x=0,\\ x-1, & x>0\end{cases}$ 在点 $x=0$ 处的连续性.

解　因为 $\lim\limits_{x\to 0^-}f(x)=\lim\limits_{x\to 0^-}(x^2+1)=1$,

又因为

$$\lim_{x\to 0^+}f(x)=\lim_{x\to 0^+}(x-1)=-1,$$

故

$$f(0^-)\neq f(0^+),$$

因此点 $x=0$ 是函数 $f(x)$ 的第一类间断点，具体地，是跳跃间断点.

类型归纳 ▶▶▶

类型：判断分界点左右不同式的点的连续性.

方法：用左右极限分析讨论.

【例 1-51】 讨论函数 $f(x)=\begin{cases}\dfrac{\sin x}{x}, & x\neq 0,\\ 2, & x=0\end{cases}$ 在点 $x=0$ 处的连续性.

解 由于 $\lim\limits_{x\to 0}f(x)=\lim\limits_{x\to 0}\dfrac{\sin x}{x}=1$，又 $f(0)=2$，所以 $f(0^-)=f(0^+)\neq f(0)$，因此，点 $x=0$ 是函数 $f(x)$ 的第一类间断点，具体地，是可去间断点.

如果在点 $x=0$ 处修改定义，令 $f_1(x)=\begin{cases}\dfrac{\sin x}{x}, & x\neq 0,\\ 1, & x=0,\end{cases}$ 则该函数在点 $x=0$ 处连续.

【例 1-52】 讨论函数 $f(x)=\dfrac{x^2+x+1}{x-1}$ 在点 $x=1$ 处的连续性.

解 由于 $f(x)$ 在点 $x=1$ 处没有定义，又 $\lim\limits_{x\to 1}f(x)=\infty$，所以左右极限都不存在，因此点 $x=1$ 是函数 $f(x)$ 的第二类间断点，具体地，是无穷间断点.

【例 1-53】 讨论函数 $f(x)=e^{\frac{1}{x}}$ 在点 $x=0$ 处的连续性.

解 由于 $f(x)$ 在点 $x=0$ 处没有定义，又 $\lim\limits_{x\to 0^+}f(x)=+\infty$，所以右极限不存在，因此点 $x=0$ 是函数 $f(x)$ 的第二类间断点，具体地，是无穷间断点.

【例 1-54】 研究函数 $f(x)=\dfrac{\sin 2x}{\sin x}$ 在点 $x=0$ 处的连续性.

解 因为 $f(x)=\dfrac{\sin 2x}{\sin x}$ 在点 $x=0$ 处无定义，故点 $x=0$ 是此函数的间断点. 又因为

$$\lim_{x\to 0}\frac{\sin 2x}{\sin x}=\lim_{x\to 0}\frac{2\sin x\cos x}{\sin x}=\lim_{x\to 0}2\cos x=2,$$

所以点 $x=0$ 是此函数的第一类间断点，具体地，是可去间断点.

类型归纳 ▶▶▶

类型：判断分界点左右同式的点的连续性.

方法：直接使用极限分析讨论.

三、连续函数的性质

性质 1 有限个连续函数的和、差、积、商（分母不为零）也是连续函数.

性质 2 有限个连续函数的复合函数也是连续函数.

性质 3（初等函数的连续性） 一切初等函数在其定义区间内都是连续的.

因此，求初等函数在其定义区间内某点的极限时，只要求出该点的函数值即可. 即对于初等函数 $f(x)$ 在其定义区间的任一点 x_0 处，都有 $\lim\limits_{x\to x_0}f(x)=f(x_0)$.

定理 1-6（最值存在定理） 如果函数 $f(x)$ 在闭区间 $[a,b]$ 上连续，则它在 $[a,b]$ 上一定有最大值 M 和最小值 m（见图 1-34）. 也就是说，存在 $\xi,\eta\in[a,b]$，使得对一切 $x\in[a,b]$，有

$$f(\xi)\leqslant f(x)\leqslant f(\eta).$$

定理 1-7（有界性定理） 如果函数 $f(x)$ 在闭区间 $[a,b]$ 上连续，则它在 $[a,b]$ 上一定有界. 即存在常数 $K>0$，使 $|f(x)|\leqslant K$ 对任一 $x\in[a,b]$ 都成立.

定理 1-8（零点存在定理） 如果函数 $f(x)$ 在闭区间 $[a,b]$ 上连续，且 $f(a)\cdot f(b)<0$，则在开区间 (a,b) 内至少存在函数 $f(x)$ 的一个零点（见图 1-35），即至少存在一点 $\xi(a<\xi<b)$，使得 $f(\xi)=0$.

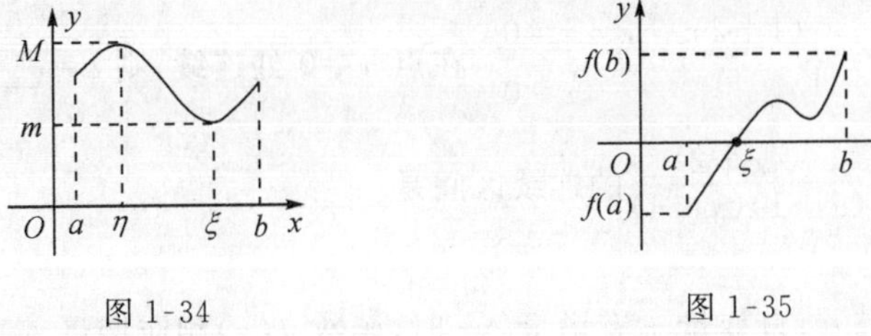

图 1-34　　图 1-35

定理 1-9（介值定理） 如果函数 $f(x)$ 在闭区间 $[a,b]$ 上连续，M 和 m 分别为 $f(x)$ 在 $[a,b]$ 上的最大值与最小值，那么，对介于 M 与 m 之间的任一数 C，在开区间 (a,b) 内至少存在一点 $\xi(a<\xi<b)$，使得 $f(\xi)=C$.

【例 1-55】 求证：五次代数方程 $x^5-5x-1=0$ 在区间 $(1,2)$ 内至少有一个根.

证明 由于函数 $f(x)=x^5-5x-1$ 是初等函数，因此它在闭区间 $[1,2]$ 上连续，又

$$f(1)=-5<0,f(2)=21>0,$$

故 $f(1)\cdot f(2)<0$，由定理 1-8 可知，在区间 $(1,2)$ 内至少有一点 $\xi(1<\xi<2)$，使得

$$f(\xi)=0,$$

即五次代数方程 $x^5-5x-1=0$ 在区间 $(1,2)$ 内至少有一个根.

我们能够用公式解出一元二次方程的根，然而，一般方程的根是很难用公式来求解的，或者根本就无公式可循. 有了零点存在定理，只要能找到一个使得端点的函数值异号的闭区间，就可以将该区间一分为二，再求出分割点处的函数值符号，以确定含根的区间. 经过这样反复多次的二分运算，就能找到一般方程的根的近似值，这就是二分求根法.

类型归纳 ▶▶▶

类型：判断方程根的存在性.

方法：先构造对应的函数，把方程的根看成函数图像与 x 轴的交点，再运用零点存在定理证明.

结束语 ▶▶▶

本节需要深刻理解函数连续性的概念，特别要求理解它的几何直观模型，掌握函数间断点的定义和分类，能够运用函数连续性解题. 运用函数在某一点连续的充分必要条件"左右

极限存在且相等,并等于该点的函数值”,是判断某点处是否连续的基本方法,也是判别间断点及其类型的有效途径.用零点存在定理判别方程是否有根,应仔细选择合适的端点,零点存在定理是判断和求解一般方程根的问题的最原始、最根本的方法.学好了函数连续性这个概念,也为进一步深入研究函数的微分和积分及其运用打下了基础.

同步训练

【A组】

1.填空题:

(1)函数 $f(x)=\dfrac{\sqrt{x+2}}{(x+1)(x+3)}$ 的间断点是________;

(2)设函数 $f(x)=\begin{cases}(1+2x)^{\frac{1}{x}}, & x\neq 0,\\ a, & x=0\end{cases}$ 在点 $x=0$ 处连续,则 $a=$________;

(3)函数 $f(x)=\dfrac{\sqrt{x+2}}{(x+1)(x-4)}$ 的连续区间是________.

2.单项选择题:

(1)函数 $f(x)=5x^2$,自变量 x 有增量 Δx 时,函数 $f(x)$ 相应增量 $\Delta y=$(　　);

(A)$10x\Delta x$　　(B)$10x+5\Delta x$

(C)$10x\Delta x+5(\Delta x)^2$　　(D)$10x\Delta x+(\Delta x)^2$

(2)函数 $y=\dfrac{\sin x}{x}+\dfrac{e^{\frac{1}{2x}}}{1-x}$ 的连续区间是(　　);

(A)$(-\infty,0)\cup(0,+\infty)$　　(B)$(1,+\infty)$

(C)$(-\infty,0)\cup(0,1)\cup(1,+\infty)$　　(D)$(-\infty,+\infty)$

(3)函数 $y=f(x)$ 在点 $x=x_0$ 处有定义是 $f(x)$ 在 x_0 处连续的(　　);

(A)必要条件　　(B)充分条件

(C)充要条件　　(D)无关条件

(4)函数 $y=f(x)$ 在点 $x=x_0$ 处连续是 $f(x)$ 在 x_0 处有定义的(　　);

(A)必要条件　　(B)充分条件

(C)充要条件　　(D)无关条件

(5)函数 $y=f(x)$ 在点 $x=x_0$ 处连续是 $\lim\limits_{x\to x_0}f(x)$ 存在的(　　);

(A)必要条件　　(B)充分条件

(C)充要条件　　(D)无关条件

(6)极限 $\lim\limits_{x\to\infty}e^{\frac{1}{x}}=$(　　);

(A)1　　(B)0　　(C)-1　　(D)∞

(7)极限 $\lim\limits_{x\to 0}\dfrac{\sqrt{1+x^2}-1}{x}=$(　　);

(A)1　　(B)2　　(C)0　　(D)∞

(8)函数 $y=x^2+1$ 在区间$(-1,1)$内的最大值是(　　);

(A)0　　(B)1　　(C)2　　(D)不存在

(9)方程 $x^3+2x^2-x-2=0$ 在区间$(-3,2)$内(　　).

(A)恰有一个实根　　(B)恰有两个实根

(C)至少有一个实根　　(D)无实根

3. 计算下列极限:

(1)$\lim\limits_{x\to 0}\sqrt{x^2-2x+5}$;　　(2)$\lim\limits_{x\to \frac{\pi}{4}}(\sin 2x)^3$;

(3)$\lim\limits_{x\to \frac{\pi}{9}}\ln(2\cos 3x)$;　　(4)$\lim\limits_{x\to \frac{\pi}{4}}\dfrac{\sin 2x}{2\cos(\pi-x)}$.

【B 组】

1. 设函数 $f(x)=\begin{cases}\sqrt{x^2-1}, & x<-1,\\ b, & x=-1,\\ a+\arccos x, & -1<x\leqslant 1\end{cases}$ 在点 $x=-1$ 处连续,求常数 a 和 b 的值.

2. 求证:三次代数方程 $x^3-4x^2+1=0$ 在开区间$(0,1)$内至少有一个根.

3. 设函数 $f(x)=\begin{cases}\dfrac{1}{x}\sin x, & x<0,\\ k, & x=0,\\ x\sin\dfrac{1}{x}+1, & x>0.\end{cases}$ 当常数 k 为何值时,$f(x)$在其定义域内连续?

4. 讨论函数 $y=\dfrac{x^2-1}{x^2-3x+2}$ 的连续性.若有间断点,指出其间断点的类型.

单元自测题

一、填空题

1. 函数 $f(x)=2-|x-2|$ 用分段函数表示为 $f(x)=$________.

2. 函数 $y=[\arcsin(3x^2-1)]^2$ 的复合过程是________.

3. 设函数 $f(x)=x^2$,$\varphi(x)=2^x$,则 $f[\varphi(x)]=$________,$\varphi[f(x)]=$________.

4. 设函数 $f(x)=\begin{cases}0, & x<0,\\ 2, & x=0,\\ x^2, & x>0,\end{cases}$ 则 $f\{f[f(-2)]\}=$________.

5. 极限 $\lim\limits_{n\to\infty}\dfrac{2^n+7^n}{2^n-7^n-1}=$________.

6. 若 $\lim\limits_{x\to\infty}\left(1+\dfrac{3}{x}\right)^{kx}=\mathrm{e}^{-3}$,则 $k=$________.

7. 设函数 $f(x)=x^3$,则 $\lim\limits_{\Delta x\to 0}\dfrac{f(x+\Delta x)-f(x)}{\Delta x}=$________.

8. 函数 $f\left(\frac{1}{x}\right)=x+\sqrt{1+x^2}\ (x>0)$，则 $f(x)=$________.

9. 当 $x\to 0$ 时，$2x-x^2$ 与 x^2-x^3 相比，________是较高阶的无穷小.

10. 设函数 $f(x)=\begin{cases} e^{-\frac{1}{x^2}}, & x\neq 0, \\ a, & x=0 \end{cases}$ 在 $x=0$ 处连续，则 $a=$________.

二、单项选择题

1. 已知函数 $f(\sin x)=\cos 2x$，则 $f(x)=$(　　).

(A)$1-x^2$　　(B)$1-2x^2$

(C)$1+2x^2$　　(D)$2x^2-1$

2. 极限 $\lim\limits_{x\to 1}\frac{|x-1|}{x-1}=$(　　).

(A)-1　　(B)1　　(C)0　　(D)不存在

3. 当 $x\to 0$ 时，下列变量中无穷小量是(　　).

(A)$\sin\frac{1}{x}$　　(B)$\arccos x$　　(C)$\ln(x+1)$　　(D)$\left(\frac{1}{3}\right)^x$

4. 下列等式不成立的是(　　).

(A)$\lim\limits_{x\to\infty}x\sin\frac{1}{x}=1$　　(B)$\lim\limits_{x\to 1}\frac{\sin(x^2-1)}{x-1}=1$

(C)$\lim\limits_{x\to 0}\frac{\sin(\sin x)}{x}=1$　　(D)$\lim\limits_{x\to 0}\frac{\arctan x}{x}=1$

5. 下列等式成立的是(　　).

(A)$\lim\limits_{n\to\infty}\left(1+\frac{1}{n}\right)^{2n}=e$　　(B)$\lim\limits_{n\to\infty}\left(1+\frac{2}{n}\right)^{n}=e$

(C)$\lim\limits_{n\to\infty}\left(1+\frac{1}{2n}\right)^{n}=e$　　(D)$\lim\limits_{n\to\infty}\left(1+\frac{1}{n}\right)^{n+2}=e$

6. 函数 $f(x)$ 在点 x_0 处极限存在是 $f(x)$ 在点 x_0 处连续的(　　).

(A)必要条件　　(B)充要条件

(C)充分条件　　(D)无关条件

三、计算题

1. 计算下列极限：

(1)$\lim\limits_{n\to\infty}\frac{1+2+3+\cdots+n}{n^2}$；　　(2)$\lim\limits_{x\to 1}\left(\frac{2}{x^2-1}-\frac{1}{x-1}\right)$；

(3)$\lim\limits_{x\to\infty}\left(\frac{2x+3}{2x+1}\right)^{x+10}$；　　(4)$\lim\limits_{x\to 0}\frac{1-\cos 2x+\tan^2 x}{x\sin x}$.

2. 已知极限 $\lim\limits_{x\to\infty}\left(\frac{x^2+1}{x+1}-ax-b\right)=0$，求 a 和 b 的值.

3. 设函数 $f(x)=\frac{x^2-1}{2x^2-x-1}$，求极限 $\lim\limits_{x\to 0}f(x)$，$\lim\limits_{x\to\infty}f(x)$，$\lim\limits_{x\to 1}f(x)$，$\lim\limits_{x\to -\frac{1}{2}}f(x)$.

4. 求证：函数 $f(x)=\begin{cases} 3x, & 0\leqslant x<1, \\ 4-x, & 1\leqslant x\leqslant 3 \end{cases}$ 在其定义域内连续.

5. 求证：方程 $4x=2^x$ 在 $\left(0,\frac{1}{2}\right)$ 内至少有一个根.

第二章 一元函数微分学

第一节 导数概念

【学习要求】

1. 深刻理解导数的概念,能够从定义出发求简单函数的导数;

2. 知道导数与导函数的相互联系和区别,明确其实际背景并给出物理、几何解释;

3. 掌握导数与单侧导数、可导与连续的关系;

4. 能运用导数概念解决一些涉及函数变化率的实际应用题,会求曲线上某一点处的切线方程.

【学习重点】

导数的概念和导数的几何意义.

【学习难点】

用定义求导数.

引言

极限是高等数学的最基本的理论,导数是高等数学的最基本的方法,由于高等数学的绝大部分运算都是通过导数来完成的,因此必须掌握好导数知识. 所谓导数,就是函数在某点处的瞬时变化率. 比如我们爬山,有时候感觉很轻松,有时候感觉很累. 如果锁定人的心情和体质等因素,究其山的结构,便是平坦与陡峭之别. 这种平坦与陡峭的数学量化,就是导数. 在学习和研究导数的时候,我们需要学会用运动的观点去观察、分析和解决问题,这也是学习高等数学所要培养的重要的人文素质.

一、导数的概念

定义 2-1 设函数 $y=f(x)$ 在点 x_0 处及其附近有定义,如图 2-1所示,设

$$x: x_0 \to x_0+\Delta x,$$
$$y: f(x_0) \to f(x_0+\Delta x),$$
$$\Delta y = f(x_0+\Delta x)-f(x_0),$$

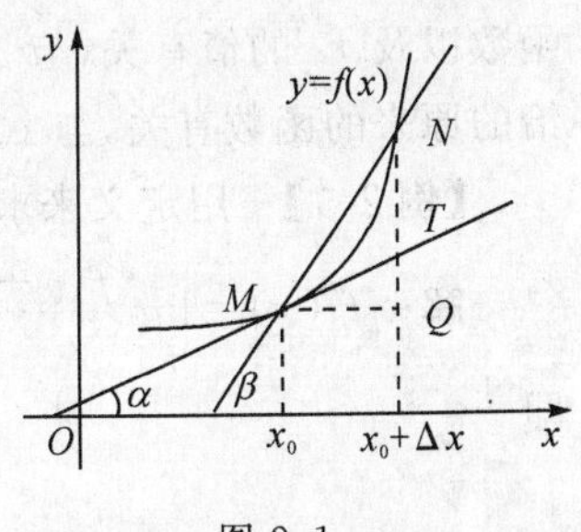

图 2-1

若极限

$$\lim_{\Delta x\to 0}\frac{\Delta y}{\Delta x}=\lim_{\Delta x\to 0}\frac{f(x_0+\Delta x)-f(x_0)}{\Delta x}$$

存在，则称函数 f 在点 x_0 处可导，并称该极限为 f 在点 x_0 处的导数，记作 $f'(x_0)$、$y'|_{x=x_0}$ 或 $\frac{dy}{dx}|_{x=x_0}$，即

$$f'(x_0)=\lim_{\Delta x\to 0}\frac{\Delta y}{\Delta x}=\lim_{\Delta x\to 0}\frac{f(x_0+\Delta x)-f(x_0)}{\Delta x}.$$

令 $x_0+\Delta x=x$，则当 $\Delta x\to 0$ 时，$x\to x_0$，可以得到导数的另一个等价的表达式：

$$f'(x_0)=\lim_{x\to x_0}\frac{f(x)-f(x_0)}{x-x_0}.$$

若上述极限不存在，则称 f 在点 x_0 处不可导.

说明：

(1)研究函数在某一点 x_0 处的瞬时变化率，首先要考察函数在点 x_0 处附近的一个区间 $[x_0,x_0+\Delta x]$ 上的平均变化率，再把区间长度无限缩短，如此构成的极限就是函数在点 x_0 处的瞬时变化率.

(2)导数是函数在某一点处的瞬时变化率，通过极限思想进行研究. 在微积分学中，导数是研究解决问题的最重要的手段，而极限思想是微积分学中的最基本的思想.

(3)在电工学中，电流强度，简称电流，是指单位时间内通过导线横截面的电荷量. 若电荷量 Q 与时间 t 之间的关系为 $Q=Q(t)$，则在 $(t,t+\Delta t)$ 时间段内，导线的平均电流为

$$\frac{\Delta Q}{\Delta t}=\frac{Q(t+\Delta t)-Q(t)}{\Delta t},$$

则在某一时刻 t 的电流为

$$i(t)=Q'(t)=\lim_{\Delta t\to 0}\frac{\Delta Q}{\Delta t}=\lim_{\Delta t\to 0}\frac{Q(t+\Delta t)-Q(t)}{\Delta t}.$$

(4)函数在某一点处可导，在几何上，表示函数在某一点处是“光滑”的.

定义 2-2 若函数 $y=f(x)$ 在区间 I 上每一点处都可导，则对区间 I 内每一个 x，都有 $f(x)$ 的一个导数值 $f'(x)$ 与之对应. 这样就得到一个定义在 I 上的函数，称为函数 $y=f(x)$ 的导函数，简称导数，记作 $f'(x)$、y' 或 $\frac{dy}{dx}$，即

$$f'(x)=\lim_{\Delta x\to 0}\frac{\Delta y}{\Delta x}=\lim_{\Delta x\to 0}\frac{f(x+\Delta x)-f(x)}{\Delta x}.$$

说明：

函数在点 x_0 处的导数就是导函数在点 x_0 处的函数值. 导数值是一个确定的数，与所给函数以及 x_0 的值有关，与 Δx 无关. 导函数是就一个区间而言的，是一个确定的函数，与所给的原来的函数有关，与 Δx 无关.

【例 2-1】 用定义来求函数 $f(x)=C$(C 为常数)的导数.

解 $f'(x)=\lim\limits_{\Delta x\to 0}\frac{f(x+\Delta x)-f(x)}{\Delta x}=\lim\limits_{\Delta x\to 0}\frac{C-C}{\Delta x}=0$，

即

$$f'(x)=0.$$

【例 2-2】 求函数 $y=\sin x$ 的导数.

解 $y'=\lim\limits_{\Delta x\to 0}\dfrac{\Delta y}{\Delta x}=\lim\limits_{\Delta x\to 0}\dfrac{\sin(x+\Delta x)-\sin x}{\Delta x}$

$$=\lim_{\Delta x\to 0}\frac{2\cos\left(x+\frac{\Delta x}{2}\right)\sin\frac{\Delta x}{2}}{\Delta x}$$

$$=\lim_{\Delta x\to 0}\cos\left(x+\frac{\Delta x}{2}\right)\cdot\lim_{\Delta x\to 0}\frac{\sin\frac{\Delta x}{2}}{\frac{\Delta x}{2}}$$

$$=\cos x.$$

类似地，$(\cos x)'=-\sin x$.

【例 2-3】 求函数 $f(x)=a^x(a>0$ 且 $a\neq 1)$ 的导数.

解 $f'(x)=\lim\limits_{\Delta x\to 0}\dfrac{f(x+\Delta x)-f(x)}{\Delta x}=\lim\limits_{\Delta x\to 0}\dfrac{a^{x+\Delta x}-a^x}{\Delta x}=a^x\lim\limits_{\Delta x\to 0}\dfrac{a^{\Delta x}-1}{\Delta x}=a^x\ln a$,

其中极限 $\lim\limits_{\Delta x\to 0}\dfrac{a^{\Delta x}-1}{\Delta x}$ 可运用等价无穷小量替换，再进行如下计算：

$$\lim_{\Delta x\to 0}\frac{a^{\Delta x}-1}{\Delta x}=\lim_{\Delta x\to 0}\frac{e^{\Delta x\ln a}-1}{\Delta x}=\lim_{\Delta x\to 0}\frac{\Delta x\ln a}{\Delta x}=\ln a.$$

【例 2-4】 讨论函数 $y=x^{\frac{1}{3}}$ 在点 $x=0$ 处的可导性.

解 当 $x\in(0,0+\Delta x]$ 时，$y\in(0,(\Delta x)]^{\frac{1}{3}}$,

$$\Delta y=(\Delta x)^{\frac{1}{3}}-0=(\Delta x)^{\frac{1}{3}},$$

$$\frac{\Delta y}{\Delta x}=\frac{(\Delta x)^{\frac{1}{3}}}{\Delta x}=\frac{1}{\sqrt[3]{(\Delta x)^2}},$$

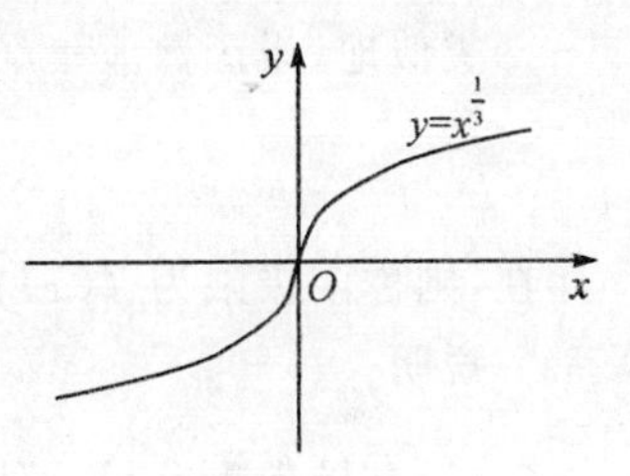

图 2-2

当 $\Delta x\to 0$ 时，$\dfrac{\Delta y}{\Delta x}\to\infty$，所以函数 $y=x^{\frac{1}{3}}$ 在点 $x=0$ 处不可导（见图 2-2).

【例 2-5】 求函数 $f(x)=x^n(n\in\mathbf{N}^*)$ 的导数.

解 $f'(x)=\lim\limits_{\Delta x\to 0}\dfrac{f(x+\Delta x)-f(x)}{\Delta x}=\lim\limits_{\Delta x\to 0}\dfrac{(x+\Delta x)^n-x^n}{\Delta x}$

$$=\lim_{\Delta x\to 0}\frac{C_n^1x^{n-1}\Delta x+C_n^2x^{n-2}(\Delta x)^2+\cdots+C_n^n(\Delta x)^n}{\Delta x}=nx^{n-1},$$

即

$$(x^n)'=nx^{n-1}.$$

一般地，对于幂函数 $y=x^\mu(\mu\in\mathbf{R}$ 且 $x\neq 0)$，有

$$(x^\mu)'=\mu x^{\mu-1},(Cx^\mu)'=C\mu x^{\mu-1}(\text{常数 } C\in\mathbf{R}).$$

【例 2-6】 设函数 $f(x)$ 在点 x_0 处可导，求极限 $\lim\limits_{h\to 0}\dfrac{f(x_0+3h)-f(x_0-2h)}{h}$.

解 $\lim\limits_{h\to 0}\dfrac{f(x_0+3h)-f(x_0-2h)}{h}=\lim\limits_{h\to 0}\dfrac{[f(x_0+3h)-f(x_0)]-[f(x_0-2h)-f(x_0)]}{h}$

$$=\lim_{h\to 0}\left[3\times\frac{f(x_0+3h)-f(x_0)}{3h}+2\times\frac{f(x_0-2h)-f(x_0)}{-2h}\right]$$

$$=3\lim_{h\to 0}\frac{f(x_0+3h)-f(x_0)}{3h}+2\lim_{h\to 0}\frac{f(x_0-2h)-f(x_0)}{-2h}$$
$$=5f'(x_0).$$

【例 2-7】 用定义求出函数 $y=\sqrt{x}$ 在点 $x=4$ 处的导数.

解 $y'|_{x=4}=\lim\limits_{\Delta x\to 0}\dfrac{\sqrt{4+\Delta x}-\sqrt{4}}{\Delta x}=\lim\limits_{\Delta x\to 0}\dfrac{\Delta x}{\Delta x(\sqrt{4+\Delta x}+\sqrt{4})}=\dfrac{1}{4}.$

类型归纳 ▶▶▶

类型:用定义求函数的导数.

方法:严格按照定义求解,并灵活运用以往学过的知识.

二、左导数与右导数

定义 2-3 设函数 $y=f(x)$ 在点 x_0 处及其左侧附近有定义,若

$$\lim_{\Delta x\to 0^-}\frac{\Delta y}{\Delta x}=\lim_{\Delta x\to 0^-}\frac{f(x_0+\Delta x)-f(x_0)}{\Delta x}$$

存在,则称该极限为 $f(x)$ 在点 x_0 处的左导数,记作 $f'_-(x_0)$.

类似地,设函数 $y=f(x)$ 在点 x_0 处及其右侧附近有定义,若

$$\lim_{\Delta x\to 0^+}\frac{\Delta y}{\Delta x}=\lim_{\Delta x\to 0^+}\frac{f(x_0+\Delta x)-f(x_0)}{\Delta x}$$

存在,则称该极限为 $f(x)$ 在点 x_0 的右导数,记作 $f'_+(x_0)$.

说明:

(1)左导数也有另一种表示形式,即 $f'_-(x_0)=\lim\limits_{x\to x_0^-}\dfrac{f(x)-f(x_0)}{x-x_0}$;

类似地,右导数:$f'_+(x_0)=\lim\limits_{\Delta x\to 0^+}\dfrac{\Delta y}{\Delta x}=\lim\limits_{x\to x_0^+}\dfrac{f(x)-f(x_0)}{x-x_0}$.

(2)左导数和右导数统称为单侧导数.

定理 2-1 可导与单侧导数的关系:

若函数 $y=f(x)$ 在点 x_0 处及其附近有定义,则

$$f'(x_0)\text{存在}\Leftrightarrow f'_-(x_0),f'_+(x_0)\text{都存在,且 }f'_-(x_0)=f'_+(x_0).$$

【例 2-8】 判断函数 $f(x)=|x|$ 在点 $x=0$ 处是否可导.

解 因为 $f(x)=|x|=\begin{cases}x, & x\geqslant 0,\\ -x, & x<0,\end{cases}$ 所以 $f'_-(0)=\lim\limits_{x\to 0^-}\dfrac{f(x)-f(0)}{x-0}=\lim\limits_{x\to 0^-}\dfrac{-x-0}{x-0}=-1$,又因为 $f'_+(0)=\lim\limits_{x\to 0^+}\dfrac{f(x)-f(0)}{x-0}=\lim\limits_{x\to 0^+}\dfrac{x-0}{x-0}=1$,所以 $f'_-(x_0)\neq f'_+(x_0)$,因此函数 $f(x)=|x|$ 在点 $x=0$ 处不可导(见图 2-3).

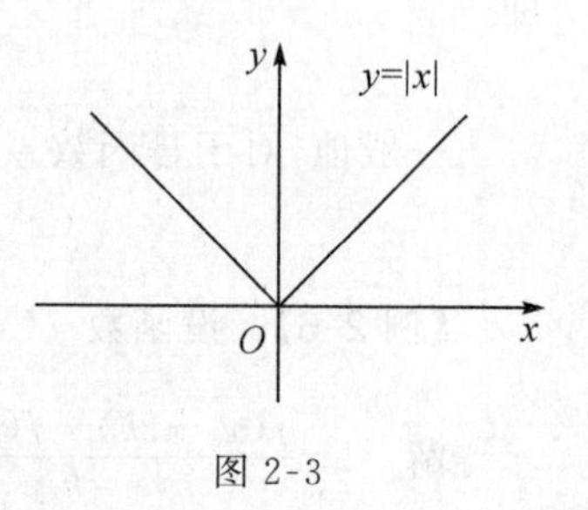

图 2-3

类型归纳 ▶▶▶

类型:判断绝对值函数或分段函数在分界点处是否可导.

方法:运用可导与单侧导数的关系判定.

三、导数的几何意义和物理意义

1.导数的几何意义

由导数的定义和图 2-1 可知,可导函数在某一点处的导数值,就是函数曲线在相应点处的切线斜率,即

$$f'(x_0)=k_{切}.$$

因此,根据直线的点斜式方程,可得曲线 $y=f(x)$ 在点 (x_0,y_0) 的切线方程为

$$y-y_0=f'(x_0)(x-x_0);$$

曲线 $y=f(x)$ 在点 (x_0,y_0) 的法线方程为

$$y-y_0=-\frac{1}{f'(x_0)}(x-x_0).$$

2.导数的物理意义

若质点作变速直线运动,运动方程为 $s=s(t)$,其中 s 表示路程,t 表示时间,则质点在某一时刻 t 的瞬间速度是

$$v=s'(t).$$

【例 2-9】 求曲线 $y=\sqrt{x}$ 在点 $x=1$ 处的切线和法线方程.

解 因为 $y'=(\sqrt{x})'=\frac{1}{2\sqrt{x}}$,所以 $y'|_{x=1}=\frac{1}{2}$,于是曲线 $y=\sqrt{x}$ 在点 $x=1$ 处的切线方程为 $y-1=\frac{1}{2}(x-1)$,即 $x-2y+1=0$. 曲线 $y=\sqrt{x}$ 在点 $x=1$ 处的法线方程为 $y-1=-2(x-1)$,即 $2x+y-3=0$.

类型归纳 ▶▶▶

类型:求函数曲线在某点处的切线和法线方程.

方法:运用导数的几何意义求出曲线在某点的切线和法线斜率,再运用点斜式方程求出曲线在某点处的切线和法线方程.

【例 2-10】 大坝泄洪时,在水面上放置醒目的浮标进行跟踪,以确定水流的速度. 假设河道为直线状,通过测试,浮标的行程函数 $s=f(t)(t\geqslant0)$,试求 t 时刻水流的速度.

解 t 时刻水流的速度为

$$v=\frac{\mathrm{d}s}{\mathrm{d}t}=f'(t).$$

类型归纳 ▶▶▶

类型:求变速直线运动的速度.

方法:运用导数的物理意义求出.

四、可导与连续的关系

若函数 $f(x)$ 在点 x_0 处可导，则 $f(x)$ 在点 x_0 处连续. 反之，不一定成立. 由图 2-3 可知，函数 $f(x)=|x|$ 在点 $x=0$ 处连续但不可导，因为曲线 $f(x)=|x|$ 在点 $x=0$ 处不光滑.

【例 2-11】 已知函数 $f(x)=\begin{cases} e^x, & x<0, \\ a+bx, & x\geqslant 0, \end{cases}$ 求下列问题：

(1)为使函数 $f(x)$ 在点 $x=0$ 处连续且可导，a 和 b 应如何取值？

(2)写出曲线 $y=f(x)$ 在点 $x=0$ 处的切线方程和法线方程.

解 (1)因为

$$f(0^-)=\lim_{x\to 0^-}f(x)=\lim_{x\to 0^-}e^x=1,$$
$$f(0^+)=\lim_{x\to 0^+}f(x)=\lim_{x\to 0^+}(a+bx)=a,$$
$$f(0)=a,$$

所以当 $a=1$ 时，$f(0^-)=f(0^+)=f(0)$，即函数 $f(x)$ 在点 $x=0$ 处连续.

又因为

$$f'_-(0)=\lim_{x\to 0^-}\frac{f(x)-f(0)}{x}=\lim_{x\to 0^-}\frac{e^x-1}{x}=1,$$
$$f'_+(0)=\lim_{x\to 0^+}\frac{f(x)-f(0)}{x}=\lim_{x\to 0^+}\frac{1+bx-1}{x}=b,$$

所以当 $b=1$ 时，$f'_-(0)=f'_+(0)$，即函数 $f(x)$ 在点 $x=0$ 处可导.

综合之，当 $a=b=1$ 时，函数 $f(x)$ 在点 $x=0$ 处连续且可导.

(2)曲线 $y=f(x)$ 在点 $x=0$ 处的切线斜率为 $f'(0)=1$，故在点 $x=0$ 处的切线方程为 $y=x+1$，法线方程为 $y=1-x$.

类型归纳 ▶▶▶

类型：讨论分段函数在分段点处连续与可导和切线与法线的综合问题.

方法：运用连续和可导判定方法分析，再根据点斜式方程求出曲线在分段点处的切线和法线方程.

结束语 ▶▶▶

函数在某一点处可导，在几何上，表示此函数的图形在该点处是“光滑”的. 函数图形在某一点处呈“尖”状形态，表示函数在该点处不可导；反之，光滑的点，也可能是不可导的点. 例如 $y=x^{\frac{1}{3}}$，它是 $y=x^3$ 的反函数，在点 $x=0$ 处光滑，但是不可导. 换言之，不可导点，也可能是光滑的点.

运用定义求导数，需要运用极限的运算法则以及许多其他的数学公式，所以学好上一章的极限内容，是现在学习导数的关键. 由于导数是微积分学的最基本工具，学好导数也是为后续课程的学习奠定扎实的基础. 当然，对于相对复杂的函数，用定义求一个函数的导数，是一件很痛苦的事情，我们需要去发现导数的有关性质，寻找一些新的方法和技巧.

同步训练

【A组】

1. 填空题:

(1)已知函数 $y=\frac{2}{x}$,当 x 由 2 变为 1.5 时,函数的增量 $\Delta y=$________;

(2)设 $\Delta y=f(x_0+\Delta x)-f(x_0)$,则 $\frac{\Delta y}{\Delta x}$ 表示函数 $y=f(x)$ 在区间 $[x_0,x_0+\Delta x]$ 上的________,$f'(x_0)$ 反映函数在点 x_0 处的________;

(3)函数 $y=x^2$ 在点 $x=2$ 处的导数为________;

(4)曲线 $y=x^3$ 在点________和点________处切线斜率都等于 3.

2. 单项选择题:

(1)函数 $f(x)$ 在点 x_0 处可导,且曲线 $y=f(x)$ 在点 $[x_0,f(x_0)]$ 处的切线平行于 x 轴,则 $f'(x_0)=$(   );

(A)等于零　　(B)大于零

(C)小于零　　(D)不存在

(2)函数在点 x_0 处连续是函数在该点可导的(   );

(A)充分条件　　(B)必要条件

(C)充要条件　　(D)无关条件

(3)函数 $f(x)=|x-2|$ 在点 $x=2$ 处的导数为(   );

(A)1　　(B)0　　(C)-1　　(D)不存在

(4)某质点沿直线运动的方程为 $y=-2t^2+1$,则该质点从 $t=1$ 到 $t=2$ 时的平均速度为(   );

(A)-4　　(B)-8　　(C)6　　(D)-6

(5)在曲线 $y=x^2+1$ 的图像上取一点 $(1,2)$,及附近一点 $(1+\Delta x,2+\Delta y)$,则 $\frac{\Delta y}{\Delta x}$ 为(   );

(A)$\Delta x+\frac{1}{\Delta x}+2$　　(B)$\Delta x-\frac{1}{\Delta x}-2$

(C)$\Delta x+2$　　(D)$2+\Delta x-\frac{1}{\Delta x}$

(6)函数 $f(x)$ 在点 $x=x_0$ 处存在导数,则极限 $\lim\limits_{h\to 0}\frac{f(x_0+h)-f(x_0)}{h}=$(   );

(A)与 x_0 和 h 都有关　　(B)仅与 x_0 有关,而与 h 无关

(C)仅与 h 有关,而与 x_0 无关　　(D)与 x_0 和 h 都无关

(7)一质点运动的方程为 $s=5-3t^2$,则在一段时间 $[1,1+\Delta x]$ 内相应的平均速度为(   );

(A)$3\Delta x+6$　　(B)$-3\Delta x+6$

(C)$3\Delta x-6$　　(D)$-3\Delta x-6$

(8)设某一物体做自由落体运动,运动方程为 $s=\frac{1}{2}gt^2$(g 为重力加速度,s 的单位为 m,t 的单位为 s),那么其在 2s 末的瞬时速度为(　　);

(A)$4g$　　(B)$3g$　　(C)$2g$　　(D)g

(9)曲线 $y=\frac{1}{3}x^3$ 在点$\left(-1,-\frac{1}{3}\right)$处切线的倾斜角为(　　);

(A)30°　　(B)45°　　(C)135°　　(D)150°

(10)已知曲线 $y=2x^2$ 上一点 $A(2,8)$,则 A 处的切线斜率为(　　).

(A)4　　(B)16　　(C)8　　(D)2

3.讨论函数 $f(x)=\begin{cases}x+2, & 0\leqslant x<1,\\ 3x, & x\geqslant 1\end{cases}$ 在点 $x=1$ 处的连续性与可导性.

4.应用题:

(1)设函数 $f(x)=x^2-1$,求:

①当自变量 x 由 1 变到 1.1 时,自变量的增量 Δx;

②当自变量 x 由 1 变到 1.1 时,函数的增量 Δy;

③当自变量 x 由 1 变到 1.1 时,函数的平均变化率;

④函数在点 $x=1$ 处的变化率.

(2)生产某种产品 q 个单位时成本函数为 $C(q)=200+0.05q^2$,求:

①生产 90 个单位该产品时的平均成本;

②生产 90 个到 100 个单位该产品时,成本的平均变化率.

(3)已知物体的位置函数 $s=t^3$ m,求此物体在 $t=2$s 时的速度.

(4)求曲线 $y=\cos x$ 上点$\left(\frac{\pi}{3},\frac{1}{2}\right)$处的切线方程和法线方程.

(5)如果函数 $y=f(x)$在点 x_0 处的导数分别为:

①$f'(x_0)=0$;

②$f'(x_0)=1$;

③$f'(x_0)=-1$;

④$f'(x_0)=2$.

试求函数的图像在对应点处的切线的倾斜角.

【B 组】

1.填空题:

(1)设函数 $f(x)$在点 x_0 处可导,则极限 $\lim\limits_{h\to 0}\frac{f(x_0-h)-f(x_0)}{h}=$________;

(2)若函数 $f(x)=x^3$,则导数$[f(-2)]'=$________;

(3)若极限 $\lim\limits_{x\to 0}f(x)$存在,则导数$[\lim\limits_{x\to 0}f(x)]'=$________;

(4)若函数 $f(x)=x^2$,则极限 $\lim\limits_{x\to 1}\frac{f(x)-f(1)}{x-1}=$________.

2.讨论函数 $f(x)=\begin{cases}x, & x<0,\\ \sin x, & x\geqslant 0\end{cases}$ 在点 $x=0$ 处的连续性和可导性.

3. 用定义求下列函数的导数：

(1) $y=x^5$；　(2) $y=3^x$；

(3) $y=\frac{1}{\sqrt{x}}$；　(4) $y=\frac{1}{x^2}$；

(5) $y=\ln x$；　(6) $y=\cos x$.

4. 应用题：

(1) 若曲线 $y=x^3$ 在点 (x_0,y_0) 处切线斜率等于 3，求点 (x_0,y_0) 的坐标.

(2) 设正圆锥体的高为 9cm，底半径为 r，建立圆锥体积 V 关于底半径 r 的函数关系式，并求当 $r=30$cm 时，体积 V 对于半径 r 的变化率.

(3) 在抛物线 $y=x^2$ 上取横坐标为 $x_1=1$，$x_2=3$ 两点，作过这两点的割线. 问：抛物线上哪一点的切线平行于这条割线？请写出这条切线的方程.

(4) 在 F1 赛车中，赛车位移与比赛时间 t 存在函数关系 $s=10t+5t^2$（s 的单位为 m，t 的单位为 s）. 求：当 $t=20$，$\Delta t=0.1$ 时的 Δs 与 $\frac{\Delta s}{\Delta t}$；当 $t=20$ 的瞬时速度.

(5) 设电量与时间的函数关系为 $Q=t^2$，求 $t=3$s 时的电流强度.

(6) 在抛物线 $y=x^2$ 上依次取 $M(1,1)$，$N(3,9)$ 两点，作过这两点的割线. 问：抛物线上哪一点处的切线平行于这条割线？请求这条切线的方程.

第二节　导数基本公式和运算法则

【学习要求】

1. 熟练掌握导数的四则运算法则；
2. 熟练掌握求解复合函数的导数；
3. 了解反函数的导数求法.

【学习重点】

1. 函数导数的四则运算法则；
2. 基本初等函数的导数的基本公式；
3. 复合函数求导的链式法则.

【学习难点】

1. 函数导数的四则运算法则；
2. 基本初等函数的求导公式；
3. 复合函数的求导；
4. 反函数的导数.

引言 ▶▶▶

通过上一节导数的概念和几何意义的学习，可以知道，运用定义计算函数的导数是比较烦琐的.因此，我们需要寻找求导数的一般方法，以便较方便地求出初等函数的导数，这就是本节要介绍的非常重要的导数运算公式和法则.

一、导数的基本公式

常数和基本初等函数的导数公式：

(1)$C'=0$(常数 $C\in\mathbf{R}$)；

(2)$(x^{\mu})'=\mu x^{\mu-1}$($\mu\in\mathbf{R}$ 且 $x\neq 0$)；

(3)$(a^{x})'=a^{x}\ln a$($a>0$ 且 $a\neq 1$)，$(\mathrm{e}^{x})'=\mathrm{e}^{x}$；

(4)$(\log_{a}x)'=\dfrac{1}{x\ln a}$($a>0$ 且 $a\neq 1$,)，$(\ln x)'=\dfrac{1}{x}$($x>0$)；

(5)$(\sin x)'=\cos x$，$(\cos x)'=-\sin x$，

$(\tan x)'=\sec^{2}x$($x\neq k\pi+\dfrac{\pi}{2}$，$k\in\mathbf{Z}$)，

$(\cot x)'=-\csc^{2}x$($x\neq k\pi$，$k\in\mathbf{Z}$)，

$(\sec x)'=\sec x\cdot\tan x$($x\neq k\pi+\dfrac{\pi}{2}$，$k\in\mathbf{Z}$)，

$(\csc x)'=-\csc x\cdot\cot x$($x\neq k\pi$，$k\in\mathbf{Z}$)；

(6)$(\arcsin x)'=\dfrac{1}{\sqrt{1-x^{2}}}$($-1<x<1$)，

$(\arccos x)'=-\dfrac{1}{\sqrt{1-x^{2}}}$($-1<x<1$)，

$(\arctan x)'=\dfrac{1}{1+x^{2}}$，$(\mathrm{arccot}\,x)'=-\dfrac{1}{1+x^{2}}$.

二、导数的四则运算法则

若函数 $u=u(x)$ 和 $v=v(x)$ 在点 x 处可导，则其和、差、积、商在点 x 处也可导，且有：

(1)和与差的导数

$$(u\pm v)'=u'\pm v'.$$

(2)积的导数

$$(uv)'=u'v+uv'.$$

特别地，

$$(Cu)'=Cu'(C\text{ 为常数}).$$

(3)商的导数

$$\left(\frac{u}{v}\right)'=\frac{u'v-uv'}{v^{2}}(v\neq 0).$$

【例 2-12】 已知注射某种药物的反应程度 y 与用药剂量 x 有如下关系：

$$y=x^2\left(5-\frac{x}{3}\right).$$

试求：当注射剂量为 $x=2$ 和 $x=4$ 时的药物敏感度 $\frac{\mathrm{d}y}{\mathrm{d}x}$.

解 药物敏感度

$$\frac{\mathrm{d}y}{\mathrm{d}x}=\left[x^2\left(5-\frac{x}{3}\right)\right]'=10x-x^2.$$

当注射剂量为 $x=2$ 时，药物敏感度

$$\left.\frac{\mathrm{d}y}{\mathrm{d}x}\right|_{x=2}=(10x-x^2)\big|_{x=2}=16;$$

当注射剂量为 $x=4$ 时，药物敏感度

$$\left.\frac{\mathrm{d}y}{\mathrm{d}x}\right|_{x=4}=(10x-x^2)\big|_{x=4}=24.$$

【例 2-13】 如图 2-4 所示，在对电容器充电的过程中，电容器充电的电压为 $U_c=E(1-\mathrm{e}^{-\frac{t}{RC}})$，求电容器的充电速度 $\frac{\mathrm{d}U_c}{\mathrm{d}t}$.

解 $\frac{\mathrm{d}U_c}{\mathrm{d}t}=[E(1-\mathrm{e}^{-\frac{t}{RC}})]'_t=\frac{E}{RC}\mathrm{e}^{-\frac{t}{RC}}.$

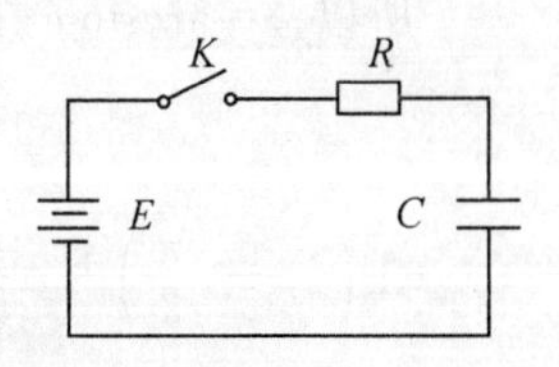

图 2-4

【例 2-14】 已知函数 $f(x)=x(x+1)(x+2)(x+3)\cdots(x+99)$，求 $f'(0)$.

解 $f'(x)=[x(x+1)(x+2)(x+3)\cdots(x+99)]'$

$$=(x+1)(x+2)(x+3)\cdots(x+99)+x(x+2)(x+3)\cdots(x+99)+\cdots,$$

注意到等式后面项的特点，从第二项开始，都含有 x 的因子，所以

$$f'(0)=(0+1)(0+2)(0+3)\cdots(0+99)=99!.$$

【例 2-15】 设函数 $y=\sec x$，求 y'.

解 $y'=(\sec x)'=\left(\frac{1}{\cos x}\right)'=\frac{1'\cdot\cos x-1\cdot(\cos x)'}{\cos^2 x}=\frac{\sin x}{\cos^2 x}=\sec x\cdot\tan x,$

即 $(\sec x)'=\sec x\cdot\tan x$.

【例 2-16】 设函数 $y=2x\sin x$，求 y'.

解 $y'=(2x\sin x)'=2x'\sin x+2x(\sin x)'=2\sin x+2x\cos x.$

【例 2-17】 设函数 $y=\tan x$，求 y'.

解 $y'=\left(\frac{\sin x}{\cos x}\right)'=\frac{(\sin x)'\cos x-\sin x(\cos x)'}{\cos^2 x}=\frac{\cos^2 x+\sin^2 x}{\cos^2 x}=\frac{1}{\cos^2 x}=\sec^2 x.$

类型归纳 ▶▶▶

类型：求和差积商形式的函数的导数.

方法：运用导数的四则运算和基本初等函数的求导公式.

三、反函数的求导法则

如果函数 $x=f(y)$ 在区间 I_y 内单调、可导，且 $f'(y)\neq 0$，则它的反函数 $y=f^{-1}(x)$ 在区间 $I_x=\{x\mid x=f(y),y\in I_y\}$ 内也可导，且反函数的导数与直接函数的导数互为倒数关系，即 $[f^{-1}(x)]'_x=\dfrac{1}{[f(y)]'_y}$，简单的表示形式为

$$y'_x=\frac{1}{x'_y},$$

【例 2-18】 求反函数 $y=\arcsin x$ 的导数.

解 $y=\arcsin x(-1<x<1)$ 是 $x=\sin y\left(-\dfrac{\pi}{2}<y<\dfrac{\pi}{2}\right)$ 的反函数，而 $x=\sin y$ 在 $I_y=\left(-\dfrac{\pi}{2},\dfrac{\pi}{2}\right)$ 内单调增加、可导，且 $(\sin y)'_y=\cos y>0$.

所以 $y=\arcsin x$ 在 $(-1,1)$ 内的每一点都可导，并有

$$y'=(\arcsin x)'_x=\frac{1}{(\sin y)'_y}=\frac{1}{\cos y}.$$

在 $\left(-\dfrac{\pi}{2},\dfrac{\pi}{2}\right)$ 内，$\cos y=\sqrt{1-\sin^2 y}=\sqrt{1-x^2}$，于是有

$$(\arcsin x)'=\frac{1}{\sqrt{1-x^2}}(-1<x<1).$$

类型归纳 ▶▶▶

类型: 求反函数的导数.
方法: 通过反函数求导法则来计算.

四、复合函数求导的链式法则

设函数 $u=\varphi(x)$ 在点 x 处可导，而 $y=f(u)$ 在点 $u=\varphi(x)$ 处可导，则复合函数 $y=f[\varphi(x)]$ 在点 x 处也可导，且 $y'=f'(u)\varphi'(x)=f'[\varphi(x)]\varphi'(x)$，简单的表示形式为

$$y'=y'_u\cdot u'_x,$$

其中 y' 省略右下标，默认是关于 x 求导.

【例 2-19】 设函数 $y=\ln|x|(x\neq 0)$，求 y'.

解 当 $x>0$ 时，$y=\ln|x|=\ln x$，$y'=(\ln x)'=\dfrac{1}{x}$；当 $x<0$ 时，$y=\ln|x|=\ln(-x)$，$y'=[\ln(-x)]'=\dfrac{1}{-x}\cdot(-x)'=\dfrac{1}{-x}\cdot(-1)=\dfrac{1}{x}$，综合之，

$$(\ln|x|)'=\frac{1}{x}(x\neq 0).$$

【例 2-20】 设函数 $y=\sqrt[3]{1-2x^2}$，求 y'.

解 $y'=[(1-2x^2)^{\frac{1}{3}}]'=\dfrac{1}{3}(1-2x^2)^{-\frac{2}{3}}\cdot(1-2x^2)'$

$$=\frac{1}{3}(1-2x^2)^{-\frac{2}{3}}\cdot(-4x)=\frac{-4x}{3\sqrt[3]{(1-2x^2)^2}}.$$

类型归纳 ▶▶▶

类型:复合函数的求导.

方法:运用导数的链式法则、四则运算法则和基本公式计算.

【例 2-21】 设函数 $y=\sin^n x\cdot\cos nx$,求 y'.

解 先运用积的求导法则,得

$$y'=(\sin^n x)'\cdot\cos nx+\sin^n x\cdot(\cos nx)'.$$

再运用复合函数求导的链式法则,得

$$y'=n\cdot\sin^{n-1}x\cdot\cos x\cdot\cos nx-n\cdot\sin^n x\cdot\sin nx.$$

【例 2-22】 求函数 $y=\ln(x+\sqrt{1+x^2})$的导数.

解 $y'=\frac{1}{x+\sqrt{1+x^2}}\cdot(x+\sqrt{1+x^2})'$

$$=\frac{1}{x+\sqrt{1+x^2}}\cdot\left[1+\frac{1}{2\sqrt{1+x^2}}\cdot(1+x^2)'\right]$$

$$=\frac{1}{x+\sqrt{1+x^2}}\cdot\left(1+\frac{2x}{2\sqrt{1+x^2}}\right)=\frac{1}{\sqrt{1+x^2}}.$$

类型归纳 ▶▶▶

类型:比较复杂的函数的求导.

方法:按照四则运算和复合函数求导的链式法则,一步一步进行.

结束语 ▶▶▶

在求导过程中,首先要正确判断被导函数的结构,分解被导函数的组成元素,然后运用相应的公式和法则求解.求导的公式和法则,是微积分学中最主要的运算工具,在后续的不定积分和定积分中也将被广泛运用,一定要牢记.没有工具,就不能干活;没有求导的公式和法则,就无法解决导数的问题.求导的公式和法则,除了导数的四则运算法则、基本初等函数的求导公式以及复合函数的链式法则外,还有隐函数和参数方程所确定函数的求导,需要我们进一步去学习和探索.

同步训练

【A 组】

1. 填空题:

(1)已知函数 $y=\frac{1-x}{1+x}$,则 $y'=$________;

(2)设曲线 $y=x^2+x-2$ 在点 M 处的切线斜率为 3,则点 M 的坐标为________;

(3)设函数 $f(x)=x(x-1)(x-2)(x-3)(x-4)$,则 $f'(0)=$________;

(4)设函数 $y=\ln\cos\frac{1}{x}$,则 $y'=$________;

(5)设函数 $f(x)=\sin(\sin x+x)$,则 $f'(x)=$________;

(6)设函数 $f(x)=\frac{\ln x}{2-\ln x}$,则 $f'(1)=$________;

(7)设函数 $y=\arccos x^2$,则$\frac{\mathrm{d}y}{\mathrm{d}x}=$________.

2. 单项选择题:

(1)设函数 $y=f(-2x)$,则 $y'=$(　　);

(A)$f'(2x)$　　(B)$-f'(-2x)$

(C)$f'(-2x)$　　(D)$-2f'(-2x)$

(2)设函数 $y=3^{\sin x}$,则 $y'=$(　　);

(A)$3^{\sin x}\ln 3$　　(B)$3^{\sin x}\cdot\ln 3\cdot\cos x$

(C)$3^{\sin x}\cos x$　　(D)$3^{\sin x-1}\sin x$

(3)设函数 $f(x)=\ln\sin x$,则 $f'(x)=$(　　);

(A)$\frac{1}{\sin x}$　　(B)$-\cot x$

(C)$\cot x$　　(D)$\tan x$

(4)设函数 $f(x)=\arctan \mathrm{e}^x$,则 $f'(x)=$(　　);

(A)$\frac{\mathrm{e}^x}{1+\mathrm{e}^{2x}}$　　(B)$\frac{1}{1+\mathrm{e}^{2x}}$

(C)$\frac{1}{\sqrt{1+\mathrm{e}^{2x}}}$　　(D)$\frac{\mathrm{e}^x}{\sqrt{1-\mathrm{e}^{2x}}}$

(5)设函数 $f(x)=\tan\frac{x}{2}-\cot\frac{x}{2}$,则 $f'(x)=$(　　).

(A)$\frac{1}{2}\sin^2 x$　　(B)$2\csc^2 x$

(C)$2\sec^2 x$　　(D)$2\cos^2 x$

3. 计算下列函数的导数(其中 $a>0$ 且 $a\neq 1$):

(1)$y=2x^2-\frac{1}{x^2}+5x-3$;

(2)$y=a^x\mathrm{e}^x$;

(3)$y=x^a+a^x+a^a$;

(4)$y=a^x x^a$;

(5)$y=\sqrt{\frac{1-t}{1+t}}$;

(6)$y=\ln[\ln(\ln x)]$;

(7)$y=\sqrt{x}\sin x+10\ln x+\cos\pi$;

(8)$u=\left(\frac{1}{2}\right)^v-5\cos v$;

(9)$y=\sqrt{\varphi}\tan\varphi$;

(10) $y=\frac{\cos x}{1+\sin x}$；

(11) $y=(x+2)\left(\frac{1}{\sqrt{x}}-3\right)$；

(12) $y=x^2\ln x$；

(13) $y=\sin x\cos x$；

(14) $y=\sin x-\frac{1}{\sqrt[3]{x}}+\frac{1}{x}-\ln 5$；

(15) $y=\frac{\cos x}{x^2}$；

(16) $y=\sqrt{x}\cdot 2^x\cdot\cos x$；

(17) $u=v^2-3\sin v$；

(18) $M=\frac{q}{2}x(l-x)$（q 和 l 为常数）；

(19) $y=\frac{\ln x}{x}$.

4.求证：双曲线 $xy=a^2$ 上任一点处的切线与两坐标轴构成的三角形面积都等于 $2a^2$.

【B 组】

1.填空题：

(1)设函数 $f(x)=\frac{2}{\sqrt[3]{x^2}}-\frac{1}{x\sqrt{x}}$，则 $f'(1)=$________；

(2)设函数 $f(x)=a_0x^n+a_1x^{n-1}+\cdots+a_{n-1}x+a_n$，则$[f(0)]'=$________；

(3)一物体按规律 $s(t)=3t-t^2$ 作直线运动，速度 $v\left(\frac{3}{2}\right)=$________；

(4)设函数 $y=\arctan\frac{1}{x}$，则 $y'=$________.

2.综合题：

(1)已知函数 $y=4x^3-\frac{2}{x^2}+5$，求 y'；

(2)已知函数 $y=x^2(2+\sqrt{x})$，求 y'；

(3)已知函数 $y=\frac{x^5+\sqrt{x+1}}{x^3}$，求 y'；

(4)已知函数 $y=(2x-1)^2$，求 y'；

(5)已知函数 $y=\ln(2x^3e^{2x})$，求 y'；

(6)已知函数 $y=\frac{x^3+x+1}{x+1}$，求 y'；

(7)已知函数 $y=(3x+1)^{10}$，求 y'；

(8)已知函数 $y=\sqrt{a^2-x^2}$，求 y'；

(9)已知函数 $y=e^{-\frac{x}{2}}\cos 3x$，求 y'；

(10)已知函数 $y=\text{arccot}(1-x^2)$，求 y'；

(11)已知函数 $y=e^{\arctan\sqrt{x}}$,求 y';

(12)设函数 $f(x)$,$g(x)$可导,$f^2(x)+g^2(x)\neq0$,求函数 $y=\sqrt{f^2(x)+g^2(x)}$的导数;

(13)已知函数 $f(x)=3x^4-e^x+5\cos x-1$,求 $f'(x)$及 $f'(0)$;

(14)已知函数 $f(x)=\dfrac{3}{5-x}+\dfrac{x^2}{5}$,求 $f'(0)$和 $f'(2)$;

(15)已知函数 $\rho=\varphi\tan\varphi+\dfrac{1}{2}\cos\varphi$,求 $\rho'|_{\varphi=\frac{\pi}{4}}$;

(16)已知函数 $f(t)=\dfrac{1-\sqrt{t}}{1+\sqrt{t}}$,求 $f'(4)$;

(17)求证:$(\cot x)'=-\csc^2 x$;

(18)求证:$(\csc x)'=-\csc x\cot x$;

(19)已知函数 $y=\ln(x+\sqrt{x^2+a^2})$,(a 为常数),求 y';

(20)已知函数 $y=\dfrac{1-\ln x}{1+\ln x}$,求 y';

(21)已知函数 $f(x)$可导,求函数 $y=f(\sin^2 x)+f(\cos^2 x)$的导数;

(22)已知函数 $f(x)$可导,求函数 $y=f(e^{x^2})$的导数;

(23)设函数 $y=\dfrac{1}{\sqrt{2\pi}\sigma}e^{-\frac{(x-a)^2}{2\sigma^2}}$(其中 a,σ 是常数),试求使 $y'(x)=0$ 的 x 值;

(24)求曲线 $y=e^{2x}+x^2$ 上横坐标 $x=0$ 的点处的法线方程,并计算从原点到此法线的距离.

第三节 高阶导数 隐函数和参数方程所确定的函数的导数

【学习要求】

1. 掌握高阶导数的概念,会求高阶导数;
2. 会求隐函数的导数;
3. 掌握对数求导法;
4. 了解参数方程所给出的函数的导数,并注意与其他法则的综合运用.

【学习重点】

1. 高阶导数的计算;
2. 隐函数的求导;
3. 对数求导法.

【学习难点】

1. 寻找高阶导数的通项规律;
2. 隐函数求导中对 y 的认识;
3. 对数求导法适用的条件.

引言▶▶▶

可以知道,当 x 变化时,$f(x)$的导数 $f'(x)$仍是一个关于 x 的函数.对于这个新的函数,如果可导,就可以将 $f'(x)$继续对 x 进行求导,从而得到了"导了再导"的函数,这就是高阶导数.而对于隐藏在某种形式下的函数的求导,我们需要用另一种方式加以解决.

一、高阶导数

定义 2-4 若函数 f 的导函数 f' 在点 x_0 处可导,则称 f' 在点 x_0 处的导数为 f 在点 x_0 的二阶导数,记作 $f''(x_0)$,即 $\lim\limits_{x\to x_0}\dfrac{f'(x)-f'(x_0)}{x-x_0}=f''(x_0)$.

此时称 f 在点 x_0 处二阶可导.

说明:

(1)所谓高阶导数,简单地说,就是"导了再导".

(2)如果 f 在开区间 I 内的每一点处都二阶可导,则得到一个定义在开区间 I 内的二阶可导函数,记作 $f''(x)(x\in I)$,或记为 f''、y''、$\dfrac{\mathrm{d}^2y}{\mathrm{d}x^2}$.

(3)函数 $y=f(x)$的二阶导数 $f''(x)$一般仍旧是关于 x 的函数,这时,如果导数存在的话,对它再求导数,得到的结果,称之为函数 $y=f(x)$的三阶导数,记为 y'''、$f'''(x)$或 $\dfrac{\mathrm{d}^3y}{\mathrm{d}x^3}$.以此类推,函数 $y=f(x)$的 $n-1$ 阶导数的导数称为函数 $y=f(x)$的 n 阶导数,记为 $y^{(n)}$、$f^{(n)}$或$\dfrac{\mathrm{d}^ny}{\mathrm{d}x^n}$.

相应地,$y=f(x)$在点 x_0 处的 n 阶导数值记为 $y^{(n)}\big|_{x=x_0}$、$f^{(n)}(x_0)$或$\dfrac{\mathrm{d}^ny}{\mathrm{d}x^n}\bigg|_{x=x_0}$.

(4)二阶及二阶以上的导数通称为高阶导数,四阶和四阶以上的导数符号用圆括号表示,如 $y^{(4)}$、$y^{(5)}$等.

【例 2-23】 求幂函数 $y=x^n$ 的各阶导数.

解 $y'=nx^{n-1}$,$y''=n(n-1)x^{n-2}$,$y'''=n(n-1)(n-2)x^{n-3}$.

归纳得到:$k\leqslant n$ 时,$y^{(k)}=(x^n)^{(k)}=\dfrac{n!}{(n-k)!}x^{n-k}$;$k>n$ 时,$y^{(k)}=0$.

【例 2-24】 求函数 $y=\sin x$ 的 n 阶导数.

解 运用三角函数的诱导公式 $\sin\left(\dfrac{\pi}{2}+x\right)=\cos x$ 得 $\cos x=\sin\left(\dfrac{\pi}{2}+x\right)$,所以

$$y'=\cos x=\sin\left(\frac{\pi}{2}+x\right),$$

$$y''=\cos\left(\frac{\pi}{2}+x\right)=\sin\left(2\cdot\frac{\pi}{2}+x\right),$$

$$y'''=\cos\left(2\cdot\frac{\pi}{2}+x\right)=\sin\left(3\cdot\frac{\pi}{2}+x\right),$$

…

一般地，$(\sin x)^{(n)}=\sin\left(\frac{n\pi}{2}+x\right)$.

类型归纳 ▶▶▶

类型：求函数的高阶导数.

方法：运用导数公式和法则，从一阶导数开始计算，计算过程中不要急于化简，以便发现规律，找到通项形式.

二、隐函数的求导

定义 2-5 如果变量 x,y 之间的对应规律，是把 y 直接表示成关于 x 的解析式，即 $y=f(x)$ 的形式，这样的函数称为显函数.

如果能从方程 $F(x,y)=0$ 确定 y 为 x 的函数 $y=f(x)$，则称 $y=f(x)$ 为由方程 $F(x,y)=0$ 所确定的隐函数.

说明：

所有的显函数 $y=f(x)$ 都可以化成隐函数 $F(x,y)=y-f(x)=0$ 的形式. 但是不是所有的隐函数都能化成显函数？

定义 2-6 形如 $y=u(x)^{v(x)}$ 的函数称为幂指函数.

说明：

幂指函数中，底数和指数都是变量，所以它既不是幂函数，也不是指数函数，即它不是基本初等函数. 如果运用对数运算关系 $N=e^{\ln N}$（$N>0$ 时）进行恒等变换，当 $u(x)>0$ 时，$y=u(x)^{v(x)}=e^{\ln u(x)^{v(x)}}=e^{v(x)\ln u(x)}$. 可以看出，幂指函数是一个复合函数.

隐函数的求导法则：

设 $y=f(x)$ 是由方程 $F(x,y)=0$ 所确定的隐函数，对方程 $F(x,y)=0$ 两边分别关于 x 求导. 求导过程中，因为 y 是一个关于 x 的函数，所以视 y 为中间变量，运用复合函数求导法可得 y'.

【例 2-25】 求由方程 $x^2-y^3-\sin y=0\left(0\leqslant y\leqslant\frac{\pi}{2},x\geqslant 0\right)$ 所确定的隐函数的导数.

解 在等式的两边同时对 x 求导，注意现在方程中的 y 是 x 的函数，所以 y^3 和 $\sin y$ 都是 x 的复合函数，于是得

$$2x-3y^2y'-\cos y\cdot y'=0,$$

$$y'=\frac{2x}{3y^2+\cos y}.$$

【例 2-26】 如图 2-5 所示，在水库离水面高度为 h m 的岸上，有人用绳子拉船靠岸. 假如在某一时刻 t 时的绳子长为 l m. 船只离岸壁的距离为 s m. 试问：当收绳速度为 v_0 m/s 时，船的速度是多少？

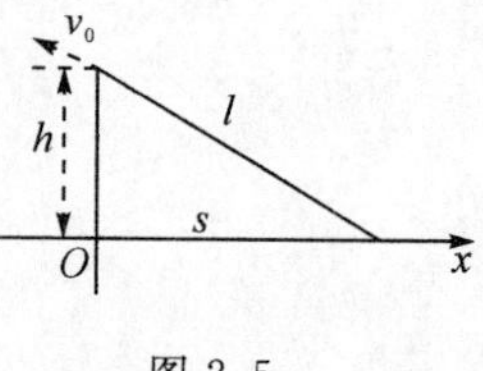

图 2-5

解 由题意可知，l、h、s 构成一个直角三角形. 根据勾股定理，得

$$l^2=h^2+s^2\text{（其中 } h \text{ 为常数）}.$$

在等式的两边同时对时间 t 求导，得

$$2l\frac{\mathrm{d}l}{\mathrm{d}t}=0+2s\frac{\mathrm{d}s}{\mathrm{d}t},$$

即

$$l\frac{\mathrm{d}l}{\mathrm{d}t}=s\frac{\mathrm{d}s}{\mathrm{d}t}.$$

显然，$\frac{\mathrm{d}l}{\mathrm{d}t}$就是收绳速度 v_0，若记船只沿水面靠岸的速度为$\frac{\mathrm{d}s}{\mathrm{d}t}=v$，则

$$v=\frac{l}{s}v_0=\frac{\sqrt{h^2+s^2}}{s}v_0=v_0\sqrt{\frac{h^2}{s^2}+1}.$$

由此可见，船速与船只离岸壁的距离有关. 在收绳速度保持不变的情况下，船只离岸壁的距离越近，船只沿水面靠岸的速度就越大.

【例 2-27】 求由方程 $xe^y-y+e=0$ 所确定的隐函数 $y=y(x)$的二阶导数 y''.

解 对方程两边关于 x 求导，得

$$e^y+xe^yy'-y'=0,$$

$$y'=\frac{e^y}{1-xe^y}.$$

对 y'两边继续关于 x 求导，得

$$y''=\frac{e^y(y'+e^y)}{(1-xe^y)^2}.$$

再把 y'代入 y''的式子，得

$$y''=\frac{e^{2y}(2-xe^y)}{(1-xe^y)^3}.$$

类型归纳 ▶▶▶

类型：隐函数求导.

方法：两边直接关于 x 求导，因为 y 是 x 的函数，所以含 y 的项都是 x 的复合函数，求导过程中，要把 y 看成是中间变量，再用复合函数的求导法则解决.

三、对数求导法

对数求导法："先取对数后求导"，即先对等式两边取自然对数，然后在方程两边分别对 x 求导，运用隐函数求导法可得 y'. 此法适合于积、商、幂形式的函数的求导.

【例 2-28】 求函数 $y=x^x(x>0)$的导数.

解 两边取对数，得

$$\ln y=x\ln x.$$

两边对 x 求导，得

$$\frac{1}{y}y'=\ln x+1, y'=x^x(\ln x+1).$$

【例 2-29】 设函数 $y=(3x-1)^{\frac{5}{3}}\cdot\sqrt{\frac{x-1}{x-2}}$，求导数 y'.

解 两边取对数，得

$$\ln y=\frac{5}{3}\ln(3x-1)+\frac{1}{2}[\ln(x-1)-\ln(x-2)].$$

两边对 x 求导,得

$$\frac{1}{y}y'=\frac{5}{3x-1}-\frac{1}{2(x-1)(x-2)},$$

$$y'=(3x-1)^{\frac{5}{3}}\cdot\sqrt{\frac{x-1}{x-2}}\cdot\left[\frac{5}{3x-1}-\frac{1}{2(x-1)(x-2)}\right].$$

【例 2-30】 求函数 $y=(\sin x)^x$ 的导数.

解 两边取对数,得

$$\ln y=x\ln(\sin x).$$

对上式两边关于 x 求导,得

$$\frac{1}{y}y'=\ln(\sin x)+x\frac{\cos x}{\sin x},$$

所以

$$y'=(\sin x)^x\cdot\left[\ln(\sin x)+x\frac{\cos x}{\sin x}\right].$$

类型归纳

类型: 积、商、幂形式的函数求导.

方法: 可以考虑运用对数求导法.

四、由参数方程确定的函数的求导法则

设曲线的参数方程为 $\begin{cases}x=\varphi(t),\\y=\psi(t)\end{cases}(a\leqslant t\leqslant b)$,当 $\varphi'(t)$、$\psi'(t)$ 都存在,且 $\varphi'(t)\neq 0$ 时,则由参数方程所确定的函数 $y=f(x)$ 的导数为

$$y'=\frac{\mathrm{d}y}{\mathrm{d}x}=\frac{\frac{\mathrm{d}y}{\mathrm{d}t}}{\frac{\mathrm{d}x}{\mathrm{d}t}}=\frac{y'_t}{x'_t}.$$

【例 2-31】 求由参数方程 $\begin{cases}x=a\cos t,\\y=a\sin t\end{cases}(0<t<\pi)$ 所确定的函数 $y=f(x)$ 的导数 y'.

解 $y'=\frac{y'_t}{x'_t}=\frac{a\cos t}{-a\sin t}=-\cot t\,(0<t<\pi)$.

【例 2-32】 求由参数方程 $\begin{cases}x=a(t-\sin t),\\y=a(1-\cos t)\end{cases}$ 所确定的函数 $y=f(x)$ 的导数.

解 $\frac{\mathrm{d}y}{\mathrm{d}x}=\frac{\frac{\mathrm{d}y}{\mathrm{d}t}}{\frac{\mathrm{d}x}{\mathrm{d}t}}=\frac{a\sin t}{a(1-\cos t)}=\frac{\sin t}{1-\cos t}$.

类型归纳 ▶▶▶

类型：由参数方程所确定的函数求导.

方法：运用由参数方程所确定的函数的求导公式.

结束语 ▶▶▶

求导数之前，需要先认真分析和判断函数的结构和类型，然后选择相应的求导公式和法则，“对症下药”. 对于隐函数的求导，没有必要去考虑将隐函数化为显函数(事实上有些隐函数无法化为显函数)，只要在等式两边直接关于 x 求导就能求出. 因为是关于 x 求导，而 y 本身又是一个关于 x 的函数，所以，在求导过程中出现的 y，必须要把它视为中间变量，再运用复合函数的求导法则解决. 至于由参数方程确定的函数的求导，只要能正确使用对应的公式即可.

同步训练

【A 组】

1. 单项选择题：

(1)设函数 $y=\ln x$，则二阶导数 $y''=($　　$)$；

(A)$\frac{1}{x}$　　　(B)$-\frac{1}{x^2}$

(C)$\frac{1}{x^2}$　　　(D)$-\frac{2}{x}$

(2)设函数 $f(x)=x^3-x^2+x+1$，则 $f''(0)=($　　$)$；

(A)0　　　(B)1

(C)2　　　(D)-2

(3)设函数 $y=\frac{1-x}{1+x}$，则二阶导数 $y''=($　　$)$.

(A)$2\cdot\frac{(-1)^2 2!}{(x+1)^3}$　　　(B)$\frac{(-1)^2 2!}{(x+1)^3}$

(C)$-\frac{2\cdot 2!}{(x+1)^3}$　　　(D)$2\cdot\frac{(-1)^3 2!}{(x+1)^3}$

2. 填空题：

(1)设函数 $y=y(x)$ 是由方程 $y=\sin(x+y)$ 所确定的隐函数，则一阶导数 y' $=$________；

(2)曲线方程为 $3y^2=x^2(x+1)$，则在点$(2,2)$处的切线斜率 $k=$________.

3. 综合题：

(1)已知函数 $y=\sqrt[3]{\frac{x(x^2-1)}{(x^2+1)^2}}(x>1)$，求一阶导数 y'；

(2)已知函数 $y=(\cos x)^{\sin x}$，求一阶导数 y'；

(3)已知方程 $x^y=y^x$，求一阶导数 y'；

(4)已知方程 $y=x^{2x}+(2x)^x$，求一阶导数 y'；

(5)已知方程 $xy=e^{x+y}$，求一阶导数 y'；

(6)已知方程 $x=y+\arctan y$，求一阶导数 y'；

(7)已知方程 $e^x-e^y-\arctan y=6$，求一阶导数 y'；

(8)已知方程 $ax^2+by^2-1=0$，求一阶导数 y'；

(9)已知方程 $y^2-2axy+b=0$，求一阶导数 y'；

(10)已知方程 $e^y=\sin(x+y)$，求一阶导数 y'；

(11)已知方程 $y=1+x\sin y$，求一阶导数 y'；

(12)已知方程 $e^{xy}+y\ln x=\sin 2x$，求一阶导数 y'；

(13)已知函数 $y=(1+\cos x)^{\frac{1}{x}}$，求一阶导数 y'；

(14)已知函数 $y=x\ln(x+\sqrt{x^2+a^2})-\sqrt{x^2+a^2}$，求二阶导数 y''；

(15)设 $y=y(x)$ 是由方程 $x^2+2xy-y^2=2x$ 所确定的函数，求导数 $\left.\frac{dy}{dx}\right|_{x=2}$；

(16)求星形线 $x^{\frac{2}{3}}+y^{\frac{2}{3}}=a^{\frac{2}{3}}(a>0)$ 在点 $M_0\left(\frac{\sqrt{2}a}{4},\frac{\sqrt{2}a}{4}\right)$ 处的切线方程；

(17)求由参数方程 $\begin{cases}x=at+b,\\ y=\frac{1}{2}at^2\end{cases}$ 所确定的函数 $y=f(x)$ 的导数 $\frac{dy}{dx}$；

(18)求由参数方程 $\begin{cases}x=\frac{1}{1+t},\\ y=\frac{t}{1+t}\end{cases}$ 所确定的函数 $y=f(x)$ 的导数 $\frac{dy}{dx}$；

(19)已知方程 $xy^2+\arctan y=\frac{\pi}{4}$，求导数 $\left.\frac{dy}{dx}\right|_{x=0}$；

(20)已知方程 $y\sin x-\cos(x-y)=0$，求导数 $\left.\frac{dy}{dx}\right|_{x=0,y=\frac{\pi}{2}}$；

(21)求曲线 $\begin{cases}x=\frac{3at}{1+t^2},\\ y=\frac{3at^2}{1+t^2}\end{cases}$ 上对应于 $t=2$ 的点处的切线方程和法线方程.

【B 组】

1. 单项选择题：

(1)设函数 $y=x^n+e^x$（n 为正整数），则 n 阶导数 $y^{(n)}=($　　$)$；

(A)e^x　　(B)$n!$

(C)$n!+ne^x$　　(D)$n!+e^x$

(2)设函数 $y=e^{ax}$，则 n 阶导数 $y^{(n)}=($　　$)$；

(A)ae^{ax}　　(B)$a^n e^{ax}$

(C)e^{ax}　　(D)$a^2 e^{ax}$

(3)设函数 $y=\ln(1+x)$,则五阶导数 $y^{(5)}=($　　$)$;

(A)$\dfrac{4!}{(1+x)^5}$　　(B)$-\dfrac{4!}{(1+x)^5}$

(C)$\dfrac{5!}{(1+x)^5}$　　(D)$-\dfrac{5!}{(1+x)^5}$

(4)设函数 $y=\ln(1-2x)$,则二阶导数 $y''=($　　$)$;

(A)$\dfrac{1}{(1-2x)^2}$　　(B)$\dfrac{2}{(1-2x)^2}$

(C)$\dfrac{-4}{(1-2x)^2}$　　(D)$\dfrac{4}{(1-2x)^2}$

(5)设函数 $y=\ln\cos x$,则二阶导数 $y''=($　　$)$;

(A)$-\sec^2 x$　　(B)$\sec^2 x$

(C)$\cot x$　　(D)$-\tan x$

(6)设函数 $y=x^2\sin x$,则二阶导数 $y''=($　　$)$;

(A)$2x\sin x+x^2\cos x$　　(B)$(2-x)\sin x+4x\cos x$

(C)$(2-x^2)\sin x+4x\cos x$　　(D)$(2-x^2)\cos x+4x\sin x$

(7)设函数 $y=x^n$(n 为正整数),则导数 $y^{(n)}(1)=($　　$)$;

(A)0　　(B)1

(C)n　　(D)$n!$

(8)设函数 $y=\sin^2 x$,则二阶导数 $y''=($　　$)$.

(A)$2\sin x$　　(B)$\sin 2x$

(C)$2\cos 2x$　　(D)$\cos 2x$

2.综合题:

(1)已知函数 $y=\sqrt{x\sin x\cdot\sqrt{1-e^x}}$,求一阶导数 y';

(2)已知函数 $\arctan\dfrac{y}{x}=\ln\sqrt{x^2+y^2}$,求一阶导数 y';

(3)已知函数 $y=e^{3x-1}$,求二阶导数 y'';

(4)已知函数 $y=\cot x$,求二阶导数 y'';

(5)已知函数 $y=\sqrt{x^2-1}$,求二阶导数 y'';

(6)已知函数 $y=x\cos x$,求二阶导数 y'';

(7)已知函数 $y=xe^{x^2}$,求二阶导数 y'';

(8)已知函数 $f(x)=x\sqrt{x^2-16}$,求导数 $f''(5)$;

(9)已知函数 $y=(\cos\ln x)^2$,求导数 $y''|_{x=e}$;

(10)已知函数 $y=xe^x$,求 n 阶导数 $y^{(n)}$;

(11)已知函数 $y=\sin^2 x$,求 n 阶导数 $y^{(n)}$;

(12)已知函数 $f(x)=\ln\dfrac{1}{1-x}$,求 n 阶导数 $f^{(n)}(x)$;

(13)已知函数 $y=\dfrac{1}{x^2-3x+2}$,求 n 阶导数 $y^{(n)}$;

(14)已知方程 $\sqrt{x}+\sqrt{y}=\sqrt{a}$(常数 $a>0$),求一阶函数 y';

(15)求由方程 $x^2-y^2=1$ 所确定的隐函数 $y=y(x)$ 的二阶导数 y''；

(16)求由参数方程 $\begin{cases}x=\ln(1+t^2),\\ y=t-\arctan t\end{cases}$ 所确定的隐函数 $y=y(x)$ 的二阶导数 y''；

(17)求由参数方程 $\begin{cases}x=\dfrac{t^2}{2},\\ y=1-t\end{cases}$ 所确定的隐函数 $y=y(x)$ 的二阶导数 y''；

(18)求由参数方程 $\begin{cases}x=1-t^2,\\ y=t-t^3\end{cases}$ 所确定的隐函数 $y=y(x)$ 的二阶导数 y''.

第四节　函数的微分　经济学中的边际函数

【学习要求】

1. 理解微分的概念和几何意义；
2. 理解可导与可微的等价关系；
3. 运用微分的思想解决一些近似计算问题；
4. 理解经济学中的边际函数.

【学习重点】

1. 微分的概念；
2. 边际函数的计算.

【学习难点】

1. 微分的概念；
2. 运用微分求近似计算；
3. 边际函数的意义.

引言

前面，我们通过研究函数的变化率问题，学习了导数的概念和运算法则. 我们知道，给自变量的取值 x_0 以增量 Δx，相应地，函数也有增量 $\Delta y=f(x_0+\Delta x)-f(x_0)$，导数是函数增量与自变量增量的比值在自变量增量趋于零时的极限值. 当我们继续研究函数增量 Δy 时可以发现，在很多实际问题中，函数增量 Δy 可以被分解为 Δx 的线性函数 $A\Delta x$(其中 A 不依赖于 Δx)与当 $\Delta x\to 0$ 时比 Δx 高阶的无穷小两部分之和，其中 $A\Delta x$ 是构成 Δy 的主要部分，而另一部分相对 $A\Delta x$ 来说小得多，几乎可以忽略. 为了抓住主要问题，需要重点研究 $A\Delta x$，从而产生了微分的概念. 微分是从研究函数近似计算出发而产生的数学分支. 微分理论的学习，对于后续的积分形式的体会来说非常重要.

一、微分的概念及其几何意义

定义 2-7 如果函数 $y=f(x)$ 在点 x_0 处的改变量 Δy 可以表示为 Δx 的线性函数 $A\cdot\Delta x$（A 是与 Δx 无关、与 x_0 有关的常数）与一个比 Δx 更高阶的无穷小之和，即

$$\Delta y=A\cdot\Delta x+o(\Delta x),$$

则称函数 $f(x)$ 在点 x_0 处可微，且称 $A\cdot\Delta x$ 为函数 $f(x)$ 在点 x_0 处的微分，记作 $\mathrm{d}y|_{x=x_0}$，即

$$\mathrm{d}y|_{x=x_0}=A\cdot\Delta x.$$

说明：

(1)函数的微分 $A\cdot\Delta x$ 是 Δx 的线性函数，且与函数的改变量 Δy 相差一个比 Δx 更高阶的无穷小，当 $\Delta x\to0$ 时，它是 Δy 的主要部分，所以也称微分 $\mathrm{d}y$ 是改变量 Δy 的线性主部，当 $|\Delta x|$ 很小时，就可以用微分 $\mathrm{d}y$ 作为改变量 Δy 的近似值：$\Delta y\approx\mathrm{d}y$.

(2)微分的几何意义：

如图 2-6 所示，函数 $y=f(x)$ 在点 x_0 处的增量是割线所在的直角三角形的对边 NQ，而在 x_0 处的微分 $\mathrm{d}y$ 是切线所在的直角三角形的对边 PQ.

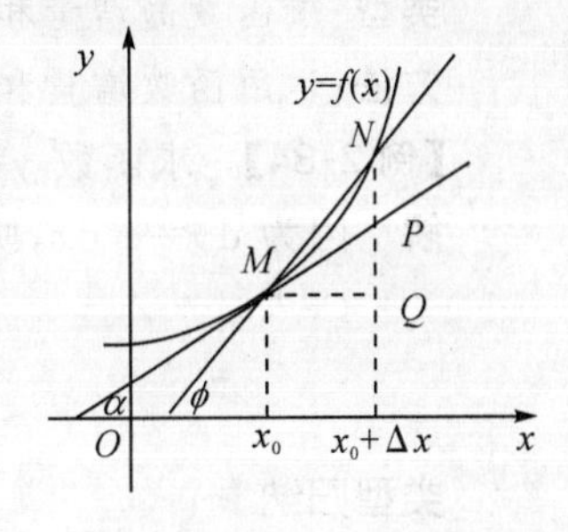

图 2-6

二、可导与可微的关系

如果函数 $y=f(x)$ 在点 x_0 处可微，按定义有 $\Delta y=A\cdot\Delta x+o(\Delta x)$，上式两端同除以 Δx，取 $\Delta x\to0$ 的极限，得

$$\lim_{\Delta x\to0}\frac{\Delta y}{\Delta x}=\lim_{\Delta x\to0}\left[A+\frac{o(\Delta x)}{\Delta x}\right]=A,$$

这表明，若 $y=f(x)$ 在点 x_0 处可微，则在点 x_0 处必定可导，且 $A=f'(x_0)$.

反之，如果函数 $f(x)$ 在点 x_0 处可导，即 $\lim\limits_{\Delta x\to0}\frac{\Delta y}{\Delta x}=f'(x_0)$ 存在，根据极限与无穷小的关系，上式可写成 $\frac{\Delta y}{\Delta x}=f'(x_0)+\alpha$，其中 α 为 $\Delta x\to0$ 时的无穷小，从而

$$\Delta y=f'(x_0)\cdot\Delta x+\alpha\cdot\Delta x,$$

这里 $f'(x_0)$ 是不依赖于 Δx 的常数，$\alpha\cdot\Delta x$ 当 $\Delta x\to0$ 时是比 Δx 更高阶的无穷小. 按微分的定义可见，如果函数 $f(x)$ 在点 x_0 处可导，则 $f(x)$ 在点 x_0 处可微，且微分为 $f'(x_0)\cdot\Delta x$.

综上所述，函数 $y=f(x)$ 在点 x_0 处可微的充分必要条件是在点 x_0 处可导，即：可导$\Leftrightarrow$可微，且

$$\mathrm{d}y|_{x=x_0}=f'(x_0)\cdot\Delta x.$$

对于函数 $y=x$，$\mathrm{d}y=\mathrm{d}x$，由 $\mathrm{d}y=(x)'\cdot\Delta x=\Delta x$，所以 $\mathrm{d}x=\Delta x$，$y=f(x)$ 在点 x_0 处的微分可记作

$$\mathrm{d}y|_{x=x_0}=f'(x_0)\cdot\mathrm{d}x.$$

一般地，如果函数 $y=f(x)$ 在某区间内每一点处都可微，则称函数在该区间内是可微函数，函数在区间内任一点 x 处的微分

$$\mathrm{d}y=f'(x)\cdot\mathrm{d}x.$$

由此还可得 $f'(x)=\dfrac{dy}{dx}$，这是导数记号$\dfrac{dy}{dx}$的由来，同时也表明导数是函数的微分 dy 与自变量的微分 dx 的商，故导数也称为微商.

【例 2-33】 一个边长为 x_0 的正方形的铁片，加热后边长增加了 Δx，求面积 $y=x^2$ 的增量 Δy 和面积的微分 dy.

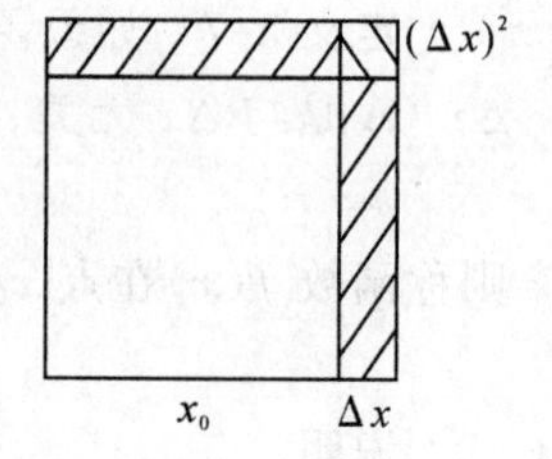

图 2-7

解 由图 2-7 可知，

$$\begin{aligned}\Delta y&=(x_0+\Delta x)^2-(x_0)^2\\&=2x_0\Delta x+(\Delta x)^2,\end{aligned}$$

而

$$dy=(x^2)'|_{x=x_0}\cdot\Delta x=2x_0\Delta x.$$

类型归纳 ▶▶▶

类型：求函数的增量和微分.

方法：运用函数增量和微分的定义求解，$\Delta y=f(x_0+\Delta x)-f(x_0)$，$dy=f'(x_0)\cdot\Delta x$.

【例 2-34】 求函数 $y=e^x$ 在点 $x=0$ 与点 $x=1$ 处的微分.

解 因为 $dy=e^x dx$，所以

$$dy|_{x=0}=e^0 dx=dx,$$
$$dy|_{x=1}=e^1 dx=e dx.$$

类型归纳 ▶▶▶

类型：求函数在给定点的微分.

方法：先求出微分，再把给定点的值代入. 记住：除了结果为 0 以外，必须带有 dx.

【例 2-35】 在下列括号内填上适当的函数，使得等式成立：

(1) $d(\quad)=(x^2+x+1)dx$；(2) $d(\quad)=\dfrac{1}{x}dx$；(3) $d(\quad)=\dfrac{1}{x^2}dx$.

解 (1)导数为 x^2 的函数，根据求导公式，最接近的函数是 x^3，由

$$(x^3)'=3x^2,$$

恒等变换，得

$$\left(\frac{x^3}{3}\right)'=x^2.$$

类似地，有 $\left(\dfrac{1}{2}x^2\right)'=x$、$x'=1$，所以

$$\left(\frac{1}{3}x^3+\frac{1}{2}x^2+x\right)'=x^2+x+1.$$

又因为常数 C，都有 $C'=0$，所以

$$d\left(\frac{1}{3}x^3+\frac{1}{2}x^2+x+C\right)=(x^2+x+1)dx;$$

(2)同理，因为 $(\ln|x|)'=\dfrac{1}{x}$，所以 $d(\ln|x|+C)=\dfrac{1}{x}dx$；

(3)因为 $\left(\dfrac{1}{x}\right)'=-\dfrac{1}{x^2}$，所以 $\left(-\dfrac{1}{x}\right)'=\dfrac{1}{x^2}$，所以 $d\left(-\dfrac{1}{x}+C\right)=\dfrac{1}{x^2}dx$.

类型归纳 ▶▶▶

类型:已知微分,求被微分的函数.

方法:运用求导公式和微分定义,通过"大胆假设,仔细论证"的方法求解.

【例 2-36】 已知函数 $y=\ln(2x)$,求微分 $\mathrm{d}y$.

解 由微分公式得

$$\mathrm{d}y=\mathrm{d}[\ln(2x)]=(\ln 2+\ln x)'\mathrm{d}x=\frac{1}{x}\mathrm{d}x.$$

【例 2-37】 求函数 $y=x^2$ 当 $x=3,\Delta x=0.02$ 时的微分.

解 因为 $\mathrm{d}y=(x^2)'\Delta x=2x\Delta x$,

所以

$$\mathrm{d}y|_{x=3,\Delta x=0.02}=2x\Delta x|_{x=3,\Delta x=0.02}=0.12.$$

类型归纳 ▶▶▶

类型:求函数在定点定量时的微分.

方法:先求出微分,再把给定点和给定自变量的增量代入.

三、微分基本公式

常值函数与基本初等函数的微分基本公式:

(1)$\mathrm{d}(C)=0$(常数 $C\in\mathbf{R}$);

(2)$\mathrm{d}(x^{\mu})=\mu x^{\mu-1}\mathrm{d}x$($\mu\in\mathbf{R}$ 且 $x\neq 0$);

(3)$\mathrm{d}(a^x)=a^x\ln a\mathrm{d}x$($a>0$ 且 $a\neq 1$);

(4)$\mathrm{d}(\mathrm{e}^x)=\mathrm{e}^x\mathrm{d}x$;

(5)$\mathrm{d}(\log_a x)=\dfrac{1}{x\ln a}\mathrm{d}x$($a>0$ 且 $a\neq 1,x>0$);

(6)$\mathrm{d}(\ln x)=\dfrac{1}{x}\mathrm{d}x$($x>0$);

(7)$\mathrm{d}(\sin x)=\cos x\mathrm{d}x$;

(8)$\mathrm{d}(\cos x)=-\sin x\mathrm{d}x$;

(9)$\mathrm{d}(\tan x)=\sec^2 x\mathrm{d}x$($x\neq k\pi+\dfrac{\pi}{2},k\in\mathbf{Z}$);

(10)$\mathrm{d}(\cot x)=-\csc^2 x\mathrm{d}x$($x\neq k\pi,k\in\mathbf{Z}$);

(11)$\mathrm{d}(\sec x)=\sec x\cdot\tan x\mathrm{d}x\left(x\neq k\pi+\dfrac{\pi}{2},k\in\mathbf{Z}\right)$;

(12)$\mathrm{d}(\csc x)=-\csc x\cdot\cot x\mathrm{d}x$($x\neq k\pi,k\in\mathbf{Z}$);

(13)$\mathrm{d}(\arcsin x)=\dfrac{1}{\sqrt{1-x^2}}\mathrm{d}x$($-1<x<1$);

(14)$\mathrm{d}(\arccos x)=-\dfrac{1}{\sqrt{1-x^2}}\mathrm{d}x$($-1<x<1$);

(15) $d(\arctan x)=\frac{1}{1+x^2}dx$；

(16) $d(\text{arccot} x)=-\frac{1}{1+x^2}dx$.

以上16个公式，可以由导数的基本公式和微分定义推出. 换言之，记住了导数的基本公式，也就记住了微分的基本公式.

四、微分的运算法则

1. 微分的四则运算法则

(1) $d(u\pm v)=du\pm dv$；

(2) $d(u\cdot v)=v\cdot du+u\cdot dv$，

特别地，$d(Cu)=Cdu$（C为常数）；

(3) $d\left(\frac{u}{v}\right)=\frac{vdu-udv}{v^2}(v\neq 0)$.

2. 复合函数的微分法则

设函数 $y=f(u)$，$u=\varphi(x)$，则复合函数 $y=f[\varphi(x)]$ 的微分为

$$dy=y'_x dx=f'(u)\cdot\varphi'(x)dx=f'(u)du.$$

说明：

复合函数的微分，最后得到的结果与 u 是自变量的形式相同，这表示对于函数 $y=f(u)$，不论 u 是自变量还是中间变量，y 的微分都有 $f'(u)du$ 的形式. 这个性质称为一阶微分形式的不变性.

【例 2-38】 求微分 $d[\ln(\sin 2x)]$.

解 方法一　由微分形式不变性，得

$$d[\ln(\sin 2x)]=\frac{1}{\sin 2x}d(\sin 2x)=\frac{1}{\sin 2x}\cos 2x d(2x)=\frac{1}{\sin 2x}\cos 2x\cdot 2dx$$
$$=2\cot 2x dx.$$

方法二　因为 $[\ln(\sin 2x)]'=\frac{1}{\sin 2x}(\sin 2x)'=\frac{1}{\sin 2x}\cos 2x\cdot 2=2\cot 2x$，

所以

$$d[\ln(\sin 2x)]=2\cot 2x dx.$$

类型归纳 ▶▶▶

类型：求复合函数的微分.

方法：运用微分的公式和法则解题，也可以先求出函数的导数 $f'(x)$，再套用公式 $dy=f'(x)\cdot dx$.

【例 2-39】 用求微分的方法，求由方程 $4x^2-xy-y^2=0$ 所确定的隐函数 $y=y(x)$ 的微分与导数.

解 对已知方程两端分别求微分，有

$$8xdx-ydx-xdy-2ydy=0,$$

即

$$(x+2y)\mathrm{d}y=(8x-y)\mathrm{d}x.$$

当 $x+2y\neq 0$ 时,可得

$$\mathrm{d}y=\frac{8x-y}{x+2y}\mathrm{d}x,$$

即

$$y'=\frac{\mathrm{d}y}{\mathrm{d}x}=\frac{8x-y}{x+2y}.$$

【例 2-40】 求由方程 $y=\mathrm{e}^{-\frac{x}{y}}$ 所确定的隐函数 $y=f(x)$ 的微分.

解 方法一 对方程两边分别求导,得

$$y'=\mathrm{e}^{-\frac{x}{y}}\left(-\frac{y-xy'}{y^2}\right)=\frac{xy'-y}{y}=\frac{x}{y}y'-1,$$

所以

$$y'=\frac{y}{x-y},$$

即

$$\mathrm{d}y=\frac{y}{x-y}\mathrm{d}x.$$

方法二 $\mathrm{d}y=\mathrm{d}(\mathrm{e}^{-\frac{x}{y}})=\mathrm{e}^{-\frac{x}{y}}\mathrm{d}\left(-\frac{x}{y}\right)=y\cdot\frac{-y\mathrm{d}x+x\mathrm{d}y}{y^2}$(其中 y 代替 $\mathrm{e}^{-\frac{x}{y}}$)

$$=-\mathrm{d}x+\frac{x}{y}\mathrm{d}y,$$

所以

$$\mathrm{d}y=\frac{y}{x-y}\mathrm{d}x.$$

类型归纳 ▶▶▶

类型:求隐函数的微分与导数.

方法:运用微分的公式和法则,再根据微分和导数的关系,转换成导数形式,也可以先求导数,再化为微分.在微分运算过程中,两个变量 x 和 y 分别看成两个独立的变量.

五、微分的近似计算公式

由微分的定义可知,当 $|\Delta x|$ 很小时,$\Delta y\approx\mathrm{d}y$,所以有

$$f(x_0+\Delta x)\approx f(x_0)+f'(x_0)\Delta x.$$

特别地,令 $x=x_0+\Delta x$,当 $x_0=0$ 时,有

$$f(x)\approx f(0)+f'(0)x(|x|\text{很小时}).$$

常用近似计算公式(当 $|x|$ 很小时):

(1) $\sqrt[n]{1+x}\approx 1+\frac{1}{n}x$;

(2) $\sin x\approx x$;

(3) $\tan x \approx x$;

(4) $\ln(1+x) \approx x$;

(5) $e^x \approx 1+x$.

可以知道,以上常用近似公式,类似于前面讲的无穷小量等价关系.

【例 2-41】 如图 2-8 所示,有一电阻负载 $R=25\Omega$,现负载功率 P 从 400W 变化到 401W,负载两端的电压 U 大约改变了多少?

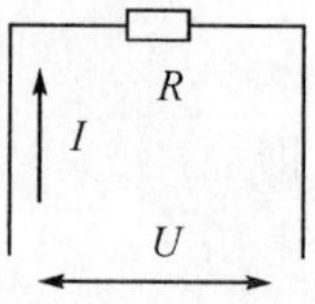

图 2-8

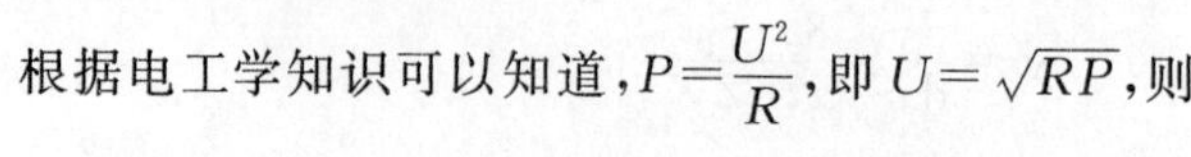

解 根据电工学知识可以知道,$P=\dfrac{U^2}{R}$,即 $U=\sqrt{RP}$,则

$$\mathrm{d}U=(\sqrt{RP})'_P\mathrm{d}P=\frac{R}{2\sqrt{RP}}\mathrm{d}P.$$

所以 $\Delta U \approx \mathrm{d}U=\dfrac{25}{2\sqrt{25\times 400}}\times 1=0.125(\mathrm{V})$.

【例 2-42】 计算 $\sin 29°$的近似值.

解 设 $f(x)=\sin x$, $f'(x)=\cos x$,取 $x_0=30°=\dfrac{\pi}{6}$, $\Delta x=-1°=-\dfrac{\pi}{180}$,则

$$f\left(\frac{\pi}{6}\right)=\sin\frac{\pi}{6}=\frac{1}{2}, f'\left(\frac{\pi}{6}\right)=\cos\frac{\pi}{6}=\frac{\sqrt{3}}{2},$$

所以 $\sin 29° \approx f\left(\dfrac{\pi}{6}\right)+f'\left(\dfrac{\pi}{6}\right)\Delta x=\dfrac{1}{2}+\dfrac{\sqrt{3}}{2}\times\left(-\dfrac{\pi}{180}\right)\approx 0.4849$.

【例 2-43】 计算 $\sin 31°$的近似值.

解 因为

$$\sin 31°=\sin(30°+1°)=\sin\left(\frac{\pi}{6}+\frac{\pi}{180}\right),$$

可设 $f(x)=\sin x$,并取 $x_0=\dfrac{\pi}{6}$, $\Delta x=\dfrac{\pi}{180}$,因为

$$f'(x)=(\sin x)'=\cos x,$$

所以,运用近似公式,得

$$\sin 31°=f\left(\frac{\pi}{6}+\frac{\pi}{180}\right)\approx f\left(\frac{\pi}{6}\right)+f'\left(\frac{\pi}{6}\right)\times\frac{\pi}{180}$$

$$=\sin\frac{\pi}{6}+\cos\frac{\pi}{6}\times\frac{\pi}{180}\approx 0.5151.$$

类型归纳 ▶▶▶

类型: 求近似值.

方法: 运用微分的近似计算公式,但是这时要注意函数 $f(x)$在点 x_0 处的函数值一定要容易求出,并且 x 与 x_0 非常接近.

六、微分在经济学中的应用

在经济问题中,常常会使用变化率的概念,例如年产量的变化率、成本的变化率、利润的变化率等,变化率又分为平均变化率和瞬时变化率.

定义 2-8 一个经济函数 $f(x)$的导数 $f'(x)$称为该函数的边际函数. $f(x)$在点 $x=x_0$ 处的导数 $f'(x_0)$称为 $f(x)$在点 $x=x_0$ 处的变化率,也称为 $f(x)$在点 $x=x_0$ 处的边际函数值. 它表示 $f(x)$在点 $x=x_0$ 处的变化速度.

说明:

设 $y=f(x)$是一个可导的经济函数,当$|\Delta x|$很小时,由微分关系可以得到 $f(x+\Delta x)-f(x)=f'(x)\Delta x+o(\Delta x)\approx f'(x)\Delta x$. 特别地,当 $\Delta x=1$ 或 $\Delta x=-1$ 时,分别得到 $f(x+1)-f(x)\approx f'(x)$或 $f(x-1)-f(x)\approx -f'(x)$. 因此边际函数值 $f'(x_0)$的经济意义是:经济函数 $f(x)$在点 $x=x_0$ 处,当自变量 x 再增加(或减少)1 个单位时,因变量 y 大约增加(或减少)$f'(x_0)$个单位. 在应用问题中解释边际函数的具体意义时,通常略去"大约"两字.

定义 2-9 设总成本函数 $C=C(Q)$,Q 为产量,生产 Q 个单位产品时的边际成本函数为 $C'=C'(Q)$,$C'(Q_0)$称为当产量为 Q_0 时的边际成本.

说明:

经济学家对它的解释是:生产 Q_0 个单位产品前最后增加的那个单位产品所花费的成本或生产 Q_0 个单位产品后增加的那个单位产品所花费的成本.

【例 2-44】 设函数 $y=x^2$,试求 y 在 $x=5$ 时的边际函数值,并说明经济意义.

解 因为 $y'=2x$,所以边际函数值 $y'|_{x=5}=10$. 该值表明:当 $x=5$ 时,x 改变一个单位(增加或减少 1 个单位),y 大约改变 10 个单位(增加或减少 10 个单位).

类型归纳 ▶▶▶

类型:求边际函数值.

方法:运用边际函数值的计算公式.

【例 2-45】 已知某产品生产 Q 件的成本为 $C=9000+40Q+0.01Q^2$(元),试求:

(1)边际成本函数;

(2)产量为 1000 件时的边际成本,并解释其经济意义.

解 (1)边际成本函数是 $C'=40+0.002Q$;

(2)产量为 1000 件时的边际成本是 $C'(1000)=40+0.02\times1000=60$,它表示当产量为 1000 件时,再生产 1 件产品需要的成本为 60 元.

类型归纳 ▶▶▶

类型:求边际成本问题.

方法:运用边际成本的计算公式.

结束语 ▶▶▶

函数 $y=f(x)$的微分 dy,表示的是当自变量的增量 Δx 趋向于零的时候,函数增量 Δy 表达式的线性主部,忽略了相对于 Δx 来说小得多的无穷小量 $\alpha\cdot\Delta x$. 值得一提的是,同一个量,对于不同的参照体系,它的性质是不同的. 比如 2 角人民币,对于家电市场上的电视机售价来说,是可以忽略的;而对于菜场上的葱摊来说,一堆葱,就只有几角钱,忽略了,就等于白送了. 就微分而言,从形式上讲,只要知道函数的导数 $f'(x)$,那么,后面跟个"尾巴"dx,就是函数 $y=f(x)$的微分 dy,即 $dy=f'(x)dx$. 从这个式子可以看出,一元函数 $y=f(x)$可导和可微是等价的.值得一提的是，$dy\approx\Delta y$，而 $dx=\Delta x$.对于经济学中的边际函数，只要理解了生产实践中这些变量的意义，就能够解决对应的问题.

同步训练

【A 组】

1.单项选择题：

(1)$d(\cos 2x)=$( )；

(A)$\cos 2x dx$ (B)$-\sin 2x dx$

(C)$2\sin 2x dx$ (D)$-2\sin 2x dx$

(2)设函数 $f(x)$ 可导，则当 x 在点 $x=2$ 处有微小增量 Δx 时，函数的增量约为( )；

(A)$f'(2)$ (B)$\lim\limits_{x\to 2}f(x)$

(C)$f(2+\Delta x)$ (D)$f'(2)\Delta x$

(3)设 $u=u(x)$，$v=v(x)$ 都是可微函数，则微分 $d(uv)=$( )；

(A)$udu+vdv$ (B)$u'dv+v'du$

(C)$udv+vdu$ (D)$udv-vdu$

(4)设函数 $f(x)$ 可微，则微分 $d[e^{f(x)}]=$( )；

(A)$f'(x)dx$ (B)$e^{f(x)}dx$

(C)$f'(x)e^{f(x)}dx$ (D)$f'(x)d[e^{f(x)}]$

(5)设函数 $y=f(-x^2)$，则微分 $dy=$( )；

(A)$-2xf'(-x^2)dx$ (B)$xf'(-x^2)dx$

(C)$2f'(-x^2)dx$ (D)$2xf'(-x^2)dx$

(6)$\dfrac{d(\ln x)}{d(\sqrt{x})}=$( )；

(A)$\dfrac{2}{x}$ (B)$\dfrac{2}{\sqrt{x}}$

(C)$\dfrac{2}{x\sqrt{x}}$ (D)$\dfrac{1}{2x\sqrt{x}}$

(7)用微分近似计算公式求得 $e^{0.05}$ 的近似值为( ).

(A)0.05 (B)1.05

(C)0.95 (D)1

2.求下列函数 $y=y(x)$ 的微分 dy：

(1)$y=\dfrac{1}{x}+2\sqrt{x}$；

(2)$y=[\ln(1-x)]^2$；

(3)$y=\dfrac{x}{\sqrt{x^2+1}}$；

(4)$y=\tan^2(1+2x^2)$；

(5)$y=\arcsin\sqrt{1-x^2}$；

(6) $y=e^{-x}\cos(3-x)$；

(7) $y=5^{\ln\tan x}$；

(8) $y=\arctan\frac{1}{x}$；

(9) $y=\ln(1-x)+\sqrt{1-x}$；

(10) $y=e^{x}\sin 2x$；

(11) $y=\frac{\sin x}{1-x^{2}}$；

(12) $y=\frac{x}{\sqrt{1-x^{2}}}$；

(13) $y=2\ln(e^{x}+1)-x$；

(14) $y=\frac{x^{3}-1}{x^{3}+1}$；

(15) $y=x\sin x$；

(16) $y=\sqrt{2-5x^{2}}$；

(17) $y=e^{2x}\sin\frac{x}{3}$；

(18) $y=\cos(x+y)$；

(19) $y^{2}+3xy-2x=0(2y+3x\neq 0)$；

(20) $y^{2}=xe^{y}-x^{2}$；

(21) $y^{2}+\ln y=x^{4}$；

(22) $e^{\frac{x}{y}}-xy=0$；

(23) $y=\cos(xy)-x$.

3. 某工厂生产 Q 个单位产品的总成本 C 为产量 Q 的函数 $C=C(Q)=1100+\frac{1}{1200}Q^{2}$，求：(1)生产 900 个单位时的总成本和平均成本；(2)生产 900 个单位到 1000 个单位时的总成本的平均变化率；(3)生产 900 个单位时的边际成本.

【B 组】

1. 单项选择题：

(1)函数 $f(x)$ 在点 x_0 处可微，则当 $|\Delta x|$ 很小时，$f(x_0+\Delta x)\approx$(　　)；

(A) $f(x_0)$　　(B) $f'(x_0)\Delta x$

(C) Δy　　(D) $f(x_0)+f'(x_0)\Delta x$

(2)设 x 为自变量，当 $x=1$ 且 $\Delta x=0.1$ 时，$d(x^{3})=$(　　)；

(A) 0.3　　(B) 0

(C) 0.01　　(D) 0.03

(3)将半径为 R 的球体加热，如果球半径增加 ΔR，则球体体积的增量为 $\Delta V\approx$(　　)；

(A) $\frac{4}{3}\pi R^{3}$　　(B) $4\pi R^{2}\Delta R$

(C) $4\pi R^{2}$　　(D) $4\pi R\Delta R$

(4)若函数 $f(u)$可导,且满足方程 $y=f(\ln^2 x)$,则导数$\frac{dy}{dx}=$(　　);

(A)$f'(\ln^2 x)$　　　　(B)$2\ln x f'(\ln^2 x)$

(C)$\frac{2\ln x}{x}[f(\ln^2 x)]'$　　　　(D)$\frac{2\ln x}{x}f'(\ln^2 x)$

(5)设函数 $y=\frac{\varphi(x)}{x}$,且 $\varphi(x)$可导,则微分 $dy=$(　　).

(A)$\frac{x d\varphi(x)-\varphi(x)dx}{x^2}$　　　　(B)$\frac{\varphi'(x)-\varphi(x)}{x^2}dx$

(C)$-\frac{d\varphi(x)}{x^2}$　　　　(D)$\frac{x d\varphi(x)-d\varphi(x)}{x^2}$

2.将适当的函数填入下列括号内,使等式成立:

(1)d(　　)$=2dx$;　　　　(2)d(　　)$=3x dx$;

(3)d(　　)$=\cos t dt$;　　　　(4)d(　　)$=\sin\omega t dt$;

(5)d(　　)$=\frac{dx}{1+x}$;　　　　(6)d(　　)$=e^{-2x}dx$;

(7)d(　　)$=\frac{dx}{\sqrt{x}}$;　　　　(8)d(　　)$=\sec^2 3x dx$.

3.运用微分求下列表达式的近似值:

(1)$e^{1.01}$;

(2)$\cos 151°$;

(3)$\sqrt[3]{1.02}$;

(4)lg11;

(5)arctan1.003.

4.半径为 15cm 的球,半径延伸 2mm,球的体积约增大多少?

5.设扇形的圆心角 $\alpha=60°$,半径 $R=100$cm,如果 R 不变,α 减少 $30'$,扇形面积大约改变多少?又如果 α 不变,R 增加 1cm,扇形的面积大约改变多少?

6.水管壁的正截面是一个圆环,设它的内径为 R_0,壁厚为 d,运用微分计算这个圆环面积的近似值(d 相当小).

7.设某产品的需求函数为:$P=20-\frac{Q}{5}$,其中 P 为价格,Q 为销售量,当销售量为 15 个单位时,求总收益、平均收益与边际收益.

第五节　微分中值定理　洛必达法则

【学习要求】

1. 理解微分中值定理的意义,了解其形式;
2. 熟练运用洛必达法则求极限.

【学习重点】

1. 拉格朗日中值定理;
2. 洛必达法则.

【学习难点】

1. 微分中值定理的运用;
2. 洛必达法则的运用.

引言

函数的导数刻画了函数相对于自变量的变化快慢,几何上就是用曲线的切线倾斜度(即斜率)反映曲线上点的变化情况的.本节介绍的微分中值定理,给出了函数及其导数之间的联系,是导数运用的理论基础.通过柯西中值定理得到洛必达法则,有效地解决了两个函数 $f(x)$ 和 $g(x)$ 都是无穷小或者无穷大的商的极限的计算.

一、微分中值定理

定理 2-2[罗尔(Rolle)中值定理]　若函数 $f(x)$ 满足:

(1)在闭区间 $[a,b]$ 上连续;

(2)在开区间 (a,b) 内可导;

(3)在区间 $[a,b]$ 的端点处函数值相等,即 $f(a)=f(b)$,则在 (a,b) 内至少存在一点 $\xi(a<\xi<b)$,使得 $f'(\xi)=0$(见图 2-9).

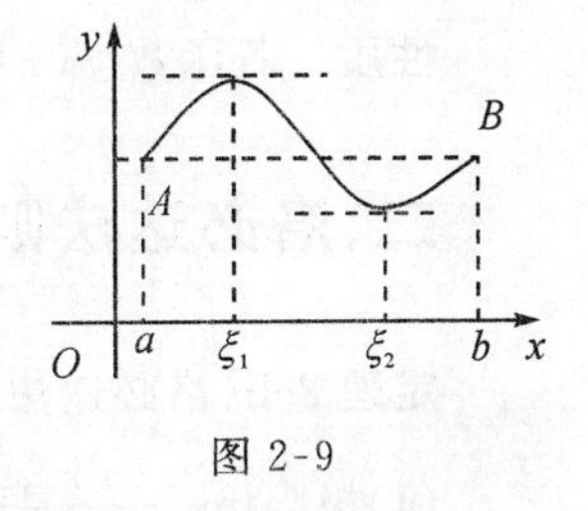

图 2-9

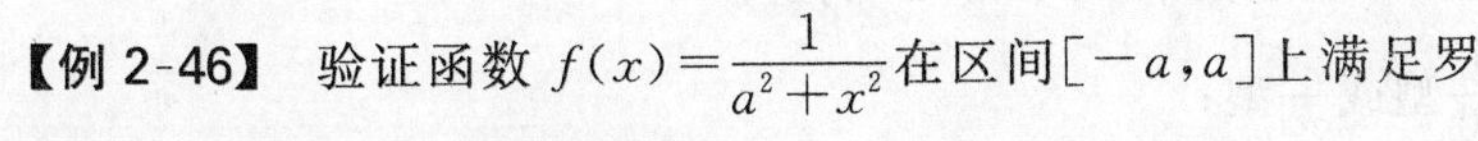

【例 2-46】　验证函数 $f(x)=\dfrac{1}{a^2+x^2}$ 在区间 $[-a,a]$ 上满足罗尔定理的条件,并求出定理结论中的 ξ.

解　显然函数 $f(x)$ 在闭区间上连续,开区间内可导,并且有 $f(-a)=f(a)$.所以函数 $f(x)$ 满足罗尔定理的条件.而 $f'(x)=\dfrac{-2x}{(a^2+x^2)^2}$,由 $f'(\xi)=0$ 得 $\xi=0$.

类型归纳

类型:验证满足中值定理的条件,并求出相应的 ξ.

方法:严格按照定理的条件来验证,然后根据导数关系式求出 ξ.

定理 2-3[拉格朗日(Lagrange)中值定理] 若函数 $f(x)$满足：

(1)在闭区间$[a,b]$上连续；

(2)在开区间(a,b)内可导，则在(a,b)内至少存在一点 $\xi(a<\xi<b)$(见图 2-10)，使得 $f(b)-f(a)=f'(\xi)(b-a)$.

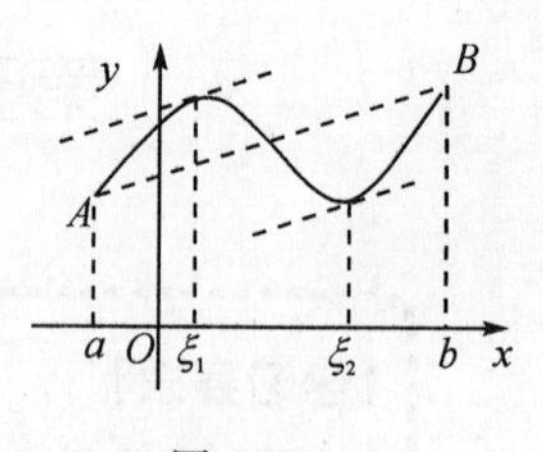

图 2-10

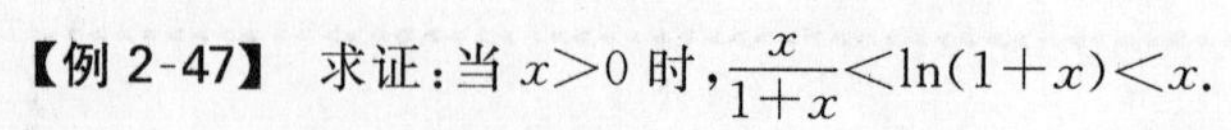

【例 2-47】 求证：当 $x>0$ 时，$\frac{x}{1+x}<\ln(1+x)<x$.

证明 设函数 $f(x)=\ln(1+x)$，显然，$f(x)$在区间$[0,x]$上满足拉格朗日中值定理的条件，所以

$$f(x)-f(0)=f'(\xi)(x-0)[\text{其中 }\xi\in(0,x)],$$

又 $f(x)=\ln(1+x)$，$f(0)=0$，$f'(x)=\frac{1}{1+x}$，所以

$$\ln(1+x)=\frac{x}{1+\xi}.$$

因为 $\xi\in(0,x)$，所以 $1<1+\xi<1+x$，$\frac{x}{1+x}<\frac{x}{1+\xi}<x$，于是

$$\frac{x}{1+x}<\ln(1+x)<x.$$

类型归纳 ▶▶▶

类型：用拉格朗日中值定理证明不等式.

方法：运用 ξ 的取值范围得到不等式关系.

定理 2-4[柯西(Cauchy)中值定理] 若函数 $f(x)$与 $g(x)$满足：

(1)在闭区间$[a,b]$上连续；

(2)在开区间(a,b)内可导，且 $g'(x)\neq0$，则在(a,b)内至少存在一点 $\xi(a<\xi<b)$，使得 $\frac{f(b)-f(a)}{g(b)-g(a)}=\frac{f'(\xi)}{g'(\xi)}$.

性质 若函数 $f(x)$在区间 I 内的导数恒等于零，则在区间 I 内，$f(x)$恒为常数.

二、洛必达法则

定理 2-5(洛必达法则) 设函数 $f(x)$和 $g(x)$满足：

(1)极限$\lim\limits_{x\to a}\frac{f(x)}{g(x)}$是$\frac{0}{0}$型或$\frac{\infty}{\infty}$型；

(2)在点 a 的附近(不含点 a)，$f'(x)$、$g'(x)$都存在，且 $g'(x)\neq0$；

(3) $\lim\limits_{x\to a}\frac{f'(x)}{g'(x)}$存在或为无穷大，则极限$\lim\limits_{x\to a}\frac{f(x)}{g(x)}$存在或为无穷大，且$\lim\limits_{x\to a}\frac{f(x)}{g(x)}=\lim\limits_{x\to a}\frac{f'(x)}{g'(x)}$.

极限条件 $x\to a$，如果换成 $x\to a^+$，$x\to a^-$，$x\to+\infty$，$x\to-\infty$，$x\to\infty$，结论同样成立.

【例 2-48】 计算极限$\lim\limits_{x\to 0}\dfrac{x-\sin x}{x^3}$.

解　这是$x\to a$时的"$\dfrac{0}{0}$"型未定式,运用洛必达法则,得

$$\lim_{x\to 0}\frac{x-\sin x}{x^3}=\lim_{x\to 0}\frac{1-\cos x}{3x^2},$$

等式右端仍为"$\dfrac{0}{0}$"型未定式,再使用洛必达法则,有

$$\lim_{x\to 0}\frac{x-\sin x}{x^3}=\lim_{x\to 0}\frac{1-\cos x}{3x^2}=\lim_{x\to 0}\frac{\sin x}{6x}=\frac{1}{6}.$$

【例 2-49】 计算极限$\lim\limits_{x\to 2}\dfrac{(x-2)^2}{x^3-2x-4}$.

解　方法一　$\lim\limits_{x\to 2}\dfrac{(x-2)^2}{x^3-2x-4}=\lim\limits_{x\to 2}\dfrac{2(x-2)}{3x^2-2}=0$.

方法二　$\lim\limits_{x\to 2}\dfrac{(x-2)^2}{x^3-2x-4}=\lim\limits_{x\to 2}\dfrac{(x-2)^2}{(x-2)(x^2+2x+2)}=\lim\limits_{x\to 2}\dfrac{x-2}{x^2+2x+2}=0$.

类型归纳 ▶▶▶

类型:求"$\dfrac{0}{0}$"型未定式的极限.

方法:可以一次或多次使用洛必达法则,但是注意每次使用之前都要验证是否满足洛必达法则的条件,然后再决定是否使用.

【例 2-50】 计算极限$\lim\limits_{x\to\infty}\dfrac{2x^3+3x^2+x-1}{3x^3-2x^2-x+1}$.

解

$$\lim_{x\to\infty}\frac{2x^3+3x^2+x-1}{3x^3-2x^2-x+1}=\lim_{x\to\infty}\frac{6x^2+6x+1}{9x^2-4x-1}$$

$$=\lim_{x\to\infty}\frac{12x+6}{18x-4}=\frac{12}{18}=\frac{2}{3}.$$

类型归纳 ▶▶▶

类型:计算极限"$\dfrac{\infty}{\infty}$"型未定式的极限.

方法:运用洛必达法则求解.

【例 2-51】 计算极限$\lim\limits_{x\to 0}\left(\dfrac{1}{\sin x}-\dfrac{1}{x}\right)$.

解　方法一

$$\lim_{x\to 0}\left(\frac{1}{\sin x}-\frac{1}{x}\right)=\lim_{x\to 0}\frac{x-\sin x}{x\sin x}=\lim_{x\to 0}\frac{1-\cos x}{\sin x+x\cos x}$$

$$=\lim_{x\to 0}\frac{\sin x}{\cos x+\cos x-x\sin x}=0.$$

方法二

$$\lim_{x\to 0}\left(\frac{1}{\sin x}-\frac{1}{x}\right)=\lim_{x\to 0}\frac{x-\sin x}{x\sin x}=\lim_{x\to 0}\frac{x-\sin x}{x^2}$$

$$=\lim_{x\to 0}\frac{1-\cos x}{2x}=\lim_{x\to 0}\frac{\sin x}{2}=0.$$

类型归纳 ▶▶▶

类型:求“$\infty-\infty$”型未定式的极限.

方法:先通分,把“$\infty-\infty$”型未定式的极限化为适当的“$\frac{0}{0}$”型或“$\frac{\infty}{\infty}$”型未定式的极限,再用洛必达法则求解,有时候可以穿插使用等价无穷小量替换原理.

【例 2-52】 计算极限 $\lim\limits_{x\to 0^+} x\ln x$.

解 $\lim\limits_{x\to 0^+} x\ln x=\lim\limits_{x\to 0^+}\dfrac{\ln x}{\dfrac{1}{x}}=\lim\limits_{x\to 0^+}\dfrac{\dfrac{1}{x}}{-\dfrac{1}{x^2}}=\lim\limits_{x\to 0^+}(-x)=0.$

类型归纳 ▶▶▶

类型:求“$0\cdot\infty$”型未定式的极限.

方法:先化为分式形式,把“$0\cdot\infty$”型未定式的极限化为适当的“$\frac{0}{0}$”型或“$\frac{\infty}{\infty}$”型未定式的极限,再用洛必达法则求解.化分数时,通常是复杂的函数式不动,简单的函数式取倒数.

【例 2-53】 计算极限 $\lim\limits_{x\to\infty}\left(1+\dfrac{1}{x}\right)^x$.

解 $\lim\limits_{x\to\infty}\left(\dfrac{x+1}{x}\right)^x=\lim\limits_{x\to\infty}e^{\ln\left(\frac{x+1}{x}\right)^x}=\lim\limits_{x\to\infty}e^{x\ln(x+1)-x\ln x}$

$$=e^{\lim\limits_{x\to\infty}\frac{\ln(x+1)-\ln x}{\frac{1}{x}}}=e^{\lim\limits_{x\to\infty}\frac{\frac{1}{x+1}-\frac{1}{x}}{-\frac{1}{x^2}}}=e^{\lim\limits_{x\to\infty}\frac{x^2}{x^2+x}}=e.$$

类型归纳 ▶▶▶

类型:求“1^∞”型未定式的极限.

方法:先通过对数公式,把“1^∞”型未定式化为“$\infty-\infty$”或“$0\cdot\infty$”型未定式,然后再通分或者化成分式,运用洛必达法则求解.

有些极限问题,虽然被求极限的函数在形式上具有类似洛必达法则条件的未定式,但是直接使用洛必达法则,可能会产生差错,求导后的极限不能完成计算,其原因就是这些极限问题,并不完全满足洛必达法则的条件.因此,对于极限的计算,一定要正确理解和灵活运用相关法则.

【例 2-54】 计算极限 $\lim\limits_{x\to 0}\dfrac{x^2\sin\dfrac{1}{x}}{\sin x}$.

解 原式$=\lim\limits_{x\to 0}\left(\dfrac{x}{\sin x}\cdot x\sin\dfrac{1}{x}\right)=\lim\limits_{x\to 0}\dfrac{x}{\sin x}\cdot\lim\limits_{x\to 0}x\sin\dfrac{1}{x}=1\times 0=0.$

说明:

当 $x\to 0$ 时,$x^2\to 0$,而 $\sin\dfrac{1}{x}$ 为有界函数,所以 $\lim\limits_{x\to 0}x^2\sin\dfrac{1}{x}=0$,所求极限是“$\frac{0}{0}$”型未定式.如果使用洛必达法则,得到

$$\lim_{x\to 0}\frac{x^2\sin\frac{1}{x}}{\sin x}=\lim_{x\to 0}\frac{2x\sin\frac{1}{x}-\cos\frac{1}{x}}{\cos x}.$$

因为$\lim\limits_{x\to 0}\cos\frac{1}{x}$不存在,等式右端的极限不存在也不是无穷大,所以本题不适合使用洛必达法则.

洛必达法则的使用,是需要一定条件的,必须满足洛必达法则的条件,才能运用洛必达法则,通过导数求极限.在本题中,极限$\lim\limits_{x\to 0}\frac{2x\sin\frac{1}{x}-\cos\frac{1}{x}}{\cos x}$不存在,也不是无穷大,所以不满足洛必达法则的条件,不能运用洛必达法则.

【例 2-55】 计算极限$\lim\limits_{x\to+\infty}\frac{\sqrt{1+x^2}}{x}$.

解 $\lim\limits_{x\to+\infty}\frac{\sqrt{1+x^2}}{x}=\lim\limits_{x\to+\infty}\sqrt{\frac{1}{x^2}+1}=1.$

说明:

本题如果使用洛必达法则,得到

$$\lim_{x\to+\infty}\frac{\sqrt{1+x^2}}{x}=\lim_{x\to+\infty}\frac{\frac{x}{\sqrt{1+x^2}}}{1}=\lim_{x\to+\infty}\frac{x}{\sqrt{1+x^2}}$$
$$=\lim_{x\to+\infty}\frac{1}{\frac{x}{\sqrt{1+x^2}}}=\lim_{x\to+\infty}\frac{\sqrt{1+x^2}}{x}.$$

使用了两次洛必达法则后,问题又回到了原点,洛必达法则失效,得另想其他求极限的方法,而不能简单地说原题无解.洛必达法则也不是万能的,不同类型的问题,解法多种多样,一定要灵活掌握.

【例 2-56】 计算极限$\lim\limits_{x\to\infty}\frac{x-\sin x}{x+\sin x}$.

解 $\lim\limits_{x\to\infty}\frac{x-\sin x}{x+\sin x}=\lim\limits_{x\to\infty}\frac{1-\frac{\sin x}{x}}{1+\frac{\sin x}{x}}=\frac{1-0}{1+0}=1.$

结束语

学习中值定理,主要是体会条件与结论的因果关系.三个中值定理中,罗尔定理是拉格朗日中值定理在条件$f(b)=f(a)$下的特殊形式,而柯西中值定理是拉格朗日中值定理的推广,它们的核心就是把函数值差的问题转化成导数来解决.洛必达法则是求极限的一个非常有效的方法,一定要好好掌握,并且要注意检查被求极限的表达式,是否满足洛必达法则的条件,如果条件不满足,也只能另寻他法了.到现在为止,我们学习了所有求极限的基本方法,概括起来,不外乎就是“能代就代,不能代则恒等变换”.这里的“恒等变换”,可以是被求极限的函数的恒等变换,也可以是极限值的恒等变换,包括分子分母同除以最高次数幂、因式分解、有理化、通分、三角代换、两个重要极限、等价无穷小替换、洛必达法则等.

同步训练

【A 组】

1. 验证函数 $f(x)=\sqrt{x}-1$ 在区间$[1,4]$上满足拉格朗日中值定理的条件,并求出定理结论中的ξ.

2. 证明:二次函数 $y=px^2+qx+r$ 在区间$[a,b]$上运用拉格朗日中值定理时,所求的ξ点总是区间的中点,即$\xi=\frac{1}{2}(a+b)$.

3. 计算下列极限:

(1)$\lim\limits_{x\to0}\frac{\ln(1+x)}{x}$;

(2)$\lim\limits_{x\to0}\frac{\sin3x}{\tan5x}$;

(3)$\lim\limits_{x\to a}\frac{\sin x-\sin a}{x-a}$;

(4)$\lim\limits_{x\to\frac{\pi}{2}}\frac{\tan x}{\tan3x}$;

(5)$\lim\limits_{x\to+\infty}\frac{\ln\left(1+\frac{1}{x}\right)}{\text{arccot}x}$;

(6)$\lim\limits_{x\to-1}\frac{x^3+1}{\sin(x+1)}$;

(7)$\lim\limits_{x\to0}\frac{3x^3-5x}{\sin3x}$;

(8)$\lim\limits_{x\to0}\frac{x-\tan x}{x^3}$;

(9)$\lim\limits_{x\to0}\frac{\tan x-\sin x}{1-\cos2x}$;

(10)$\lim\limits_{x\to0^+}\frac{\ln\tan x}{\ln x}$;

(11)$\lim\limits_{x\to+\infty}\frac{\ln x}{\sqrt{x}}$;

(12)$\lim\limits_{x\to0}\frac{x-\sin x}{x+\sin x}$;

(13)$\lim\limits_{x\to\infty}\frac{x-\cos x}{x+\cos x}$;

(14)$\lim\limits_{x\to a}\frac{x^m-a^m}{x^n-a^n}(a\neq0)$;

(15)$\lim\limits_{x\to1}\frac{x^3-3x+2}{x^3-x^2-x+1}$;

(16)$\lim\limits_{x\to0}\frac{e^x-e^{-x}}{\sin x}$;

(17)$\lim\limits_{x\to0}\frac{e^x-x-1}{x(e^x-1)}$;

(18)$\lim\limits_{x\to+\infty}\frac{(\ln x)^2}{x}$;

(19)$\lim\limits_{x\to\infty}\frac{x+\sin x}{x}$;

(20)$\lim\limits_{x\to0}\frac{e^x-\cos x}{x\sin x}$;

(21)$\lim\limits_{x\to+\infty}\frac{e^x-e^{-x}}{e^x+e^{-x}}$;

(22)$\lim\limits_{x\to0}\frac{(1+x)^a-1}{x}$;

(23)$\lim\limits_{x\to1}\frac{\cos^2\frac{\pi}{2}x}{(x-1)^2}$;

(24)$\lim\limits_{x\to+\infty}\frac{\ln(1+x)}{e^x}$;

(25)$\lim\limits_{x\to0}\frac{e^x+e^{-x}-2}{1-\cos x}$;

(26)$\lim\limits_{x\to0}\frac{e^x-e^{-x}}{x}$;

(27)$\lim\limits_{x\to+\infty}\frac{\frac{\pi}{2}-\arctan x}{\frac{1}{x}}$;

(28)$\lim\limits_{x\to+\infty}\frac{\ln x}{x^n}(n>0)$.

【B 组】

1. 不用求出函数 $f(x)=(x-1)(x-2)(x-3)(x-4)$ 的导数，说明方程 $f'(x)=0$ 有几个根，并指出实根所在的区间.

2. 证明恒等式 $\arcsin x+\arccos x=\frac{\pi}{2}(-1\leqslant x\leqslant 1)$.

3. 计算下列极限：

(1) $\lim\limits_{x\to 1}\left(\frac{x}{x-1}-\frac{1}{\ln x}\right)$；

(2) $\lim\limits_{x\to 0}x\cot 2x$；

(3) $\lim\limits_{x\to 1^-}(1-x)^{\cos\frac{\pi}{2}x}$；

(4) $\lim\limits_{x\to +\infty}\left(\frac{2}{\pi}\arctan x\right)^x$；

(5) $\lim\limits_{x\to 0}\left(\frac{2}{\pi}\arccos x\right)^{\frac{1}{x}}$；

(6) $\lim\limits_{x\to \infty}x(e^{\frac{1}{x}}-1)$；

(7) $\lim\limits_{x\to 1}\left(\frac{3}{x^3-1}-\frac{1}{x-1}\right)$；

(8) $\lim\limits_{x\to 1^+}[\ln x\cdot\ln(x-1)]$；

(9) $\lim\limits_{x\to 1}(1-x)\tan\frac{\pi x}{2}$；

(10) $\lim\limits_{x\to 0^+}x^2\ln x$；

(11) $\lim\limits_{x\to \frac{\pi}{2}}(\sec x-\tan x)$；

(12) $\lim\limits_{x\to 0}(1-x)^{\frac{2}{x}}$；

(13) $\lim\limits_{x\to +\infty}x^{\frac{1}{x}}$；

(14) $\lim\limits_{x\to 0}\left[\frac{1}{x}-\frac{1}{\ln(1+x)}\right]$；

(15) $\lim\limits_{x\to +\infty}x\left(\arctan x-\frac{\pi}{2}\right)$；

(16) $\lim\limits_{x\to 0^+}x^x$；

(17) $\lim\limits_{x\to 0}(\cos x+x\sin x)^{\frac{1}{x^2}}$；

(18) $\lim\limits_{x\to +\infty}(x+e^x)^{\frac{1}{x}}$；

(19) $\lim\limits_{x\to 0^+}(\cos\sqrt{x})^{\frac{\pi}{x}}$；

(20) $\lim\limits_{x\to 0}\left(\frac{1}{x}-\frac{1}{e^x-1}\right)$；

(21) $\lim\limits_{x\to \infty}x\ln\frac{x+a}{x-a}$；

(22) $\lim\limits_{x\to 1}x^{\frac{1}{1-x}}$；

(23) $\lim\limits_{x\to 0^+}x^{\sin x}$；

(24) $\lim\limits_{x\to 0^+}(\cot x)^{\sin x}$；

(25) $\lim\limits_{x\to 1}\frac{x^3-x^4}{1-2x+2x^3-x^4}$；

(26) $\lim\limits_{x\to 0}\frac{\tan x-x}{x^2\sin x}$；

(27) $\lim\limits_{x\to +\infty}\frac{e^x}{x^n}(n>0)$.

4. 当 $a>b>0$ 时，求证：$\frac{a-b}{a}<\ln\frac{a}{b}<\frac{a-b}{b}$.

第六节　函数单调性判别和函数极值求法

【学习要求】

1. 了解驻点和不可导点的概念；
2. 掌握函数单调性的判定方法；
3. 理解极值的概念，会求函数的极值.

【学习重点】

1. 驻点的概念；
2. 函数单调性的导数列表法判定；
3. 函数极值的导数列表法判定.

【学习难点】

1. 一阶导数符号对函数单调性的判定；
2. 函数极值的概念；
3. 列表法的使用.

引言 ▶▶▶

前面我们学习了洛必达法则，它是求极限的一个非常有效的方法，也是导数在求极限问题时的一个重要运用. 事实上，导数的运用非常广泛. 第一章已经介绍了函数在区间上单调的概念，然而直接用定义来判定函数的单调性是很不方便的，而根据导数符号确定函数单调性是一种较为方便的方法. 我们下面进一步运用函数的一、二阶导数研究函数及曲线的性态，并介绍导数在实际问题中的一些运用. 本节主要通过导数符号确定函数单调性，并通过单调性求极值.

一、函数单调性的导数判定

定理 2-6（函数单调性的判定定理）

设函数 $f(x)$ 在闭区间 $[a,b]$ 上连续，在开区间 (a,b) 内可导，那么

(1) 如果在区间 (a,b) 内恒有 $f'(x)>0$，则函数 $f(x)$ 在区间 $[a,b]$ 上单调增加（见图 2-11）；

(2) 如果在区间 (a,b) 内恒有 $f'(x)<0$，则函数 $f(x)$ 在区间 $[a,b]$ 上单调减少（见图 2-12）.

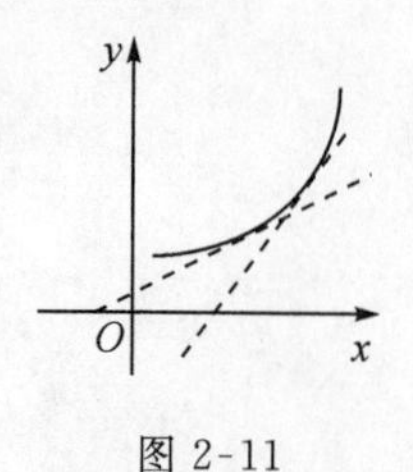

图 2-11

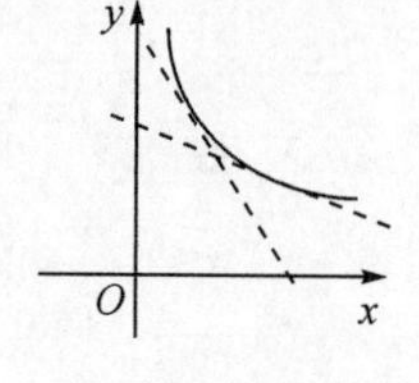

图 2-12

说明:当上述不等式为"≥"或"≤"时,只要使得 $f'(x)=0$ 的驻点是有限个或者是无限可列个,则定理也成立.

【例 2-57】 讨论函数 $f(x)=x^3$ 的单调性.

解 因为 $f'(x)=3x^2\geqslant 0$,且只有当 $x=0$ 时,$f'(x)=0$,所以函数 $f(x)=x^3$ 在定义域 $(-\infty,+\infty)$ 内是单调增加的.

类型归纳 ▶▶▶

类型:函数单调性的讨论.

方法:运用函数的一阶导数符号判定函数的单调性.值得一提的是,当驻点是可数可列的时候,函数单调性的判定定理也是成立的.

【例 2-58】 讨论函数 $f(x)=\dfrac{\ln x}{x}$ 的单调性.

解 先确定函数的定义域为 $(0,+\infty)$.

又 $f'(x)=\dfrac{1-\ln x}{x^2}$,令 $f'(x)=0$,求出 $x=\mathrm{e}$.

列表 2-1 讨论如下:

表 2-1

x	$(0,\mathrm{e})$	e	$(\mathrm{e},+\infty)$
$f'(x)$	+	0	−
$f(x)$	↗		↘

由表可知,$f(x)$ 在区间 $(0,\mathrm{e}]$ 上单调递增,在区间 $[\mathrm{e},+\infty)$ 上单调递减.

【例 2-59】 求函数 $f(x)=2x^3-9x^2+12x-3$ 的单调区间.

解 函数的定义域为 $(-\infty,+\infty)$.

$$f'(x)=6x^2-18x+12=6(x-1)(x-2),$$

令 $f'(x)=0$,得出 $x=1$ 和 $x=2$,这两个点把定义域分成 3 个子区间,列表 2-2 讨论如下:

表 2-2

x	$(-\infty,1)$	1	$(1,2)$	2	$(2,+\infty)$
$f'(x)$	+	0	−	0	+
$f(x)$	↗		↘		↗

由表可知,函数 $f(x)$ 在区间 $(-\infty,1]$ 与 $[2,+\infty)$ 上单调递增,$f(x)$ 在区间 $[1,2]$ 上单调递减.

类型归纳 ▶▶▶

类型:函数单调性的讨论.

方法:用列表法,通过驻点和不可导点,把连续函数的定义域分解为若干小区间,再运用函数的一阶导数符号判定函数的单调性.

【例 2-60】 讨论函数 $f(x)=\begin{cases}x^2+2, & x\leqslant 0,\\ \dfrac{3}{x+1}, & x>0\end{cases}$ 的单调性.

解 所给函数为分段函数,其定义域为全体实数,现在考查分段点 $x=0$ 是否为函数的间断点.

当 $x<0$ 时,$y'=2x<0$,y 是单调递减函数;

当 $x>0$ 时,$y'=\dfrac{-3}{(x+1)^2}<0$,y 也是单调递减函数.

由于 $\lim\limits_{x\to 0^-}f(x)=\lim\limits_{x\to 0^-}(x^2+2)=2$,

$\lim\limits_{x\to 0^+}f(x)=\lim\limits_{x\to 0^+}\dfrac{3}{x+1}=3$,因此点 $x=0$ 是函数的跳跃间断点.

注意到点 $x=0$ 是函数的间断点,且 $\lim\limits_{x\to 0^+}f(x)>\lim\limits_{x\to 0^-}f(x)$,因此函数 y 在 $(-\infty,0)$ 和 $(0,+\infty)$ 内都是单调递减函数,但是在 $(-\infty,+\infty)$ 内不是单调递减函数(见图 2-13).

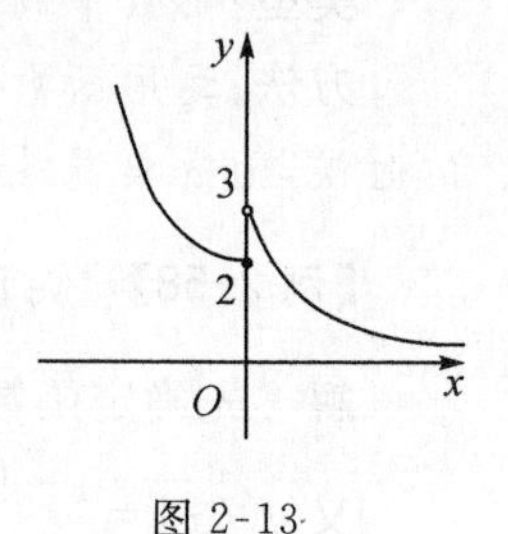

图 2-13

类型归纳 ▶▶▶

类型:分段函数的单调性讨论.

方法:考查分段点是否为间断点,并判断类型,再求驻点和不可导点,用这些点作为分段点划分定义域,最后运用函数单调性的判定定理求解.

二、极大值与极小值

定义 2-10 若函数 $y=f(x)$ 在点 x_0 及其附近取值均有 $f(x)<f(x_0)$,则称 $f(x_0)$ 是 $f(x)$ 的一个极大值,称 x_0 为函数 $f(x)$ 的一个极大值点;反之,若均有 $f(x)>f(x_0)$,则称 $f(x_0)$ 是 $f(x)$ 的一个极小值,称 x_0 为函数 $f(x)$ 的一个极小值点. 函数的极大值与极小值统称为极值,极大值点与极小值点统称为极值点.

说明:

(1)极值点的定义是通过考察函数在点 x_0 及其附近的函数值的大小得出的,一般不通过定义求极值点.

(2)极值点存在于驻点(见图 2-14)、不可导点(见图 2-15)和不连续点(见图 2-16)之中;

(3)端点不能成为极值点,单调函数没有极值.

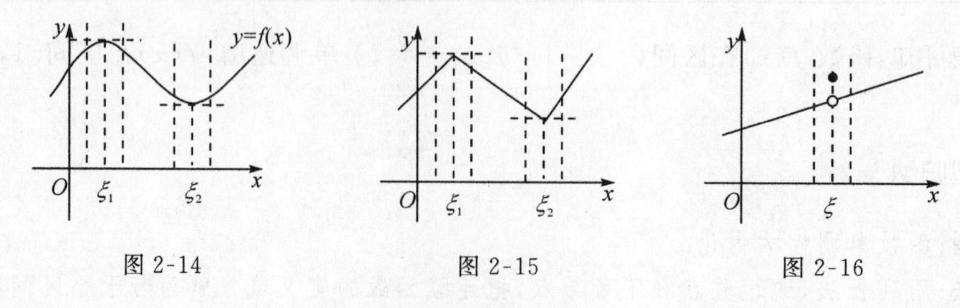

图 2-14　　图 2-15　　图 2-16

定理 2-7(极值存在的必要条件) 设函数 $f(x)$ 在点 x_0 处具有导数,且在点 x_0 处取得极值,则 $f'(x_0)=0$.

定理 2-8(极值存在的第一充分条件)　设函数在点 x_0 处连续且在点 x_0 的附近(不含 x_0)可导,则

(1)若当 $x<x_0$ 时 $f'(x)>0$,当 $x>x_0$ 时 $f'(x)<0$,则 $f(x)$ 在点 x_0 处取得极大值;

(2)若当 $x<x_0$ 时 $f'(x)<0$,当 $x>x_0$ 时 $f'(x)>0$,则 $f(x)$ 在点 x_0 处取得极小值;

(3)若当 $x<x_0$ 时和当 $x>x_0$ 时,$f'(x)$ 的符号相同,则函数 $f(x)$ 在 x_0 处不取得极值.

【例 2-61】　求函数 $f(x)=x^3-3x^2-9x+5$ 的极值.

解　函数 $f(x)$ 的定义域为 $(-\infty,+\infty)$. 又

$$f'(x)=3x^2-6x-9=3(x-3)(x+1),$$

令 $f'(x)=0$,即 $3(x-3)(x+1)=0$,解得驻点 $x_1=-1,x_2=3$.

用 $x_1=-1,x_2=3$ 把定义域分成 3 个小区间 $(-\infty,-1)$,$(-1,3)$ 和 $(3,+\infty)$,列表 2-3 讨论如下:

表 2-3

x	$(-\infty,-1)$	-1	$(-1,3)$	3	$(3,+\infty)$
$f'(x)$	$+$	0	$-$	0	$+$
$f(x)$	↗	极大值 10	↘	极小值 -22	↗

由表可知,函数的极大值为 $f(-1)=(-1)^3-3\times(-1)^2-9\times(-1)+5=10$,函数的极小值为 $f(3)=3^3-3\times3^2-9\times3+5=-22$.

【例 2-62】　求函数 $f(x)=(x-1)\cdot x^{\frac{2}{3}}$ 的极值.

解　函数 $f(x)$ 的定义域为 $(-\infty,+\infty)$. 又

$$f'(x)=\frac{5x-2}{3\cdot\sqrt[3]{x}},$$

令 $f'(x)=0$,得驻点 $x=\frac{2}{5}$,不可导点 $x=0$,这两个点把定义域 $(-\infty,+\infty)$ 分成 3 个小区间 $(-\infty,0)$,$\left(0,\frac{2}{5}\right)$ 和 $\left(\frac{2}{5},+\infty\right)$. 列表 2-4 讨论如下:

表 2-4

x	$(-\infty,0)$	0	$\left(0,\frac{2}{5}\right)$	$\frac{2}{5}$	$\left(\frac{2}{5},+\infty\right)$
$f'(x)$	$+$	不存在	$-$	0	$+$
$f(x)$	↗	极大值 0	↘	极小值 $-\frac{3}{25}\sqrt[3]{20}$	↗

由表可知,函数的极大值为 $f(0)=0$,函数的极小值为 $f\left(\frac{2}{5}\right)=-\frac{3}{25}\sqrt[3]{20}$.

类型归纳 ▶▶▶

类型:求函数的极值.

方法:通过函数的一阶导数,求出驻点和不可导点,用列表法判定小区间内的单调性,运用极值存在的第一充分条件求极值.

定理 2-9(极值存在的第二充分条件)　设函数 $f(x)$在点 x_0 处有二阶导数,$f'(x_0)=0$,$f''(x_0)\neq 0$,则

(1)当 $f''(x_0)<0$ 时,$f(x_0)$为极大值;

(2)当 $f''(x_0)>0$ 时,$f(x_0)$为极小值.

【例 2-63】　求函数 $f(x)=(x^2-2)^2+1$ 的极值.

解　函数 $f(x)$的定义域为$(-\infty,+\infty)$.

由已知得 $f'(x)=4x(x^2-2)$,令 $f'(x)=0$,得驻点 $x_1=-\sqrt{2}$,$x_2=0$,$x_3=\sqrt{2}$,没有不可导点,因此,可用第二充分条件判断.

又 $f''(x)=4(3x^2-2)$,$f''(-\sqrt{2})=16>0$,$f''(0)=-8<0$,$f''(\sqrt{2})=16>0$,所以,函数的极大值为 $f(0)=5$,函数的极小值为 $f(-\sqrt{2})=f(\sqrt{2})=1$.

类型归纳 ▶▶▶

类型:求函数的极值.

方法:也可以通过极值存在的第二充分条件求极值.

三、运用函数的单调性证明不等式

定理 2-10(不等式证明原理一)　设函数 $f(x)$在区间$[a,+\infty)$内可导,且 $f(a)=0$. 当 $x>a$时,如果 $f'(x)>0$ 恒成立,则 $x>a$ 时,$f(x)>0$(见图 2-17);如果 $f'(x)<0$ 恒成立,则 $x>a$ 时,$f(x)<0$.

设函数 $f(x)$在区间$(-\infty,a]$内可导,且 $f(a)=0$. 当 $x<a$ 时,如果 $f'(x)>0$ 恒成立,则 $x<a$ 时,$f(x)<0$(见图 2-18);如果 $f'(x)<0$ 恒成立,则 $x<a$ 时,$f(x)>0$.

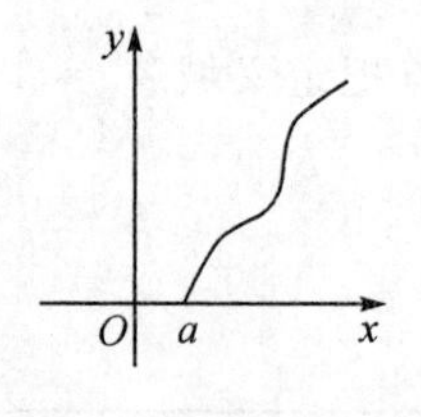

图 2-17

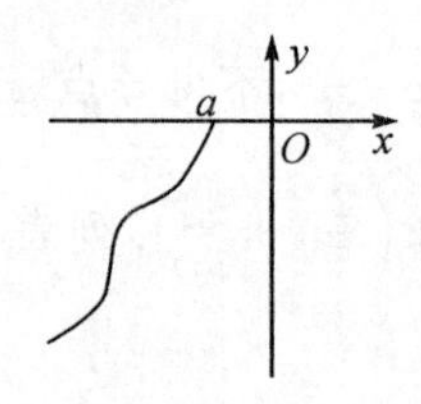

图 2-18

定理 2-11(不等式证明原理二)　设函数 $f(x)$在区间$(a,+\infty)$内可导. 当 $x>a$ 时,如果 $f'(x)<0$ 恒成立,且 $\lim\limits_{x\to+\infty} f(x)\geqslant 0$,则 $x>a$ 时,$f(x)>0$(见图 2-19);如果 $f'(x)>0$ 恒成立,且 $\lim\limits_{x\to+\infty} f(x)\leqslant 0$,则 $x>a$ 时,$f(x)<0$(见图 2-20).

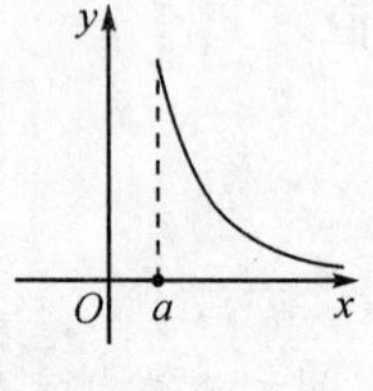

图 2-19

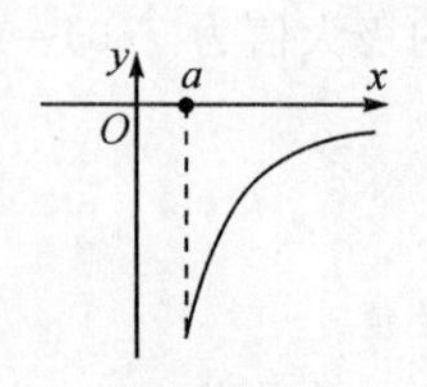

图 2-20

【例 2-64】 求证：当 $x>1$ 时，$e^x>ex$.

证明 令 $F(x)=e^x-ex$，当 $x>1$ 时，$F'(x)=e^x-e>0$，所以 $F(x)$ 是 $(1,+\infty)$ 内的单调递增函数.

又 $F(1)=0$，所以 $x>1$ 时，$F(x)>0$，即

$$e^x>ex.$$

【例 2-65】 求证：当 $x>0$ 时，$\ln\left(1+\frac{1}{x}\right)>\frac{1}{1+x}$.

证明 令 $F(x)=\ln\left(1+\frac{1}{x}\right)-\frac{1}{1+x}$，当 $x>0$ 时，

$$F'(x)=\frac{1}{1+\frac{1}{x}}\cdot\left(0-\frac{1}{x^2}\right)-\left[-\frac{1}{(1+x)^2}\right]=-\frac{1}{x(1+x)^2}<0,$$

所以 $F(x)$ 在 $(0,+\infty)$ 内是单调递减函数.

又 $\lim\limits_{x\to+\infty}F(x)=\lim\limits_{x\to+\infty}\left[\ln\left(1+\frac{1}{x}\right)-\frac{1}{1+x}\right]=0$，所以 $x>0$ 时，$F(x)>0$，即

$$\ln\left(1+\frac{1}{x}\right)>\frac{1}{1+x}.$$

类型归纳 ▶▶▶

类型：不等式的证明.

方法：构造函数，运用函数单调性证明.

结束语 ▶▶▶

根据以上研究，可以归纳出判定函数单调性的一般步骤：

(1)指出函数 $f(x)$ 的定义域，求出 $f'(x)$.

(2)求出 $f'(x)=0$ 的驻点或 $f'(x)$ 不存在的点.

(3)由这些分界点，把定义域分成若干小区间，在这些区间上导数一定存在，且要么大于零，要么小于零，由定理 2-6 判定函数的单调性.

连续函数的极值点存在于驻点和不可导点之中，在计算过程中，不但要考察驻点是否为极值点，还要考察是否存在不可导点，因为不可导点也可能为极值点，在实际计算中要全面考虑.

同步训练

【A 组】

1. 单项选择题：

(1)函数 $f(x)=x^2+4x-1$ 的单调增加区间是(　　)；

(A)$(-\infty,2)$　　(B)$(-1,1)$

(C)$(2,+\infty)$　　(D)$(-2,+\infty)$

(2)下列函数中不具有极值点的是(　　).

(A)$y=|x|$　　(B)$y=x^2$　　(C)$y=x^3$　　(D)$y=x^{\frac{2}{3}}$

2. 填空题：

(1)设函数 $f(x)$在(a,b)内可导，$x_0\in(a,b)$，且当 $x<x_0$ 时 $f'(x)<0$，当 $x>x_0$ 时 $f'(x)>0$，则点 x_0 是 $f(x)$的________点；

(2)若函数 $f(x)=ax^2+bx$ 在点 $x=1$ 处取得极大值 2，则 $a=$________，$b=$________.

3. 求下列函数的单调区间：

(1)$y=2x^3-6x^2-18x-7$；

(2)$y=2x^2-\ln x$.

4. 求下列函数的极值：

(1)$y=-x^4+2x^2$；

(2)$y=-(x+1)^{\frac{2}{3}}$.

5. 求证：当 $x<1$ 时，$e^x>ex$.

【B 组】

1. 求下列函数的单调区间：

(1)$y=2x+\dfrac{8}{x}$；

(2)$y=x-2\sin x(0\leqslant x\leqslant 2\pi)$.

2. 求下列函数的极值：

(1)$y=x^4-8x^2+2$；

(2)$y=e^x\cos x$.

3. 求证：当 $x>0$ 时，$e^x>x+1$.

第七节　函数的最值

【学习要求】

1. 掌握连续函数最值的解法；

2. 会求简单实际问题的最值.

【学习重点】

1. 连续函数最值的解法；

2. 简单实际问题的最值解法.

【学习难点】

实际问题中函数的确定.

引言

求一个函数的最值，就是要在函数值组成的数集中，找出最大元素或最小元素. 这时出现了两个问题：一是在数集中是否存在最大元素或最小元素；二是如果存在最大元素或最小元素，用什么方法把它们找出来.本节要解决的就是这两个问题.

一、一般函数的最值

如果 $f(x)$为闭区间$[a,b]$上的连续函数，由连续函数的性质可知，$f(x)$在$[a,b]$上存在最大值与最小值.又由函数极值的讨论，$f(x)$的最大值、最小值只能在区间端点（见图 2-21）、驻点（见图 2-22）和不可导点（见图 2-23）处取得.因此，只需将上述特殊点的函数值进行比较，其中最大者就是 $f(x)$在$[a,b]$上的最大值（记作 M），最小者就是 $f(x)$在$[a,b]$上的最小值（记作 m）.

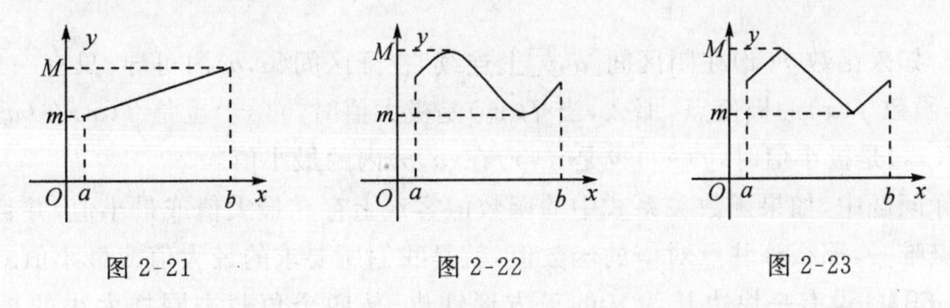

图 2-21　　图 2-22　　图 2-23

【例 2-66】 求函数 $f(x)=x-x\sqrt{x}$在区间$[0,4]$上的最大值与最小值.

解 $f'(x)=1-\frac{3}{2}x^{\frac{1}{2}}$，令 $f'(x)=0$，得驻点 $x=\frac{4}{9}$，其函数值为 $f\left(\frac{4}{9}\right)=\frac{4}{27}$.

区间端点处的函数值为 $f(0)=0, f(4)=-4$.

故函数 $f(x)$在区间$[0,4]$上的最大值 $f\left(\frac{4}{9}\right)=\frac{4}{27}$，最小值 $f(4)=-4$.

【例 2-67】 求函数 $f(x)=x^2(x-1)^3$ 在区间$[-2,2]$上的最大值和最小值.

解
$$\begin{aligned} f'(x)&=2x(x-1)^3+3x^2(x-1)^2 \\ &=x(x-1)^2(5x-2)=5x\left(x-\frac{2}{5}\right)(x-1)^2, \end{aligned}$$

令 $f'(x)=0$，得 $x_1=0, x_2=\frac{2}{5}, x_3=1, f(0)=0, f\left(\frac{2}{5}\right)=-\frac{108}{3125}, f(1)=0$.

又 $f(-2)=-108, f(2)=4$，故 $f(x)$在区间$[-2,2]$上的最大值为 4，最小值为-108.

【例 2-68】 求函数 $y=\frac{2}{3}x-\sqrt[3]{x}$在区间$[-1,8]$上的最大值和最小值.

解 $y'=\frac{2}{3}-\frac{1}{3}x^{-\frac{2}{3}}=\frac{2\sqrt[3]{x^2}-1}{3\sqrt[3]{x^2}}$，由 $y'=0$ 得出驻点 $x_1=-\frac{\sqrt{2}}{4}, x_2=\frac{\sqrt{2}}{4}$，另$x_3=0$是 y'不存在的点.

计算函数 y 在 $x=-1,-\frac{\sqrt{2}}{4},0,\frac{\sqrt{2}}{4},8$ 处的函数值，列表 2-5 如下：

表 2-5

x	-1	$-\frac{\sqrt{2}}{4}$	0	$\frac{\sqrt{2}}{4}$	8
y	$\frac{1}{3}$	$\frac{\sqrt{2}}{3}$	0	$-\frac{\sqrt{2}}{3}$	$\frac{10}{3}$

因此 $y_{\max}(8)=\frac{10}{3}$，$y_{\min}\left(\frac{\sqrt{2}}{4}\right)=-\frac{\sqrt{2}}{3}$.

类型归纳 ▶▶▶

类型：闭区间上求函数的最值.

方法：运用解析题的最值解法讨论.

二、实际问题中函数的最值

性质　如果函数 $f(x)$ 在闭区间 $[a,b]$ 上连续，在开区间 (a,b) 内可导，只有一个驻点 x_0，并且 x_0 是函数 $f(x)$ 的极值点，那么，当 $f(x_0)$ 是极大值时，$f(x_0)$ 也是 $f(x)$ 在 (a,b) 内的最大值；当 $f(x_0)$ 是极小值时，$f(x_0)$ 也是 $f(x)$ 在 (a,b) 内的最小值.

在实际问题中，如果函数关系式中的函数值客观上存在最大值或最小值，并且函数在定义域内驻点唯一，那么该驻点对应的函数值，就是我们所要求的最大值或最小值.

【例 2-69】　设有一块边长为 a 的正方形铁皮，从四个角截去同样大小的正方形小方块，做成一个无盖的方盒子，小方块的边长为多少才能使盒子容积最大？

解　设小方块的边长为 x，则方盒的底边长为 $a-2x$（见图 2-24），

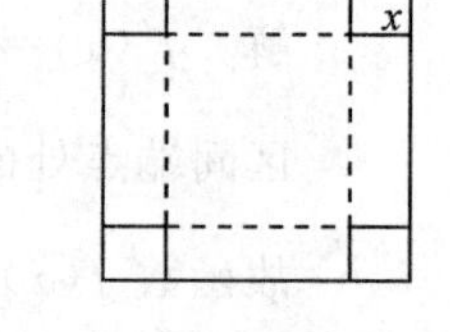

图 2-24

$$V=x(a-2x)^2,x\in\left(0,\frac{a}{2}\right),$$

$$V'=(a-2x)^2-4x(a-2x)=(a-2x)(a-6x).$$

令 $V'=0$，得函数在区间 $\left(0,\frac{a}{2}\right)$ 内的驻点 $x=\frac{a}{6}$.

又因为 $x<\frac{a}{6}$ 时 $V'>0$，$x>\frac{a}{6}$ 时 $V'<0$，所以 $x=\frac{a}{6}$ 是函数在 $\left(0,\frac{a}{2}\right)$ 内的最大值点，故当剪去的小方块的边长为 $\frac{a}{6}$ 时，盒子的容积最大.

【例 2-70】　要建造一个圆柱形油罐，体积为 V. 问：底半径 r 和高 h 等于多少时，才能使表面积最小？这时底直径与高的比是多少？

解　作草图（见图 2-25）.

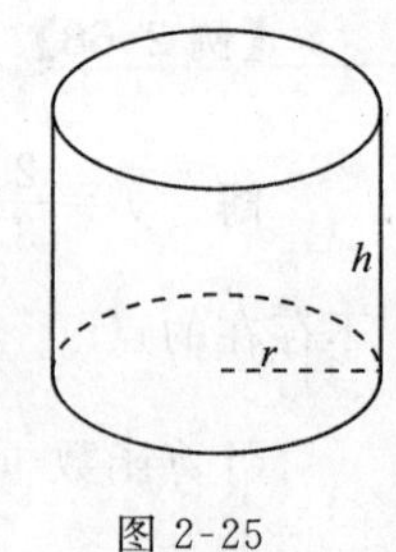

图 2-25

由 $V=\pi r^2h$，得 $h=\frac{V}{\pi r^2}$，于是油罐表面积为

$$S=2\pi r^2+2\pi rh=2\pi r^2+\frac{2V}{r}(0<r<+\infty),$$

$$S'=4\pi r-\frac{2V}{r^2}.$$

令 $S'=0$，得驻点 $r=\sqrt[3]{\frac{V}{2\pi}}$.

因为驻点唯一，所以 S 在驻点 $r=\sqrt[3]{\frac{V}{2\pi}}$ 处取得最小值，这时相应的高为 $h=\frac{V}{\pi r^2}=2r$，底直径与高的比为 $2r:h=1:1$.

【例 2-71】 在建筑施工现场，通常需要在空地上建造一个辅助的长方体水池. 假设水池的额定容量为 V，根据空地特点，选择水池地面为正方形，如果水池地面造价是壁面造价的2 倍，那么，怎样设计水池边长，可使得水池的总造价最低？

解 作草图(见图 2-26).

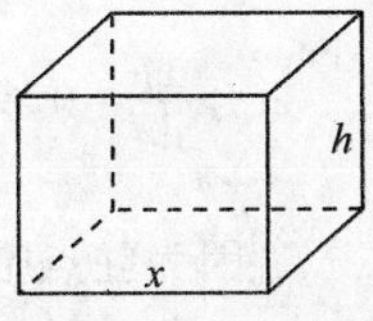

设水池地面边长为 x，水池高度为 h，水池壁面造价为 a，水池总造价为 z，由 $V=x^2h$ 可得 $h=\dfrac{V}{x^2}$，则水池的总造价为

图 2-26

$$z=2ax^2+4axh=2ax^2+4aV\frac{1}{x},$$

$$\frac{\mathrm{d}z}{\mathrm{d}x}=4ax-4aV\frac{1}{x^2}.$$

令 $\dfrac{\mathrm{d}z}{\mathrm{d}x}=0$，得 $x=\sqrt[3]{V}$，这时 $h=\dfrac{V}{x^2}=\sqrt[3]{V}$.

因为驻点唯一，所以，当地面边长和水池高度都是 $\sqrt[3]{V}$ 时，水池的总造价最低. 这时，水池构成正方体.

【例 2-72】 (斯诺克问题)如图 2-27 所示，耕牛在 A 处工作完毕后，要回到棚舍 B，途中必须到河流 PQ 边的 M 处饮水，试求饮水点 M 处的最佳位置，使得这头耕牛行走的路程最短.

解 作 $AA'\perp PQ$ 于 A'，$BB'\perp PQ$ 于 B'. 设 $|A'M|=x$，则 $|AM|=\sqrt{2^2+x^2}$，$|MB|=\sqrt{1^2+(6-x)^2}$，所以，耕牛行走的总路程为

$$y=|AM|+|MB|=\sqrt{2^2+x^2}+\sqrt{1^2+(6-x)^2}\ (0\leqslant x\leqslant 6),$$

$$y'=\frac{x}{\sqrt{2^2+x^2}}-\frac{6-x}{\sqrt{1^2+(6-x)^2}}.$$

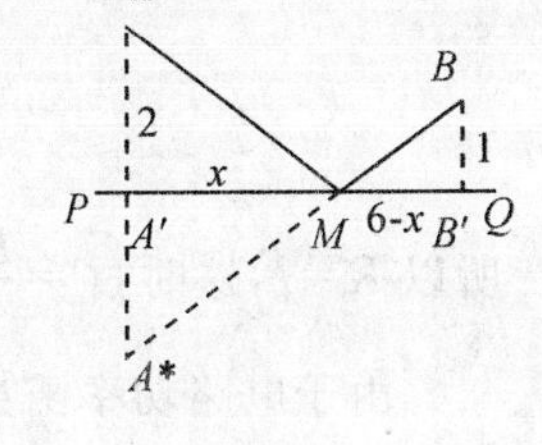

图 2-27

令 $y'=0$，得 $x=4$.

因为驻点唯一，所以，饮水点 M 取 $|A'M|=4$ 处的位置最佳，这时，耕牛行走的路程最短.

事实上，如图 2-27 所示，作点 A 关于河流 PQ 的对称点 A^*，连接 A^*B 与河流 PQ 交于点 M，这个点 M，就是最佳饮水点.

【例 2-73】 设圆桌面的半径为 a. 问：应该在圆桌面中央上方多高处安置电灯，才能使桌子边缘上的亮度最大？

解 由电工学知识可以知道，灯光照明亮度函数为 $I=k\dfrac{\sin\varphi}{r^2}$(其中 φ 为光线倾斜的角度，r 为光源与被照处的距离，k 为光源强度系数).

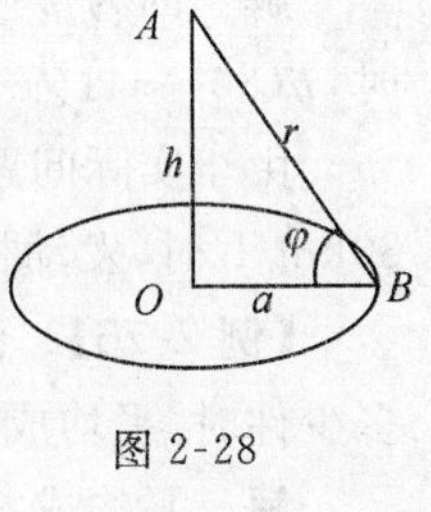

设圆桌面边缘上的点为 B，电灯安置在圆桌面中央上方的高度为 h(见图 2-28)，则 $\sin\varphi=\dfrac{h}{r}=\dfrac{\sqrt{r^2-a^2}}{r}$，所以

图 2-28

$$I=k\frac{\sin\varphi}{r^2}=k\frac{\sqrt{r^2-a^2}}{r^3}=k\sqrt{\frac{1}{r^4}-\frac{a^2}{r^6}}\ (r\geqslant 0).$$

很明显，被开方数 $\dfrac{1}{r^4}-\dfrac{a^2}{r^6}$ 越大，灯光照明亮度 I 也越大.

对于被开方函数 $f(r)=\frac{1}{r^4}-\frac{a^2}{r^6}$，

$$\frac{\mathrm{d}f}{\mathrm{d}r}=-\frac{4}{r^5}+\frac{6a^2}{r^7}=\frac{6a^2-4r^2}{r^7},$$

令$\frac{\mathrm{d}f}{\mathrm{d}r}=0$，得 $r=\sqrt{\frac{3}{2}}a$，这时，$h=\sqrt{r^2-a^2}=\sqrt{\frac{3}{2}a^2-a^2}=\frac{a}{\sqrt{2}}$.

因为驻点唯一，所以，电灯安置在圆桌面中央上方的高度为$\frac{a}{\sqrt{2}}$时，桌子边缘上的亮度最大. 这时，光线倾斜的角度 $\varphi=\arctan\frac{1}{\sqrt{2}}\approx 35°16'$.

【例 2-74】 在如图 2-29 所示的电路中，已知电源电压为 E，内阻为 r. 问：负载电阻 R 为多大时，输出功率最大？

解 由电工学知识可以知道，消耗在负载电阻 R 上的功率为 $P=I^2R$，其中，I 为回路中的电流，根据欧姆定律，得 $I=\frac{E}{r+R}$，所以

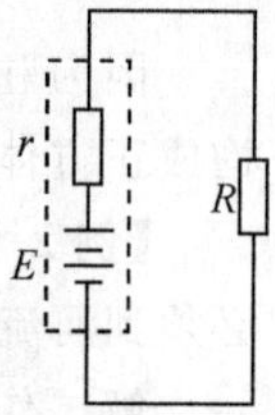

$$P=\left(\frac{E}{r+R}\right)^2\cdot R=\frac{E^2\cdot R}{(r+R)^2},$$

其中 $R\in(0,+\infty)$. 要使输出功率 P 最大，必须有$\frac{\mathrm{d}P}{\mathrm{d}R}=0$，即

图 2-29

$$\frac{\mathrm{d}P}{\mathrm{d}R}=\frac{E^2}{(r+R)^3}(r-R)=0,$$

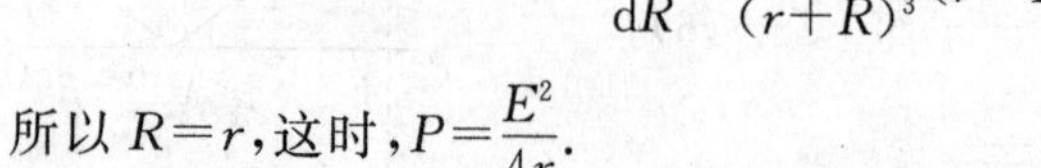

所以 $R=r$，这时，$P=\frac{E^2}{4r}$.

由于电路功率函数 P 在$(0,+\infty)$内只有一个驻点 $R=r$，且电路的输出功率一定有最大值，因此，当负载电阻 $R=r$ 时，电路输出的功率最大.

【例 2-75】 实践告诉我们，汽车发动机的效率与汽车的运行速度有关，速度太快或太慢，都不能使发动机发挥最好. 经过测试，假设发动机的效率函数 p 与汽车运行的速度 v(km/h)之间的关系为 $p=0.768v-0.00004v^3$. 问：汽车的运行速度为多少时发动机的效率最大？发动机最大效率是多少？

解 因为 $p=0.768v-0.00004v^3$，所以 $p'=0.768-0.00012v^2$. 令 $p'=0$，得 $v=80$，这时，$p(80)\approx 41\%$.

由于实际问题中，发动机必有最大效率，又函数的驻点唯一，所以，当汽车的运行速度为 80km/h 时，发动机的效率最大，最大效率为 41%.

【例 2-76】 已知某产品生产 Q 件的成本为 $C=9000+40Q+0.001Q^2$(元). 问：产量为多少件时，平均成本最小？

解 平均成本

$$\overline{C}=\frac{C}{Q}=\frac{9000}{Q}+40+0.001Q,$$

求导得

$$\overline{C}'=-\frac{9000}{Q^2}+0.001,$$

令 $\overline{C}'=0$，得 $Q=3000$(件).

由于 $\overline{C}''>0$，故当产量为3000件时平均成本最小.

【例2-77】 一房地产公司有50套公寓要出租，当月租金定为2000元时，公寓会全部租出去，当月租金每增加100元时，就会多一套公寓租不出去，而租出去的公寓每月需花费200元的维修费. 试问：租金定为多少可获得最大收入？最大收入是多少？

解 设每套公寓租金定为 x，所获收入为 y，则目标函数为

$$y=\left(50-\frac{x-2000}{100}\right)(x-200)\ (x\geqslant 2000),$$

整理得

$$y=\frac{1}{100}(-x^2+7200x-1400000),$$

则

$$y'=\frac{1}{100}(-2x+7200).$$

令 $y'=0$，得唯一驻点 $x=3600$，而 $y''=-\frac{1}{50}<0$，

故 $x=3600$ 时，y 达到最大值，最大值为

$$y=\left(50-\frac{3600-2000}{100}\right)(3600-200)=115600(\text{元}).$$

所以，每套租金定为3600元，可获得最大收入，最大收入为115600元.

类型归纳

类型：求实际问题的最值.

方法：首先选取适当的自变量，建立函数关系，再运用应用题中的最值解法讨论.

结束语

闭区间上的连续函数一定存在最大值和最小值，并且最值存在于端点、驻点和不可导点的函数值之中，通过比较求出最大值和最小值. 需要注意的是，不可导点不能遗漏. 对于应用题，首先是要合理选取适当的自变量，正确列出变量之间的方程式，尽可能地简化函数关系，然后通过求导，由唯一驻点求解.

同步训练

【A组】

1. 求函数 $y=x+2\sqrt{x}$ 在区间 $[0,4]$ 上的最大值和最小值.

2. 求函数 $y=x^4-2x^2+5$ 在区间 $[-2,3]$ 上的最大值和最小值.

3. 求函数 $y=x+\cos x$ 在区间 $[0,\pi]$ 上的最大值和最小值.

4. 有一长为 a 的铁丝，将其剪成两段，围成两个正方形，怎样剪两个正方形可使面积之和最小？

5. 欲做一个底为正方形、容积为 108m^3 的长方体开口容器，怎样做可使所用材料最省？

【B 组】

1. 圆柱体上底的中心到下底的边沿的距离为 l. 问：当底半径与高分别为多少时，圆柱体的体积最大？

2. 在半径为 R 的半球内作一内接圆柱体，求其体积最大时的底面半径和高.

3. 某工厂每天生产 x 支电子体温计的总成本为 $C(x)=\frac{x^2}{9}+x+100$(元)，该产品独家经营，市场需求规律为 $x=75-3p$，其中 p 为每支售价. 问：每天生产多少支时，获利润最大？此时每支售价为多少？

4. 设计一个容积为 $V\text{m}^3$ 的圆柱形无盖容器，已知每平方米侧面材料的价格是底面材料价格的 1.5 倍. 问：容器的底半径 r 与高 h 为多少时，材料总造价 y 最小？

5. 某工厂生产一批产品的固定成本为 2000 元，每增产一吨产品成本增加 50 元，设该产品的市场需求规律为 $Q=1100-10P$(P 为价格)，产销平衡. 问：产量为多少吨时利润最大？

第八节　函数的凹凸性与拐点　简单函数图形的描绘

【学习要求】

1. 掌握函数的凹凸性及拐点的概念；
2. 运用函数的凹凸性判定函数的极值；
3. 能描绘简单函数的图形.

【学习重点】

1. 函数的凹凸性与拐点的判断；
2. 运用列表法描绘函数图形.

【学习难点】

1. 函数拐点的判断；
2. 函数图形描绘的步骤.

引言

当我们开车的时候，根据不同情况，会经常需要转动方向盘，变化行驶方向. 左行驶拐为右行驶，或者是右行驶拐为左行驶，这种行驶的轨迹在曲线上就形成了凹凸的变化. 凹凸性是函数图形的又一重要性态，本节将运用二阶导数来研究曲线的凹凸性，并综合函数的奇偶性、单调性、凹凸性、渐近线等特性描绘函数图形.

一、函数的凹凸性与拐点

定义 2-11 设曲线 $y=f(x)$ 在区间 (a,b) 内各点都有切线，如果曲线上每一点处的切线都在它的下方，则称曲线 $y=f(x)$ 在 (a,b) 内是凹的，也称区间 (a,b) 为曲线 $y=f(x)$ 的凹区间；如果曲线上每一点处的切线都在它的上方，则称曲线 $y=f(x)$ 在 (a,b) 内是凸的，也称区间 (a,b) 为曲线 $y=f(x)$ 的凸区间（见图 2-30）.

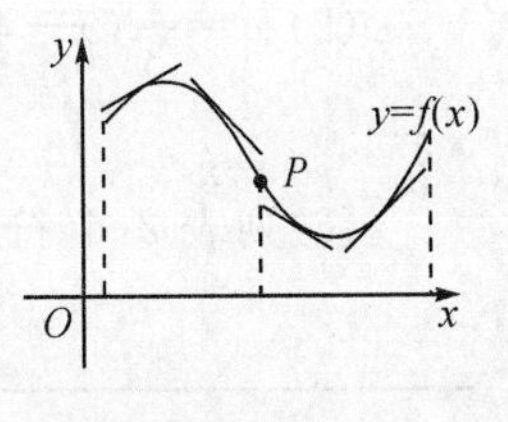

图 2-30

说明：

如图 2-30 所示，函数凹凸性的几何意义非常明显. 如果曲线 $y=f(x)$ 在区间 (a,b) 内是凹的，那么切线的斜率是个递增函数；如果曲线 $y=f(x)$ 在区间 (a,b) 内是凸的，那么切线的斜率是个递减函数.

定义 2-12 若连续曲线 $y=f(x)$ 上的点 P 是凹的曲线弧与凸的曲线弧的分界点，则称点 P 是曲线 $y=f(x)$ 的拐点.

定理 2-12（曲线凹凸性的判别法则） 设函数 $y=f(x)$ 在 (a,b) 内具有二阶导数，则

(1) 如果在 (a,b) 内 $f''(x)>0$，则曲线 $y=f(x)$ 在区间 (a,b) 内是凹的；

(2) 如果在 (a,b) 内 $f''(x)<0$，则曲线 $y=f(x)$ 在区间 (a,b) 内是凸的.

说明：

(1) 曲线拐点，是凹的曲线弧与凸的曲线弧的分界点，表示形式为 (x_0, y_0).

(2) 求曲线拐点的步骤：

①确定函数 $f(x)$ 的定义域，并求 $f''(x)$；

②求出 $f''(x)=0$ 和 $f''(x)$ 不存在的点，设它们为 $x_1, x_2, \cdots, x_N$；

③对于步骤②中求出的每一个点 $x_i (i=1,2,\cdots,N)$，考察 $f''(x)$ 在 x_i 两侧附近是否变号，如果 $f''(x)=0$ 变号，则点 $[x_i, f(x_i)]$ 就是曲线 $y=f(x)$ 的拐点.

【例 2-78】 讨论曲线 $f(x)=x^3$ 的凹凸性.

解 函数 $f(x)=x^3$ 的定义域为 $(-\infty,+\infty)$，

$f'(x)=3x^2$，$f''(x)=6x$. 当 $x<0$ 时，$f''(x)<0$，曲线在区间 $(-\infty,0)$ 内是凸的；当 $x>0$ 时，$f''(x)>0$，曲线在区间 $(0,+\infty)$ 内是凹的.

当 $x=0$ 时，$f''(x)=0$，且点 $(0,0)$ 是曲线上由凹变凸的分界点.

【例 2-79】 求曲线 $f(x)=(x-1)^{\frac{1}{3}}$ 的凹凸区间.

解 函数 $f(x)=(x-1)^{\frac{1}{3}}$ 在定义区间 $(-\infty,+\infty)$ 内连续，当 $x\neq1$ 时，

$$f'(x)=\frac{1}{3\cdot\sqrt[3]{(x-1)^2}}, f''(x)=-\frac{2}{9(x-1)\sqrt[3]{(x-1)^2}},$$

所以，当 $x<1$ 时，$f''(x)>0$，$(-\infty,1)$ 为函数 $f(x)$ 的凹区间；当 $x>1$ 时，$f''(x)<0$，$(1,+\infty)$ 为函数 $f(x)$ 的凸区间.

类型归纳 ▶▶▶

类型： 判断函数凹凸性.

方法： 运用函数的二阶导数的符号判定.

【例 2-80】 求曲线 $y=2+(x-4)^{\frac{1}{3}}$ 的凹凸性与拐点.

解 (1)定义域$(-\infty,+\infty)$;

(2)$y'=\frac{1}{3}(x-4)^{-\frac{2}{3}}$,$y''=-\frac{2}{9}(x-4)^{-\frac{5}{3}}$,在$(-\infty,+\infty)$无 y''的零点,y''不存在的点为 $x=4$;

(3)列表 2-6(符号$\cup$表示凹的,符号$\cap$表示凸的)如下:

表 2-6

x	$(-\infty,4)$	4	$(4,+\infty)$
y''	+	不存在	−
y	$\cup$	拐点(4,2)	$\cap$

由表可知,函数 $f(x)$在区间$(-\infty,4)$内是凹的,在区间$(4,+\infty)$内是凸的,曲线 $f(x)$的拐点为(4,2).

【例 2-81】 求函数 $f(x)=x^4-4x^3+2x-5$ 的凹凸区间及拐点.

解 (1)函数的定义域为$(-\infty,+\infty)$;

(2)$f'(x)=4x^3-12x^2+2$,$f''(x)=12x^2-24x=12x(x-2)$,令 $f''(x)=0$,得$x_1=0$,$x_2=2$;

(3)列表 2-7 考察 $f''(x)$的符号:

表 2-7

x	$(-\infty,0)$	0	$(0,2)$	2	$(2,+\infty)$
$f''(x)$	+	0	−	0	+
$f(x)$	$\cup$	拐点(0,−5)	$\cap$	拐点(2,−17)	$\cup$

由表可知,函数 $f(x)$在区间$(-\infty,0)$与$(2,+\infty)$内是凹的,在区间(0,2)内是凸的,曲线 $f(x)$的拐点为(0,−5),(2,−17).

【例 2-82】 求曲线 $y=3x^4-4x^3+1$ 的凹凸区间和拐点.

解 (1)函数 $y=3x^4-4x^3+1$ 的定义域为$(-\infty,+\infty)$;

(2)$y'=12x^3-12x^2$,$y''=36x^2-24x=36x\left(x-\frac{2}{3}\right)$;

(3)解方程 $y''=0$,得 $x_1=0$,$x_2=\frac{2}{3}$;

(4)列表表 2-8 分析:

表 2-8

x	$(-\infty,0)$	0	$\left(0,\frac{2}{3}\right)$	$\frac{2}{3}$	$\left(\frac{2}{3},+\infty\right)$
$f''(x)$	+	0	−	0	+
$f(x)$	$\cup$	拐点(0,1)	$\cap$	拐点$\left(\frac{2}{3},\frac{11}{27}\right)$	$\cup$

由表可知,在区间$(-\infty,0)$和$\left(\frac{2}{3},+\infty\right)$内曲线是凹的,在区间$\left(0,\frac{2}{3}\right)$内曲线是凸的,点$(0,1)$和$\left(\frac{2}{3},\frac{11}{27}\right)$是曲线的拐点.

【例 2-83】 讨论函数 $y=x^4$ 的拐点.

解 $y'=4x^3$,$y''=12x^2$,令 $y''=0$,得 $x=0$.

当 $x<0$ 时,$y''>0$,曲线呈凹状;当 $x>0$ 时,$y''>0$,曲线也呈凹状,所以点$(0,0)$不是拐点,也就是说曲线 $y=x^4$ 没有拐点.

类型归纳 ▶▶▶

类型:讨论函数的凹凸性和拐点.

方法:运用列表法,结合函数的二阶导数的符号判定.

二、函数图形的描绘

定义 2-13 (1)如果 $\lim\limits_{x\to+\infty}f(x)=b$ 或 $\lim\limits_{x\to-\infty}f(x)=b$,则称直线 $y=b$ 为曲线 $y=f(x)$的水平渐近线;

(2)如果 $\lim\limits_{x\to a^+}f(x)=\infty$ 或 $\lim\limits_{x\to a^-}f(x)=\infty$,则称直线 $x=a$ 为曲线 $y=f(x)$的铅直渐近线.

说明:

求渐近线是函数图形描绘的基本步骤:先求极限$\lim\limits_{x\to\infty}f(x)$(或者是单侧极限),如果该极限存在,则存在水平渐近线 $y=\lim\limits_{x\to\infty}f(x)$;再寻找适当的 x_0,如果$\lim\limits_{x\to x_0}f(x)=\infty$(或者是单侧极限),则存在铅直渐近线 $x=x_0$. 如果 $y=f(x)$是初等函数,则其中的点 x_0,存在于 $y=f(x)$的间断点之中.

描绘函数 $y=f(x)$图形的一般步骤:

(1)确定函数 $f(x)$的定义域,并考察函数的奇偶性与周期性;

(2)求出方程 $f'(x)=0$,$f''(x)=0$ 在函数定义域内的全部实根,以及 $f'(x)$,$f''(x)$不存在的点,记为 $x_i(i=1,2,\cdots,n)$,并将 x_i 由小到大排列,将定义域分割成若干个小区间;

(3)用特殊值代入法,求出在这些区间内 $f'(x)$和 $f''(x)$的符号,从而确定函数的单调性、凹凸性、极值点及拐点;

(4)考察曲线的渐近线及其他变化趋势;

(5)由曲线的方程计算出一些特殊点的坐标,如极值点和极值、不可导点、拐点和二阶导数不存在的点,图形与坐标轴的交点的坐标,有时还需取某些“牵引点”,用来确定曲线的运动趋势,然后综合上述讨论的结果画出函数 $y=f(x)$的图形.

【例 2-84】 画出函数 $y=x^3-x^2-x+1$ 的图形.

解 (1)函数的定义域为$(-\infty,+\infty)$;

(2)$y'=3x^2-2x-1=(3x+1)(x-1)$,$y''=6x-2=2(3x-1)$,方程 $y'=0$ 的根为 $x_1=-\frac{1}{3}$和 $x_2=1$,方程 $y''=0$ 的根为 $x=\frac{1}{3}$;

(3)列表 2-9 分析：

表 2-9

x	$\left(-\infty,-\frac{1}{3}\right)$	$-\frac{1}{3}$	$\left(-\frac{1}{3},\frac{1}{3}\right)$	$\frac{1}{3}$	$\left(\frac{1}{3},1\right)$	1	$(1,+\infty)$
$f'(x)$	+	0	−	−	−	0	+
$f''(x)$	−	−	−	0	+	+	+
$f(x)$	↗(凸)	极大值$\frac{32}{27}$	↘(凸)	拐点$\left(\frac{1}{3},\frac{16}{27}\right)$	↘(凹)	极小值 0	↗(凹)

(4)当 $x\to+\infty$ 时，$y\to+\infty$；当 $x\to-\infty$ 时，$y\to-\infty$；

(5)计算特殊点：$f(-1)=0$，$f\left(-\frac{1}{3}\right)=\frac{32}{27}$，$f(0)=1$，$f\left(\frac{1}{3}\right)=\frac{16}{27}$，$f(1)=0$，$f\left(\frac{3}{2}\right)=\frac{5}{8}$；

描点连线画出图形(见图 2-31).

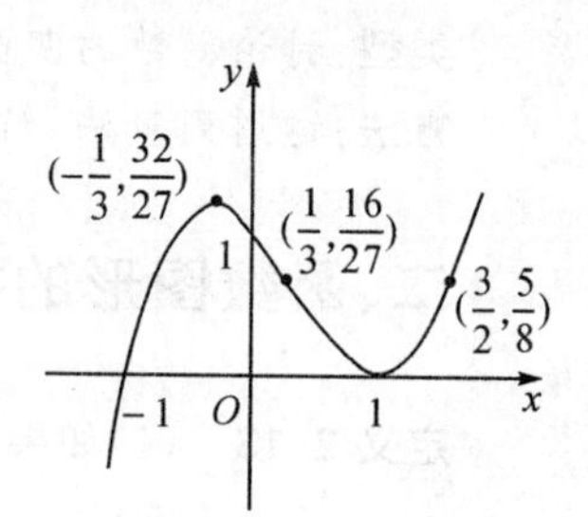

图 2-31

【例 2-85】 作函数 $y=\frac{x}{1+x^2}$ 的图形.

解 (1)定义域为$(-\infty,+\infty)$，是奇函数，图形关于原点对称，故可选讨论 $x\geqslant0$ 时函数的图形；

(2)$y'=\frac{-(x-1)(x+1)}{(1+x^2)^2}$，$y''=\frac{2x(x-\sqrt{3})(x+\sqrt{3})}{(1+x^2)^3}$，$x\geqslant0$ 时，令 $y'=0$，得 $x=1$，令 $y''=0$，得 $x_1=0$ 和 $x_2=\sqrt{3}$；

(3)列表 2-10 分析：

表 2-10

x	0	$(0,1)$	1	$(1,\sqrt{3})$	$\sqrt{3}$	$(\sqrt{3},+\infty)$
$f'(x)$	+	+	0	−	−	−
$f''(x)$	0	−	−	−	0	+
$f(x)$	拐点(0,0)	↗(凸)	极大值$\frac{1}{2}$	↘(凸)	拐点$\left(\sqrt{3},\frac{\sqrt{3}}{4}\right)$	↘(凹)

(4)因为 $\lim\limits_{x\to\infty}f(x)=0$，所以有水平渐近线 $y=0$；

(5)作图(见图 2-32).

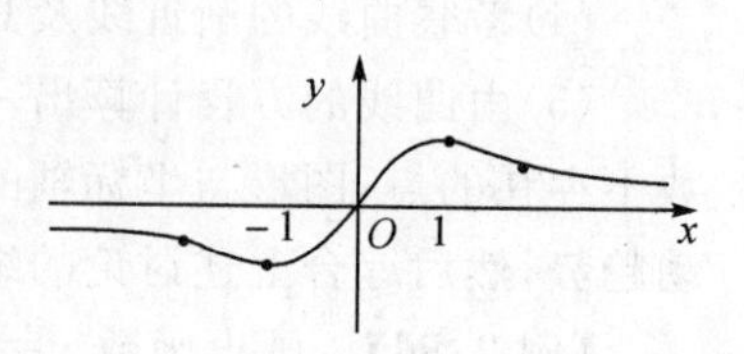

图 2-32

【例 2-86】 描绘函数 $y=e^{-x^2}$ 的图形.

解 (1)定义域是$(-\infty,+\infty)$，函数是偶函数，关于 y 轴对称，所以只要作出在 $x\geqslant0$ 范围内的图形，再关于 y 轴作对称，即得全部图形；

(2)$y'=-2xe^{-x^2}$，令 $y'=0$，得 $x=0$；$y''=2(2x^2-1)e^{-x^2}$，令 $y''=0$，得$x=\frac{\sqrt{2}}{2}\in[0,+\infty)$；

(3)列出函数走势分析表 2-11：

表 2-11

x	0	$\left(0,\frac{\sqrt{2}}{2}\right)$	$\frac{\sqrt{2}}{2}$	$\left(\frac{\sqrt{2}}{2},+\infty\right)$
$f'(x)$	0	$-$	$-$	$-$
$f''(x)$	$-$	$-$	0	$+$
$f(x)$	极大值 1	↘	拐点$\left(\frac{\sqrt{2}}{2},\frac{\sqrt{e}}{e}\right)$	↘

(4)当 $x\to+\infty$ 时，有 $y\to 0$，所以图像有水平渐近线$y=0$；

(5)作出函数在区间$[0,+\infty)$内的图形，并运用对称性，画出全部图形(见图 2-33)．所得图形称为概率曲线．

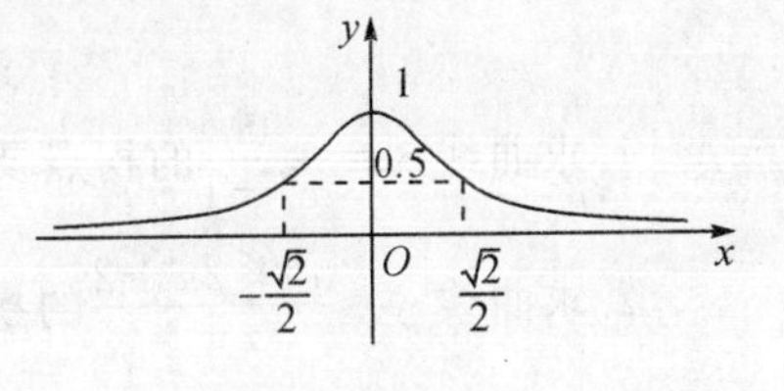

图 2-33

类型归纳

类型：描绘函数图形．

方法：用列表法．

结束语

学习用导数判断函数的凹凸性的时候，一定要结合用导数判断函数的增减性的知识．这样，既能巩固先前的学习内容，又能加强对现有知识的理解和记忆．用一阶导数的符号判断函数的增减性：大于零增，小于零减；用二阶导数的符号判断函数的凹凸性：大于零凹，小于零凸．这些性质有着明显的规律，与“增减性”和“凹凸性”的读音秩序恰好吻合：“先正后负，先增后减”和“先正后负，先凹后凸”．记住了这个特性，也就记住了相关法则，就能正确把握函数图形的性态．

学习了函数图形的描绘知识，我们再来重新认识高中阶段描绘正弦函数 $y=\sin x$ 在一个周期区间$[0,2\pi]$上使用的“五点法”．可以发现，这 5 个关键点，对应的就是与坐标轴的交点($x=0,x=\pi,x=2\pi$ 时)、拐点($x=0,x=\pi,x=2\pi$ 时)和极值点$\left(x=\frac{\pi}{2},x=\frac{3\pi}{2}时\right)$，只不过现在的拐点刚好落在坐标轴上，因此，只有 5 个关键点．用这 5 个关键点作图，所以称为“五点法”．

同步训练

【A 组】

1. 设函数 $f(x)$在区间(a,b)内有连续的二阶导数，且 $f'(x)<0,f''(x)<0$，则 $f(x)$在区间(a,b)内是(　　)．

(A)单调减少且是凸的　　(B)单调减少且是凹的

(C)单调增加且是凸的　　(D)单调增加且是凹的

2. 设函数 $f(x)$ 在区间 (a,b) 内有连续的二阶导数，$x_0\in(a,b)$，若 $f(x)$ 满足（　　），则 $f(x)$ 在 x_0 取到极小值.

(A) $f'(x_0)>0, f''(x_0)=0$　　(B) $f'(x_0)<0, f''(x_0)=0$

(C) $f'(x_0)=0, f''(x_0)>0$　　(D) $f'(x_0)=0, f''(x_0)<0$

3. 函数 $f(x)=2+5x-3x^3$ 的拐点是________.

4. 求曲线 $y=x^3-5x^2+3x$ 的拐点及凹凸区间.

5. 求曲线 $y=\ln(x^2+1)$ 的拐点及凹凸区间.

6. 描绘 $y=\frac{1}{5}(x^4-6x^2+8x+7)$ 的图形.

【B 组】

1. 求曲线 $y=\frac{1}{x^2-1}$ 的拐点及凹凸区间.

2. 求曲线 $y=\frac{x^2-2x+2}{x-1}$ 的拐点及凹凸区间.

3. 描绘曲线 $y=\frac{\ln x}{x}$ 的图形.

第九节　曲率和曲率半径的概念与求法

【学习要求】

1. 掌握平均曲率、曲率、曲率半径的概念；

2. 会求函数的曲率及曲率半径.

【学习重点】

曲率、曲率半径的计算.

【学习难点】

1. 曲率和曲率半径的概念；

2. 曲率在生产实践中的运用.

引言

在工程技术中，经常会遇到道路的转弯、桥梁或隧道的拱形、齿轮轮廓曲线形状，这就要求我们研究曲线弯曲的程度.

一、曲率的概念及其求法

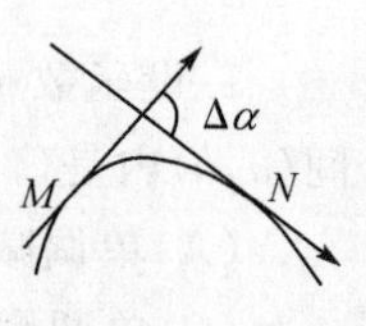

图 2-34

定义 2-14　通常把弧的两端切线的转角 $\Delta\alpha$ 与弧长 $\widehat{MN}$ 的绝对值之比（见图 2-34），叫作这段弧上的平均曲率，记为 $\overline{K}$，即

$$\overline{K}=\left|\frac{\Delta\alpha}{\widehat{MN}}\right|.$$

说明：

平均曲率表示曲线弧$\widehat{MN}$平均弯曲的程度.

定义 2-15 设 M、N 是曲线 l 上的两点，当点 N 沿着曲线趋于点 M 时，若弧段$\widehat{MN}$的平均曲率$\overline{K}$有极限，这极限称为曲线在点 M 的曲率，记作 K，即

$$K=\lim_{\widehat{MN}\to 0}\overline{K}=\lim_{\widehat{MN}\to 0}\left|\frac{\Delta\alpha}{\widehat{MN}}\right|.$$

说明：

曲线在某点的曲率，是平均曲率的极限值，相当于是瞬间曲率.

曲线的曲率计算公式：

设曲线的直角坐标方程是 $y=f(x)$，且 $f(x)$具有二阶导数，则曲线的曲率为

$$K=\frac{|y''|}{[1+(y')^2]^{\frac{3}{2}}}.$$

【例 2-87】 若某一艺术馆的屋顶建筑的截线为曲线 $y=\sqrt{x}$，试求屋顶在点$\left(\frac{1}{4},\frac{1}{2}\right)$处的曲率.

解 因 $y'=\frac{1}{2}x^{-\frac{1}{2}}$，$y''=-\frac{1}{4}x^{-\frac{3}{2}}$，所以$y'|_{x=\frac{1}{4}}=1$，$y''|_{x=\frac{1}{4}}=-2$.

故所求点的曲率 $K=\frac{|y''|}{[1+(y')^2]^{\frac{3}{2}}}=\frac{|-2|}{2^{\frac{3}{2}}}=\frac{\sqrt{2}}{2}$.

【例 2-88】 计算双曲线 $xy=1$ 在点(1,1)处的曲率.

解 由 $y=\frac{1}{x}$，得 $y'=-\frac{1}{x^2}$，$y''=\frac{2}{x^3}$，因此 $y'|_{x=1}=-1$，$y''|_{x=1}=2$.

曲线 $xy=1$ 在点(1,1)处的曲率为

$$K=\frac{|y''|}{[1+(y')^2]^{\frac{3}{2}}}=\frac{2}{[1+(-1)^2]^{\frac{3}{2}}}=\frac{1}{\sqrt{2}}=\frac{\sqrt{2}}{2}.$$

类型归纳 ▶▶▶

类型：求曲线的曲率.

方法：运用曲线的曲率计算公式.

【例 2-89】 抛物线 $y=ax^2+bx+c$ 上哪一点处的曲率最大？

解 由 $y=ax^2+bx+c$ 得 $y'=2ax+b$，$y''=2a$，代入曲率公式，得

$$K=\frac{|2a|}{[1+(2ax+b)^2]^{\frac{3}{2}}}.$$

显然，当 $2ax+b=0$ 时，曲率最大，曲率最大时，$x=-\frac{b}{2a}$，对应的点为抛物线的顶点，因此，抛物线在顶点处的曲率最大，最大曲率为 $K=|2a|$.

类型归纳 ▶▶▶

类型：求曲线的曲率的最值.

方法：综合曲线的曲率计算公式和最值解法.

二、曲线的曲率半径及其求法

定义 2-16 曲线 $y=f(x)$ 上点 $M(x,y)$ 处的曲率 $K\neq 0$，则称曲率 K 的倒数为曲线在点 M 处的曲率半径，记为 R，即

$$R=\frac{1}{K}.$$

在切点 M 处且在曲线凹的一侧的法线上取一点 D，使得 $|DM|=R$，以 D 为圆心，以 R 为半径的圆，称为曲线在点 M 处的曲率圆，曲率圆的圆心 D 称为曲线在点 M 处的曲率中心(图 2-35).

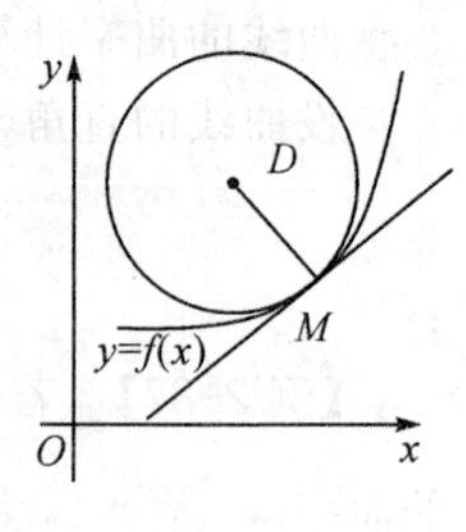

图 2-35

说明：

曲率半径，相当于在很小段的弧对应的近似圆的半径. 曲率半径可以勾画曲线的弯曲程度. 曲率半径小，表示弯曲程度大，转弯急；曲率半径大，表示弯曲程度小，比较平坦. 由于曲率圆与曲线在点 M 处具有相同的切线和曲率，且在点 M 的临近处具有相同的凹向，因此，在实际问题中，常常用曲率圆在点 M 临近的一段圆弧来近似代替曲线弧，以使问题简单化.

曲线的曲率半经计算公式：

曲线 $y=f(x)$ 上点 $N(x,y)$ 处的曲率 $K\neq 0$，则曲线在点 N 处的曲率半径 R，有

$$R=\frac{1}{K}=\frac{[1+(y')^2]^{\frac{3}{2}}}{|y''|}.$$

【例 2-90】 对数曲线 $y=\ln x$ 上哪一点处的曲率半径最小？求出该点处的曲率半径.

解 $y'=\frac{1}{x}, y''=-\frac{1}{x^2}, K=\frac{|y''|}{[1+(y'^2)]^{\frac{3}{2}}}=\frac{\left|-\frac{1}{x^2}\right|}{\left(1+\frac{1}{x^2}\right)^{\frac{3}{2}}}=\frac{x}{(1+x^2)^{\frac{3}{2}}}$,

$$R=\frac{(1+x^2)^{\frac{3}{2}}}{x}, R'=\frac{\frac{3}{2}(1+x^2)^{\frac{1}{2}}\cdot 2x\cdot x-(1+x^2)^{\frac{3}{2}}}{x^2}=\frac{\sqrt{1+x^2}(2x^2-1)}{x^2}.$$

令 $R'=0$，得 $x=\frac{\sqrt{2}}{2}$，因为当 $0<x<\frac{\sqrt{2}}{2}$ 时，$R'<0$；当 $x>\frac{\sqrt{2}}{2}$ 时，$R'>0$，所以 $x=\frac{\sqrt{2}}{2}$ 是 R 的极小值点，同时也是最小值点.

当 $x=\frac{\sqrt{2}}{2}$ 时，$y=\ln\frac{\sqrt{2}}{2}$，因此在曲线上点 $\left(\frac{\sqrt{2}}{2},\ln\frac{\sqrt{2}}{2}\right)$ 处曲率半径最小，最小曲率半径为 $R=\frac{3\sqrt{3}}{2}$.

【例 2-91】 汽车连同载重共 5t,在抛物线拱桥上行驶(拱桥的抛物线方程为 $y=0.01x^2$)(x 和 y 的单位均为 m),速度为 21.6km/h(见图 2-36),求汽车越过桥顶时对桥的压力.

解 抛物线方程为 $y=0.01x^2, y'=0.02x, y'|_{x=0}=0, y''=0.02$, $y''|_{x=0}=0.02$,

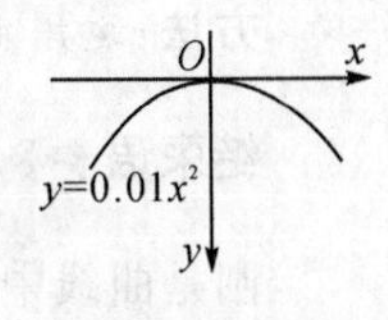

图 2-36

因此曲率半径为

$$R=\frac{[1+(y')^2]^{\frac{3}{2}}}{|y''|}=\frac{1}{0.02}=50,$$

故离心力

$$F_{离}=\frac{mv^2}{R}=\frac{5\times10^3\times\left(\frac{21.6\times10^3}{3600}\right)^2}{50}=3600(\text{N}),$$

所以,汽车越过桥顶对桥的压力为

$$F_{压}=5\times10^3\times9.8-3600=45400(\text{N}).$$

【例 2-92】 设工件内表面的截面为抛物线 $y=0.5x^2$(见图 2-37),现在要用砂轮磨削其内表面,应该选用直径多大的砂轮比较合适?

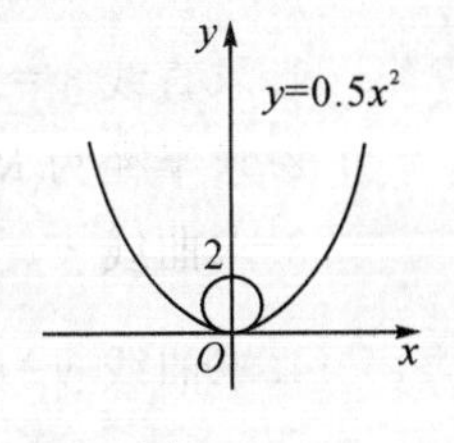

图 2-37

解 由加工工艺可以知道,选用砂轮的半径,不能大于工件内表面截面的最小曲率半径.

抛物线方程 $y=0.5x^2, y'=x, y''=1$,

工件内表面截面的曲率半径

$$R=\frac{[1+(y')^2]^{\frac{3}{2}}}{|y''|}=\frac{(1+x^2)^{\frac{3}{2}}}{1}=(1+x^2)^{\frac{3}{2}},$$

显然,当 $x=0$ 时,曲率半径 R 最小,最小值 $\min R=1$. 所以,选用的砂轮,最合适的直径是 2 个单位长度.

【例 2-93】 一飞机沿抛物线路径 $y=\frac{x^2}{10^4}$(y 轴铅直向上,单位为 m)作俯冲飞行,在坐标原点 O 处飞机的速度为 $v=200$m/s,飞行员体重 $m=70$kg,求飞机俯冲至最低点即原点 O 处时,座椅对飞行员的反作用力.

解 因为 $y=\frac{x^2}{10000}$,所以 $y'|_{x=0}=\left.\frac{x}{5000}\right|_{x=0}=0, y''|_{x=0}=\frac{1}{5000}$,

因此曲率半径为

$$R=\frac{[1+(y')^2]^{\frac{3}{2}}}{y''}=5000(\text{m}),$$

故向心力为

$$F_{向}=\frac{mv^2}{R}=\frac{70\times200^2}{5000}=560(\text{N}),$$

飞行员本身的重量对座椅的压力 $=70\times9.8=686$(N),

故座椅对飞行员的反作用力

$$F_{反}=560+686=1246(\text{N}).$$

类型归纳 ▶▶▶

类型:求曲线的曲率半径.

方法:运用曲线的曲率半径计算公式.

结束语 ▶▶▶

圆是曲线中的最简单的非直线形态,圆的半径,表示圆弧的弯曲程度,同一个圆上的每一点的弯曲程度都是一致的.对于一般的曲线,它在每一点的弯曲程度,就可能因为点的不同而发生变化,在很多生产实践中,我们需要对它进行度量.所谓的曲率半径,在几何学上,就是指很小的圆弧段对应的近似圆的半径.

同步训练

【A 组】

1.求直线 $y=kx+b$ 在任意点处的曲率.

2.求半径为 R 的圆在任意点处的曲率.

3.求曲线 $y=ax^3(a>0)$ 在点处(0,0)及点 $(1,a)$ 处的曲率.

4.求曲线 $y=\sin x$ 在点 $\left(\frac{\pi}{2},1\right)$ 处的曲率.

【B 组】

1.设工件内表面的截线为抛物线 $y=0.4x^2$,现在要用砂轮磨削其内表面.问:用直径多大的砂轮才比较合适?

2.求曲线 $\begin{cases}x=a\cos^2 t,\\ y=a\sin^2 t\end{cases}$ 在点 $t=t_0$ 处的曲率.

单元自测题

一、填空题

1.若函数 $y=2^x5^x$,则 $y'=$__________.

2.曲线 $y=\sin x$ 在点 $\left(\frac{\pi}{6},\frac{1}{2}\right)$ 处切线的斜率是________.

3.曲线 $y=x^2-x$ 在点(2,2)处的切线方程是________.

4.$d(x^2+1)=$________.

5.若函数 $y=\ln\sin x$,则 $y''=$________.

6.$e^{0.02}$ 的近似值为________.

7.函数 $f(x)=\ln x$ 在区间[1,e]上满足拉格朗日中值定理的条件,则 $\xi=$________.

8.某产品每日生产 q 单位的总成本函数为 $c(q)=0.5q^2+36q+9800$(元),则平均成本最低时的日产量为________.

二、单项选择题

1. 若函数 $y=f(x)$ 满足条件(　　),则在区间 (a,b) 内至少存在一点 $\xi(a<\xi<b)$,使得等式 $f'(\xi)=\dfrac{f(b)-f(a)}{b-a}$ 成立.

(A)在区间 (a,b) 内连续

(B)在区间 (a,b) 内连续,在区间 (a,b) 内可导

(C)在区间 (a,b) 内可导

(D)在区间 $[a,b]$ 上连续,在区间 (a,b) 内可导

2. 下列函数中,(　　)在指定区间内是单调减少的函数.

(A) $y=2^{-x},x\in(-\infty,+\infty)$　　(B) $y=e^{x},x\in(-\infty,0)$

(C) $y=\ln x,x\in(0,+\infty)$　　(D) $y=\sin x,x\in(0,\pi)$

3. 满足方程 $f'(x)=0$ 的点是函数 $y=f(x)$ 的(　　).

(A)极值点　　(B)拐点

(C)驻点　　(D)间断点

4. 函数 $y=x-\sin x$ 在区间 $(-2\pi,2\pi)$ 内的拐点个数是(　　).

(A)1　　(B)2　　(C)3　　(D)4

5. 设函数 $f(x)$ 在区间 (a,b) 内连续,$x_0\in(a,b)$,且 $f'(x_0)=f''(x_0)=0$,则函数在 $x=x_0$ 处(　　).

(A)取得极大值　　(B)取得极小值

(C)一定有拐点 $[x_0,f(x_0)]$　　(D)可能有极值,也可能有拐点

6. 函数 $y=x^{\frac{2}{3}}$ 在区间 $[-1,2]$ 上没有(　　).

(A)极大值　　(B)极小值

(C)最大值　　(D)最小值

三、计算题

1. 运用洛必达法则求极限.

(1) $\lim\limits_{x\to 0}\dfrac{\cos x-1}{e^{x}+e^{-x}-2}$;

(2) $\lim\limits_{x\to \frac{\pi}{2}^{+}}\dfrac{\ln\left(x-\frac{\pi}{2}\right)}{\tan x}$;

(3) $\lim\limits_{x\to 1}(1-x)\tan\dfrac{\pi x}{2}$;

(4) $\lim\limits_{x\to 0}x^{2}e^{\frac{1}{x^{2}}}$;

(5) $\lim\limits_{x\to 1}\left(\dfrac{x}{x-1}-\dfrac{1}{\ln x}\right)$.

2. 求下列函数的导数.

(1) $y=\dfrac{x\cdot\sin x}{1+x^{2}}$;

(2)$y=\frac{x^2}{1-x}\cdot\sqrt[3]{\frac{5-x}{(3+x)^2}}$；

(3)$y=3^{\cos\frac{1}{x^2}}$.

3.求下列函数的微分.

(1)$x^y=y^x$；

(2)$\arctan\frac{y}{x}=\ln\sqrt{x^2+y^2}$.

4.已知函数 $y=(1+x^2)\arctan x$，求二阶导数 y''.

5.判断函数 $f(x)=x^{\frac{1}{3}}+\tan x$ 的单调性，并写出单调区间.

6.求函数 $f(x)=(x-1)^{\frac{2}{3}}$ 的极值.

四、应用题

欲做一个底为正方形，容积为 108m^3 的长方体开口容器，怎样做可使所用材料最省？

五、证明题

当 $x>0$ 时，证明不等式 $\ln(1+x)>\frac{x}{1+x}$.

第三章　一元函数积分学

第一节　不定积分的概念与性质　不定积分的基本公式

【学习要求】

1. 理解原函数的概念和不定积分的概念；
2. 了解原函数存在定理；
3. 理解积分曲线的概念；
4. 初步掌握基本积分表和不定积分的性质.

【学习重点】

1. 原函数、不定积分的概念；
2. 基本积分表；
3. 不定积分的性质.

【学习难点】

1. 不定积分与积分曲线的概念；
2. 运用基本积分表和不定积分的性质求不定积分.

引言

高等数学的主要内容就是微积分，它分为两个部分，即微分和积分. 前面我们学习了导数和微分，本章开始，我们将进一步学习不定积分和定积分. 定积分是由研究细分变量的累积求和问题而产生的一个重要的数学分支，在生产实践中应用广泛. 而由定义来计算定积分，却是相当烦琐和困难的. 为了解决这个难题，伟大的数学家牛顿和莱布尼兹作出了杰出贡献，指出定积分的计算与被积函数的原函数有关，于是引出了不定积分. 不定积分是导数的逆运算，其实质是：寻求一个可导函数，使它的导数等于已知函数.

一、原函数的概念

定义 3-1　如果在区间 I 上，可导函数 $F(x)$ 的导数为 $f(x)$，即对于任意的 $x\in I$，都有

$$F'(x)=f(x) \text{或} \mathrm{d}F(x)=f(x)\mathrm{d}x,$$

称函数 $F(x)$ 为 $f(x)$ 在区间 I 上的一个原函数.

说明:

(1)设 $F(x)$是 $f(x)$在区间上的一个原函数,那么对任意常数 C,都有

$$[F(x)+C]'=f(x),$$

换言之,对任意常数 C,函数 $F(x)+C$ 也是 $f(x)$的原函数.这表示:如果 $f(x)$有原函数,那么 $f(x)$原函数就有无穷多个. $f(x)$的所有原函数的一般形式是 $F(x)+C$(C 为任意常数).

(2)可以知道,闭区间上的连续函数一定存在原函数.

【例 3-1】 已知函数 $f(x)$的一个原函数是 $\arctan x^2$,求 $f'(x)$.

解 由已知有 $f(x)=(\arctan x^2)'=\dfrac{2x}{1+x^4}$,故

$$f'(x)=\left(\frac{2x}{1+x^4}\right)'=\frac{2(1+x^4)-8x^4}{(1+x^4)^2}=\frac{2-6x^4}{(1+x^4)^2}.$$

类型归纳 ▶▶▶

类型:原函数与导数的关系研究.

方法:运用原函数的定义求解.

二、不定积分的概念

定义 3-2 在区间上,函数 $f(x)$的所有原函数称为 $f(x)$在区间上的不定积分,记作 $\int f(x)\mathrm{d}x$,其中记号$\int$ 称为积分号,$f(x)$ 称为被积函数,$f(x)\mathrm{d}x$ 称为被积表达式,x 称为积分变量.如果 $F(x)$ 是 $f(x)$ 的一个原函数,那么 $F(x)+C$ 就是 $f(x)$ 的不定积分.即

$$\int f(x)\mathrm{d}x=F(x)+C.$$

说明:

不定积分$\int f(x)\mathrm{d}x$ 表示 $f(x)$ 的所有原函数,它的结果中一定含有任意常数 C.

定义 3-3 函数 $f(x)$的原函数的图形称为 $f(x)$的积分曲线.

说明:因为 $f(x)$的原函数之间相差一个常数,所以 $f(x)$的原函数的图形构成了 $f(x)$的积分曲线族(见图 3-1).

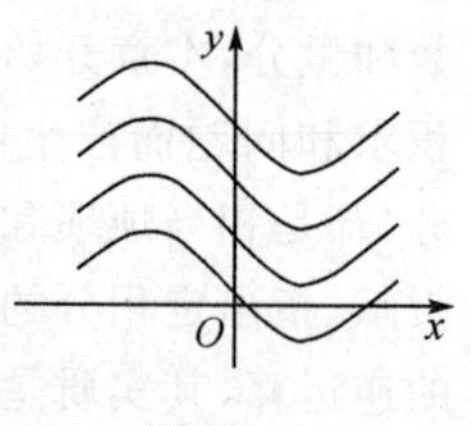

图 3-1

【例 3-2】 设 $F(x)$是 $f(x)$的一个原函数,则等式(　　)成立.

(A)$\dfrac{\mathrm{d}}{\mathrm{d}x}\left[\int f(x)\mathrm{d}x\right]=F(x)$

(B)$\int F'(x)\mathrm{d}x=f(x)+C$($C$ 为常数)

(C)$\int F'(x)\mathrm{d}x=F(x)$

(D)$\dfrac{\mathrm{d}}{\mathrm{d}x}\left[\int f(x)\mathrm{d}x\right]=f(x)$

解 因为

$$\frac{\mathrm{d}}{\mathrm{d}x}\left[\int f(x)\mathrm{d}x\right]=f(x),$$

$$\int F'(x)\mathrm{d}x = F(x) + C,$$

故选项 D 正确.

类型归纳 ▶▶▶

类型:判断导数与不定积分的关系.

方法:运用不定积分与微分(求导)互为逆运算.

【例 3-3】 设曲线在任意一点处的切线斜率为 $2x$,且曲线过点(2,5),求该曲线的方程.

解 由题意得$\int 2x\mathrm{d}x = x^2 + C$,即曲线方程为 $y = x^2 + C$. 将点(2,5)代入得 $C = 1$,所求曲线方程为

$$y = x^2 + 1.$$

类型归纳 ▶▶▶

类型:已知切线斜率,求曲线方程.

方法:运用不定积分的定义及几何意义.

三、不定积分的性质

性质 1(不定积分与导数、微分的互为逆运算关系)

$$\left[\int f(x)\mathrm{d}x\right]' = f(x) \text{ 或 } \mathrm{d}\int f(x)\mathrm{d}x = f(x)\mathrm{d}x;$$

$$\int F'(x)\mathrm{d}x = F(x) + C \text{ 或} \int \mathrm{d}F(x) = F(x) + C.$$

性质 2(不定积分的和差运算的性质)

设函数 $f(x)$及 $g(x)$的原函数存在,则

$$\int [f(x) \pm g(x)]\mathrm{d}x = \int f(x)\mathrm{d}x \pm \int g(x)\mathrm{d}x.$$

性质 3(不定积分的数乘运算的性质)

设函数 $f(x)$的原函数存在,k 为非零常数,则

$$\int kf(x)\mathrm{d}x = k\int f(x)\mathrm{d}x.$$

当 $k = 0$ 时,$\int kf(x)\mathrm{d}x = \int [0 \cdot f(x)]\mathrm{d}x = C.$

【例 3-4】 一电路中电流关于时间的变化率为$\frac{\mathrm{d}i}{\mathrm{d}t} = 0.9t^2 - 2t$,若 $t=0$ 时,$i=2(\mathrm{A})$,试求电流关于时间的函数.

解 由$\frac{\mathrm{d}i}{\mathrm{d}t} = 0.9t^2 - 2t$ 得

$$i = \int (0.9t^2 - 2t)\mathrm{d}t = 0.3t^3 - t^2 + C,$$

又 $i|_{t=0}=2$,则 $C=2$,所以,电流关于时间的函数为

$$i=0.3t^3-t^2+2.$$

类型归纳

类型:已知电流关于时间的变化率,求电流关于时间的函数.

方法:运用不定积分的概念求出原函数.

四、不定积分的基本积分表

(1) $\int k\mathrm{d}x = kx + C$ (k 为常数);

(2) $\int x^{\mu}\mathrm{d}x = \frac{1}{\mu+1}x^{\mu+1} + C(\mu \neq -1)$;

(3) $\int \frac{1}{x}\mathrm{d}x = \ln|x| + C$;

(4) $\int \mathrm{e}^x\mathrm{d}x = \mathrm{e}^x + C$;

(5) $\int a^x\mathrm{d}x = \frac{a^x}{\ln a} + C(a > 0$ 且 $a \neq 1)$.

(6) $\int \cos x\mathrm{d}x = \sin x + C$;

(7) $\int \sin x\mathrm{d}x = -\cos x + C$;

(8) $\int \frac{1}{\cos^2 x}\mathrm{d}x = \int \sec^2 x\mathrm{d}x = \tan x + C$;

(9) $\int \frac{1}{\sin^2 x}\mathrm{d}x = \int \csc^2 x\mathrm{d}x = -\cot x + C$;.

(10) $\int \sec x \cdot \tan x\mathrm{d}x = \sec x + C$;

(11) $\int \csc x \cdot \cot x\mathrm{d}x = -\csc x + C$;

(12) $\int \frac{1}{1+x^2}\mathrm{d}x = \arctan x + C$;

(13) $\int \frac{1}{\sqrt{1-x^2}}\mathrm{d}x = \arcsin x + C$.

以上 13 个基本积分公式是求不定积分的基础,其中 C 是任意常数,若无特殊情况,下文不再赘述.表达式中的 x,只是表示积分变量的一个符号,可以是 x,也可以统一换成 u,或者 t.

【例 3-5】 求不定积分 $\int (x^3+x+4)\mathrm{d}x$.

解 $\int (x^3+x+4)\mathrm{d}x = \frac{1}{4}x^4 + \frac{1}{2}x^2 + 4x + C$.

类型归纳

类型：求被积函数是多项式的不定积分.

方法：运用积分运算性质和基本积分公式.

【例 3-6】 求不定积分$\int\frac{1}{x^2(1+x^2)}dx$.

解 $$\int\frac{1}{x^2(1+x^2)}dx=\int\frac{(1+x^2)-x^2}{x^2(1+x^2)}dx=\int\frac{1}{x^2}dx-\int\frac{1}{1+x^2}dx$$
$$=-\frac{1}{x}-\arctan x+C.$$

类型归纳

类型：求被积函数可拆分的不定积分.

方法：化乘除(拆项)为加减.

【例 3-7】 求不定积分$\int\cos^2\frac{x}{2}dx$.

解 $$\int\cos^2\frac{x}{2}dx=\int\frac{\cos x+1}{2}dx=\frac{1}{2}\sin x+\frac{1}{2}x+C.$$

类型归纳

类型：求被积函数是能降幂的三角函数的不定积分.

方法：运用三角恒等式先降幂，再运用基本积分公式求解.

【例 3-8】 求不定积分$\int\frac{x^4+1}{x^2+1}dx$.

解 $$\int\frac{x^4+1}{x^2+1}dx=\int\frac{(x^4-1)+2}{x^2+1}dx=\int\left(x^2-1+\frac{2}{x^2+1}\right)dx$$
$$=\frac{x^3}{3}-x+2\arctan x+C.$$

类型归纳

类型：求假分式的不定积分.

方法：把假分式化为多项式与真分式之和.

结束语

在学习原函数的概念时，应注意与导数的知识相结合，并要注意不定积分与可导、可微的互逆关系. 同时，要注意不定积分与原函数是总体与个体的关系，即若 $F(x)$ 是 $f(x)$ 的一个原函数，则 $f(x)$ 的不定积分是一个函数族 $\{F(x)+C\}$，其中 C 是任意常数，记为 $\int f(x)dx=F(x)+C$. 求不定积分$\int f(x)dx$ 归结为分别求出 $f(x)$ 的一个原函数再加常数 C. 由于不定积分的定义不像导数定义那样具有构造性，这就使得求原函数的问题比求导数难得多. 因此，我们只能先根据导数的基本公式，按照微分法的已知结果去试探，得到基本积分公式.基本积分公式一定要记牢,因为其他函数的不定积分经运算变形,再借助积分法则,最终归结为基本不定积分,从而求出更多函数的不定积分.不定积分结果的验证,只要对不定积分结果进行求导即可.如果不定积分结果的导数与不定积分的被积函数一致,则不定积分的计算正确,这也是体验和强化不定积分的概念和计算方法的一个有效手段.对于结构复杂的被积函数的不定积分计算,就需要有新的方法加以解决,这就是我们下面几节所要解决的问题.

同步训练

【A组】

1.填空题:

(1) 一个已知的函数,有________个原函数,其中任意两个的差是一个________,$f(x)$ 的________称为 $f(x)$ 的不定积分;

(2) 把 $f(x)$ 的一个原函数 $F(x)$ 的图形叫作函数 $f(x)$ 的________,它的方程是 $y=F(x)$,这样不定积分$\int f(x)\mathrm{d}x$ 在几何上就表示________;

(3) 由 $F'(x)=f(x)$ 可知,在积分曲线族 $y=F(x)+C$(C 是任意常数)上横坐标相同的点处作切线,这些切线彼此是________的;

(4) 若函数 $f(x)$ 在某闭区间上________,则在该区间上 $f(x)$ 的原函数一定存在;

(5) 不定积分$\int x\sqrt{x}\,\mathrm{d}x=$________.

2.单项选择题:

(1) 下列函数中原函数为 $\ln 2x+C$(C 为任意常数)的是(   );

(A) $\frac{1}{x}$ (B) $\frac{2}{x}$ (C) $\frac{1}{2^x}$ (D) $\frac{1}{x^2}$

(2) 若导函数 $f'(x)$ 存在且连续,则$\left[\int \mathrm{d}f(x)\right]'=$(   );

(A) $f(x)$ (B) $f'(x)$ (C) $f'(x)+C$ (D) $f(x)+C$

(3) 若不定积分$\int f(x)\mathrm{d}x=2^x+x+1+C$,则函数 $f(x)=$(   ).

(A) $\frac{2^x}{\ln x}+\frac{1}{2}x^2+x$ (B) 2^x+1

(C) $2^x\ln 2+1$ (D) $2^{x+1}+1$

3.计算下列不定积分:

(1) $\int (x^2-3x+2)\mathrm{d}x$; (2) $\int \frac{1}{x^2\sqrt{x}}\mathrm{d}x$;

(3) $\int \sin^2\frac{x}{2}\mathrm{d}x$; (4) $\int \frac{x^2}{1+x^2}\mathrm{d}x$;

(5) $\int (x^{10}-10^x)\mathrm{d}x$; (6) $\int \frac{3x^2-2\sqrt{x}+1}{x\sqrt{x}}\mathrm{d}x$;

(7) $\int\left(\frac{2}{x}+\frac{x}{3}\right)^{2}\mathrm{d}x$；　　(8) $\int\left(\frac{1}{x}-3\cos x+\frac{2}{\sqrt{1-x^{2}}}\right)\mathrm{d}x$.

【B 组】

1. 计算下列不定积分：

(1) $\int(\sqrt{x}+1)(\sqrt{x^{3}}-1)\mathrm{d}x$；　　(2) $\int\frac{1}{\cos^{2}x\sin^{2}x}\mathrm{d}x$；

(3) $\int\frac{x^{2}+\sin^{2}x}{x^{2}+1}\sec^{2}x\mathrm{d}x$；　　(4) $\int\left(\sin\frac{x}{2}+\cos\frac{x}{2}\right)^{2}\mathrm{d}x$；

(5) $\int\tan^{2}x\mathrm{d}x$；　　(6) $\int\frac{\cos 2x}{\cos x-\sin x}\mathrm{d}x$；

(7) $\int\frac{1+x^{2}}{x^{2}(1+x^{2})}\mathrm{d}x$；　　(8) $\int\frac{\sec x-\tan x}{\cos x}\mathrm{d}x$.

2. 一曲线通过点$(\mathrm{e}^{2},3)$，且在任一点处的切线的斜率等于该点横坐标的倒数，求该曲线的方程.

第二节　不定积分的第一类换元积分法

【学习要求】

熟练掌握第一类换元积分法.

【学习重点】

用第一类换元积分法求不定积分.

【学习难点】

分解被积函数，使得$\int g(x)\mathrm{d}x=\int f[\varphi(x)]\varphi'(x)\mathrm{d}x=\int f[\varphi(x)]\mathrm{d}\varphi(x)$.

引言

运用直接积分法可以求一些简单函数的不定积分，但当被积函数较为复杂时，直接积分法往往难以奏效. 如求积分$\int\frac{1}{1+x^{2}}\mathrm{d}x$，我们可以知道$\int\frac{1}{1+x^{2}}\mathrm{d}x=\arctan x+C$. 但是，稍微变化一下，对于$\int\frac{x}{1+x^{2}}\mathrm{d}x$，就不能套用积分基本公式和积分性质直接进行积分. 事实上，这个被积表达式可以进行分解，运用微分公式，$x\mathrm{d}x=\frac{1}{2}\mathrm{d}x^{2}$，而$\frac{1}{1+x^{2}}$刚好是一个关于$x^{2}$的一个复合函数. 我们知道，复合函数的微分法解决了许多复杂函数的求导(求微分)问题. 同样，将复合函数的微分法用于求积分，可以得到复合函数的积分法，即换元积分法.

换元积分法分为两类：第一类换元积分法和第二类换元积分法. 本节先介绍第一类换元积分法.

如果 $f(u)$ 有原函数 $F(u)$，$u=\varphi(x)$ 具有连续的导函数，则 $F[\varphi(x)]$ 是 $f[\varphi(x)]\varphi'(x)$ 的原函数，即

$$\int f[\varphi(x)]\varphi'(x)\mathrm{d}x=\int f[\varphi(x)]\mathrm{d}\varphi(x)\xlongequal{\text{令 }\varphi(x)=u}\int f(u)\mathrm{d}u$$

$$=F(u)+C\xlongequal{\text{回代 }u=\varphi(x)}F[\varphi(x)]+C,$$

此式称为第一类换元积分公式.

第一类换元积分法，也称凑微分法，又称间接换元积分法. 解题熟练后，可以省略代换式，直接凑微分，求出积分结果.

【例 3-9】 设 $F(x)$ 是 $f(x)$ 的一个原函数，则 $\int xf(1-x^2)\mathrm{d}x=(\quad)$.

(A) $F(1-x^2)+C$　　(B) $-F(1-x^2)+C$

(C) $-\dfrac{1}{2}F(1-x^2)+C$　　(D) $F(x)+C$

解 方法一

$$\int xf(1-x^2)\mathrm{d}x=-\frac{1}{2}\int f(1-x^2)\mathrm{d}(1-x^2)\xlongequal{\text{令 }1-x^2=u}-\frac{1}{2}\int f(u)\mathrm{d}u$$

$$=-\frac{1}{2}F(u)+C\xlongequal{\text{回代 }u=1-x^2}-\frac{1}{2}F(1-x^2)+C.$$

方法二　做选择题时，也可以通过结论的可能选项，根据不定积分的定义来解决. 由复合函数求导法则得

$$\left[-\frac{1}{2}F(1-x^2)\right]'=-\frac{1}{2}f(1-x^2)(1-x^2)'=-\frac{1}{2}f(1-x^2)(1-x^2)'=xf(1-x^2),$$

故选项 C 正确.

类型归纳 ▶▶▶

类型：求不定积分的选择题.

方法：可以根据不定积分的定义求解.

【例 3-10】 求不定积分 $\int\cos 2x\mathrm{d}x$.

解 方法一　令 $2x=u$，即 $x=\dfrac{u}{2}$，则 $\mathrm{d}x=\dfrac{1}{2}\mathrm{d}u$，

$$\int\cos 2x\mathrm{d}x=\int\cos u\cdot\frac{1}{2}\mathrm{d}u=\frac{1}{2}\sin u+C=\frac{1}{2}\sin 2x+C.$$

方法二　$\int\cos 2x\mathrm{d}x=\dfrac{1}{2}\int\cos 2x\mathrm{d}(2x)=\dfrac{1}{2}\sin 2x+C.$

【例 3-11】 求不定积分 $\int\cos^2 x\mathrm{d}x$.

解 $\int\cos^2 x\mathrm{d}x=\dfrac{1}{2}\int(1+\cos 2x)\mathrm{d}x=\dfrac{1}{2}x+\dfrac{1}{4}\sin 2x+C.$

【例 3-12】 求不定积分 $\int\cos^3 x\mathrm{d}x$.

解 $\int\cos^3 x\mathrm{d}x=\int\cos^2 x\cdot\cos x\mathrm{d}x=\int(1-\sin^2 x)\mathrm{d}\sin x=\sin x-\dfrac{1}{3}\sin^3 x+C.$

【例 3-13】 求不定积分$\int \sec x \mathrm{d}x$.

解 $$\int \sec x \mathrm{d}x = \int \frac{1}{\cos x}\mathrm{d}x = \int \frac{\cos x}{\cos^2 x}\mathrm{d}x = \int \frac{1}{1-\sin^2 x}\mathrm{d}\sin x$$

$$= \frac{1}{2}\int \left(\frac{1}{1-\sin x} + \frac{1}{1+\sin x}\right)\mathrm{d}\sin x$$

$$= \frac{1}{2}(-\ln|1-\sin x| + \ln|1+\sin x|) + C$$

$$= \ln\sqrt{\frac{1+\sin x}{1-\sin x}} + C = \ln(\sec x + \tan x) + C.$$

类型:求被积函数含有三角函数的不定积分.

方法:运用三角函数的恒等关系求解.

【例 3-14】 求不定积分$\int \frac{x}{1+x^2}\mathrm{d}x$.

解 $$\int \frac{x}{1+x^2}\mathrm{d}x = \frac{1}{2}\int \frac{1}{1+x^2}\mathrm{d}(1+x^2) = \frac{1}{2}\ln(1+x^2) + C.$$

【例 3-15】 求不定积分$\int \frac{1}{x^2+a^2}\mathrm{d}x\,(a>0)$.

解 $$\int \frac{1}{x^2+a^2}\mathrm{d}x = \frac{1}{a^2}\int \frac{1}{1+\left(\frac{x}{a}\right)^2}\mathrm{d}x = \frac{1}{a}\int \frac{1}{1+\left(\frac{x}{a}\right)^2}\mathrm{d}\left(\frac{x}{a}\right) = \frac{1}{a}\arctan\frac{x}{a} + C.$$

【例 3-16】 求不定积分$\int x\mathrm{e}^{x^2}\mathrm{d}x$.

解 $$\int x\mathrm{e}^{x^2}\mathrm{d}x = \frac{1}{2}\int \mathrm{e}^{x^2}\mathrm{d}(x^2) = \frac{1}{2}\mathrm{e}^{x^2} + C.$$

【例 3-17】 求不定积分$\int \frac{1}{\sqrt{1-2x-x^2}}\mathrm{d}x$.

解 $$\int \frac{1}{\sqrt{1-2x-x^2}}\mathrm{d}x = \int \frac{1}{\sqrt{2-(x+1)^2}}\mathrm{d}x = \frac{1}{\sqrt{2}}\int \frac{1}{\sqrt{1-\left(\frac{x+1}{\sqrt{2}}\right)^2}}\mathrm{d}x$$

$$= \int \frac{1}{\sqrt{1-\left(\frac{x+1}{\sqrt{2}}\right)^2}}\mathrm{d}\left(\frac{x+1}{\sqrt{2}}\right) = \arcsin\frac{x+1}{\sqrt{2}} + C.$$

类型归纳 ▶▶▶

类型:求被积函数是类似基本积分公式的表达式的不定积分.

方法:运用函数变形,再套用最相近的基本积分公式求解.

【例 3-18】 求不定积分$\int \frac{\mathrm{d}x}{x^2-a^2}$.

解 $$\int \frac{1}{x^2-a^2}\mathrm{d}x = \int \frac{1}{(x-a)(x+a)}\mathrm{d}x = \frac{1}{2a}\int \left(\frac{1}{x-a} - \frac{1}{x+a}\right)\mathrm{d}x$$

$$= \frac{1}{2a}\left[\int \frac{1}{x-a}\mathrm{d}x - \int \frac{1}{x+a}\mathrm{d}x\right]$$

$$= \frac{1}{2a}\left[\int \frac{1}{x-a}\mathrm{d}(x-a) - \int \frac{1}{x+a}\mathrm{d}(x+a)\right]$$

$$= \frac{1}{2a}[\ln|x-a| - \ln|x+a|] + C = \frac{1}{2a}\ln\left|\frac{x-a}{x+a}\right| + C.$$

类型归纳

类型:求被积函数是分母可以因式分解的分式的不定积分.

方法:将分母因式分解,进行分式恒等拆分,再分别求解.

【例 3-19】 求不定积分$\int \frac{3\sin x - 4\cos x}{\sin x + 2\cos x}\mathrm{d}x$.

解 令 $3\sin x - 4\cos x = a(\sin x + 2\cos x) + b(\sin x + 2\cos x)'$,则

$$3\sin x - 4\cos x = (a-2b)\sin x + (2a+b)\cos x,$$

要使对于有意义的 x 等式恒成立,则

$$\begin{cases} a - 2b = 3 \\ 2a + b = -4 \end{cases},\text{即 } a = -1, b = -2,$$

所以

$$\int \frac{3\sin x - 4\cos x}{\sin x + 2\cos x}\mathrm{d}x = -\int \frac{\sin x + 2\cos x}{\sin x + 2\cos x}\mathrm{d}x - 2\int \frac{(\sin x + 2\cos x)'}{\sin x + 2\cos x}\mathrm{d}x$$

$$= -x - 2\ln|\sin x + 2\cos x| + C.$$

类型归纳

类型:求形如$\int \frac{A\sin x + B\cos x}{C\sin x + D\cos x}\mathrm{d}x$ 的不定积分.

方法:令 $A\sin x + B\cos x = a(C\sin x + D\cos x) + b(C\sin x + D\cos x)'$ 确定 a,b,再分别求解.

【例 3-20】 求不定积分$\int \frac{\mathrm{e}^x}{1+\mathrm{e}^{2x}}\mathrm{d}x$.

解 $\int \frac{\mathrm{e}^x}{1+\mathrm{e}^{2x}}\mathrm{d}x = \int \frac{1}{1+\mathrm{e}^{2x}}\mathrm{d}\mathrm{e}^x = \arctan\mathrm{e}^x + C.$

【例 3-21】 求不定积分$\int x(1+x^2)^{100}\mathrm{d}x$.

解 $\int x(1+x^2)^{100}\mathrm{d}x = \frac{1}{2}\int (1+x^2)^{100}\mathrm{d}(x^2) = \frac{1}{202}(1+x^2)^{101} + C.$

【例 3-22】 求不定积分$\int \frac{\ln x}{x}\mathrm{d}x$.

解 $\int \frac{\ln x}{x}\mathrm{d}x = \int \ln x\mathrm{d}\ln x = \frac{1}{2}\ln^2 x + C.$

类型:求被积函数是由两个因子相乘的不定积分.

方法:一般是保持较复杂的因子不动,将较简单的因子与 $\mathrm{d}x$ 组合在一起,进行凑微分,再分别求解.

【例 3-23】 建立不定积分 $I_n = \int \tan^n x\mathrm{d}x$(其中 n 为正整数,$n > 1$) 的递推公式.

解 $I_n = \int \tan^{n-2} x\tan^2 x\mathrm{d}x = \int \tan^{n-2} x(\sec^2 x - 1)\mathrm{d}x$

$$= \int \tan^{n-2} x \mathrm{d}(\tan x) - I_{n-2} = \frac{\tan^{n-1} x}{n-1} - I_{n-2}.$$

类型归纳 ▶▶▶

类型：求关于三角函数不定积分的递推公式.

方法：运用三角恒等变换，化难为易，再求解.

结束语 ▶▶▶

计算不定积分的时候，首先要观察被积函数的结构和特性，寻找在基本积分公式中最相近的形式，把所求的不定积分化成我们所需要的形式，最后套用基本积分公式加以解决. 在使用第一类换元积分法时，一定要认准正确的方向，选择适当的换元函数，才能达到简化积分计算的目的. 在运用换元积分法时，有时需要对被积函数做适当的代数运算或三角运算，然后再根据基本积分公式凑微分. 重点是一个"凑"字，技巧性很强. 只有在练习过程中随时总结和积累经验，才能灵活运用. 下面给出几种常见的凑微分形式：

1. $\int f(ax+b)\mathrm{d}x = \frac{1}{a}\int f(ax+b)\mathrm{d}(ax+b)(a \neq 0)$；

2. $\int f(ax^n+b)x^{n-1}\mathrm{d}x = \frac{1}{na}\int f(ax^n+b)\mathrm{d}(ax^n+b)(a \neq 0 \text{ 且 } n \neq 0)$；

3. $\int f(\ln x) \cdot \frac{\mathrm{d}x}{x} = \int f(\ln x)\mathrm{d}(\ln x)$；

4. $\int f\left(\frac{1}{x}\right) \cdot \frac{\mathrm{d}x}{x^2} = -\int f\left(\frac{1}{x}\right)\mathrm{d}\left(\frac{1}{x}\right)$；

5. $\int f(\mathrm{e}^x)\mathrm{e}^x\mathrm{d}x = \int f(\mathrm{e}^x)\mathrm{d}(\mathrm{e}^x)$；

6. $\int f(\sin x)\cos x\mathrm{d}x = \int f(\sin x)\mathrm{d}(\sin x)$；

7. $\int f(\cos x)\sin x\mathrm{d}x = -\int f(\cos x)\mathrm{d}(\cos x)$；

8. $\int f(\tan x)\sec^2 x\mathrm{d}x = \int f(\tan x)\mathrm{d}(\tan x)$；

9. $\int f(\cot x)\csc^2 x\mathrm{d}x = -\int f(\cot x)\mathrm{d}(\cot x)$；

10. $\int f(\arcsin x)\frac{\mathrm{d}x}{\sqrt{1-x^2}} = \int f(\arcsin x)\mathrm{d}(\arcsin x)$；

11. $\int f(\arctan x)\frac{\mathrm{d}x}{1+x^2} = \int f(\arctan x)\mathrm{d}(\arctan x)$.

同步训练

【A 组】

1. 填空题：

(1) 已知 $F(x)$ 是 $f(x)$ 的一个原函数，那么 $\int f(ax+b)\mathrm{d}x =$ ________；

(2) $\int e^x \cos e^x dx =$ ________;

(3) 若不定积分 $\int f(x)dx = F(x) + C$，则 $\int e^{-x} f(e^{-x})dx =$ ________.

2. 单项选择题:

(1) $\int f(x)f'(x)dx =$ (　　);

(A) $\ln|f(x)| + C$　　(B) $\frac{1}{2}[f'(x)]^2 + C$

(C) $f(x)f'(x) + C$　　(D) $\frac{1}{2}[f(x)]^2 + C$

(2) 若不定积分 $\int \frac{f'(\ln x)}{x}dx = x + C$，则函数 $f(x) =$ (　　).

(A) x　　(B) e^x

(C) e^{-x}　　(D) $\ln x$

3. 计算下列不定积分:

(1) $\int \frac{1}{3x-2}dx$;　　(2) $\int (3x+8)^{100}dx$;

(3) $\int \frac{\ln^2 x}{x}dx$;　　(4) $\int \sin^3 x \cos x dx$;

(5) $\int \frac{1}{x^2} \cos \frac{1}{x}dx$;　　(6) $\int \sin^2 x dx$;

(7) $\int \frac{dx}{\sqrt{a^2 - x^2}}\ (a > 0)$;　　(8) $\int \sin 3x dx$;

(9) $\int \sqrt{1-2x}dx$;　　(10) $\int \frac{1}{1+x}dx$;

(11) $\int e^{-x}dx$;　　(12) $\int \frac{1}{(1-x)^2}dx$;

(13) $\int x\sqrt{1+2x^2}dx$　　(14) $\int \frac{x}{\sqrt{1-x^2}}dx$;

(15) $\int 3^{2x}dx$;　　(16) $\int \frac{1}{x\ln x}dx$;

(17) $\int e^{\sin x}\cos x dx$;　　(18) $\int e^x\sqrt{e^x+1}dx$;

(19) $\int \frac{e^{2x}}{1+e^{4x}}dx$;　　(20) $\int \frac{e^{\sqrt{x}}}{\sqrt{x}}dx$;

(21) $\int \frac{1}{x^2}\cos \frac{1}{x}dx$;　　(22) $\int \frac{\sin x}{\cos^3 x}dx$;

(23) $\int \frac{1}{\sqrt{x}(1+x)}dx$;　　(24) $\int \frac{1}{1+\cos x}dx$;

(25) $\int \frac{\sin x}{1+\cos x}dx$.

【B组】

1. 计算下列不定积分：

(1) $\int \frac{1}{x^2+3x+4}\mathrm{d}x$；

(2) $\int \frac{\sqrt{1+2\arctan x}}{1+x^2}\mathrm{d}x$；

(3) $\int \frac{1}{x(1+3\ln x)}\mathrm{d}x$；

(4) $\int (x-1)\mathrm{e}^{x^2-2x}\mathrm{d}x$；

(5) $\int \frac{1}{1+x^2}\mathrm{e}^{\arctan x}\mathrm{d}x$；

(6) $\int \frac{1}{\sqrt{1-x^2}\arcsin x}\mathrm{d}x$；

(7) $\int \frac{1}{4-x^2}\mathrm{d}x$；

(8) $\int \cot(5x+1)\mathrm{d}x$；

(9) $\int \frac{x+2}{x^2+3x+4}\mathrm{d}x$；

(10) $\int \frac{\sin x}{3\sin x+4\cos x}\mathrm{d}x$.

第三节　不定积分的第二类换元积分法

【学习要求】

理解第二类换元积分法.

【学习重点】

用第二类换元积分法求不定积分.

【学习难点】

三角换元的选择.

引言

前面我们学习了第一类换元积分法，它是比较常见的一种换元积分法. 现在我们继续介绍另一类换元积分法，即第二类换元积分法，主要针对的是含有根式的不定积分，通过换元，消除根式. 第二类换元积分法与第一类换元积分法一样，也是将被积函数化为容易求得原函数的形式，主要目的是去根式，同样不要忘记变量还原.

一、不定积分的第二类积分换元积分法

设 $x=\varphi(t)$ 是单调的可导函数，并且 $\varphi'(t)\neq 0$，又设 $f[\varphi(t)]\varphi'(t)$ 具有原函数 $F(t)$，则

$$\int f(x)\mathrm{d}x \xlongequal{\text{令 } x=\varphi(t)} \int f[\varphi(t)]\varphi'(t)\mathrm{d}t = F(t)+C \xlongequal{\text{回代 } t=\varphi^{-1}(x)} F[\varphi^{-1}(x)]+C,$$

此式称为第二类换元积分公式，其中 $\varphi^{-1}(x)$ 是 $x=\varphi(t)$ 的反函数. 设置 $x=\varphi(t)$ 时，一定要选择单调函数，这样就能由 $x=\varphi(t)$ 得到它的反函数 $t=\varphi^{-1}(x)$.

第二类换元积分法，也称直接换元积分法.

二、不定积分第二类积分换元积分法的类型处理模式

1. 代数换元

被积函数中含有$\sqrt[n]{ax+b}$的不定积分，令$\sqrt[n]{ax+b}=t$，即作变换$x=\frac{1}{a}(t^n-b)(a\neq 0)$，$dx=\frac{n}{a}t^{n-1}dt$.

2. 三角换元

被积函数中含有二次根式$\sqrt{a^2-x^2}$，$\sqrt{a^2+x^2}$，$\sqrt{x^2-a^2}(a>0)$的不定积分：

(1) 对于$\sqrt{a^2-x^2}$，设$x=a\sin t, t\in\left(-\frac{\pi}{2},\frac{\pi}{2}\right)$；

(2) 对于$\sqrt{a^2+x^2}$，设$x=a\tan t, t\in\left(-\frac{\pi}{2},\frac{\pi}{2}\right)$；

(3) 对于$\sqrt{x^2-a^2}$，设$x=a\sec t, t\in\left(0,\frac{\pi}{2}\right)$.

【例 3-24】 求不定积分$\int\sqrt{2x+1}dx$.

解 令$\sqrt{2x+1}=t$，则$x=\frac{t^2-1}{2}$，$dx=tdt$，

于是$\int\sqrt{2x+1}dx=\int t\cdot tdt=\frac{1}{3}t^3+C=\frac{1}{3}(2x+1)^{\frac{3}{2}}+C$.

【例 3-25】 求不定积分$\int\frac{du}{\sqrt{u}+\sqrt[3]{u}}$.

解 设$u=x^6$，即$du=6x^5dx$，那么

$$\begin{aligned}\int\frac{du}{\sqrt{u}+\sqrt[3]{u}}&=\int\frac{1}{x^3+x^2}\cdot 6x^5dx=6\int\frac{x^3}{x+1}dx=6\int\left(x^2-x+1-\frac{1}{x+1}\right)dx\\&=6\left(\frac{x^3}{3}-\frac{x^2}{2}+x-\ln|x+1|\right)+C\\&=6\left[\frac{\sqrt{u}}{3}-\frac{\sqrt[3]{u}}{2}+\sqrt[6]{u}-\ln(\sqrt[6]{u}+1)\right]+C.\end{aligned}$$

类型归纳 ▶▶▶

类型：求被积函数是含有单个变量的不同根式代数和的不定积分.

方法：找到根式次数的最小公倍数n，令$u=x^n$，简化积分.

【例 3-26】 求不定积分$\int\sqrt{a^2-x^2}dx\ (a>0)$.

解 设$x=a\sin t$，$-\frac{\pi}{2}<t<\frac{\pi}{2}$，那么

$$\sqrt{a^2-x^2}=\sqrt{a^2-a^2\sin^2 t}=a\cos t, dx=a\cos t dt,$$

于是根式化成了三角式，所求积分化为

$$\int\sqrt{a^2-x^2}\mathrm{d}x=\int a\cos t\cdot a\cos t\mathrm{d}t=a^2\int\cos^2 t\mathrm{d}t.$$

因为$\int\cos^2 x\mathrm{d}x=\int\frac{1+\cos2x}{2}\mathrm{d}x=\frac{1}{2}\left(\int\mathrm{d}x+\int\cos2x\mathrm{d}x\right)$

$$=\frac{1}{2}\int\mathrm{d}x+\frac{1}{4}\int\cos2x\mathrm{d}(2x)=\frac{x}{2}+\frac{\sin2x}{4}+C,$$

所以$\int\sqrt{a^2-x^2}\mathrm{d}x=a^2\left(\frac{t}{2}+\frac{\sin2t}{4}\right)+C=\frac{a^2}{2}t+\frac{a^2}{2}\sin t\cos t+C.$

又因为 $x=a\sin t,-\frac{\pi}{2}<t<\frac{\pi}{2}$，

所以 $t=\arcsin\frac{x}{a},\cos t=\sqrt{1-\sin^2 t}=\sqrt{1-\left(\frac{x}{a}\right)^2}=\frac{\sqrt{a^2-x^2}}{a}.$

于是

$$\int\sqrt{a^2-x^2}\mathrm{d}x=\frac{a^2}{2}\arcsin\frac{x}{a}+\frac{1}{2}x\sqrt{a^2-x^2}+C.$$

【例 3-27】 求不定积分$\int x^2\sqrt{1-x^2}\mathrm{d}x$.

解 设 $x=\sin t\left(0\leqslant t\leqslant\frac{\pi}{2}\right),\mathrm{d}x=\cos t\mathrm{d}t$，

$$\int x^2\sqrt{1-x^2}\mathrm{d}x=\int\sin^2 t\cos^2 t\mathrm{d}t=\frac{1}{4}\int\sin^2 2t\mathrm{d}t$$

$$=\frac{1}{4}\int\frac{1-\cos4t}{2}\mathrm{d}t=\frac{1}{8}\left(t-\frac{1}{4}\sin4t\right)+C$$

$$=\frac{1}{8}[\arcsin x-x(1-2x^2)\sqrt{1-x^2}]+C.$$

类型归纳 ▶▶▶

类型：求被积函数含有 $\sqrt{a^2-x^2}$ 的不定积分.

方法：令 $x=a\sin t$，先化简后求解.

【例 3-28】 求不定积分$\int\frac{\mathrm{d}x}{\sqrt{x^2-a^2}}\ (a>0)$.

解 运用公式 $\sec^2 t-1=\tan^2 t$ 化去被积函数中的根式. 注意到被积函数的定义域是 $(-\infty,-a)$和$(a,+\infty)$两个区间，我们在这两个区间内分别求不定积分.

当 $x>a$ 时，设 $x=a\sec t\left(0<t<\frac{\pi}{2}\right)$，那么

$$\sqrt{x^2-a^2}=\sqrt{a^2\sec^2 t-a^2}=a\sqrt{\sec^2 t-1}=a\tan t,\mathrm{d}x=a\sec t\tan t\mathrm{d}t,$$

于是

$$\int\frac{\mathrm{d}x}{\sqrt{x^2-a^2}}=\int\frac{a\sec t\tan t}{a\tan t}\mathrm{d}t=\int\sec t\mathrm{d}t=\ln(\sec t+\tan t)+C.$$

为了把 $\sec t$ 及 $\tan t$ 换成 x 的函数，我们根据 $\sec t=\frac{x}{a}$ 作辅助三角形(见图 3-2).

由图可得 $\tan t=\dfrac{\sqrt{x^2-a^2}}{a}$,因此

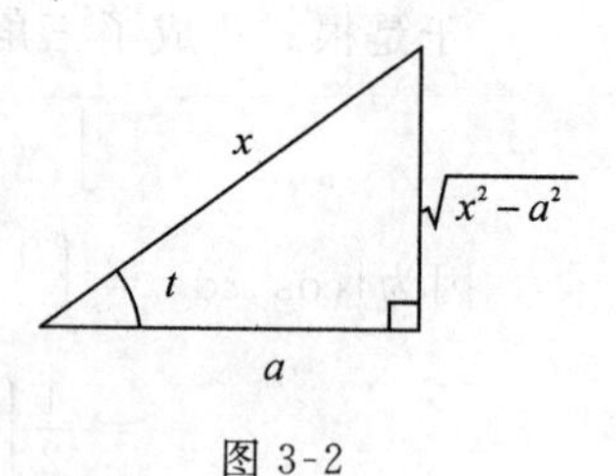

图 3-2

$$\int\frac{\mathrm{d}x}{\sqrt{x^2-a^2}}=\ln\left(\frac{x}{a}+\frac{\sqrt{x^2-a^2}}{a}\right)+C$$

$$=\ln(x+\sqrt{x^2-a^2})+C_1,$$

其中 $C_1=C-\ln a$.

当 $x<-a$ 时,令 $x=-u$,那么 $u>a$. 由上段结果,有

$$\int\frac{\mathrm{d}x}{\sqrt{x^2-a^2}}=-\int\frac{\mathrm{d}u}{\sqrt{u^2-a^2}}=-\ln(u+\sqrt{u^2-a^2})+C=-\ln(-x+\sqrt{x^2-a^2})+C$$

$$=\ln\frac{-x-\sqrt{x^2-a^2}}{a^2}+C=\ln(-x-\sqrt{x^2-a^2})+C_1,$$

其中 $C_1=C-2\ln a$.

综上所述,

$$\int\frac{\mathrm{d}x}{\sqrt{x^2-a^2}}=\ln\left|x+\sqrt{x^2-a^2}\right|+C.$$

类型归纳 ▶▶▶

类型:求被积函数含有 $\sqrt{x^2-a^2}$ 的不定积分.

方法:令 $x=a\sec t$,先化简后求解.

【例 3-29】 求不定积分$\displaystyle\int\frac{\mathrm{d}x}{\sqrt{x^2+a^2}}\mathrm{d}x\ (a>0)$.

解 运用三角公式 $1+\tan^2 t=\sec^2 t$ 化去被积函数中的根式.

设 $x=a\tan t\left(-\dfrac{\pi}{2}<t<\dfrac{\pi}{2}\right)$,那么

$$\sqrt{x^2+a^2}=\sqrt{a^2+a^2\tan^2 t}=a\sqrt{1+\tan^2 t}=a\sec t,\mathrm{d}x=a\sec^2 t\mathrm{d}t,$$

于是

$$\int\frac{\mathrm{d}x}{\sqrt{x^2+a^2}}\mathrm{d}x=\int\frac{a\sec^2 t}{a\sec t}\mathrm{d}t=\int\sec t\mathrm{d}t=\ln|\sec t+\tan t|+C_1.$$

为了把 $\sec t$ 及 $\tan t$ 换成 x 的函数,可以根据 $\tan t=\dfrac{x}{a}$ 作辅助三角形(见图 3-3).

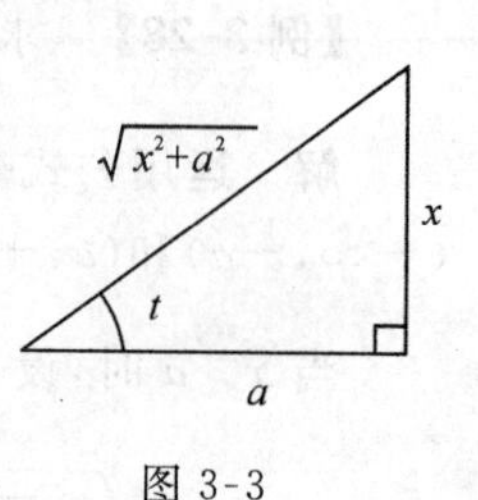

图 3-3

由图可知 $\sec t=\dfrac{\sqrt{x^2+a^2}}{a}$,且 $\sec t+\tan t>0$,因此

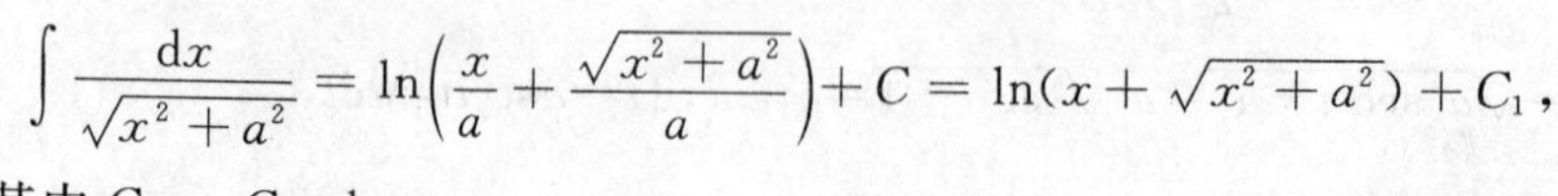

$$\int\frac{\mathrm{d}x}{\sqrt{x^2+a^2}}=\ln\left(\frac{x}{a}+\frac{\sqrt{x^2+a^2}}{a}\right)+C=\ln(x+\sqrt{x^2+a^2})+C_1,$$

其中 $C_1=C-\ln a$.

【例 3-30】 求不定积分$\displaystyle\int\frac{\mathrm{d}x}{(x^2+a^2)^2}\ (a>0)$.

解 令 $x=a\tan t$, $|t|<\dfrac{\pi}{2}$,于是,有

$$\int\frac{\mathrm{d}x}{(x^2+a^2)^2}=\int\frac{a\sec^2 t}{a^4\sec^4 t}\mathrm{d}t=\frac{1}{a^3}\int\cos^2 t\mathrm{d}t=\frac{1}{2a^3}\int(1+\cos 2t)\mathrm{d}t$$

$$=\frac{1}{2a^3}(t+\sin t\cos t)+C=\frac{1}{2a^3}\left(\arctan\frac{x}{a}+\frac{ax}{x^2+a^2}\right)+C.$$

类型归纳

类型:求被积函数含有 x^2+a^2 的不定积分.

方法:令 $x=a\tan t$,先化简后求解.

【例 3-31】 求不定积分$\int\frac{\mathrm{d}x}{x^2\sqrt{x^2-1}}\ (x>0)$.

解 方法一 运用第一类换元积分法,令 $x=\frac{1}{u}$,则

$$\int\frac{\mathrm{d}x}{x^2\sqrt{x^2-1}}=\int\frac{1}{x}\cdot\frac{-1}{\sqrt{1-\frac{1}{x^2}}}\mathrm{d}\left(\frac{1}{x}\right)=\int\frac{-u}{\sqrt{1-u^2}}\mathrm{d}u=\sqrt{1-u^2}+C$$

$$=\frac{\sqrt{x^2-1}}{x}+C.$$

方法二 运用第二类换元积分法,令 $x=\sec t$,则

$$\int\frac{\mathrm{d}x}{x^2\sqrt{x^2-1}}=\int\frac{\sec t\cdot\tan t}{\sec^2 t\cdot\tan t}\mathrm{d}t=\int\cos t\mathrm{d}t=\sin t+C=\frac{\sqrt{x^2-1}}{x}+C.$$

类型归纳

类型:求被积函数形式较为复杂的不定积分.

方法:一题多解,尝试运用第一类换元积分法和第二类换元积分法.

结束语

第二类换元积分法,使用目的是去根式,重点是一个"令"字.在进行代数换元时,通过变量替换,原来的不定积分转化为关于新的变量的不定积分,在求得关于新的变量的不定积分后,必须回代原变量.在进行三角换元时,可由三角函数边与角的关系,作辅助三角形,以便于回代.

同步训练

【A 组】

1.计算下列不定积分:

(1)$\int\frac{\sin\sqrt{x}}{\sqrt{x}}\mathrm{d}x$;　　(2)$\int\frac{\sqrt{x-4}}{x}\mathrm{d}x$;

(3)$\int\frac{\sqrt{1-x^2}}{x^2}\mathrm{d}x$;　　(4)$\int\frac{1}{\sqrt{(1+x^2)^3}}\mathrm{d}x$;

(5) $\int x\sqrt{x-3}\,\mathrm{d}x$；　　(6) $\int \frac{\sqrt{x}}{1+x}\mathrm{d}x$；

(7) $\int \frac{1}{\sqrt{x^2-1}}\mathrm{d}x$；　　(8) $\int \frac{\sqrt{x^2-1}}{x}\mathrm{d}x$；

(9) $\int \frac{\sqrt{1-x^2}}{x}\mathrm{d}x$；　　(10) $\int \frac{x^2}{(x^2+1)^{\frac{5}{2}}}\mathrm{d}x$.

【B 组】

1. 计算下列不定积分：

(1) $\int \frac{1}{\sqrt{x}(1+\sqrt[3]{x})}\mathrm{d}x$；　　(2) $\int \frac{1}{\sqrt{1+x^2}}\mathrm{d}x$；

(3) $\int \frac{1}{\sqrt{x^2-a^2}}\mathrm{d}x$；　　(4) $\int \frac{1}{\sqrt{x}+\sqrt{x+1}}\mathrm{d}x$；

(5) $\int x(5x-1)^{15}\mathrm{d}x$；　　(6) $\int \frac{x}{(3-x)^7}\mathrm{d}x$；

(7) $\int \frac{1}{\sqrt{1+2x^2}}\mathrm{d}x$；　　(8) $\int \sqrt{1-2x-x^2}\,\mathrm{d}x$.

第四节　不定积分的分部积分法

【学习要求】

熟练掌握不定积分的分部积分法.

【学习重点】

不定积分的分部积分法.

【学习难点】

分部积分公式中 u 和 $\mathrm{d}v$ 的选择.

引言

在第二、三两节里，我们将复合函数的微分法用于求不定积分，得到第一、第二类换元积分法，大大方便了积分的计算. 下面我们运用两个函数乘积的微分法则，再推出另一种求不定积分的基本方法，即分部积分法.

若函数 $u(x)$ 与 $v(x)$ 可导，不定积分 $\int u'(x)v(x)\mathrm{d}x$ 存在，则不定积分 $\int u(x)v'(x)\mathrm{d}x$ 也存在，且 $\int u(x)v'(x)\mathrm{d}x = u(x)v(x) - \int u'(x)v(x)\mathrm{d}x$，即

$$\int u(x)\mathrm{d}v(x) = u(x)v(x) - \int v(x)\mathrm{d}u(x),$$

此式称为不定积分的分部积分公式.

分部积分法的核心是将不易求出的积分$\int u\mathrm{d}v$转化为较易求出的积分$\int v\mathrm{d}u$,关键是正确地选取$u=u(x)$和$v=v(x)$,把积分$\int f(x)\mathrm{d}x$改写成$\int u\mathrm{d}v$的形式,通过积分$\int v\mathrm{d}u$的计算求出原来的积分.

在使用分部积分时,v的选择一般具有如下技巧:

(1) 若被积函数含有e^{kx}因子,则使用微分公式$\mathrm{e}^{kx}\mathrm{d}x=\frac{1}{k}\mathrm{d}\mathrm{e}^{kx}(k\neq 0)$.

(2) 若被积函数含有$\sin(ax+b)$,则使用微分公式$\sin(ax+b)\mathrm{d}x=-\frac{1}{a}\mathrm{d}\cos(ax+b)(a\neq 0)$;若含有$\cos(ax+b)$,则使用微分公式$\cos(ax+b)\mathrm{d}x=\frac{1}{a}\mathrm{d}\sin(ax+b)(a\neq 0)$.

(3) 若被积函数含有x^n因子,则当$n=-1$时,使用微分公式$x^{-1}\mathrm{d}x=\mathrm{d}\ln x$;当$n\neq -1$时,使用微分公式$x^n\mathrm{d}x=\frac{1}{n+1}\mathrm{d}x^{n+1}$.

【例 3-32】 求不定积分$\int \arctan x\mathrm{d}x$.

解 $$\int \arctan x\mathrm{d}x=x\arctan x-\int x\mathrm{d}(\arctan x)=x\arctan x-\int x\cdot\frac{1}{1+x^2}\mathrm{d}x$$
$$=x\arctan x-\frac{1}{2}\int\frac{1}{1+x^2}\mathrm{d}(1+x^2)=x\arctan x-\frac{1}{2}\ln(1+x^2)+C.$$

【例 3-33】 求不定积分$\int \ln x\mathrm{d}x$.

解 $$\int \ln x\mathrm{d}x=x\ln x-\int x\mathrm{d}(\ln x)=x\ln x-\int x\cdot\frac{1}{x}\mathrm{d}x=x\ln x-x+C.$$

类型归纳 ▶▶▶

类型: 求被积函数是单一简单函数的不定积分.

方法: 如果不能用不定积分基本公式直接求出,可以考虑将被积表达式中 d 前面的函数当u,d 后面的积分变量当v,运用分部积分求解.

【例 3-34】 求不定积分$\int x\cos x\mathrm{d}x$.

解 令$u=x,\mathrm{d}v=\cos x\mathrm{d}x$,则$v=\sin x$,于是
$$\int x\cos x\mathrm{d}x=\int x\mathrm{d}(\sin x)=x\sin x-\int\sin x\mathrm{d}x=x\sin x-(-\cos x)+C$$
$$=x\sin x+\cos x+C.$$

【例 3-35】 求不定积分$\int x^2\sin x\mathrm{d}x$.

解 $$\int x^2\sin x\mathrm{d}x=-\int x^2\,\mathrm{d}\cos x=-\left(x^2\cos x-\int\cos x\mathrm{d}x^2\right)$$
$$=-x^2\cos x+2\int x\cos x\mathrm{d}x=-x^2\cos x+2\int x\mathrm{d}\sin x$$

$$= -x^2\cos x + 2\left(x\sin x - \int \sin x\,\mathrm{d}x\right)$$
$$= -x^2\cos x + 2x\sin x + 2\cos x + C.$$

类型归纳

类型:求被积函数是幂函数与三角函数之积的不定积分.
方法:先将三角函数凑微分,再运用分部积分求解.

【例 3-36】 求不定积分$\int x\arctan x\,\mathrm{d}x$.

解 $$\int x\arctan x\,\mathrm{d}x = \int \arctan x\,\mathrm{d}\left(\frac{1}{2}x^2\right) = \frac{1}{2}x^2\arctan x - \frac{1}{2}\int x^2\,\mathrm{d}(\arctan x)$$
$$= \frac{1}{2}x^2\arctan x - \frac{1}{2}\int x^2 \cdot \frac{1}{1+x^2}\mathrm{d}x$$
$$= \frac{1}{2}x^2\arctan x - \frac{1}{2}\int \left(1 - \frac{1}{1+x^2}\right)\mathrm{d}x$$
$$= \frac{1}{2}x^2\arctan x - \frac{1}{2}(x - \arctan x) + C.$$

类型归纳

类型:求被积函数是幂函数与反三角函数之积的不定积分.
方法:先幂函数凑微分,再运用分部积分求解.

【例 3-37】 求不定积分$\int x\mathrm{e}^x\,\mathrm{d}x$.

解 $$\int x\mathrm{e}^x\,\mathrm{d}x = \int x\,\mathrm{d}\mathrm{e}^x = x\mathrm{e}^x - \int \mathrm{e}^x\,\mathrm{d}x = x\mathrm{e}^x - \mathrm{e}^x + C.$$

类型归纳

类型:求被积函数是幂函数与指数函数元积的不定积分.
方法:先用微分公式 $\mathrm{e}^x\mathrm{d}x = \mathrm{d}\mathrm{e}^x$ 进行凑微分,再使用分部积分法求解.

【例 3-38】 求不定积分$\int x^2\ln x\,\mathrm{d}x$.

解 $$\int x^2\ln x\,\mathrm{d}x = \frac{1}{3}\int \ln x\,\mathrm{d}x^3 = \frac{1}{3}x^3\ln x - \frac{1}{3}\int x^3\,\mathrm{d}(\ln x)$$
$$= \frac{1}{3}x^3\ln x - \frac{1}{3}\int x^2\,\mathrm{d}x = \frac{1}{3}x^3\ln x - \frac{1}{9}x^3 + C.$$

类型归纳

类型:求被积函数是幂函数与对数函数之积的不定积分.
方法:对数函数不要动,将幂函数凑微分,再运用分部积分求解.

【例 3-39】 求不定积分$\int \mathrm{e}^x\sin x\,\mathrm{d}x$.

解 $$\int \mathrm{e}^x\sin x\,\mathrm{d}x = \int \sin x\,\mathrm{d}\mathrm{e}^x = \mathrm{e}^x\sin x - \int \mathrm{e}^x\,\mathrm{d}\sin x$$

$$= e^x\sin x-\int e^x\cos x dx = e^x\sin x-\int \cos x de^x$$

$$= e^x\sin x-(e^x\cos x-\int e^x d\cos x)$$

$$= e^x(\sin x-\cos x)-\int e^x\sin x dx,$$

由于上式第三项就是所求的积分$\int e^x\sin x dx$,把它移到等式左边,得

$$2\int e^x\sin x dx = e^x(\sin x-\cos x)+2C,$$

故

$$\int e^x\sin x dx = \frac{1}{2}e^x(\sin x-\cos x)+C.$$

类型归纳 ▶▶▶

类型:求被积函数是指数函数与三角函数之积的不定积分.

方法:先指数函数凑微分,通过若干次分部积分,获得所求不定积分满足的一个方程,然后把不定积分分解出来.

【例 3-40】 求不定积分$\int e^{\sqrt{x}}dx$.

解 先去根号,设$\sqrt{x}=t$,则$x=t^2$,$dx=2tdt$,于是

$$\int e^{\sqrt{x}}dx=\int e^t\cdot 2tdt=2\int tde^t=2te^t-2\int e^t dt$$

$$=2te^t-2e^t+C=2e^{\sqrt{x}}(\sqrt{x}-1)+C.$$

类型归纳 ▶▶▶

类型:求被积函数含有根式的不定积分.

方法:运用换元积分法,先化简,后求解.

【例 3-41】 求不定积分$\int xe^{ax}dx$.

解 $\int xe^{ax}dx=\frac{1}{a}\int xde^{ax}=\frac{1}{a}\left(xe^{ax}-\int e^{ax}dx\right)=\frac{1}{a}xe^{ax}-\frac{1}{a^2}e^{ax}+C.$

类型归纳 ▶▶▶

类型:求被积函数是幂函数与复合指数函数之积的不定积分.

方法:先指数函数凑微分,含有e^{ax}因子,则使用公式$e^{ax}dx=\frac{1}{a}de^{ax}(a\neq 0)$,然后用分部积分法求解.

【例 3-42】 求不定积分$I_1=\int e^{ax}\cos bx dx$和$I_2=\int e^{ax}\sin bx dx$.

解 $I_1=\frac{1}{a}\int\cos bx d(e^{ax})=\frac{1}{a}\left(e^{ax}\cos bx+b\int e^{ax}\sin bx dx\right)=\frac{1}{a}(e^{ax}\cos bx+bI_2),$

$I_2=\frac{1}{a}\int\sin bx\,\mathrm{d}(\mathrm{e}^{ax})=\frac{1}{a}(\mathrm{e}^{ax}\sin bx-bI_1)$，由此得到

$$\begin{cases}aI_1-bI_2=\mathrm{e}^{ax}\cos bx,\\ bI_1+aI_2=\mathrm{e}^{ax}\sin bx.\end{cases}$$

解此方程组，求得

$$I_1=\frac{b\sin bx+a\cos bx}{a^2+b^2}\mathrm{e}^{ax}+C,$$

$$I_2=\frac{a\sin bx-b\cos bx}{a^2+b^2}\mathrm{e}^{ax}+C.$$

类型归纳 ▶▶▶

类型：求两个被积函数是复合指数函数与复合三角函数之积的不定积分.
方法：可以一一求解，也可以找出两者的关系，列出方程组，再求解.

结束语 ▶▶▶

分部积分公式$\int u\mathrm{d}v=uv-\int v\mathrm{d}u$要记住，选择函数 u、v 的原则：①$v(x)$ 要容易求，这是使用分部积分公式的前提；②$\int v\mathrm{d}u$ 要比$\int u\mathrm{d}v$ 容易求出，这是使用分部积分公式的目的. 下面给出常见的几类被积函数中 u 和 $\mathrm{d}v$ 的选择：

(1)$\int x^n\mathrm{e}^{kx}\mathrm{d}x$，设 $u=x^n$，$\mathrm{d}v=\mathrm{e}^{kx}\mathrm{d}x(k\neq0)$；

(2)$\int x^n\sin(ax+b)\mathrm{d}x$，设 $u=x^n$，$\mathrm{d}v=\sin(ax+b)\mathrm{d}x(a\neq0)$；

(3)$\int x^n\cos(ax+b)\mathrm{d}x$，设 $u=x^n$，$\mathrm{d}v=\cos(ax+b)\mathrm{d}x(a\neq0)$；

(4)$\int x^n\ln x\mathrm{d}x$，设 $u=\ln x$，$\mathrm{d}v=x^n\mathrm{d}x$；

(5)$\int x^n\arcsin(ax+b)\mathrm{d}x$，设 $u=\arcsin(ax+b)$，$\mathrm{d}v=x^n\mathrm{d}x$；

(6)$\int x^n\arctan(ax+b)\mathrm{d}x$，设 $u=\arctan(ax+b)$，$\mathrm{d}v=x^n\mathrm{d}x$；

(7)$\int\mathrm{e}^{kx}\sin(ax+b)\mathrm{d}x$ 和$\int\mathrm{e}^{kx}\cos(ax+b)\mathrm{d}x$，$u$，$\mathrm{d}v$ 随意选择.

综合换元积分法和分部积分法，它们共同的特点都是将被积函数 $g(x)$ 进行分解，使得$\int g(x)\mathrm{d}x=\int h(x)\varphi'(x)\mathrm{d}x=\int h(x)\mathrm{d}\varphi(x)$. 如果 $h(x)$ 可化为 $\varphi(x)$ 的函数，即 $h(x)=f[\varphi(x)]$，则$\int g(x)\mathrm{d}x=\int f[\varphi(x)]\mathrm{d}\varphi(x)$，可以试着选择换元积分法；如果 $h(x)$ 不能化为 $\varphi(x)$ 的函数，对于$\int g(x)\mathrm{d}x=\int h(x)\mathrm{d}\varphi(x)$，把 $h(x)$ 看成 $u(x)$，把 $\varphi(x)$ 看成 $v(x)$，则可以试着选择分部积分法，具体积分流程如图 3-4 所示.

把被积函数 $g(x)$ 进行分解后，到底应该把哪个因子与 $\mathrm{d}x$ 凑在一起进行凑微分，关键是看这样的凑微分是否能够将给出的积分实施化简，所遵循的原则就是“成本决定一切”. 道理

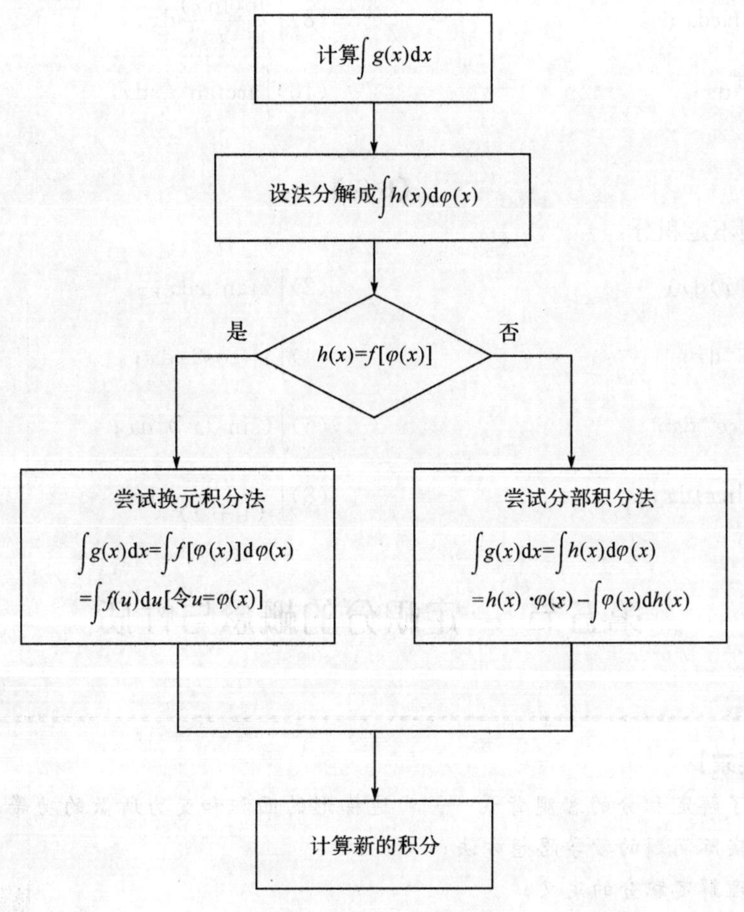

图 3-4　积分流程框图

很简单,"因为这样做成功了,所以就这样做;因为这样做失败了,所以不这样做".重要的是能学会及时总结经验,善于发现规律.当然,不是任意的初等函数的不定积分都可以找到对应的初等函数的,例如$\int e^{x^2}\mathrm{d}x$,$\int\frac{\sin x}{x}\mathrm{d}x$等,需要用幂级数展开等方法来加以研究.我们所要求的,是能解决一些简单常见的积分问题.对于一些常规的不定积分,我们也可以借助附录中的《常用积分公式表》直接求出.

同步训练

【A 组】

计算下列不定积分:

(1)$\int x^3\ln x\mathrm{d}x$;　　(2)$\int\arcsin x\mathrm{d}x$;

(3)$\int\frac{x}{\sin^2 x}\mathrm{d}x$;　　(4)$\int\ln(x+\sqrt{1+x^2})\mathrm{d}x$;

(5)$\int x e^{2x}\mathrm{d}x$;　　(6)$\int x\sin 2x\mathrm{d}x$;

(7) $\int e^{2x}\sin x\mathrm{d}x$；　　(8) $\int \frac{\ln(\ln x)}{x}\mathrm{d}x$；

(9) $\int e^{\sqrt{x+1}}\mathrm{d}x$；　　(10) $\int \arctan\sqrt{x}\mathrm{d}x$.

【B组】

计算下列不定积分：

(1) $\int xf''(x)\mathrm{d}x$；　　(2) $\int x\tan^2 x\mathrm{d}x$；

(3) $\int x^2 e^{-x}\mathrm{d}x$；　　(4) $\int x^2\cos 2x\mathrm{d}x$；

(5) $\int \sin 2x e^{3x}\mathrm{d}x$；　　(6) $\int (\sin\sqrt{x})^2\mathrm{d}x$；

(7) $\int \sin(\ln x)\mathrm{d}x$；　　(8) $\int \frac{xe^x}{(1+x)^2}\mathrm{d}x$.

第五节　定积分的概念与性质

【学习要求】

1. 了解定积分的客观背景——曲边梯形的面积和变力所做的功等，知道解决这些实际问题的数学思想方法；
2. 理解定积分的定义；
3. 理解定积分的几何意义；
4. 理解并掌握定积分的性质.

【学习重点】

1. 定积分的思想——分割、求近似、求和、取极限；
2. 定积分的几何意义；
3. 定积分的表达形式.

【学习难点】

1. 定积分的定义；
2. 用定义求定积分.

引言

前面我们学习了不定积分，是为了给定积分学习奠定运算基础的. 事实上，高等数学的发展历史是：为了解决生产实际问题，先产生定积分，再由牛顿-莱布尼兹公式，发现定积分的解决，只要求出原函数即可搞定，于是产生了不定积分. 人类发现牛顿-莱布尼兹公式以前讨论原函数，只不过是导数的逆运算的纯理论研究罢了. 所谓“积分”，顾名思义，就是累积无限细分的元素. 不定积分是导数的逆运算，其实质还是微分类问题，而定积分是无限求和，是真正意义上的积分.

一、定积分的概念

定义3-4 设函数 $y=f(x)$ 在闭区间$[a,b]$上有界,在$[a,b]$内插入 $n-1$ 个分点(见图3-5),

$$a=x_0<x_1<x_2<\cdots<x_{n-1}<x_n=b,$$

通过这 $n-1$ 个分点,将$[a,b]$分为 n 个小区间$[x_0,x_1]$,$[x_1,x_2]$,$\cdots$,$[x_{n-1},x_n]$,每个小区间的长度 $\Delta x_i=x_i-x_{i-1}(i=1,2,\cdots,n)$,设$\Delta x=\max\{\Delta x_1,\Delta x_2,\cdots,\Delta x_n\}$. 任取 $\xi_i\in[x_{i-1},x_i]$ $(i=1,2,\cdots,n)$,作积 $f(\xi_i)\Delta x_i$[相当于用 $f(\xi_i)\Delta x_i$ 的值近似替代小曲边的面积],求和 $\sum\limits_{i=1}^{n}f(\xi_i)\Delta x_i$. 若无论$[a,b]$分法如何,$\xi_i$ 取法如何,和式的极限

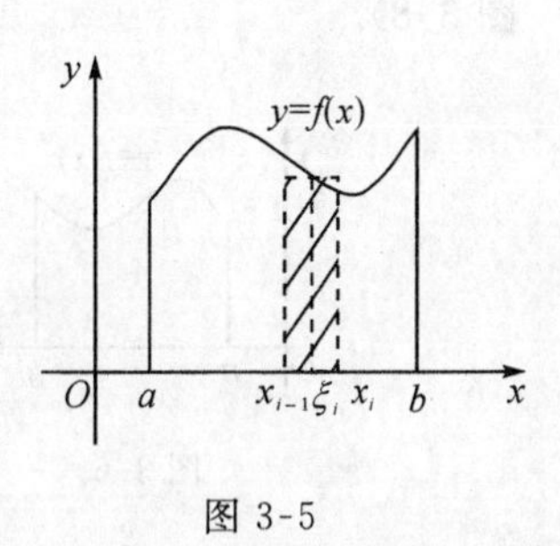

图3-5

$$\lim_{\Delta x\to 0}\sum_{i=1}^{n}f(\xi_i)\Delta x_i$$

都等于某个确定的常数,则称此极限为 $y=f(x)$ 在$[a,b]$上的定积分,记作$\int_a^b f(x)\mathrm{d}x$,即

$$\int_a^b f(x)\mathrm{d}x=\lim_{\Delta x\to 0}\sum_{i=1}^{n}f(\xi_i)\Delta x_i.$$

其中 $f(x)$ 叫作被积函数,$f(x)\mathrm{d}x$ 叫作被积表达式,x 叫作积分变量,a 叫作积分上限,b 叫作积分下限,$[a,b]$叫作积分区间.

说明:

(1) 在积分区间$[a,b]$上,函数 $f(x)$ 一定要有定义.

(2) 定积分的定义,分4个步骤:分割、求近似、求和、取极限.

(3) $\lim\limits_{\lambda\to 0}\sum\limits_{i=0}^{n}f(\xi_i)\Delta x_i$ 存在时,其极限与$[a,b]$的分法以及点 ξ_i 的取法都无关.

(4) $\int_a^b f(x)\mathrm{d}x=\int_a^b f(t)\mathrm{d}t=\int_a^b f(u)\mathrm{d}u$,即定积分只与积分区间$[a,b]$及被积函数有关,而与积分变量的符号无关.

(5) 当被积函数 $f(x)=1$ 时,定积分$\int_a^b 1\mathrm{d}x$ 简单记为$\int_a^b \mathrm{d}x$.

(6) 不定积分和定积分,统称积分.

二、定积分的几何意义

(1) 当函数 $f(x)\geqslant 0$ 时,定积分$\int_a^b f(x)\mathrm{d}x$ 表示由曲线 $y=f(x)$,x 轴及直线 $x=a$ 和 $x=b$ 所围成的曲边梯形的面积,即$\int_a^b f(x)\mathrm{d}x=S$(见图3-6);

(2) 当函数 $f(x)\leqslant 0$ 时,定积分$\int_a^b f(x)\mathrm{d}x$ 表示上述曲边梯形的面积的相反数,即

$\int_a^b f(x)\mathrm{d}x = -S$(见图 3-7)；

(3) 当函数 $f(x)$ 有正有负时，表示各部分面积的代数和，即 $\int_a^b f(x)\mathrm{d}x = S_1 - S_2 + S_3$（见图 3-8）.

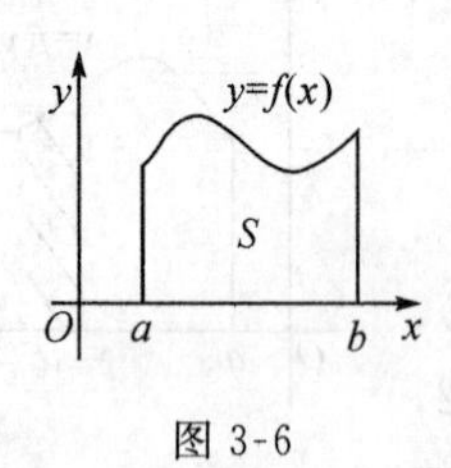

图 3-6

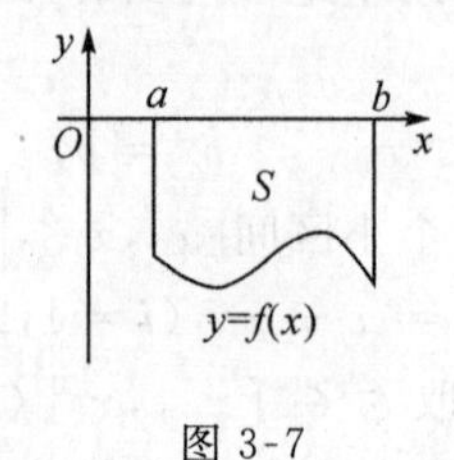

图 3-7

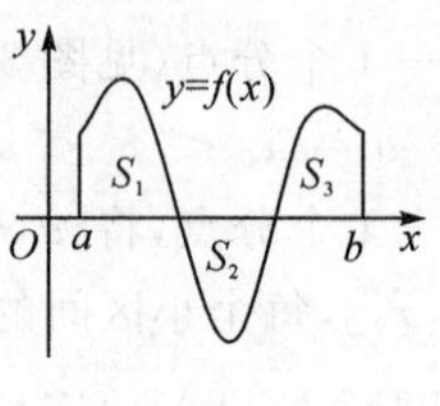

图 3-8

【例 3-43】 求定积分 $\int_{-4}^{4}\sqrt{16-x^2}\,\mathrm{d}x$.

解 被积函数是 $y=\sqrt{16-x^2}$，积分区间是 $[-4,4]$，由定积分的几何意义可知，此积分计算的是圆 $x^2+y^2=4^2$ 的上半部（见图 3-9），故结果为 8π.

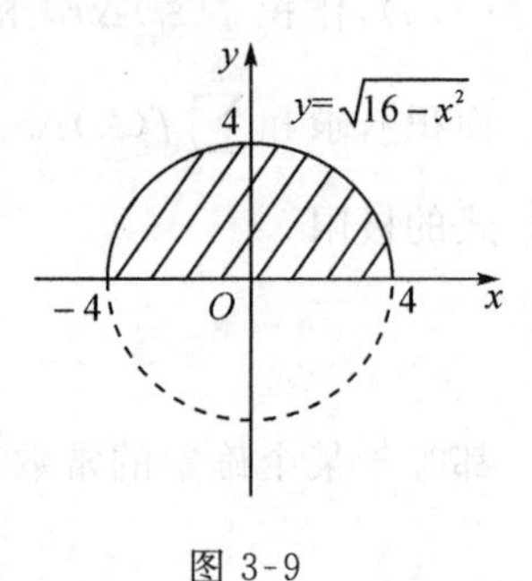

图 3-9

类型归纳 ▶▶▶

类型：被积函数是直线或圆.

方法：运用定积分的几何意义求解.

【例 3-44】 用定义计算定积分 $\int_0^1 x^2\,\mathrm{d}x$（阿基米德问题）.

解 因为被积函数 $f(x)=x^2$ 在积分区间 $[0,1]$ 上连续，而连续函数是可积的，所以定积分与区间 $[0,1]$ 的分法及点 ξ_i 的取法无关. 因此，为了便于计算，不妨把区间 $[0,1]$ 分成 n 等份（见图 3-10），插入 $n-1$ 个分点 $x_i=\dfrac{i}{n}(i=1,2,\cdots,n-1)$. 这样，每个小区间 $[x_{i-1},x_i]$ 的长度 $\Delta x_i=\dfrac{1}{n}(i=1,2,\cdots,n)$. 在 $[x_{i-1},x_i]$ 上取右端点 $\xi_i=x_i=\dfrac{i}{n}(i=1,2,\cdots,n)$，运用中学学过的求和公式 $1^2+2^2+3^2+\cdots+n^2=\dfrac{n(n+1)(2n+1)}{6}$，得到

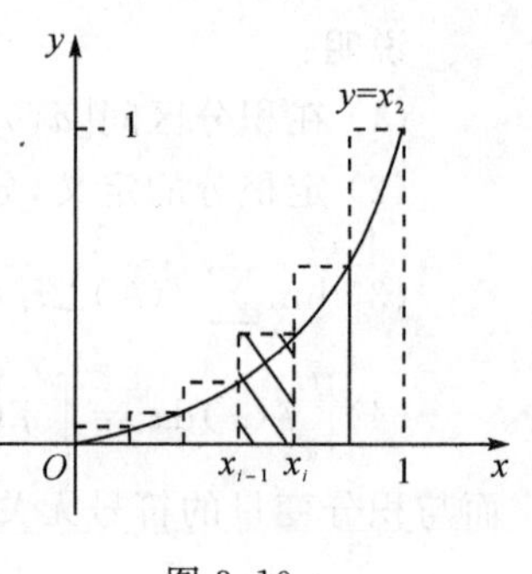

图 3-10

$$\sum_{i=1}^{n} f(\xi_i)\Delta x_i = \sum_{i=1}^{n}\xi_i^2\Delta x_i = \sum_{i=1}^{n}\left(\frac{i}{n}\right)^2\frac{1}{n} = \frac{1}{n^3}\sum_{i=1}^{n} i^2$$

$$= \frac{1}{n^3}\frac{n(n+1)(2n+1)}{6} = \frac{1}{6}\left(1+\frac{1}{n}\right)\left(2+\frac{1}{n}\right),$$

当 $|\Delta x| = \max\{\Delta x_1,\Delta x_2,\cdots,\Delta x_n\}\to 0$，即 $n\to\infty$ 时，由定积分的定义即得所要计算的定积分值为

$$\int_0^1 x^2\,\mathrm{d}x = \lim_{n\to+\infty}\sum_{i=1}^{n} f(\xi_i)\Delta x_i = \lim_{n\to+\infty}\frac{1}{6}\left(1+\frac{1}{n}\right)\left(2+\frac{1}{n}\right) = \frac{1}{3}.$$

类型归纳 ▶▶▶

类型：用定义求定积分的值.

方法：以特殊取代一般，再运用数列求和公式求解.

三、定积分的性质

性质 1（定积分的和差运算的性质）

$$\int_a^b [f(x) \pm g(x)]\mathrm{d}x = \int_a^b f(x)\mathrm{d}x \pm \int_a^b g(x)\mathrm{d}x.$$

性质 2（定积分的数乘运算的性质）

$$\int_a^b kf(x)\mathrm{d}x = k\int_a^b f(x)\mathrm{d}x\text{（}k\text{ 为常数）}.$$

性质 3（定积分对区间的可加性）

$$\int_a^b f(x)\mathrm{d}x = \int_a^c f(x)\mathrm{d}x + \int_c^b f(x)\mathrm{d}x.$$

性质 4（定积分变化上下限的关系）

$$\int_a^b f(x)\mathrm{d}x = -\int_b^a f(x)\mathrm{d}x.$$

性质 5（特殊积分公式）

$$\int_a^b 1\mathrm{d}x = b-a, \int_a^a f(x)\mathrm{d}x = 0.$$

性质 6（定积分大小关系的比较）

(1) 若函数 $f(x)$ 在区间 $[a,b]$ 上恒有 $f(x) \geqslant 0$，则 $\int_a^b f(x)\mathrm{d}x \geqslant 0 (a < b)$；

(2) 若当 $x \in [a,b]$ 时，$f(x) \leqslant g(x)$，则 $\int_a^b f(x)\mathrm{d}x \leqslant \int_a^b g(x)\mathrm{d}x$；

(3) $\left|\int_a^b f(x)\mathrm{d}x\right| \leqslant \int_a^b |f(x)|\mathrm{d}x (a < b)$.

性质 7（有界函数的定积分估值）

设 M 与 m 分别是连续函数 $f(x)$ 在区间 $[a,b]$ 上的最大值和最小值（见图 3-11），则

$$m(b-a) \leqslant \int_a^b f(x)\mathrm{d}x \leqslant M(b-a)(a < b).$$

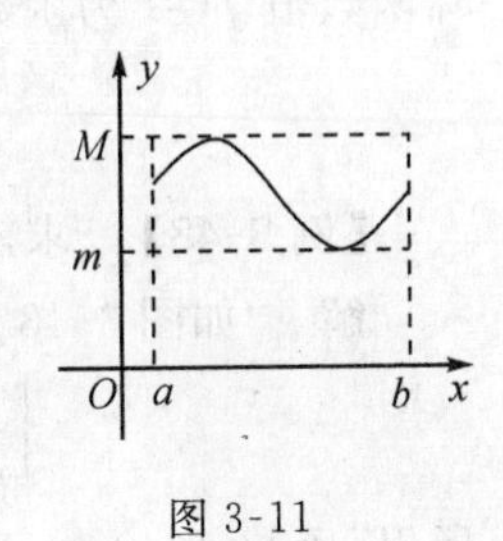

图 3-11

【例 3-45】 比较定积分 $\int_1^{\mathrm{e}} \ln x\mathrm{d}x$ 与 $\int_1^{\mathrm{e}} \ln^2 x\mathrm{d}x$ 的大小.

解 当 $x \in [1,\mathrm{e}]$ 时，$0 < \ln^2 x < \ln x$，故

$$\int_1^{\mathrm{e}} \ln x\mathrm{d}x > \int_1^{\mathrm{e}} \ln^2 x\mathrm{d}x.$$

类型归纳 ▶▶▶

类型：不同函数的定积分值比较.

方法：运用特定区间内函数的大小关系估计.

【例 3-46】 估计定积分的值$\int_0^{\pi}(1+\sqrt{\sin x})\mathrm{d}x$.

解 因在区间$[a,b]$上，$0\leqslant\sqrt{\sin x}\leqslant 1$，故$1\leqslant 1+\sqrt{\sin x}\leqslant 2$，从而有

$$\pi=1(\pi-0)\leqslant\int_0^{\pi}(1+\sqrt{\sin x})\mathrm{d}x\leqslant 2(\pi-0)=2\pi,$$

即

$$\pi\leqslant\int_0^{\pi}(1+\sqrt{\sin x})\mathrm{d}x\leqslant 2\pi.$$

类型归纳 ▶▶▶

类型：三角函数的定积分值估计.

方法：运用三角函数的有界性估计.

【例 3-47】 估计定积分的值$\int_1^4(x^2+1)\mathrm{d}x$.

解 因$f(x)=x^2+1$在区间$[1,4]$上单调递增，故$\max f(x)=f(4)=17$，$\min f(x)=f(1)=2$，故

$$2\times 3\leqslant\int_1^4(x^2+1)\mathrm{d}x\leqslant 17\times 3,$$

即

$$6\leqslant\int_1^4(x^2+1)\mathrm{d}x\leqslant 51.$$

类型归纳 ▶▶▶

类型：单调函数的定积分值估计.

方法：运用单调函数的最值求法估计.

定理 3-1(积分中值定理)

设函数$f(x)$在区间$[a,b]$上连续，则在区间$[a,b]$上至少存在一点ξ(见图 3-12)，使得

$$\int_a^b f(x)\mathrm{d}x=f(\xi)(b-a)\ (a\leqslant\xi\leqslant b),$$

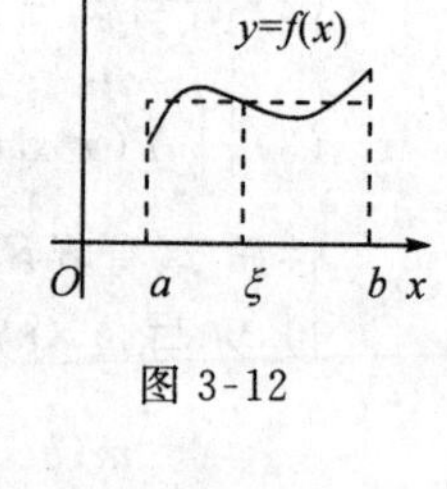

图 3-12

称函数值$f(\xi)$为函数$f(x)$在区间$[a,b]$上的平均值，即

$$f(\xi)=\frac{1}{b-a}\int_a^b f(x)\mathrm{d}x.$$

【例 3-48】 求函数$f(x)=x+1$在闭区间$[0,1]$上的平均值.

解 如图 3-13 所示，由定积分的几何意义和梯形的面积公式可知

$$\int_0^1(x+1)\mathrm{d}x=\frac{1+2}{2}\times 1=\frac{3}{2},$$

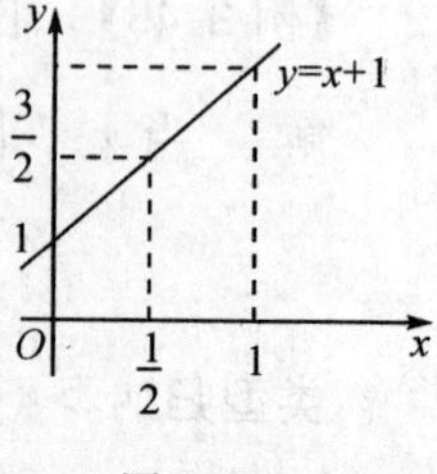

图 3-13

所以，函数$f(x)=x+1$在闭区间$[0,1]$上的平均值是

$$\frac{\int_0^1(x+1)\mathrm{d}x}{1-0}=\frac{3}{2}.$$

类型归纳 ▶▶▶

类型：求函数在闭区间上的平均值.

方法：运用平均值公式求解.

定理 3-2（可积的充分条件）

(1) 若函数 $f(x)$ 在区间 $[a,b]$ 上连续，则 $f(x)$ 在区间 $[a,b]$ 上可积；

(2) 若函数 $f(x)$ 在区间 $[a,b]$ 上有界，且仅有有限个第一类间断点，则 $f(x)$ 在区间 $[a,b]$ 上可积.

结束语 ▶▶▶

定积分的定义，实质上是告诉我们一种解决问题的思想方法，它主要用于对区间 $[a,b]$ 上某一量的计算. 通过分割、求近似、求和与取极限 4 步，用动态的思想去分析静态的事物，用静态的方法去解决动态的问题. 以直代曲，以简单求复杂，最后解决诸如曲边梯形和变力做功的问题，从而引出定积分的理论. 在学习过程中，要理解定积分的思想和原理，牢记定积分的几何意义和基本性质. 值得一提的是，用定义来计算定积分，一般来说是非常困难的，我们需要去寻找简便有效的计算方法，这就是下一节要介绍的牛顿-莱布尼兹公式.

同步训练

【A 组】

1. 填空题：

(1) 曲边梯形由曲线 $y=x^2+2$，直线 $x=-1$，$x=3$ 及 x 轴围成，则此曲边梯形的面积用定积分表示为 $A=$ ________；

(2) $\int_{\frac{1}{2}}^{1} x^2 \ln x \mathrm{d}x$ 的值的符号为________；

(3) 若函数 $f(x)$ 在区间 $[a,b]$ 上连续且 $\int_a^b f(x)\mathrm{d}x=0$，则 $\int_a^b [f(x)+1]\mathrm{d}x=$ ________.

2. 单项选择题：

(1) 定积分 $\int_a^b f(x)\mathrm{d}x$ 是(　　)；

(A) 一个原函数　　(B) $f(x)$ 的一个原函数

(C) 一个函数族　　(D) 一个常数

(2) 设 $f(x)$ 和 $g(x)$ 均为连续函数，则下列命题中正确的是(　　)；

(A) 在区间 $[a,b]$ 上，若 $f(x)\neq g(x)$，则 $\int_a^b f(x)\mathrm{d}x \neq \int_a^b g(x)\mathrm{d}x$

(B) $\int_a^b f(x)\mathrm{d}x \neq \int_a^b f(t)\mathrm{d}t$

(C) $\mathrm{d}\int_a^b f(x)\mathrm{d}x = f(x)\mathrm{d}x$

(D) 若 $f(x)\neq g(x)$，则 $\int f(x)\mathrm{d}x \neq \int g(x)\mathrm{d}x$

(3) 由曲线 $y=f(x)$，$y=g(x)$ 及直线 $x=a$，$x=b(a<b)$ 所围成的平面图形面积的计算公式是(　　).

(A) $\int_a^b[f(x)-g(x)]\mathrm{d}x$　　(B) $\int_a^b[g(x)-f(x)]\mathrm{d}x$

(C) $\int_a^b|f(x)-g(x)|\mathrm{d}x$　　(D) $\left|\int_a^b[f(x)-g(x)]\mathrm{d}x\right|$

3. 运用定积分的几何意义，计算下列定积分的值：

(1) $\int_0^1 2x\mathrm{d}x$；

(2) $\int_0^{2\pi}\cos x\mathrm{d}x$；

(3) $\int_0^1\sqrt{1-x^2}\mathrm{d}x$.

4. 估计 $\int_2^0 \mathrm{e}^{x^2-x}\mathrm{d}x$ 的值.

5. 运用定积分的估值性质，求证：$\frac{1}{2}\leqslant\int_1^4\frac{1}{2+x}\mathrm{d}x\leqslant 1$.

【B 组】

1. 运用定积分的定义求定积分 $\int_0^1(ax+b)\mathrm{d}x$.

2. 运用定积分的几何意义求下列定积分：

(1) $\int_0^1(2x+3)\mathrm{d}x$；

(2) $\int_0^2\sqrt{2x-x^2}\mathrm{d}x$；

(3) $\int_{-\pi}^{\pi}\sin x\mathrm{d}x$；

(4) $\int_{-a}^{a}|x|\mathrm{d}x$.

3. 运用定积分的几何意义证明下列等式：

(1) $\int_a^b 1\mathrm{d}x=b-a$；

(2) $\int_a^b k\mathrm{d}x=k\int_a^b\mathrm{d}x(k\in\mathbf{R}\text{ 且 }k\neq 0)$.

4. 设函数 $f(x)$ 在 $[a,b]$ 上可积，试给出下列定积分的大小顺序：

(1) $I_1=\int_0^1 x\mathrm{d}x,I_2=\int_0^1 x^2\mathrm{d}x,I_3=\int_0^1\sqrt{x}\mathrm{d}x$；

(2) $I_1=\int_0^1 x\mathrm{d}x,I_2=\int_0^1\tan x\mathrm{d}x,I_3=\int_0^1\sin x\mathrm{d}x$；

(3) $I_1=\int_a^b f(x)\mathrm{d}x,I_2=\int_a^b|f(x)|\mathrm{d}x,I_3=\left|\int_a^b f(x)\mathrm{d}x\right|$.

第六节　原函数存在定理与微积分基本公式

【学习要求】

1. 理解变上限积分函数的定义；
2. 掌握变上限积分函数的可导性并能求导；
3. 掌握不定积分与定积分的关系；
4. 熟练掌握牛顿-莱布尼兹公式.

【学习重点】

1. 变上限积分函数的导数；
2. 牛顿-莱布尼兹公式.

【学习难点】

1. 变上限积分函数构成的复合函数的求导；
2. 牛顿-莱布尼兹公式的运用.

引言

用定义来进行定积分的计算是一件非常痛苦的事情，我们需要去寻找简便有效的计算方法，于是，很多数学人开始努力去探索和研究.最后，伟大的数学家牛顿和莱布尼兹发现了一个重要的关系，这就是微积分学基本定理.定积分的计算过程，实际上就是求原函数的过程，是连接不定积分与定积分或微分与积分间的桥梁，即牛顿-莱布尼兹公式.现在我们所使用的积分符号，基本也是沿用了莱布尼兹的发明.

一、变上限的定积分

定义 3-5　设函数 $f(x)$ 在区间$[a,b]$上连续，又设 $x\in[a,b]$ 为任意一点，则 $f(x)$ 在部分区间$[a,x]$上的定积分$\int_a^x f(x)\mathrm{d}x$ 称为变上限的定积分，或称为变上限积分函数(见图 3-14)，记作 $\Phi(x)$，即

$$\Phi(x)=\int_a^x f(x)\mathrm{d}x(a\leqslant x\leqslant b).$$

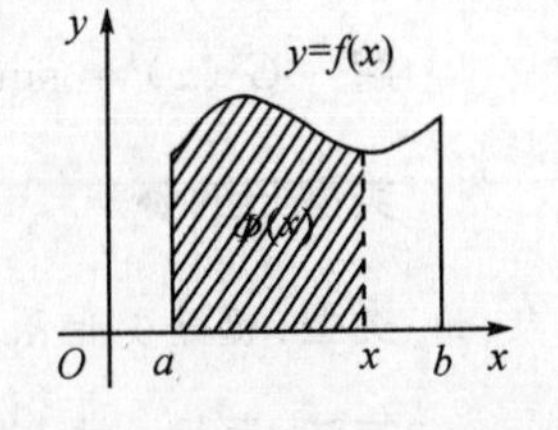

图 3-14

因为定积分的值与积分变量无关，为了区分积分上限和积分变量，上式又可写作

$$\Phi(x)=\int_a^x f(t)\mathrm{d}t(a\leqslant x\leqslant b).$$

说明：

(1) 定积分的值，取决于被积函数和积分区间.当被积函数不变的时候，定积分的值随着积分区间的变化而变化.假设定积分的下限不变，这时，定积分的值随着积分上限的变化

而变化,由此构成了一个关于积分上限的函数,这就是变上限积分函数.

(2) 类似可定义变下限积分函数和变上下限积分函数,运用定积分的性质$\int_a^b f(x)\mathrm{d}x=-\int_b^a f(x)\mathrm{d}x$ 和$\int_a^b f(x)\mathrm{d}x=\int_a^c f(x)\mathrm{d}x+\int_c^b f(x)\mathrm{d}x$,这些函数都可以转化为变上限积分函数.

二、变上限积分函数的导数

设函数 $f(x)$ 在区间$[a,b]$上连续,则变上限积分函数

$$\Phi(x)=\int_a^x f(t)\mathrm{d}t$$

在区间$[a,b]$上具有导数,且

$$\Phi'(x)=\frac{\mathrm{d}}{\mathrm{d}x}\int_a^x f(t)\mathrm{d}t=f(x)(a\leqslant x\leqslant b).$$

一般地,设函数 $f(x)$ 在区间$[a,b]$上连续,$a\leqslant\varphi(x)\leqslant b$ 且 $\varphi(x)$ 在区间(a,b)内可导,则运用复合函数的求导公式可得

$$\frac{\mathrm{d}}{\mathrm{d}x}\int_a^{\varphi(x)} f(t)\mathrm{d}t=f[\varphi(x)]\cdot\varphi'(x).$$

定理 3-3(原函数存在定理)

若函数 $f(x)$ 在区间$[a,b]$上连续,则

$$\Phi(x)=\int_a^x f(t)\mathrm{d}t(a\leqslant x\leqslant b)$$

为 $f(x)$ 在区间$[a,b]$上的原函数.

【例 3-49】 设函数 $F(x)=\int_0^x(9t^2-2t+4)\mathrm{d}t$,求 $F'(x)$.

解 运用变上限定积分的结果得

$$F'(x)=(9t^2-2t+4)|_{t=x}=9x^2-2x+4.$$

【例 3-50】 设函数 $G(x)=\int_a^{x^2}\sin t\mathrm{d}t$,求 $G'(x)$.

解 $G'(x)=\sin(x^2)\cdot(x^2)'=2x\sin x^2$.

类型归纳 ▶▶▶

类型:积分变上限函数的求导.

方法:运用公式$\frac{\mathrm{d}}{\mathrm{d}x}\int_a^x f(t)\mathrm{d}t=f(x)$求解.

注:例 3-50 中的变上限积分函数,上限是 x^2,它不是一个简单变量 x,而是一个复合变量 x^2,可以把这个复合变量进行打包,抽象为一个新的变量 u,即 $G(x)=\int_a^u\sin t\mathrm{d}t,u=x^2$,再运用复合函数的求导法则计算.

三、牛顿-莱布尼兹公式

定理 3-4(牛顿-莱布尼兹公式)　设函数 $F(x)$ 是 $f(x)$ 在区间$[a,b]$上的原函数,则

$$\int_a^b f(x)\mathrm{d}x = F(x)\Big|_a^b = F(b)-F(a).$$

此公式,也称为微积分基本公式.

【例 3-51】　计算下列定积分:

(1)$\int_0^1 x\mathrm{d}x$;(2)$\int_{-\frac{\pi}{2}}^{\frac{\pi}{2}}\cos x\mathrm{d}x$.

解　(1)$\int_0^1 x\mathrm{d}x = \frac{1}{2}x^2\Big|_0^1 = \frac{1}{2}-0=\frac{1}{2}$.

(2)$\int_{-\frac{\pi}{2}}^{\frac{\pi}{2}}\cos x\mathrm{d}x = \sin x\Big|_{-\frac{\pi}{2}}^{\frac{\pi}{2}} = 2$.

【例 3-52】　计算定积分$\int_{-2}^{-1}\frac{1}{x}\mathrm{d}x$.

解　原式 $=\ln|x|\Big|_{-2}^{-1} = \ln 1-\ln 2 = -\ln 2$.

【例 3-53】　计算定积分$\int_0^1 x(1+x)\mathrm{d}x$.

解　原式 $=\int_0^1 (x+x^2)\mathrm{d}x = \left(\frac{1}{2}x^2+\frac{1}{3}x^3\right)\Big|_0^1 = \frac{5}{6}$.

类型归纳 ▶▶▶

类型:求被积函数是常见函数的定积分.

方法:根据导数公式,找到原函数,运用牛顿-莱布尼兹公式,直接积分.

【例 3-54】　计算定积分$\int_0^2 |x-1|\mathrm{d}x$.

解　原式 $=\int_0^1 |x-1|\mathrm{d}x+\int_1^2 |x-1|\mathrm{d}x = \int_0^1 (1-x)\mathrm{d}x+\int_1^2 (x-1)\mathrm{d}x = 1$.

【例 3-55】　计算定积分$\int_0^4 |2-x|\mathrm{d}x$.

解　原式$=\int_0^2 |2-x|\mathrm{d}x+\int_2^4 |2-x|\mathrm{d}x = \int_0^2 (2-x)\mathrm{d}x+\int_2^4 (x-2)\mathrm{d}x$

$$=\left(2x-\frac{1}{2}x^2\right)\Big|_0^2+\left(\frac{1}{2}x^2-2x\right)\Big|_2^4 = 4.$$

类型归纳 ▶▶▶

类型:求被积函数是绝对值函数的定积分.

方法:根据绝对值的意义进行分段,去绝对值符号,然后运用定积分的性质,分段计算.

【例 3-56】　设函数 $f(x)=\begin{cases} x+1, x\geqslant 1, \\ \frac{1}{2}x^2, x<1, \end{cases}$ 求定积分$\int_0^2 f(x)\mathrm{d}x$.

解 $\int_0^2 f(x)\mathrm{d}x=\int_0^1\frac{1}{2}x^2\mathrm{d}x+\int_1^2(x+1)\mathrm{d}x=\left(\frac{1}{6}x^3\right)\Big|_0^1+\left(\frac{1}{2}x^2+x\right)\Big|_1^2=\frac{8}{3}.$

类型归纳 ▶▶▶

类型:求被积函数是分段函数的定积分.

方法:分段进行积分计算.

【例 3-57】 计算定积分$\int_0^1\frac{1-x^2}{1+x}\mathrm{d}x.$

解 原式$=\int_0^1\frac{(1+x)(1-x)}{1+x}\mathrm{d}x=\int_0^1(1-x)\mathrm{d}x=\left(x-\frac{1}{2}x^2\right)\Big|_0^1=\frac{1}{2}.$

类型归纳 ▶▶▶

类型:被积函数可以通过因式分解化简.

方法:先将被积函数进行恒等化简,再计算.

【例 3-58】 计算曲线 $y=\sin x$ 在区间$[0,\pi]$上与 x 轴所围成平面图形的面积.

解 $A=\int_0^\pi|\sin x|\mathrm{d}x=\int_0^\pi\sin x\mathrm{d}x=(-\cos x)\Big|_0^\pi=2.$

类型归纳 ▶▶▶

类型:求曲线 $f(x)$ 与 x 轴所围成平面图形的面积 A.

方法:运用公式 $A=\int_a^b|f(x)|\mathrm{d}x$ 求解.

【例 3-59】 求极限$\lim\limits_{x\to0}\frac{\int_1^{\cos x}\mathrm{e}^{-t^2}\mathrm{d}t}{x^2}.$

解 原式$=\lim\limits_{x\to0}\frac{-\mathrm{e}^{-\cos^2x}\sin x}{2x}=-\lim\limits_{x\to0}\left(\frac{\sin x}{x}\cdot\frac{\mathrm{e}^{-\cos^2x}}{2}\right)=-\frac{1}{2\mathrm{e}}.$

类型归纳 ▶▶▶

类型:求关于变上限积分的"$\frac{0}{0}$"型极限.

方法:运用洛必达法则和变上限积分函数的导数求解.

结束语 ▶▶▶

牛顿-莱布尼兹公式是定积分计算的关键,它揭示了不定积分与定积分的内在关系,在学习过程中,一定要牢记这个公式,同时也要熟练掌握导数公式.只有熟练掌握了基本初等函数的导数公式、和差积商的求导法则与复合函数的求导法则,才能很快找到被积函数的原函数,然后运用牛顿-莱布尼兹公式求出定积分.当然,我们现在所解决的只是一些简单的定积分计算问题,被积函数的原函数很容易找到,这种能够直接找到原函数的积分法,称为直接积分法.事实上,很多被积函数的结构往往是很复杂的,我们无法直接找到它的原函数,需要我们去探索新的理论,这就是下一节要介绍的定积分的换元积分法和分部积分法.

同步训练

【A 组】

1. 填空题：

(1) 设函数 $f(x)$ 在实数域内连续，则 $\left[\int f(x)\mathrm{d}x-\int_0^x f(t\mathrm{d}t)\right]'=$ ________；

(2) $\dfrac{\mathrm{d}}{\mathrm{d}x}\int_0^x \sin t^2\mathrm{d}t=$ ________；

(3) $\dfrac{\mathrm{d}}{\mathrm{d}x}\int_0^{x^2} \sin t^2\mathrm{d}t=$ ________；

(4) $\dfrac{\mathrm{d}}{\mathrm{d}x}\int_0^1 \sin x^2\mathrm{d}x=$ ________；

(5) 设函数 $f(x)$ 连续，且 $f(x)=x+2\int_0^1 f(x)\mathrm{d}x$，则 $f(x)=$ ________.

2. 计算下列定积分：

(1) $\int_4^9\sqrt{x}(1+\sqrt{x})\mathrm{d}x$；

(2) $\int_{-\frac{1}{2}}^{\frac{1}{2}}\dfrac{1}{\sqrt{1-x^2}}\mathrm{d}x$；

(3) $\int_0^{\frac{\pi}{4}}\tan^2\theta\mathrm{d}\theta$；

(4) $\int_0^1 10^{2x+1}\mathrm{d}x$；

(5) $\int_{\frac{1}{\sqrt{3}}}^{\sqrt{3}}\dfrac{1}{1+x^2}\mathrm{d}x$；

(6) $\int_0^1\dfrac{\mathrm{d}x}{\sqrt{4-x^2}}$；

(7) $\int_{\frac{1}{\pi}}^{\frac{2}{\pi}}\dfrac{1}{x^2}\sin\dfrac{1}{x}\mathrm{d}x$；

(8) $\int_{-2}^2|x^2-1|\mathrm{d}x$.

3. 计算下列极限：

(1) $\lim\limits_{x\to 0}\dfrac{\int_0^x\cos t^2\mathrm{d}t}{\int_0^x\frac{\sin t}{t}\mathrm{d}t}$；

(2) $\lim\limits_{x\to 0}\dfrac{\int_0^{2x}\ln(1+t)\mathrm{d}t}{x^2}$；

(3) $\lim\limits_{x\to 0}\dfrac{\int_0^x t\cdot\tan t\mathrm{d}t}{x^3}$；

(4) $\lim\limits_{x\to 0}\dfrac{\int_0^x\ln(1+2t^2)\mathrm{d}t}{x^3}$.

【B 组】

1. 已知函数 $F(x)=\int_0^x \mathrm{e}^x\cos x\mathrm{d}x$，求 $F'\left(\dfrac{\pi}{2}\right)$ 及 $F'(\pi)$.

2. 设函数 $f(x)$ 连续，求下列函数 $F(x)$ 的导数：

(1) $F(x)=\int_x^b f(t)\mathrm{d}t$；

(2) $F(x)=\int_a^{\ln x} f(t)\mathrm{d}t$；

(3) $F(x)=\int_a^{\int_0^x\cos t\mathrm{d}t}\dfrac{1}{1-t^2}\mathrm{d}t$；

(4) $F(x)=\int_{\cos x}^{\sin x}\cos(\pi t^2)\mathrm{d}t$.

3. 求由 $\int_0^y \mathrm{e}^t\mathrm{d}t+\int_0^x\cos t\mathrm{d}t=0$ 所确定的隐函数 y 对 x 的导数 $\dfrac{\mathrm{d}y}{\mathrm{d}x}$.

4. 试讨论函数 $F(x)=\int_0^x\left(2-\frac{1}{\sqrt{t}}\right)\mathrm{d}t\,(t>0)$ 的极值和单调性.

5. 求下列极限:

(1) $\lim\limits_{x\to 0}\frac{\int_0^x \sin t\,\mathrm{d}t}{x}$;

(2) $\lim\limits_{x\to 0}\frac{\int_{\cos x}^1 \mathrm{e}^{-t^2}\,\mathrm{d}t}{x^2}$;

(3) $\lim\limits_{x\to +\infty}\frac{\int_0^x (\arctan t)^2\,\mathrm{d}t}{\sqrt{1+x^2}}$.

6. 计算下列定积分:

(1) $\int_0^{\pi}(3x^2-2x+\cos x)\mathrm{d}x$;

(2) $\int_{\frac{1}{\sqrt{3}}}^{\sqrt{3}}\frac{1}{1+x^2}\mathrm{d}x$;

(3) $\int_0^3 |x-2|\,\mathrm{d}x$;

(4) $\int_0^{\sqrt{3}a}\frac{1}{a^2+x^2}\mathrm{d}x\,(a>0)$;

(5) $\int_0^{\frac{\pi}{4}}\tan x\,\mathrm{d}x$;

(6) $\int_1^2\left(2^x+\frac{1}{x^2}\right)\mathrm{d}x$;

(7) $\int_{-\pi}^{\pi}\cos kx\,\mathrm{d}x\,(k\in\mathbf{N}\text{ 且 }k\geqslant 1)$;

(8) $\int_{-1}^{2} f(x)\mathrm{d}x$,其中 $f(x)=\begin{cases}x-1, & x\geqslant 0,\\ 3x^2, & x\leqslant 0.\end{cases}$

7. 设 m,n 为正整数,且 $m\neq n$,证明:

(1) $\int_{-\pi}^{\pi}\sin mx\cos nx\,\mathrm{d}x=0$;

(2) $\int_{-\pi}^{\pi}\sin mx\sin nx\,\mathrm{d}x=0$;

(3) $\int_{-\pi}^{\pi}\cos mx\cos nx\,\mathrm{d}x=0$.

8. 已知函数 $f(x)$ 在区间$[a,b]$上连续且 $f(x)>0$,设 $F(x)=\int_a^x f(t)\mathrm{d}t+\int_b^x\frac{1}{f(t)}\mathrm{d}t$,求证:$F'(x)\geqslant 2$.

第七节　定积分的换元积分法与分部积分法

【学习要求】

1. 熟练掌握定积分的换元积分法；
2. 熟练掌握定积分的分部积分法.

【学习重点】

1. 定积分的换元积分法；
2. 定积分的分部积分法.

【学习难点】

1. 选择适当的函数换元；
2. 选择适当的函数，运用微分公式，进行分部积分.

引言 ▶▶▶

虽然我们能够运用牛顿-莱布尼兹公式解决一些定积分的计算问题，但只是局限于那些被积函数的原函数很容易找到的类型. 对于结构复杂的被积函数的定积分计算，就需要有新的方法加以解决. 由于定积分的计算过程，就是求原函数的过程，对于定积分的计算，都可以先化为相应的不定积分，然后使用牛顿-莱布尼兹公式求解. 同理，类似于不定积分的换元积分法与分部积分法，定积分也有换元积分法与分部积分法.

一、定积分的换元积分法

设函数 $f(x)$ 在区间$[a,b]$上连续，函数 $x=\varphi(t)$ 满足：

(1) $\varphi(\alpha)=a, \varphi(\beta)=b$，即 $x:a\to b$ 时，对应的 $t:\alpha\to\beta$；

(2) 在区间$[\alpha,\beta]$（或$[\beta,\alpha]$）上 $\varphi(t)$ 单调且具有连续导数，则

$$\int_a^b f(x)\mathrm{d}x=\int_\alpha^\beta f[\varphi(t)]\varphi'(t)\mathrm{d}t,$$

即

$$\int_a^b f(x)\mathrm{d}x \xlongequal{\text{令 } x=\varphi(t)} \int_{\varphi^{-1}(a)}^{\varphi^{-1}(b)} f[\varphi(t)]\varphi'(t)\mathrm{d}t.$$

使用公式时要注意，新的积分计算一定要比原来的积分简单，换元的同时要换限.

不定积分的换元积分法需要回代，而定积分不需要回代，但是要及时变更积分上下限的值.

【例 3-60】　求定积分$\int_0^4 \frac{x+2}{\sqrt{2x+1}}\mathrm{d}x$.

解　令$\sqrt{2x+1}=t$，则 $x=\frac{t^2-1}{2}, \mathrm{d}x=t\mathrm{d}t$.

当 $x=0$ 时,$t=1$;$x=4$ 时,$t=3$. 于是

$$\int_0^4 \frac{x+2}{\sqrt{2x+1}}\mathrm{d}x=\frac{1}{2}\int_1^3(t^2+3)\mathrm{d}t=\frac{22}{3}.$$

类型归纳 ▶▶▶

类型:求被积函数中含有根式 $\sqrt[n]{ax+b}$ 的定积分.

方法:令根式为新的变量 t,即 $x=\frac{1}{a}(t^n-b)$,$\mathrm{d}x=\frac{n}{a}t^{n-1}\mathrm{d}t(a\neq 0)$,去根式,再求解.

【例 3-61】 计算定积分$\int_0^a \sqrt{a^2-x^2}\mathrm{d}x(a>0)$.

解 设 $x=a\sin t\left(0\leqslant t\leqslant\frac{\pi}{2}\right)$,则 $\mathrm{d}x=a\cos t\mathrm{d}t$.

当 $x=0$ 时,$t=0$;$x=a$ 时,$t=\frac{\pi}{2}$. 于是

$$\text{原式}=\int_0^{\frac{\pi}{2}} a^2\cos^2 t\mathrm{d}t=\frac{a^2}{2}\int_0^{\frac{\pi}{2}}(1+\cos 2t)\mathrm{d}t=\frac{\pi}{4}a^2.$$

现在我们知道了,圆的面积公式是可以通过定积分推导得到的.

类型归纳 ▶▶▶

类型:求被积函数中含有根式 $\sqrt{a^2-x^2}$ 的定积分.

方法:令 $x=a\sin t$,去根式,再求解. 类似地,含 $\sqrt{a^2+x^2}$ 时,设 $x=a\tan t$;含 $\sqrt{x^2-a^2}$ 时,设 $x=a\sec t$.

【例 3-62】 计算定积分$\int_0^{\frac{\pi}{2}}\cos^5 x\sin x\mathrm{d}x$.

解 方法一 令 $\cos x=t$,则当 $x=0$ 时,$t=1$;当 $x=\frac{\pi}{2}$ 时,$t=0$.

由 $\sin x\mathrm{d}x=-\mathrm{d}\cos x$ 得

$$\int_0^{\frac{\pi}{2}}\cos^5 x\sin x\mathrm{d}x=-\int_0^{\frac{\pi}{2}}\cos^5 x\mathrm{d}\cos x\xlongequal{\text{令}\cos x=t}-\int_1^0 t^5\mathrm{d}t=\int_0^1 t^5\mathrm{d}t=\left(\frac{1}{6t^6}\right)\Big|_0^1=\frac{1}{6}.$$

方法二 $\int_0^{\frac{\pi}{2}}\cos^5 x\sin x\mathrm{d}x=-\int_0^{\frac{\pi}{2}}\cos^5 x\mathrm{d}\cos x$

$$=-\left(\frac{1}{6}\cos^6 x\right)\Big|_0^{\frac{\pi}{2}}=-\frac{1}{6}\cos^6\frac{\pi}{2}+\frac{1}{6}\cos^6 0=\frac{1}{6}.$$

【例 3-63】 计算定积分$\int_0^{\ln 2}\mathrm{e}^x(1+\mathrm{e}^x)^2\mathrm{d}x$.

解 $\int_0^{\ln 2}\mathrm{e}^x(1+\mathrm{e}^x)^2\mathrm{d}x=\int_0^{\ln 2}(1+\mathrm{e}^x)^2\mathrm{d}(1+\mathrm{e}^x)=\frac{1}{3}(1+\mathrm{e}^x)^3\Big|_0^{\ln 2}=9-\frac{8}{3}=\frac{19}{3}.$

【例 3-64】 计算定积分$\int_1^{\mathrm{e}}\frac{1+\ln x}{x}\mathrm{d}x$.

解 方法一 $\int_1^{\mathrm{e}}\frac{1+\ln x}{x}\mathrm{d}x=\int_1^{\mathrm{e}}(1+\ln x)\mathrm{d}(1+\ln x)=\frac{1}{2}(1+\ln x)^2\Big|_1^{\mathrm{e}}=\frac{3}{2}.$

方法二　因为

$$\int \frac{1+\ln x}{x}dx = \int (1+\ln x)d(1+\ln x) = \frac{1}{2}(1+\ln x)^2 + C,$$

所以

$$\int_1^e \frac{1+\ln x}{x}dx = \frac{1}{2}(1+\ln x)^2\Big|_1^e = \frac{3}{2}.$$

【例 3-65】　设导线在时刻 t s 经过某个横截面上的电流为 $i(t)=0.006t\sqrt{t^2+1}$(A)，试求：时间从 0s 开始到 10s，经过该横截面的电荷量 Q.

解　由 $\frac{dQ}{dt}=i(t)$ 得 $dQ=i(t)dt$，所以，时间从 0s 开始到 10s，经过该横截面的电荷量 Q 为

$$Q=\int_0^{10} i(t)dt = \int_0^{10} 0.006t\sqrt{t^2+1}dt = 0.003\int_0^{10}\sqrt{t^2+1}d(t^2+1)$$

$$=0.002(t^2+1)^{\frac{3}{2}}\Big|_0^{10} = 0.002\times 101^{\frac{3}{2}} - 0.002 \approx 2.0281(\mathrm{C}).$$

类型归纳 ▶▶▶

类型：求形式为 $\int_\alpha^\beta f[\varphi(t)]\varphi'(t)dx$ 的定积分.

方法：令 $\varphi(x)=t$，先化简，再求解，相当于不定积分中的凑微分法，在熟练掌握凑微分法之后，中间变量在计算过程中可以不出现.

定积分的计算，也可以先通过对应的不定积分求出原函数，再套用牛顿-莱布尼兹公式求解.

【例 3-66】　经验显示，某家快餐连锁店在广告播出后第 t 天销售数量为

$$S(t)=20-10e^{-0.1t},$$

试求该快餐店在广告播出后一周内的平均销售量.

解　快餐店在广告播出后一周内的平均销售量为

$$\overline{S}=\frac{1}{7}\int_0^7(20-10e^{-0.1t})dt = \frac{20}{7}\int_0^7 dt - \frac{10}{7}\int_0^7 e^{-0.1t}dt$$

$$=\frac{20}{7}\times(7-0) - \frac{10}{7\times(-0.1)}\int_0^7 e^{-0.1t}d(-0.1t)$$

$$=20+\frac{100}{7}e^{-0.1t}\Big|_0^7 \approx 12.808.$$

【例 3-67】　已知纯电阻电路中正弦交流电流为 $i=I_m\sin\omega t$(其中 I_m 表示电路中的电流峰值)，试求该电路在一个周期上的功率的平均值.

解　设电阻为 R，由电工学知识可知电路中的电压

$$u=iR=I_mR\sin\omega t,$$

功率

$$P=ui=I_m^2R\sin^2\omega t.$$

因为正弦交流电流 $i=I_m\sin\omega t$ 的周期为 $T=\frac{2\pi}{\omega}$，所以功率在一个周期区间 $\left[0,\frac{2\pi}{\omega}\right]$ 上

的平均值为

$$\begin{aligned}\overline{P} &= \frac{\omega}{2\pi}\int_0^{\frac{2\pi}{\omega}} I_m^2 R\sin^2\omega t\mathrm{d}t = \frac{\omega I_m^2 R}{2\pi}\int_0^{\frac{2\pi}{\omega}}\sin^2\omega t\mathrm{d}t \\ &= \frac{I_m^2 R}{8\pi}\int_0^{\frac{2\pi}{\omega}}(1-\cos 2\omega t)\mathrm{d}2\omega t \\ &= \frac{I_m^2 R}{8\pi}\left[(2\omega t)\Big|_0^{\frac{2\pi}{\omega}} - \sin 2\omega t\Big|_0^{\frac{2\pi}{\omega}}\right] = \frac{I_m^2 R}{2} = \frac{1}{2}I_m U_m,\end{aligned}$$

其中 $U_m = I_m R_m$. 这个结果表示,纯电阻电路中正弦交流电流在一个周期上的平均功率,等于电流与电压的峰值乘积的一半.

类型归纳 ▶▶▶

类型:求函数在闭区间上的平均值.

方法:运用平均值公式求解.

【例 3-68】 计算定积分$\int_0^1 \frac{\mathrm{d}x}{4-x^2}$.

解
$$\begin{aligned}\int_0^1 \frac{\mathrm{d}x}{4-x^2} &= \int_0^1 \frac{\mathrm{d}x}{(2+x)(2-x)} = \frac{1}{4}\int_0^1\left(\frac{1}{2+x}+\frac{1}{2-x}\right)\mathrm{d}x \\ &= \frac{1}{4}\left[\int_0^1 \frac{1}{2+x}\mathrm{d}(2+x) - \int_0^1 \frac{1}{2-x}\mathrm{d}(2-x)\right] \\ &= \frac{1}{4}\ln\left|\frac{2+x}{2-x}\right|\Bigg|_0^1 = \frac{1}{4}\ln 3.\end{aligned}$$

类型归纳 ▶▶▶

类型:求被积函数是分母可以因式分解的分式的定积分.

方法:恒等拆分,先化简,后求解.

【例 3-69】 计算定积分$\int_1^4 \frac{\mathrm{e}^{\sqrt{x}}}{\sqrt{x}}\mathrm{d}x$.

解 令$\sqrt{x}=t$,则$\frac{1}{\sqrt{x}}\mathrm{d}x = 2\mathrm{d}\sqrt{x} = 2\mathrm{d}t$. 又 $x=1$ 时,$t=1$;$x=4$ 时,$t=2$,于是$\int_1^4 \frac{\mathrm{e}^{\sqrt{x}}}{\sqrt{x}}\mathrm{d}x$
$= 2\int_1^2 \mathrm{e}^t\mathrm{d}t = 2\mathrm{e}^t\Big|_1^2 = 2(\mathrm{e}^2-\mathrm{e})$.

类型归纳 ▶▶▶

类型:求被积函数含有根式的定积分.

方法:运用换元积分法,先化简,后求解.

二、对称区间上奇偶函数的积分性质

性质 1(对称区间上奇函数的积分性质)

若 $f(x)$ 在区间$[-a,a]$上连续且为奇函数(见图 3-15),则

$$\int_{-a}^{a} f(x)\mathrm{d}x = 0.$$

性质 2(对称区间上偶函数的积分性质)

若 $f(x)$ 在区间$[-a,a]$上连续且为偶函数(见图 3-16),则

$$\int_{-a}^{a} f(x)\mathrm{d}x = 2\int_{0}^{a} f(x)\mathrm{d}x.$$

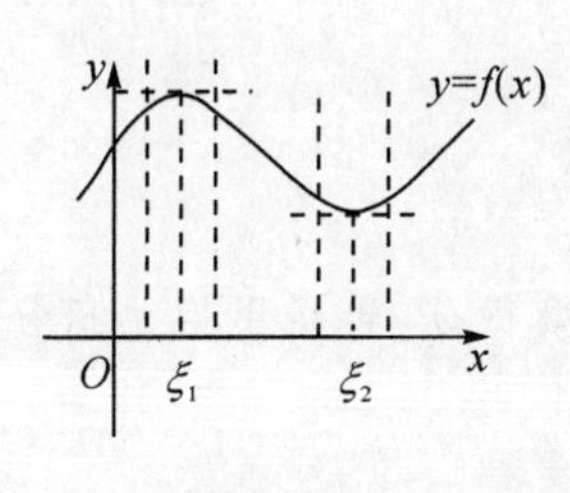

图 3-15

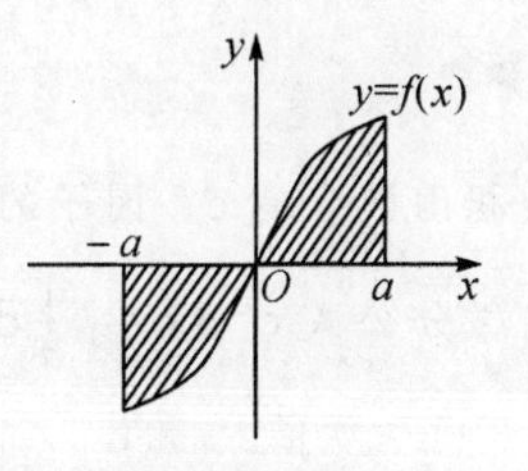

图 3-16

【例 3-70】 计算定积分$\int_{-1}^{1}(\sin x\cos 2x - x^2)\mathrm{d}x$.

解 $\int_{-1}^{1}(\sin x\cos 2x - x^2)\mathrm{d}x = -\int_{-1}^{1} x^2\mathrm{d}x = -2\int_{0}^{1} x^2\mathrm{d}x = -\frac{2}{3}$.

类型归纳 ▶▶▶

类型:求对称区间的奇偶函数的定积分.

方法:运用对称区间的奇偶函数的积分性质,先化简,后求解.

三、定积分的分部积分法

设函数 $u(x)$ 和 $v(x)$ 在区间$[a,b]$上都具有连续导数,则有

$$\int_{a}^{b} u\mathrm{d}v = uv\Big|_{a}^{b} - \int_{a}^{b} v\mathrm{d}u.$$

使用公式时要注意的是,新的积分计算,一定要比原来的积分简单.

定积分的分部积分公式中选 $\mathrm{d}v$ 的优选顺序和不定积分的分部积分公式是一致的.

【例 3-71】 计算定积分$\int_{0}^{\frac{1}{2}} \arcsin x\mathrm{d}x$.

解 设 $u = \arcsin x, \mathrm{d}v = \mathrm{d}x$,则

$$\int_{0}^{\frac{1}{2}} \arcsin x\mathrm{d}x = x\arcsin x\Big|_{0}^{\frac{1}{2}} - \int_{0}^{\frac{1}{2}} \frac{x}{\sqrt{1-x^2}}\mathrm{d}x$$

$$= \frac{\pi}{12} + \sqrt{1-x^2}\Big|_{0}^{\frac{1}{2}} = \frac{\pi}{12} + \frac{\sqrt{3}}{2} - 1.$$

类型归纳 ▶▶▶

类型:求被积函数是单个函数的定积分.

方法:可以考虑直接用分部积分法求解.

【例 3-72】 计算定积分$\int_0^1 x\mathrm{e}^{-2x}\mathrm{d}x$.

解 $\int_0^1 x\mathrm{e}^{-2x}\mathrm{d}x=-\frac{1}{2}\int_0^1 x\mathrm{d}\mathrm{e}^{-2x}=-\frac{1}{2}\left(\mathrm{e}^{-2x}x\Big|_0^1-\int_0^1\mathrm{e}^{-2x}\mathrm{d}x\right)$

$$=-\frac{1}{2}\mathrm{e}^{-2}-\frac{1}{4}\int_0^1\mathrm{e}^{-2x}\mathrm{d}(-2x)=-\frac{1}{2}\mathrm{e}^{-2}-\frac{1}{4}\mathrm{e}^{-2x}\Big|_0^1=\frac{1}{4}-\frac{3}{4}\mathrm{e}^{-2}.$$

类型归纳 ▶▶▶

类型:求被积函数含有 e^{ax} 因子的定积分.

方法:运用微分公式 $\mathrm{e}^{ax}\mathrm{d}x=\frac{1}{a}\mathrm{d}\mathrm{e}^{ax}(a\neq 0)$,先凑微分,再运用换元积分法或分部积分法求解.

【例 3-73】 计算定积分$\int_0^{\frac{\pi}{3}} x\cos 3x\mathrm{d}x$.

解 $\int_0^{\frac{\pi}{3}} x\cos 3x\mathrm{d}x=\frac{1}{3}\int_0^{\frac{\pi}{3}} x\mathrm{d}\sin 3x=\frac{1}{3}\left(x\sin 3x\Big|_0^{\frac{\pi}{3}}-\int_0^{\frac{\pi}{3}}\sin 3x\mathrm{d}x\right)$

$$=-\frac{1}{9}\int_0^{\frac{\pi}{3}}\sin 3x\mathrm{d}3x=-\frac{1}{9}(-\cos 3x)\Big|_0^{\frac{\pi}{3}}=-\frac{2}{9}.$$

类型归纳 ▶▶▶

类型:被积函数没有 e^{ax} 因子,但是有 $\sin ax$ 或 $\cos ax$ 因子.

方法:由微分公式 $\sin ax\mathrm{d}x=-\frac{1}{a}\mathrm{d}\cos ax(a\neq 0)$ 或 $\cos ax\mathrm{d}x=\frac{1}{a}\mathrm{d}\sin ax(a\neq 0)$ 进行凑微分法,再运用换元积分法或分部积分法求解.

【例 3-74】 计算定积分$\int_1^{\mathrm{e}}\frac{\ln x}{x^2}\mathrm{d}x$.

解 $\int_1^{\mathrm{e}}\frac{\ln x}{x^2}\mathrm{d}x=-\int_1^{\mathrm{e}}\ln x\mathrm{d}\frac{1}{x}=-\left(\frac{1}{x}\ln x\Big|_1^{\mathrm{e}}-\int_1^{\mathrm{e}}\frac{1}{x}\mathrm{d}\ln x\right)$

$$=-\frac{1}{\mathrm{e}}+\int_1^{\mathrm{e}}\frac{1}{x^2}\mathrm{d}x=-\frac{1}{\mathrm{e}}+\left(-\frac{1}{x}\right)\Big|_1^{\mathrm{e}}=1-\frac{2}{\mathrm{e}}.$$

类型归纳 ▶▶▶

类型:被积函数既没有 e^{ax} 因子,也没有 $\sin ax$ 或 $\cos ax$ 因子,但是有 x^{α} 因子.

方法:由微分公式 $x^{\alpha}\mathrm{d}x=\frac{1}{\alpha+1}\mathrm{d}x^{\alpha+1}(\alpha\neq-1)$ 进行凑微分法,再运用换元积分法或分部积分法求解.

【例 3-75】 计算定积分$\int_0^{\pi}\mathrm{e}^x\sin 2x\mathrm{d}x$.

解 $\int_0^{\pi}\mathrm{e}^x\sin 2x\mathrm{d}x=\int_0^{\pi}\sin 2x\mathrm{d}\mathrm{e}^x=(\mathrm{e}^x\sin 2x)\Big|_0^{\pi}-\int_0^{\pi}\mathrm{e}^x\mathrm{d}\sin 2x$

$$=-2\int_0^{\pi}e^x\cos2x\mathrm{d}x=-2\int_0^{\pi}\cos2x\mathrm{d}e^x$$

$$=-2\left[(e^x\cos2x)\Big|_0^{\pi}-\int_0^{\pi}e^x\mathrm{d}\cos2x\right]$$

$$=-2(e^{\pi}-1)-4\int_0^{\pi}e^x\sin2x\mathrm{d}x,$$

$$5\int_0^{\pi}e^x\sin2x\mathrm{d}x=-2(e^{\pi}-1),$$

$$\int_0^{\pi}e^x\sin2x\mathrm{d}x=\frac{2}{5}(1-e^{\pi}).$$

类型归纳▶▶▶

类型:被积函数既有 e^{ax} 因子,也有 $\sin ax$ 或 $\cos ax$ 因子.

方法:优先考虑 e^{ax},由微分公式 $e^{ax}\mathrm{d}x=\frac{1}{a}\mathrm{d}e^{ax}(a\neq0)$ 进行凑微分法,再使用分部积分法求解.有时候,一个积分的问题,需要多次使用分部积分法才能完成,但必须是同一个方向,而不能三心二意.

【例 3-76】 计算定积分 $\int_0^1 e^{\sqrt{x}}\mathrm{d}x$.

解 先换元,令 $\sqrt{x}=t$,即 $x=t^2$,则 $\mathrm{d}x=2t\mathrm{d}t$. 且 $x=0$ 时,$t=0$;$x=1$ 时,$t=1$. 于是

$$\int_0^1 e^{\sqrt{x}}\mathrm{d}x=2\int_0^1 te^t\mathrm{d}t=2te^t\Big|_0^1-2\int_0^1 e^t\mathrm{d}t$$

$$=2e-2e^t\Big|_0^1=2.$$

类型归纳▶▶▶

类型:求被积函数含有根式的定积分.

方法:运用换元积分法,先化简,后求解.

结束语▶▶▶

换元积分法和分部积分法,是解决积分计算的很重要的方法.在计算过程中,首先要观察被积函数的结构和特点,大概确定问题的类型,用"套近乎"的方法,尝试相应的措施,把所求的积分化成我们所需要的形式,最后套用相关公式加以解决.数学的特点是精确和严密,但是,在进行严格的逻辑推理之前,却需要对问题做出创造性的假设.对问题的研究方式,要求我们"大胆假设,仔细论证",这也是学习积分学所要培养的人文素质.在使用换元积分法和分部积分法时,必须选择适当的函数,否则只会适得其反.这时,不要说积分法不好,而是没有使用好这个方法.由于定积分的计算和不定积分的计算,都是求被积函数的原函数,因此,只要对应的不定积分会做了,使用相同的方法,就可以解决定积分的计算问题了.当然,定积分的计算,也可以先通过对应的不定积分求出原函数,再套用牛顿-莱布尼兹公式求解.虽然我们学会了定积分计算的一般方法,但是不够,我们还需要用定积分去解决生产实践中的问题,这就是定积分的运用.

同步训练

【A 组】

1. 填空题：

(1)$\int_{-\pi}^{\pi} x^3\sin^2 x\mathrm{d}x=$ ________；

(2)$\int_{-\frac{1}{2}}^{\frac{1}{2}} \frac{(\arcsin x)^2}{\sqrt{1-x^2}}\mathrm{d}x=$ ________；

(3)$\int_{\frac{\pi}{3}}^{\pi} \sin\left(x+\frac{\pi}{3}\right)\mathrm{d}x=$ ________；

(4)$\int_{0}^{\pi} x\sin x\mathrm{d}x=$ ________；

(5) 函数 $f(x)$ 连续，$a\neq b$ 为常数，则$\frac{\mathrm{d}}{\mathrm{d}x}\int_{a}^{b} f(x+t)\mathrm{d}t=$ ________.

2. 用换元积分法计算下列定积分：

(1)$\int_{-2}^{1} \frac{\mathrm{d}x}{11+5x}$；

(2)$\int_{\frac{\pi}{6}}^{\frac{\pi}{2}} \cos^2 u\mathrm{d}u$；

(3)$\int_{\frac{1}{\sqrt{2}}}^{1} \frac{\sqrt{1-x^2}}{x^2}\mathrm{d}x$；

(4)$\int_{1}^{4} \frac{1}{1+\sqrt{x}}\mathrm{d}x$；

(5)$\int_{0}^{1} t\mathrm{e}^{-\frac{t^2}{2}}\mathrm{d}t$；

(6)$\int_{0}^{\frac{\pi}{2}} \sin x\cos^3 x\mathrm{d}x$；

(7)$\int_{0}^{4} \sqrt{\sin x-\sin^3 x}\mathrm{d}x$；

(8)$\int_{0}^{1} \frac{\mathrm{d}x}{\sqrt{4+5x}-1}$；

(9)$\int_{1}^{\mathrm{e}^2} \frac{\mathrm{d}x}{x\sqrt{1+\ln x}}$；

(10)$\int_{1}^{2} \frac{\sqrt{x-1}}{x}\mathrm{d}x$.

3. 用分部积分法计算下列定积分：

(1)$\int_{0}^{1} x\mathrm{e}^{-x}\mathrm{d}x$；

(2)$\int_{0}^{\frac{2\pi}{\omega}} t\sin\omega t\,\mathrm{d}t$（$\omega$ 为常数）；

(3)$\int_{0}^{1} x\arctan x\mathrm{d}x$；

(4)$\int_{0}^{\frac{\pi}{2}} \mathrm{e}^{2x}\cos x\mathrm{d}x$；

(5)$\int_{0}^{1} x^2\mathrm{e}^{x}\mathrm{d}x$；

(6)$\int_{\frac{\pi}{4}}^{\frac{\pi}{3}} \frac{x}{\sin^2 x}\mathrm{d}x$；

(7)$\int_{0}^{\frac{\pi}{2}} (x+x\sin x)\mathrm{d}x$；

(8)$\int_{1}^{4} \frac{\ln x}{\sqrt{x}}\mathrm{d}x$；

(9)$\int_{0}^{1} \arctan\sqrt{x}\mathrm{d}x$；

(10)$\int_{0}^{\frac{\pi}{2}} \cos^6 x\mathrm{d}x$.

【B 组】

1. 计算下列定积分：

(1)$\int_{0}^{1} x\mathrm{e}^{-x^2}\mathrm{d}x$；

(2)$\int_{0}^{1} x\sqrt{1-x}\mathrm{d}x$；

(3) $\int_0^{\frac{\pi}{2}} \sin x\cos^2 x\mathrm{d}x$；　　(4) $\int_1^{\mathrm{e}} \frac{\sqrt{\ln x+1}}{x}\mathrm{d}x$；

(5) $\int_0^{\frac{\pi}{4}} \tan^2 x\mathrm{d}x$；　　(6) $\int_0^{\frac{1}{2}} \frac{(\arcsin x)^2}{\sqrt{1-x^2}}\mathrm{d}x$；

(7) $\int_0^1 \frac{1}{x^2+2x+2}\mathrm{d}x$；　　(8) $\int_0^{\pi} \sqrt{1+\cos 2x}\mathrm{d}x$.

2. 运用函数的奇偶性计算下列定积分：

(1) $\int_{-1}^1 x\mathrm{e}^{-x^2}\mathrm{d}x$；　　(2) $\int_{-\frac{\pi}{2}}^{\frac{\pi}{2}} 4\cos^4 x\mathrm{d}x$.

3. 设函数 $f(x)$ 在区间 $[-a,a]$ 上连续，证明：

(1) $\int_{-a}^a f(-x)\mathrm{d}x = \int_{-a}^a f(x)\mathrm{d}x$；　　(2) $\int_{-a}^a x[f(x)+f(-x)]\mathrm{d}x = 0$.

4. 计算下列定积分：

(1) $\int_1^{\sqrt{3}} \frac{1}{x\sqrt{1+x^2}}\mathrm{d}x$；　　(2) $\int_0^{\frac{\pi}{2}} x\sin x\mathrm{d}x$；

(3) $\int_0^{\frac{\pi}{2}} \mathrm{e}^x\sin^2 x\mathrm{d}x$；　　(4) $\int_1^{\mathrm{e}} \sin(\ln x)\mathrm{d}x$；

(5) $\int_0^{\frac{\pi}{4}} x\tan^2 x\mathrm{d}x$；　　(6) $\int_2^{\mathrm{e}+1} x^2\ln(x-1)\mathrm{d}x$；

(7) $\int_0^1 \mathrm{e}^{-\sqrt{x}}\mathrm{d}x$；　　(8) $\int_{\frac{1}{\mathrm{e}}}^{\mathrm{e}} |\ln x|\mathrm{d}x$.

第八节　定积分的微元法及其运用

【学习要求】

1. 理解微元法的思想和方法；
2. 会求平面图形的面积；
3. 会求绕坐标轴旋转一周而成的旋转体的体积；
4. 会求平面曲线的弧长.

【学习重点】

1. 微元法的思想和方法；
2. 平面图形的面积公式；
3. 绕坐标轴旋转一周而成的旋转体的体积公式；
4. 平面曲线的弧长计算公式.

【学习难点】

1. 用微元法针对实际问题建立定积分数学模型；
2. 正确判别不同类型的问题.

引言▶▶▶

如果不能把理论应用于实践，那么再好的理论也是空洞的，没有用的，定积分理论也是一样. 我们需要把理论和实践相结合，将某些能够细分的现实问题设法转化成为定积分的问题，然后用定积分的理论加以解决，这就是微元法.

一、定积分的微元法

1. 条　件

一般地，如果在实际问题中所求量 U 满足以下条件，则可归结为定积分求解：

(1) 所求量 U 与变量 x 的变化区间 $[a,b]$ 有关；

(2) 所求量 U 对区间 $[a,b]$ 具有可加性，即把区间 $[a,b]$ 分成许多小区间，整体量等于各部分量之和，即 $U=\sum\limits_{i}\Delta U_i$；

(3) 所求量 U 的部分量 ΔU_i 可近似地表示成 $f(\xi_i)\cdot\Delta x_i$，即 $\Delta U_i\approx f(\xi_i)\cdot\Delta x_i$.

2. 步　骤

用定积分来求量 U 的步骤为：

(1) 根据问题，选取一个变量 x 为积分变量，并确定它的变化区间 $[a,b]$；

(2) 设想将区间 $[a,b]$ 分成若干小区间，取其中的任一小区间 $[x,x+\mathrm{d}x]$，求出它所对应的部分量 ΔU 的近似值

$$\Delta U\approx f(x)\mathrm{d}x(f(x)\text{ 为区间}[a,b]\text{ 上一连续函数}),$$

则称 $f(x)\mathrm{d}x$ 为量 U 的元素，且记作 $\mathrm{d}U=f(x)\mathrm{d}x$；

(3) 以 U 的元素 $\mathrm{d}U$ 作为被积表达式，以 $[a,b]$ 为积分区间，得

$$U=\int_a^b f(x)\mathrm{d}x.$$

这种方法叫作微元法，其实质是找出 U 的元素 $\mathrm{d}U$ 的微分表达式

$$\mathrm{d}U=f(x)\mathrm{d}x(a\leqslant x\leqslant b).$$

【例 3-77】 重新认识曲边梯形面积的计算.

解　设曲线 $f(x)$ 在区间 $[a,b]$ 上连续，且 $f(x)\geqslant 0$，以曲线 $f(x)$ 为曲边，底为 $[a,b]$，构成曲边梯形.

首先确定积分变量 x，再把区间 $[a,b]$ 细分成许多的小区间，在其中任意一个小区间 $[x,x+\mathrm{d}x]$ 上，以 $f(x)$ 作为高，构成一个小矩形. 由于 $\mathrm{d}x$ 是 x 的微元，是一个无穷小量，在小区间 $[x,x+\mathrm{d}x]$ 上的小的曲边梯形面积 ΔS，有 $\Delta S\approx f(x)\mathrm{d}x$，面积微元是 $\mathrm{d}S=f(x)\mathrm{d}x$（见图 3-17），

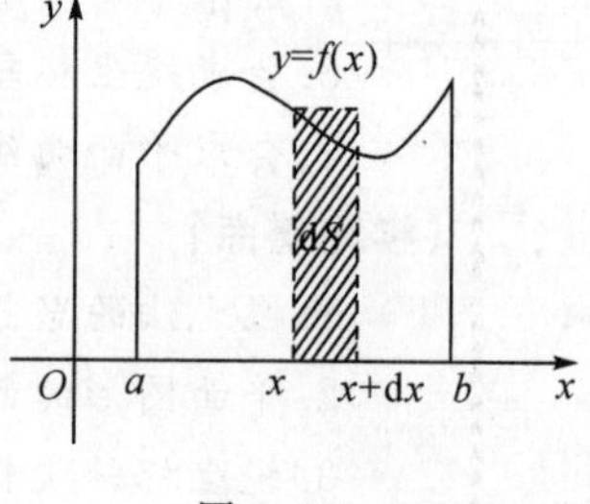

图 3-17

再把区间 $[a,b]$ 上的所有面积微元累积起来，就是整个曲边梯形的面积，即

$$S=\int_a^b f(x)\mathrm{d}x.$$

类型归纳 ▶▶▶

类型：求平面图形的面积.

方法：先求面积微元 $\mathrm{d}S=f(x)\mathrm{d}x$，再用定积分 $S=\int_a^b f(x)\mathrm{d}x$ 计算.

二、微元法的应用

1.平面图形的面积计算

(1) 上下结构型平面图形的面积公式

由直线 $x=a,x=b$ 及曲线 $y=f(x),y=g(x)$ 所围成的平面图形称为上下结构型平面图形(见图 3-18)，面积微元 $\mathrm{d}A=|f(x)-g(x)|\mathrm{d}x$，根据微元法可得其面积

$$A=\int_a^b|f(x)-g(x)|\mathrm{d}x.$$

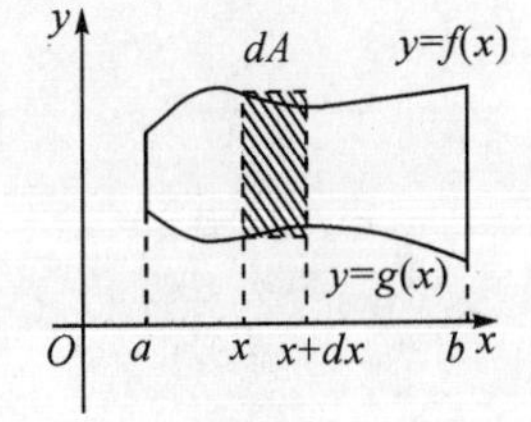

图 3-18

特别地，当 $f(x)\geqslant g(x)$ 时，有

$$A=\int_a^b[f(x)-g(x)]\mathrm{d}x.$$

当 $g(x)=0,f(x)\geqslant 0$ 时，有

$$A=\int_a^b f(x)\mathrm{d}x.$$

(2) 左右结构型平面图形的面积公式

由直线 $y=c,y=d$ 及曲线 $x=f(y),x=g(y)$ 所围成的平面图形称为左右结构型平面图形(见图 3-19)，面积微元是两个长方形之差，即 $\mathrm{d}A=|f(y)-g(y)|\mathrm{d}y$，其面积

$$A=\int_c^d|f(y)-g(y)|\mathrm{d}y.$$

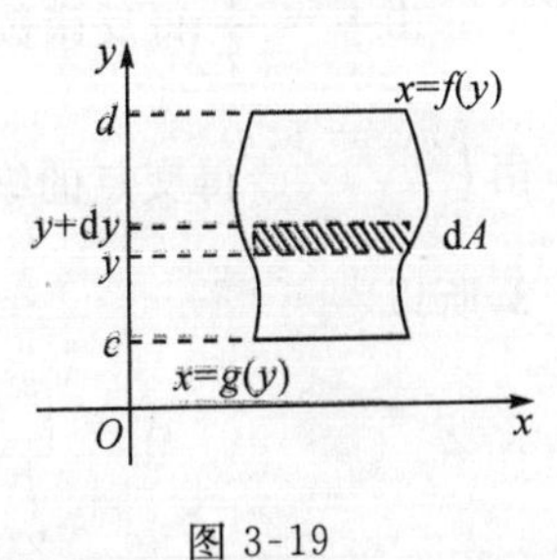

图 3-19

特别地，当 $f(y)\geqslant g(y)$ 时，有

$$A=\int_c^d[f(y)-g(y)]\mathrm{d}y(\text{大的减去小的}).$$

当 $g(y)=0,f(y)\geqslant 0$ 时，有

$$A=\int_c^d f(y)\mathrm{d}y.$$

(3) 平面图形的面积计算举例

【例 3-78】 求由曲线 $y=2-x^2$ 与直线 $y=-x$ 所围的面积.

解 先作草图(见图 3-20)，显然为上下结构型面积图形.

由

$$\begin{cases}y=2-x^2,\\y=-x\end{cases}$$

得交点的横坐标 $x_1=-1,x_2=2$，所以

$$A=\int_{-1}^2[(2-x^2)-(-x)]\mathrm{d}x$$

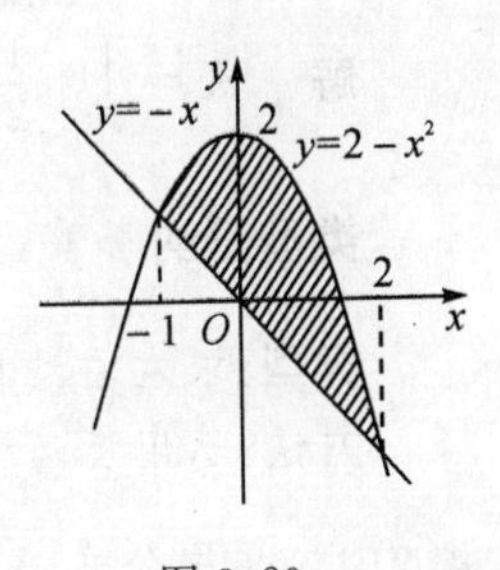

图 3-20

$$= \left(2x+\frac{1}{2}x^2-\frac{1}{3}x^3\right)\Big|_{-1}^{2}$$
$$= \frac{9}{2}.$$

【例 3-79】 求由曲线 $y=\ln x$，x 轴及两直线 $x=\frac{1}{2}$，$x=2$ 所围成的平面图形的面积.

解 作草图(见图 3-21).

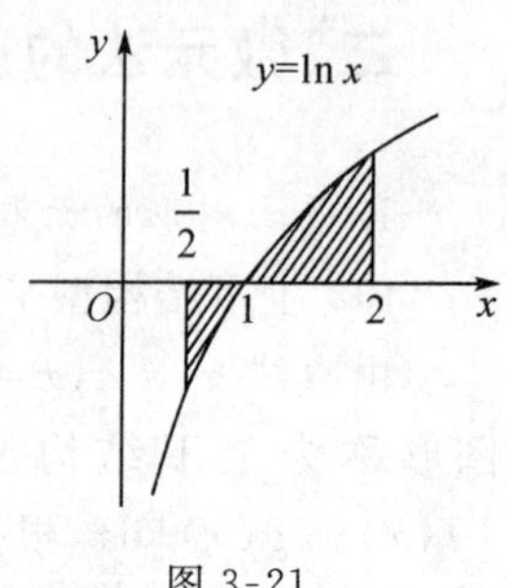

图 3-21

已知在 $\left[\frac{1}{2},1\right]$ 上，$\ln x\leqslant 0$，在 $[1,2]$ 上，$\ln x\geqslant 0$，

$$A=\int_{\frac{1}{2}}^{2}|\ln x|\mathrm{d}x$$
$$=-\int_{\frac{1}{2}}^{1}\ln x\mathrm{d}x+\int_{1}^{2}\ln x\mathrm{d}x$$
$$=-(x\ln x-x)\Big|_{\frac{1}{2}}^{1}+(x\ln x-x)\Big|_{1}^{2}$$
$$=\frac{3}{2}\ln 2-\frac{1}{2}.$$

类型归纳 ▶▶▶

类型：求上下结构型平面图形的面积.

方法：当 $f(x)\geqslant g(x)$ 时，运用公式 $A=\int_a^b[f(x)-g(x)]\mathrm{d}x$ 计算.

【例 3-80】 求由曲线 $y=\frac{1}{x}$ 与 $y=x^2(x>0)$ 和 $y=2$ 所围成的面积.

解 先作草图(见图 3-22)，显然为左右结构型面积图形.

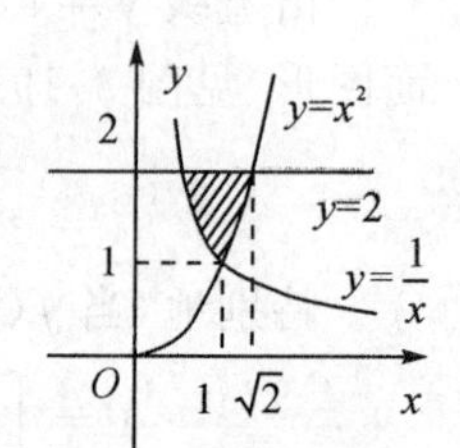

图 3-22

由 $y=\frac{1}{x}$ 得反函数 $x=\frac{1}{y}$，由 $y=x^2(x>0)$ 得反函数 $x=\sqrt{y}$. 再由 $\begin{cases}xy=1,\\y=x^2\end{cases}$ 得交点的纵坐标 $y_1=1$，由 $\begin{cases}xy=1,\\y=2\end{cases}$ 得交点的纵坐标 $y_2=2$，所以

$$A=\int_1^2\left(\sqrt{y}-\frac{1}{y}\right)\mathrm{d}y=\left(\frac{2}{3}y^{\frac{3}{2}}-\ln y\right)\Big|_1^2$$
$$=\frac{2}{3}(2\sqrt{2}-1)-\ln 2.$$

【例 3-81】 求由曲线 $y=x^2$ 与 $y=2x-1$ 和 x 轴所围成的平面图形的面积.

解 $A=\int_0^1\left[\frac{1}{2}(y+1)-\sqrt{y}\right]\mathrm{d}y=\left(\frac{1}{4}y^2+\frac{1}{2}y-\frac{2}{3}y^{\frac{3}{2}}\right)\Big|_0^1=\frac{1}{12}.$

类型归纳 ▶▶▶

类型：求左右结构型平面图形的面积.

方法：运用反函数的求法，先求出曲线关于 y 的表达式 $x=f(y)$ 和 $x=g(y)$，当 $f(y)\geqslant g(y)$ 时，运用公式 $A=\int_c^d[f(y)-g(y)]\mathrm{d}y$ 计算.

【例 3-82】 求由两条曲线 $y=x^2$ 和 $x=y^2$ 所围成的面积.

解 方法一 先作草图(见图 3-23),显然为上下结构型平面图形.

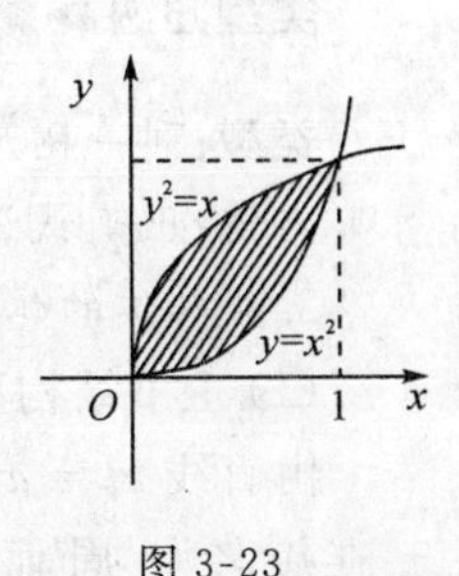

图 3-23

由 $\begin{cases} y=x^2, \\ x=y^2 \end{cases}$ 得交点的横坐标 $x_1=0, x_2=1$,所以

$$A=\int_0^1(\sqrt{x}-x^2)\mathrm{d}x=\frac{1}{3}.$$

方法二 根据草图,也可以看成是左右结构型平面图形.

由 $\begin{cases} y=x^2, \\ x=y^2 \end{cases}$ 得交点的横坐标 $y_1=0, y_2=1$,所以

$$A=\int_0^1(\sqrt{y}-y^2)\mathrm{d}y=\frac{1}{3}.$$

类型归纳

类型:求既是上下结构型,又是左右结构型的图形的面积.

方法:一般选用上下结构型图形面积公式计算.

【例 3-83】 计算抛物线 $y^2=2x$ 与直线 $x-y=4$ 所围平面图形的面积.

解 方法一 作草图(见图 3-24),可以知道图形是左右结构型.

由 $y^2=2x$ 得反函数 $x=\frac{1}{2}y^2$,由 $x-y=4$ 得反函数 $x=y+4$,由 $\begin{cases} y^2=2x, \\ x-y=4 \end{cases}$ 得到两条曲线的交点 $(2,-2)$ 和 $(8,4)$,所求面积

$$A=\int_{-2}^4\left(y+4-\frac{1}{2}y^2\right)\mathrm{d}y=\left(\frac{y^2}{2}+4y-\frac{y^3}{6}\right)\Bigg|_{-2}^4=18.$$

方法二 作草图(见图 3-25),用直线 $x=2$ 将图形分成两部分,把图形看成是上下结构型,左侧图形的面积

$$A_1=\int_0^2[\sqrt{2x}-(-\sqrt{2x})]\mathrm{d}x=2\sqrt{2}\left(\frac{2}{3}x^{\frac{3}{2}}\right)\Bigg|_0^2=\frac{16}{3},$$

右侧图形的面积

$$A_2=\int_2^8[\sqrt{2x}-(x-4)]\mathrm{d}x=\left(\frac{2\sqrt{2}}{3}x^{\frac{3}{2}}-\frac{1}{2}x^2+4x\right)\Bigg|_2^8=\frac{38}{3},$$

所求图形的面积

$$A=A_1+A_2=\frac{16}{3}+\frac{38}{3}=18.$$

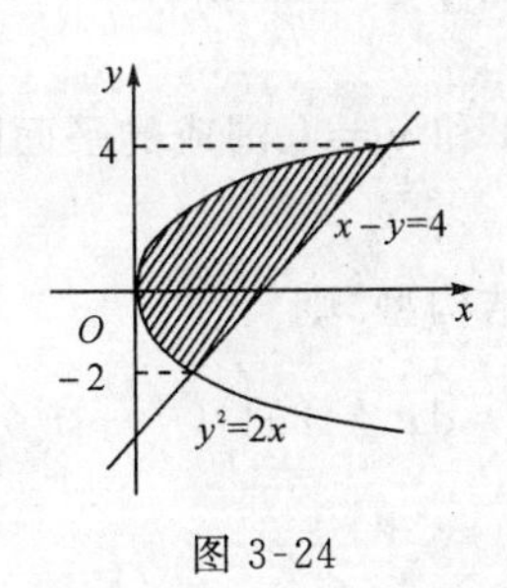

图 3-24

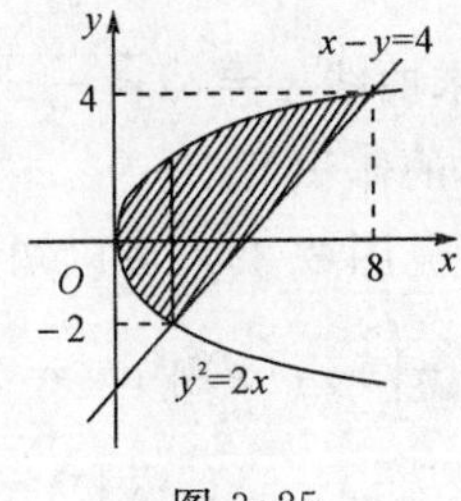

图 3-25

类型归纳 ▶▶▶

类型:同一图形的结构的不同处理.

方法:正确认识图形结构,选取合适的积分变量,使计算简化.

2. 旋转体的体积计算

(1) 上下结构型平面图形绕 x 轴旋转而成的旋转体的体积公式

由直线 $x=a, x=b$ 及曲线 $y=f_1(x), y=f_2(x)$ 所围成的上下结构型平面图形绕 x 轴旋转一周而成的封闭的旋转体，体积微元是两个圆柱体之差，即 $\mathrm{d}V_x=\pi|f_2^2(x)-f_1^2(x)|\mathrm{d}x$,其体积

$$V_x=\pi\int_a^b|f_2^2(x)-f_1^2(x)|\mathrm{d}x.$$

特别地,当 $f_2(x)\geqslant f_1(x)$ 时,有

$$V_x=\pi\int_a^b[f_2^2(x)-f_1^2(x)]\mathrm{d}x.$$

当 $f_1(x)=0, f_2(x)=f(x)$ 时(见图 3-26),有

$$V_x=\pi\int_a^b f^2(x)\mathrm{d}x.$$

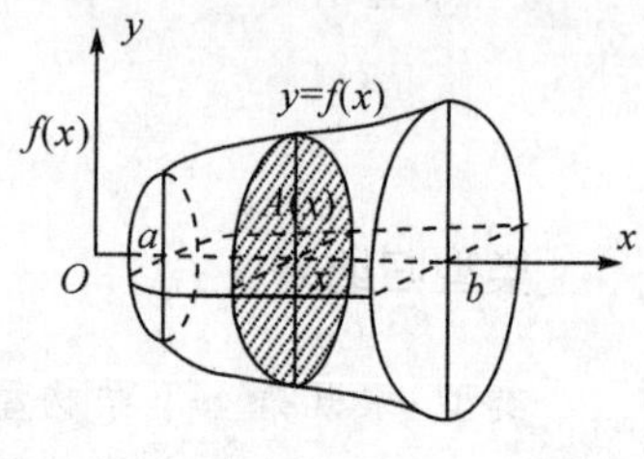

图 3-26

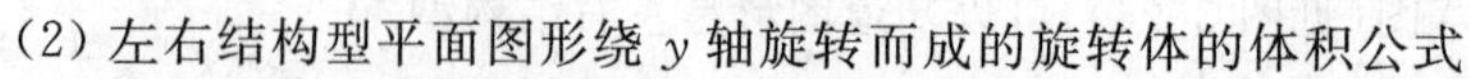

(2) 左右结构型平面图形绕 y 轴旋转而成的旋转体的体积公式

由直线 $y=c, y=d$ 及曲线 $x=g_1(y), x=g_2(y)$ 所围成的平面图形绕 y 轴旋转而成的封闭的旋转体,体积微元是两个圆柱体之差,即 $\mathrm{d}V_y=\pi|g_2^2(y)-g_1^2(y)|\mathrm{d}y$,其体积

$$V_y=\pi\int_c^d|g_2^2(y)-g_1^2(y)|\mathrm{d}y.$$

特别地,当 $g_2(y)\geqslant g_1(y)$ 时,有

$$V_y=\pi\int_c^d[g_2^2(y)-g_1^2(y)]\mathrm{d}y.$$

当 $g_1(y)=0, g_2(y)=g(y)$ 时(见图 3-27),则

$$V_y=\pi\int_c^d g^2(y)\mathrm{d}y.$$

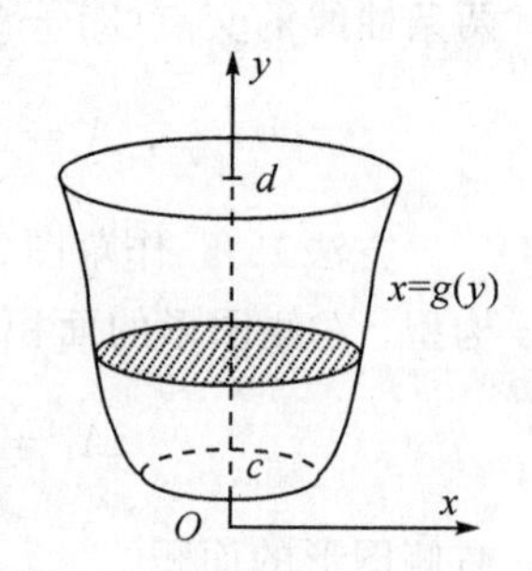

图 3-27

(3) 旋转体的体积计算举例

【例 3-84】 求曲线 $y=x^3(0\leqslant x\leqslant 3)$, $x=3$ 和 $y=0$ 围成的平面图形绕 x 轴旋转一周所得的旋转体的体积 V_x.

解 作草图(见图 3-28),可以知道图形是上下结构.则

$$V_x=\pi\int_0^3[f(x)]^2\mathrm{d}x=\pi\int_0^3 x^6\mathrm{d}x=\frac{2187}{7}\pi.$$

【例 3-85】 求曲线 $y=\sqrt{r^2-x^2}(-r\leqslant x\leqslant r)$ 和 $y=0$ 围成的平面图形绕 x 轴旋转一周所得的旋转体的体积 V_x.

解 作草图(见图 3-29),可以知道图形是上下结构型.则

$$V_x=\pi\int_{-r}^r[f(x)]^2\mathrm{d}x=2\pi\int_0^r(\sqrt{r^2-x^2})^2\mathrm{d}x=2\pi\int_0^r(r^2-x^2)\mathrm{d}x$$

$$=2\pi\left(r^2x-\frac{x^3}{3}\right)\Big|_0^r=\frac{4\pi}{3}r^3.$$

这就是球的体积公式.

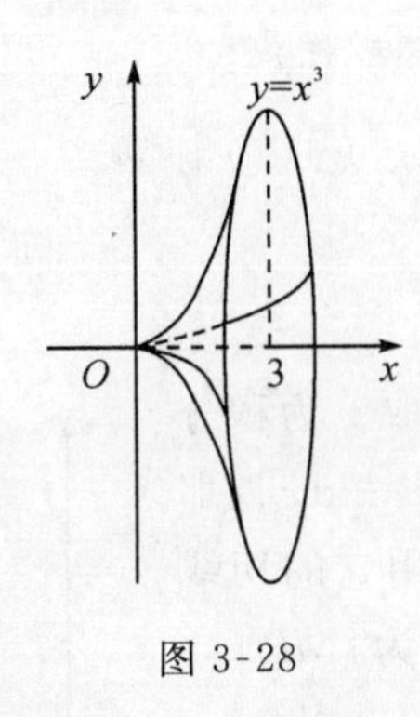

图 3-28

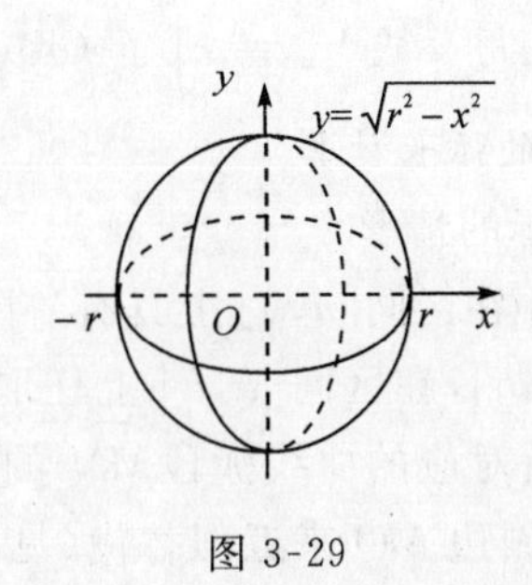

图 3-29

类型归纳

类型:区间$[a,b]$上$y=f(x)$绕x轴旋转一周所得的旋转体的体积问题.

方法:使用公式$V_x=\pi\int_a^b f^2(x)\mathrm{d}x$计算.

【例 3-86】 求由$y=\frac{h}{r}x$与$y=h$和y轴围成的平面图形绕y轴旋转而成的旋转体的体积.

解 $V_y=\pi\int_0^h\left(\frac{r}{h}y\right)^2\mathrm{d}y=\pi\frac{r^2}{h^2}\left(\frac{1}{3}y^3\right)\Big|_0^h=\frac{r^2h}{3}\pi.$

这就是圆锥体的体积公式.

类型归纳

类型:区间$[c,d]$上$x=g(y)$绕y轴旋转一周所得的旋转体的体积问题.

方法:使用公式$V_y=\pi\int_c^d g^2(y)\mathrm{d}y$计算.

【例 3-87】 求椭圆$\frac{x^2}{a^2}+\frac{y^2}{b^2}=1$绕$x$轴旋转和$y$轴旋转而成的旋转体的体积.

解 第一个旋转体,可看成由上半个椭圆$y=\frac{b}{a}\sqrt{a^2-x^2}$(上下结构型平面图形)绕$x$轴旋转而成,于是由公式得

$$V_x=\pi\int_{-a}^a\frac{b^2}{a^2}(a^2-x^2)\mathrm{d}x=\frac{4}{3}\pi ab^2.$$

第二个旋转体,则可看成右半个椭圆$x=\frac{a}{b}\sqrt{b^2-y^2}$(左右结构型平面图形)绕$y$轴旋转而成的旋转体,于是由公式得

$$V_y=\pi\int_{-b}^b\frac{a^2}{b^2}(b^2-y^2)\mathrm{d}y=\frac{4}{3}\pi a^2b.$$

类型归纳 ▶▶▶

类型:曲线绕不同坐标轴旋转一周所得的旋转体的体积问题.

方法:分别使用公式 $V_x=\pi\int_a^b f^2(x)\mathrm{d}x$ 和 $V_y=\pi\int_c^d g^2(y)\mathrm{d}y$ 计算.

3. 平面曲线的弧长计算

(1) 直角坐标的情形

设函数 $f(x)$ 在区间$[a,b]$上具有一阶连续的导数,取 x 为积分变量,则 $x\in[a,b]$,在区间$[a,b]$上任取一小区间$[x,x+\mathrm{d}x]$,那么,这一小区间所对应的曲线弧段$\overset{\frown}{MN}$ 的长度 Δs,可以用它的切线对应的三角形的斜边 MO 来近似替代(见图 3-30). 又因为$|MP|=\mathrm{d}x$,$|OP|=\mathrm{d}y$,于是,由勾股定理得弧长元素为

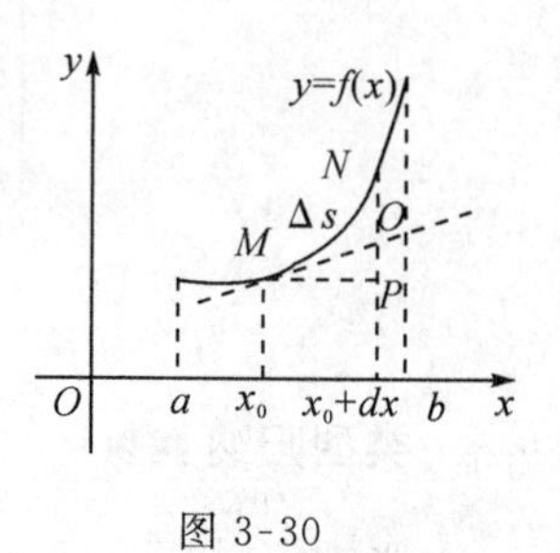

图 3-30

$$\mathrm{d}s=\sqrt{(\mathrm{d}x)^2+(\mathrm{d}y)^2}=\sqrt{(\mathrm{d}x)^2+[f'(x)\mathrm{d}x]^2}$$
$$=\sqrt{1+[f'(x)]^2}\mathrm{d}x,$$

曲线 $f(x)$ 在区间$[a,b]$上的总弧长为

$$s=\int_a^b\sqrt{1+[f'(x)]^2}\mathrm{d}x.$$

(2) 参数方程的情形

若曲线由参数方程

$$\begin{cases}x=\varphi(t),\\y=\psi(t)\end{cases}(\alpha\leqslant t\leqslant\beta)$$

给出,则弧长微分

$$\mathrm{d}s=\sqrt{(\mathrm{d}x)^2+(\mathrm{d}y)^2}=\sqrt{[\varphi'(t)]^2+[\psi'(t)]^2}\mathrm{d}t,$$

从而有

$$s=\int_\alpha^\beta\sqrt{[\varphi'(t)]^2+[\psi'(t)]^2}\mathrm{d}t.$$

(3) 弧长计算举例

【例 3-88】 计算曲线 $y=\frac{2}{3}x^{\frac{3}{2}}(a\leqslant x\leqslant b)$ 的弧长.

解 由 $\mathrm{d}y=\left(\frac{2}{3}x^{\frac{3}{2}}\right)'\mathrm{d}x=\sqrt{x}\mathrm{d}x$ 得

$$\mathrm{d}s=\sqrt{(\mathrm{d}x)^2+(\mathrm{d}y)^2}=\sqrt{1+(\sqrt{x})^2}\mathrm{d}x=\sqrt{1+x}\mathrm{d}x,$$

所以

$$s=\int_a^b\sqrt{1+x}\mathrm{d}x=\frac{2}{3}(1+x)^{\frac{3}{2}}\Big|_a^b=\frac{2}{3}[(1+b)^{\frac{3}{2}}-(1+a)^{\frac{3}{2}}].$$

【例 3-89】 函数 $y=\frac{a}{2}(\mathrm{e}^{\frac{x}{a}}+\mathrm{e}^{-\frac{x}{a}})$对应的曲线,称为悬链线,它表示的是一条悬挂在空中的电缆线的形状. 试求两端点等高,且跨度为 2,高度等于$\frac{1}{2}(\mathrm{e}+\mathrm{e}^{-1})-1$的电缆长度.

解 过电缆线两端点的中点作 y 轴,建立适当的坐标系(见图 3-31).

设电缆线方程为 $y=\frac{a}{2}(\mathrm{e}^{\frac{x}{a}}+\mathrm{e}^{-\frac{x}{a}})$，由题意可知

$$\frac{a}{2}(\mathrm{e}^{\frac{1}{a}}+\mathrm{e}^{-\frac{1}{a}})-\frac{a}{2}(\mathrm{e}^{\frac{0}{a}}+\mathrm{e}^{-\frac{0}{a}})=\frac{1}{2}(\mathrm{e}+\mathrm{e}^{-1})-1,$$

得 $a=1$，所以电缆线方程为

$$y=\frac{1}{2}(\mathrm{e}^{x}+\mathrm{e}^{-x}),$$

电缆线长度

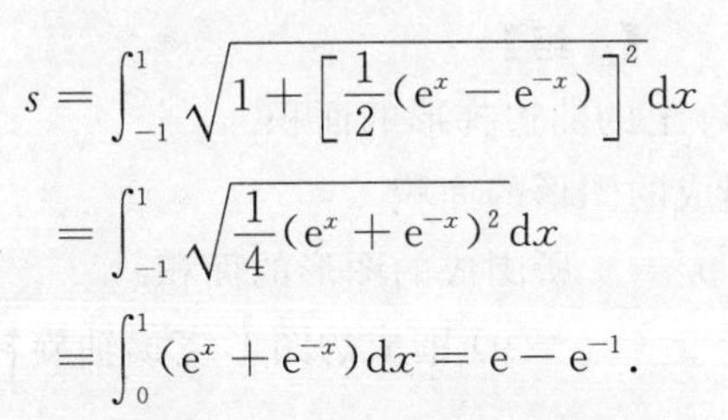

$$\begin{aligned}s&=\int_{-1}^{1}\sqrt{1+\left[\frac{1}{2}(\mathrm{e}^{x}-\mathrm{e}^{-x})\right]^{2}}\,\mathrm{d}x\\&=\int_{-1}^{1}\sqrt{\frac{1}{4}(\mathrm{e}^{x}+\mathrm{e}^{-x})^{2}}\,\mathrm{d}x\\&=\int_{0}^{1}(\mathrm{e}^{x}+\mathrm{e}^{-x})\mathrm{d}x=\mathrm{e}-\mathrm{e}^{-1}.\end{aligned}$$

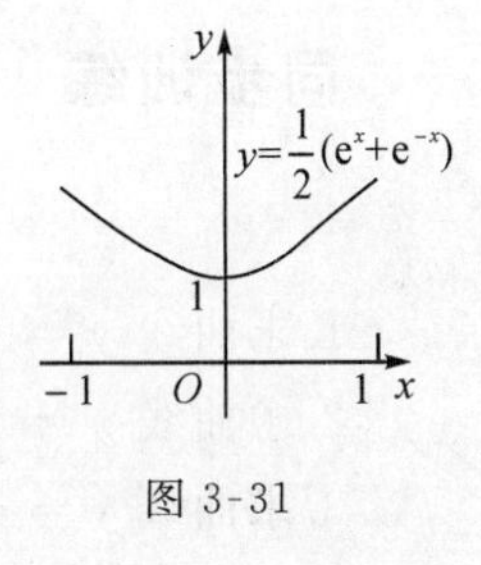

图 3-31

由于悬链线函数中参数 a 和悬链线长度的计算都较为复杂，因此，在实际应用中，常常用抛物线 $y=ax^{2}$ 来近似替代悬链线函数.

类型归纳 ▶▶▶

类型: 在直角坐标情形下求平面曲线的弧长.

方法: 运用公式 $s=\int_{a}^{b}\sqrt{1+[f'(x)]^{2}}\,\mathrm{d}x$ 计算.

【例 3-90】 计算半径为 r 的圆周长度.

解 圆的参数方程为 $\begin{cases}x=r\cos t,\\y=r\sin t\end{cases}(0\leqslant t\leqslant 2\pi)$,

$$\mathrm{d}s=\sqrt{(-r\sin t)^{2}+(r\cos t)^{2}}\,\mathrm{d}t=r\mathrm{d}t,$$

$$s=\int_{0}^{2\pi}r\mathrm{d}t=2\pi r.$$

这就是圆周长的计算公式.

类型归纳 ▶▶▶

类型: 在参数方程情形下求平面曲线的弧长.

方法: 运用 $s=\int_{\alpha}^{\beta}\sqrt{[\varphi'(t)]^{2}+[\psi'(t)]^{2}}\,\mathrm{d}t$ 计算.

结束语 ▶▶▶

通过微元法，能够把生产实践中出现的问题，转化成数学中的定积分问题. 计算定积分的关键，是正确地画出草图. 有了草图，就有了提示，也就有了方向. 对于封闭的平面图形的面积计算，根据草图，确定区域的结构：如果是上边一条曲线，下边也是一条曲线，就是上下结构型；如果是左边一条曲线，右边也是一条曲线，就是左右结构型；如果一边是多条曲线，则需要分块计算. 对于旋转体的体积计算，要看清楚哪一条是母线，绕什么坐标轴旋转. 确定了问题的性质，就可以选择相应的公式，解决对应的面积和体积的计算问题. 值得一提的是，

对于左右结构型的面积计算和绕 y 轴旋转的旋转体的体积计算，需要先求出曲线对应的函数的反函数，再套用相应的计算公式. 通过这一节的学习，我们更能体会"学函数不会画图，学数学没有前途"这句话了. 有了微元法，对于物理和工程技术学科中出现的很多问题，我们同样可以迎刃而解.

同步训练

【A 组】

1. 求曲线 $y = x^2 + 1$ 在区间 $[0,2]$ 上的曲边梯形的面积.

2. 求曲线 $y = 4 - x^2$ 与 x 轴所围成的图形的面积.

3. 求曲线 $y = e^x, y = e^{-x}$ 与直线 $x = 1$ 所围成的图形的面积.

4. 求抛物线 $y^2 = 4ax$ 及直线 $x = x_0\,(x_0 > 0)$ 围成的图形绕 x 轴旋转所成的旋转体的体积.

5. 求抛物线 $y = x^2$ 及 $x = y^2$ 围成的图形绕 y 轴旋转所成的旋转体的体积.

6. 求等轴双曲线 $xy = 4$ 及直线 $y = 1, y = 4, x = 0$ 围成的图形绕 y 轴旋转所成的旋转体的体积.

7. 求曲线 $y = x^3$ 及与直线 $x = 2, y = 0$ 围成的图形绕 x 轴及 y 轴旋转所成的旋转体的体积.

8. 求抛物线 $y = 1 - x^2$ 在 x 轴上方的曲线段的弧长.

【B 组】

1. 求曲线 $y = \sin x$ 与 x 轴在区间 $[0,2\pi]$ 上所围成的图形的面积.

2. 求曲线 $x = y^2$ 与直线 $y = x$ 所围成的图形的面积.

3. 求曲线 $y = x^2$ 与 $y = \sqrt{x}$ 所围成的图形的面积.

4. 求曲线 $y = \dfrac{1}{x}$ 与直线 $x = 1$ 和 $y = 2$ 所围成的图形的面积.

5. 求曲线 $y = x^2 - 2$ 与直线 $y = 0$ 围成的图形绕 x 轴旋转所成的旋转体的体积.

6. 求曲线 $y = x^2$ 与直线 $y = x$ 围成的图形绕 x 轴旋转所成的旋转体的体积.

7. 求曲线 $y = x^3$ 与 $y = \sqrt[3]{x}$ 围成的图形绕 y 轴旋转所成的旋转体的体积.

8. 当 $x \geqslant 0$ 时，求由曲线 $y = x^2$ 与直线 $y = 2$ 围成的图形绕 y 轴旋转所成的旋转体的体积.

9. 求曲线 $y = x^2$ 和 $4y = x^2$ 及直线 $y = 1$ 围成的图形绕 x 轴及 y 轴旋转所成的旋转体的体积.

10. 当 $\sqrt{3} \leqslant x \leqslant \sqrt{8}$ 时，计算曲线 $y = \ln x$ 的一段弧的弧长.

11. 当 $1 \leqslant x \leqslant 3$ 时，计算曲线 $y = \dfrac{\sqrt{x}}{3}(3 - x)$ 的一段弧的长度.

12. 当 $0 \leqslant t \leqslant 2\pi$ 时，计算摆线 $\begin{cases} x = a(t - \sin t), \\ y = a(1 - \cos t) \end{cases}$ 的一段拱的长度.

第九节　定积分在物理学上的运用

【学习要求】

1. 会求变速直线运动的路程；
2. 会求细棒的总质量；
3. 会求变力沿直线所做的功；
4. 会求液体的静压力；
5. 会求物理意义下的平均值；
6. 了解垂直金属杆的长度问题.

【学习重点】

1. 变力沿直线所做的功的求解；
2. 液体的静压力的求解.

【学习难点】

1. 物理的相关知识；
2. 用微元法把物理问题转化为定积分问题.

引言 ▶▶▶

根据定积分的定义，定积分既有几何背景，又有物理背景，进而定积分与这些知识有着天然的联系. 我们已经学会了求平面图形的面积和旋转体的体积，同样地，我们也可以求路程、平均速度、质量、功、水压力等. 上述种种问题，尽管形式各异，然而所采用的思想方法均是化曲为直，以不变代变，无限逼近，充分展现了数学思想方法的高度抽象性及运用的广泛性.

一、变速直线运动的路程计算

设某物体作变速直线运动，已知速度 $v = v(t)$ 是时间区间 $[T_1, T_2]$ 上关于 t 的连续函数，且 $t \geqslant 0$. 在区间 $[T_1, T_2]$ 上任取一个小区间 $[t, t+\mathrm{d}t]$，由于时间间隔非常之小，在小时间段内，可以近似地看成是匀速运动(见图 3-32)，路程微元可表示为

$$\mathrm{d}s = v(t)\mathrm{d}t,$$

因此从 T_1 到 T_2 这一总时间段上的总路程为

$$s = \int_{T_1}^{T_2} v(t)\mathrm{d}t.$$

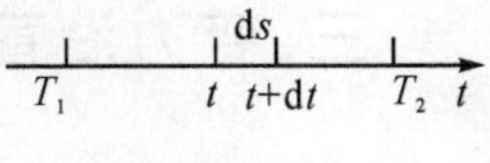

T_1　t　$t+\mathrm{d}t$　T_2　t　$\mathrm{d}s$

图 3-32

【例 3-91】　计算从 0s 到 Ts 这段时间内自由落体经过的路程.

解　0s 到 Ts 这段时间内自由落体经过的路程为

$$s=\int_0^T v(t)\,\mathrm{d}t=\int_0^T gt\,\mathrm{d}t=\frac{1}{2}gT^2.$$

【例 3-92】 一辆汽车在笔直的道路上以 12m/s 的速度行驶，快到目的地的时候，为了节省能源，司机关闭油门，让汽车自动滑行. 如果汽车滑行后的加速度是 $-0.4\mathrm{m/s^2}$，试问：从开始滑行到完全停止，汽车又行驶了多远？

解 根据题意，$v(0)=12\mathrm{m/s}$，由于汽车关闭油门后做匀减速直线运动，则

$$v(t)=v(0)+at=12-0.4t.$$

当汽车完全停止行驶时，$v(t)=0$，得 $t=\dfrac{12}{0.4}=30(\mathrm{s})$，所以，从开始滑行到完全停止，汽车行驶的路程为

$$s=\int_0^{30} v(t)\,\mathrm{d}t=\int_0^{30}(12-0.4t)\,\mathrm{d}t=180(\mathrm{m}).$$

类型归纳 ▶▶▶

类型：求变速直线运动的路程.

方法：用变速直线运动的路程公式计算.

二、细棒质量的计算

有一根不均匀的细棒，密度为 $\rho(x)$，$a<b$，则在闭区间 $[a,b]$ 上的细棒的质量为 $M=\int_a^b \rho(x)\,\mathrm{d}x$.

【例 3-93】 有一单位长度的细棒，其上任意一点的线密度是该点到细棒左端点的距离的平方，求该细棒的质量.

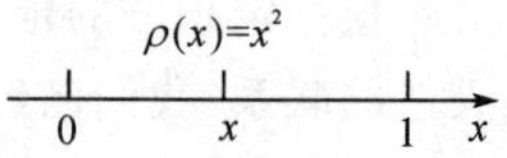

解 作草图(见图 3-33). 由题意可得该细棒的线密度是 $\rho(x)=x^2$，所以细棒的质量为

$$M=\int_a^b \rho(x)\,\mathrm{d}x=\int_0^1 x^2\,\mathrm{d}x=\frac{1}{3}.$$

图 3-33

类型归纳 ▶▶▶

类型：求不均匀的细棒的质量.

方法：运用公式 $M=\int_a^b \rho(x)\,\mathrm{d}x$ 计算.

三、变力沿直线所做的功的计算

设一物体受连续变力 $F(x)$ 作用，沿力的方向做直线运动，变力 $F(x)$ 是区间 $[a,b]$ 上一个非均匀变化的量. 取 x 为积分变量，$x\in[a,b]$，相应于区间 $[a,b]$ 上任一小区间 $[x,x+\mathrm{d}x]$ 上变力所做的功(见图 3-34)，用微分形式表示为

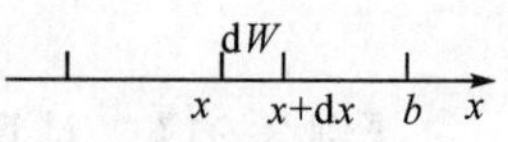

图 3-34

$$dW = F(x)dx.$$

因此，从 a 到 b 这一段变力 $F(x)$ 所做的功为

$$W = \int_a^b F(x)dx.$$

【例 3-94】 一个带 $+q$ 电量的点电荷放在 r 轴上坐标原点处，形成一电场. 求单位正电荷在电场中沿 r 轴方向从 $r = a$ 移动到 $r = b$ 处时，电场力对它做的功.

解 根据静电学，如果有一单位正电荷放在电场中与原点距离为 r 的地方，则电荷对它的作用力的大小为

$$F = k\frac{q}{r^2}(k \text{ 为常数}),$$

因此，在单位正电荷移动的过程中，电场力对它的作用力是变力.

取 r 为积分变量，$r \in [a,b]$. 在区间 $[a,b]$ 的任意小区间 $[r,r+dr]$ 上，当单位正电荷从 r 处移动到 $r+dr$ 处时，电场力所做功的近似值即功的微元为

$$dW = k\frac{q}{r^2}dr.$$

以 $k\frac{q}{r^2}dr$ 为被积表达式，在闭区间 $[a,b]$ 上做定积分，得所求的功为

$$W = \int_a^b F(x)dx = k\frac{q}{-r}\Big|_a^b = kq\left(\frac{1}{a} - \frac{1}{b}\right).$$

【例 3-95】 半径为 1m 的半球形水池，池中充满了水，把池内水全部抽完需做多少功（取 $\rho = 1\times10^3 \text{kg/m}^3$，重力加速度 $g = 9.8 \text{m/s}^2$）？

解 建立适当的坐标系（见图 3-35），则圆的方程为 $x^2 + y^2 = 1$，选水深 x 为积分变量，$x \in [0,1]$，在区间 $[0,1]$ 上的任意小区间 $[x,x+dx]$ 上，相应小薄圆柱体水重微元为

$$\rho g\pi y^2 dx = \rho g(1^2 - x^2)\pi dx,$$

将这小水柱体提到水池表面的距离为 x，所以功的微元为

$$dW = \rho g\pi(1 - x^2)dx \cdot x,$$

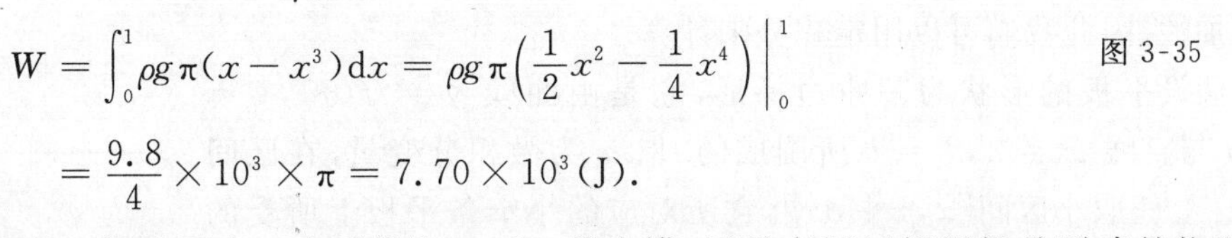

$$W = \int_0^1 \rho g\pi(x - x^3)dx = \rho g\pi\left(\frac{1}{2}x^2 - \frac{1}{4}x^4\right)\Big|_0^1$$

$$= \frac{9.8}{4}\times10^3\times\pi = 7.70\times10^3(\text{J}).$$

图 3-35

【例 3-96】 把地面上一个质量为 400kg 的水罐，用吊车通过钢绳提升到建筑物顶部，钢丝绳每米重 1kg，并且每提升 1m，从罐中要漏掉 1kg 水，如果建筑物的高度为 90m，吊车作用在水罐和钢丝绳上的变力要做多少功（设重力加速度为 g）？

解 设 x 轴垂直于地面，原点在地面上，建立适当的坐标系（见图 3-36）. 则水罐距离地面 x m 时，漏水后的水罐质量为 $(400 - x)$kg，提升后的钢绳质量为 $(90 - x)$kg，所以吊车作用在水罐和钢丝绳上的力为

$$F(x) = [(400 - x) + (90 - x)]g = (490 - 2x)g,$$

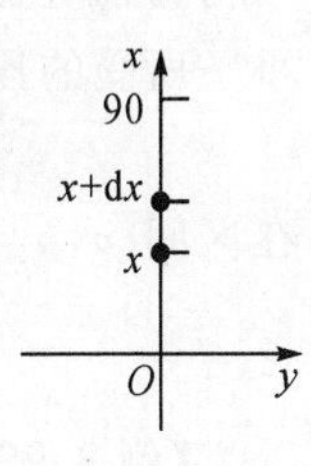

图 3-36

则把水罐提升到 90m 的建筑物顶部，吊车要做的功为

$$W = \int_0^{90} (490 - 2x) g\mathrm{d}x = (490x - x^2) g \Big|_0^{90} = 352800(\mathrm{J}).$$

类型归纳 ▶▶▶

类型:求变力沿直线所做的功.

方法:运用公式 $W = \int_a^b F(x)\mathrm{d}x$ 或直接用微元法计算.

【例 3-97】 求交流电的平均功率.

解 在直流电路中,若电流为 I,则电流通过电阻 R 所消耗的功率为

$$P = I^2 R.$$

在交流电路中,电流是时间 t 的函数,因此上式所表示的功率只是瞬时功率.由于使用电器不是瞬间的事,所以需要计算一段时间的平均功率,我们日常所用的电器所标明的"40W""60W"等就是平均功率.

平均功率等于交流电 $I = I(t)$ 在一个周期 T 内所做的功除以 T,即

$$\overline{P} = \frac{1}{T}\int_0^T I^2(t) R\mathrm{d}t.$$

类型归纳 ▶▶▶

类型:求变力所做的平均功率.

方法:运用平均值公式 $\overline{S} = \frac{1}{b-a}\int_a^b f(x)\mathrm{d}x$ 计算.

四、液体对平板的静压力的计算

由物理学知识可知,如果将面积为 A 的平板水平地置入液体中深 x 处,则平板一侧所受压力为 $p = \rho g x A$(其中 ρ 为液体密度).如果将平板垂直地插入液体中,由于深度不同处压强不相同,平板一侧所受压力就不可用上述方法计算.但由于整个平板所受的压力对深度具有可加性,因此我们可以用定积分来计算.

假设平板的形状为一曲边梯形,它是由曲线 $y = f(x)$,$y = g(x)$ 与直线 $x = a$,$x = b$ 所围成的.取 x 为微积分变量,在区间 $[a,b]$ 上任取小区间 $[x,x+\mathrm{d}x]$,它所对应的小窄条平板上所受的压力可以近似地看成是深度为 x、长度为 $f(x)-g(x)$、宽度为 $\mathrm{d}x$ 的小条所受的压力(见图 3-37),于是所求的压力微元为

$$\mathrm{d}p = \rho g x[f(x) - g(x)]\mathrm{d}x,$$

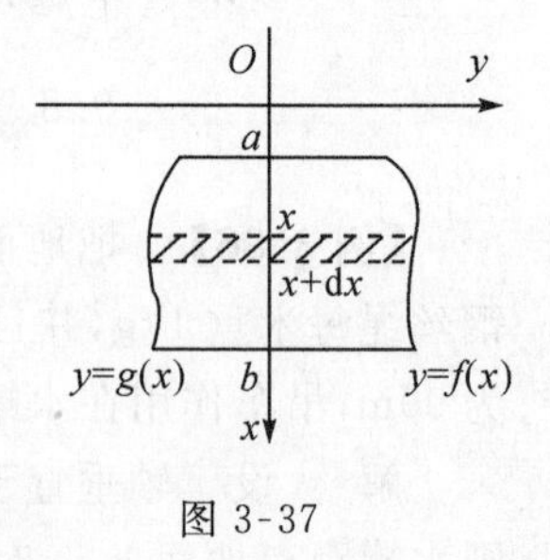

图 3-37

在区间 $[a,b]$ 上计算定积分,便得整个平板上一侧所受压力为

$$p = \int_a^b \rho g x[f(x) - g(x)]\mathrm{d}x.$$

【例 3-98】 一薄板形状为椭圆形,椭圆的长轴和短轴分别为 2m 和 1m.将此薄板一半铅直置入水中,并使椭圆短轴与水平面相齐,计算此薄板一侧所受水压力(取水的密度 $\rho = 1\times10^3\,\mathrm{kg/m^3}$,重力加速度 $g = 9.8\mathrm{m/s^2}$).

解　建立适当的坐标系,作草图(见图 3-38).

由题意得椭圆方程为$\frac{x^2}{1^2}+\frac{y^2}{\left(\frac{1}{2}\right)^2}=1$,所以 $y=\frac{1}{2}\sqrt{1-x^2}$,取 x 为积分变量,$x\in[0,1]$,在区间$[0,1]$上的任意小区间$[x,x+\mathrm{d}x]$上,压力微元为

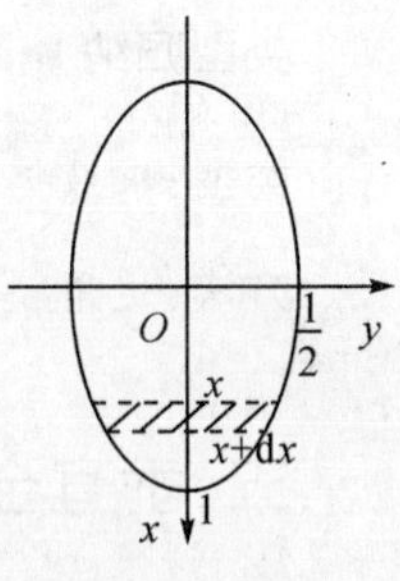

$$\mathrm{d}p=\rho g x 2y\mathrm{d}x=9.8\times10^3 x\sqrt{1-x^2}\mathrm{d}x,$$

图 3-38

在区间$[0,1]$上作定积分,得所求压力为

$$\begin{aligned}p&=\int_0^1 9.8\times10^3 x\sqrt{1-x^2}\mathrm{d}x\\&=9.8\times10^3\int_0^1\left(-\frac{1}{2}\right)\sqrt{1-x^2}\mathrm{d}(1-x^2)\\&=9.8\times10^3\times\left(-\frac{1}{2}\right)\times\frac{2}{3}(1-x^2)^{\frac{3}{2}}\Big|_0^1\\&=3.27\times10^3(\mathrm{N}).\end{aligned}$$

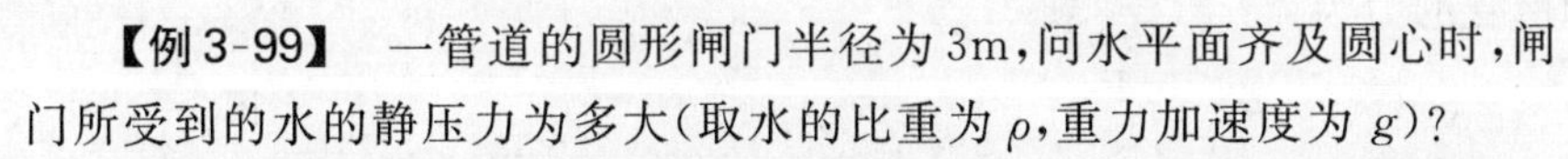

【例 3-99】　一管道的圆形闸门半径为 3m,问水平面齐及圆心时,闸门所受到的水的静压力为多大(取水的比重为 ρ,重力加速度为 g)?

解　取水平直径为 y 轴,过圆心且向下垂直于水平直径的直径为 x 轴,则圆的方程为 $x^2+y^2=9$(见图 3-39). 由于在相同深度处水的静压强相同,其值等于水的比重 ρ、深度 x 和所受面积的乘积,所以闸门深度从 x 到 $x+\mathrm{d}x$ 这一狭条上所受的静压力的微元为

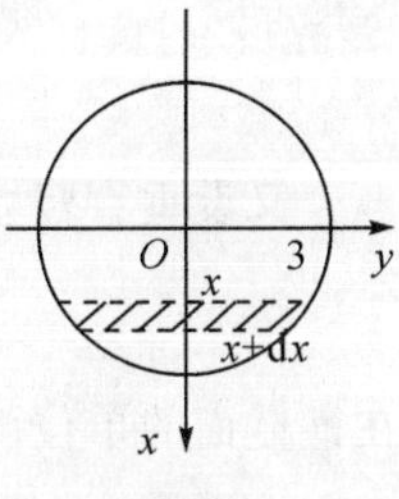

$$\mathrm{d}p=2\rho g x\sqrt{9-x^2}\mathrm{d}x,$$

图 3-39

从而闸门上所受的总压力为

$$p=\int_0^3 2\rho g x\sqrt{9-x^2}\mathrm{d}x=18\rho g(\mathrm{N}).$$

【例 3-100】　由于水压与水深成正比,水库的泄洪道一般都设计为上底大、下底小的梯形状. 假设在某一时刻,闸门在水中的梯形,上底为 3m,下底为 2m,高为 2m,求闸门在水库一侧所受到的压力(取水的密度 $\rho=1\times10^3\mathrm{kg/m^3}$,重力加速度 $g=9.8\mathrm{m/s^2}$).

解　建立坐标系(见图 3-40),并在 y 处取微元 $\mathrm{d}y$,则由于直线 AB 的方程为 $y=4(x-1)$,因此,当纵坐标为 y 时,横坐标为 $x=\frac{1}{4}y+1$,故微元的截面面积微元是

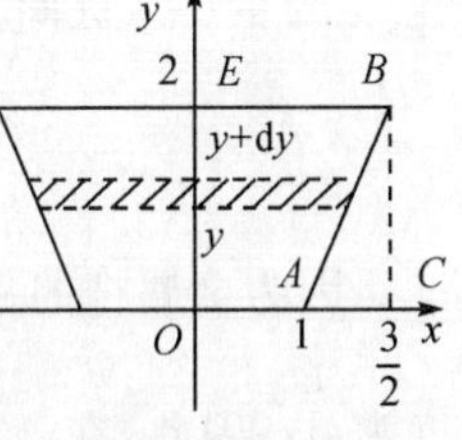

图 3-40

$$\mathrm{d}S=2x\mathrm{d}y=\left(\frac{1}{2}y+2\right)\mathrm{d}y,$$

此微元所受到的压力微元

$$\mathrm{d}p=\rho g(2-y)\mathrm{d}S=\rho g(2-y)\left(\frac{1}{2}y+2\right)\mathrm{d}y,$$

则闸门在水库一侧所受到的压力为

$$p=\int_0^2\rho g(2-y)\left(\frac{1}{2}y+2\right)\mathrm{d}y\approx4.57\times10^4(\mathrm{N}).$$

类型归纳 ▶▶▶

类型:求液体产生的静压力.

方法:运用公式 $p=\int_a^b \rho g x[f(x)-g(x)]\mathrm{d}x$ 计算.

五、垂直金属杆的长度问题

【例 3-101】 一个质地均匀且横截面相等的金属杆,垂直地竖立在地上,由于金属杆自身重量的压力作用,长度会变短,试求减少的数量.

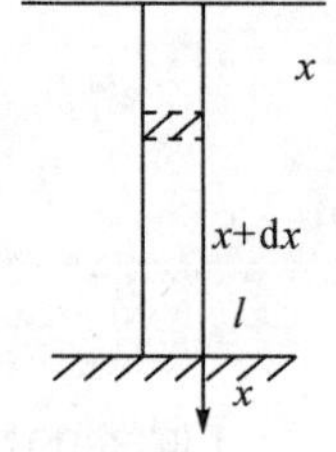

图 3-41

解 建立适当坐标系,如图 3-41 所示,本题的解决方法,将所有出现的变量单位化,再根据实际情况倍乘处理.

设金属杆原始长度为 l,横截面为 s,质量密度为 δ,弹性系数为 E,由材料抗力的基本公式可知,若金属杆在与上顶端距离为 x 处的横截面上受到的压力为 F,则单位面积所受的力为

$$F^0=\frac{F}{s}.$$

又设垂直竖立后,金属杆的长度变化值为 Δl,则每一单位长度的压缩量为

$$i=\frac{\Delta l}{l},$$

在横截面的单位面积上,只要不超越弹性限度(即金属杆不发生断裂),由虎克定律可知

$$F^0=Ei.$$

在与上顶端距离 x 处,把金属杆分解为两部分,x 处向上部分的金属杆的体积为 sx,则这部分的质量为 δsx,所以,在 x 处向下对金属杆横截面施加的压力是

$$F=\delta sxg.$$

因为 $\mathrm{d}x$ 很小,可以认为,在 $[x,x+\mathrm{d}x]$ 区间上的薄块金属杆内所受的压力不变,因此,在 $[x,x+\mathrm{d}x]$ 区间上满足虎克定律的条件,由 $F^0=Ei$ 和 $F^0=\frac{F}{s}=\frac{\delta sxg}{s}=\delta xg$,得

$$i=\frac{F^0}{E}=\frac{\delta xg}{E}.$$

因为金属杆的每一单位长度的压缩量为 $i=\frac{\delta xg}{E}$,而在 $[x,x+\mathrm{d}x]$ 区间上的金属杆的长度为 $\mathrm{d}x$,因此,在 $[x,x+\mathrm{d}x]$ 区间上的金属杆的压缩量为 $\frac{\delta xg}{E}\mathrm{d}x$,这就是金属杆压缩量的微元,由此可得整个金属杆的压缩量为

$$\int_0^l \frac{\delta xg}{E}\mathrm{d}x=\frac{\delta gl^2}{2E}=\frac{\delta sl}{2Es}gl=\frac{m}{2Es}gl,$$

其中 m 为整个金属杆的质量.

这表示,一个质地均匀且横截面相等的金属杆,垂直地竖立后,由于金属杆自身重量的压力作用,长度会发生变小,实际长度为

$$l-\frac{mg}{2Es}l=\left(1-\frac{mg}{2Es}\right)l.$$

知道了金属杆竖立会导致长度变短的理论，我们在桥梁、房屋等建筑施工中，必要的话，就可以把减少的部分计算进去，以确保施工的质量.

类型：求质地均匀且横截面相等的固体杆垂直竖立后的长度变化.

方法：运用微元法或直接套用公式$\left(1-\dfrac{mg}{2Es}\right)l$计算.

结束语

用微元法解决物理学的问题，首先要掌握物理学原理，根据物理定律找到基本公式，把实际的情态现象转化为动态现象，再把动态问题细分成无数个静态问题，然后叠加求和，最后得到解决的结果. 求变速直线运动的路程，求不均匀细棒的质量，这两类问题，一般可以直接套用公式. 在求变力沿直线所做的功和求水的静压力时，最好能通过物理模型的草图，用微元法仔细分析研究. 另外，还应该注意物理单位的使用，一般以纯净水的密度来替代普通水的密度，即$\rho=10^3\,\mathrm{kg/m^3}$，有时候也用$\rho=9.8\times10^3\,\mathrm{N/m^3}$，根据需要选择不同的单位.

同步训练

【A 组】

1. 有一单位长度的细棒，其上任意一点的线密度与该点到细棒的一个固定端的距离成正比，设比例系数为k，求细棒的质量.

2. 把质量为m的物体从半径为R的地球表面提高h要耗多少功？

3. 半径为R m的半球形水池，里面充满了水，问将池中的水全部吸出，需要做多少功？

4. 一个横放的半径为R的圆柱形水桶，里面盛有半桶油，计算桶的一个端面所受的压力（设油的比重为ρ）.

5. 半径为2m的圆柱形水桶中充满了水，现在要从桶中把水吸出，要使水面降低1m，问：需做多少功？

6. 有一横截面面积为20m^2、深5m的水池，池中装满了水，要将池中的水全部抽到高10m的水塔上，求需做的功.

7. 底为b，高为h的铅直三角形，顶点朝下浸入水中，使底边位于水面上，求它所受的水压力.

8. 薄板形状为一椭圆形，其轴为$2a$和$2b(a>b)$，此薄板的一半铅直沉入水中，而其短轴与水的表面相齐，计算水对此薄板侧面的压力.

【B 组】

1. 弹簧原长0.30m，每压缩0.01m需加2N，求把弹簧从0.25m压缩到0.20m所做的功.

2. 半径为r的球沉入水中，球的上部与水面相切，球的比重为1，现将这球从水中取出，需做多少功？

3. 一个底半径为4m、高为8m的倒立圆锥形容器，内装6m深的水，现要把容器内的水全部抽完，需做多少功？

4. 一圆锥形水池，池口直径 30m，深 10m，池中盛满了水. 试求将全池水抽出池外需做的功.

5. 质量为 1kg 的壳形容器，装水后的初始质量为 20kg，设水以 $\frac{1}{2}$kg/s 的速率从容器中流出，问以 2m/s 的速率从地面铅直上举此容器到距地面 10m 高要做多少功？

6. 设一物体在某介质中按照公式 $s = t^2$ 作直线运动，其中 s 是在时间 t 内所经过的路程. 已知介质的阻力与运动速度的平方成正比，当物体由 $s = 0$ 到 $s = Q$ 时，试求介质阻力所做的功.

7. 铅直的堰堤为等腰梯形，它的上下两底分别为 200m 和 50m，高为 10m. 若上底与水面齐平，试计算水对堰堤的压力.

8. 一物体以速度 $v = t^2 + 3t$(m/s) 作直线运动，试计算在 $t = 0$s 到 $t = 4$s 这段时间内的平均速度.

9. 如图 3-42 所示，某可控硅控制线路中，经过负载 R 的电路为

$$i(t) = \begin{cases} 0, & 0 \leqslant t \leqslant t_0, \\ 5\sin\omega t, & t_0 \leqslant t \leqslant \frac{T}{2}, \end{cases}$$

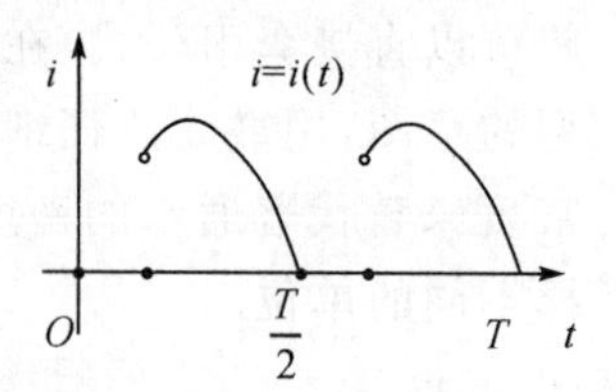

图 3-42

其中 $i(t)$ 的单位为 A，t_0 称为触发时间，单位为 s. 如果周期 $T = 0.02$s$\left(\text{即 } \omega = \frac{2\pi}{T} = 100\pi\right)$，试求：

(1) 当触发时间 $t_0 = 0.0025$s 时，在 $0 \leqslant t \leqslant \frac{T}{2}$ 内的平均电流；

(2) 当触发时间为 t_0 时，在 $0 \leqslant t \leqslant \frac{T}{2}$ 内的平均电流；

(3) 使得 $i_{平均} = \frac{15}{2\pi}$A 和 $i_{平均} = \frac{5}{3\pi}$A 的触发时间.

第十节　反常积分

【学习要求】

1. 理解无限区间上反常积分的概念；
2. 理解无界函数的反常积分的概念；
3. 会用定义求两类反常积分的值.

【学习重点】

1. 两类反常积分的概念；
2. 用定义求两类反常积分的值.

【学习难点】

1. 反常积分的极限转换；
2. 有限区间上无界函数的积分计算.

引言 ▶▶▶

在前面所讨论的定积分中，都是假定积分区间是有限的区间$[a,b]$，且函数 $f(x)$ 在区间$[a,b]$上也是有界的.但在自然科学和工程技术中往往会碰到无界函数或无限区间的积分问题.因此，我们有必要把积分概念就这两种情形加以推广，这种推广后的积分称为反常积分.

一、无限区间的反常积分

定义 3-6 设函数 $f(x)$ 在无限区间$[a,+\infty)$内连续，取 $b>a$，若极限 $\lim\limits_{b\to+\infty}\int_a^b f(x)\mathrm{d}x$ 存在（见图 3-43），则称此极限为函数 $f(x)$ 在无限区间$[a,+\infty)$内的反常积分，记作$\int_a^{+\infty} f(x)\mathrm{d}x$，即

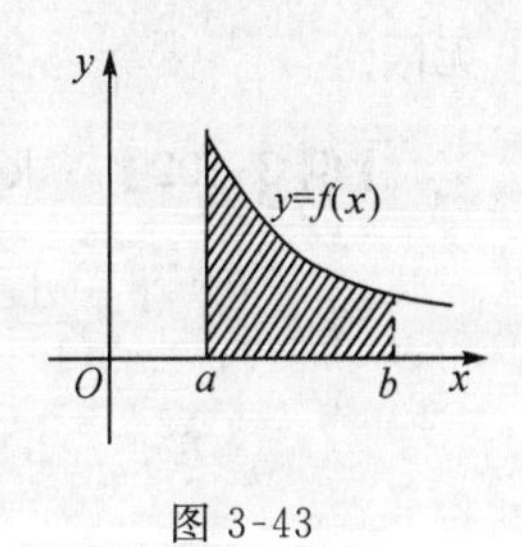

图 3-43

$$\int_a^{+\infty} f(x)\mathrm{d}x=\lim_{b\to+\infty}\int_a^b f(x)\mathrm{d}x.$$

此时也称反常积分$\int_a^{+\infty} f(x)\mathrm{d}x$ 收敛，否则称发散.

说明：

先把积分上限的正无穷大，用静止的量表示，将无限化有限，通过有限区间解出定积分，再用极限将有限化无限，把有限区间转化为无限区间.

定义 3-7 设函数 $f(x)$ 在无限区间$(-\infty,b]$内连续，取 $a<b$，若极限 $\lim\limits_{a\to-\infty}\int_a^b f(x)\mathrm{d}x$ 存在（见图 3-44），则称此极限为函数 $f(x)$ 在无限区间$(-\infty,b]$内的反常积分，记作$\int_{-\infty}^b f(x)\mathrm{d}x$，即

$$\int_{-\infty}^b f(x)\mathrm{d}x=\lim_{a\to-\infty}\int_a^b f(x)\mathrm{d}x.$$

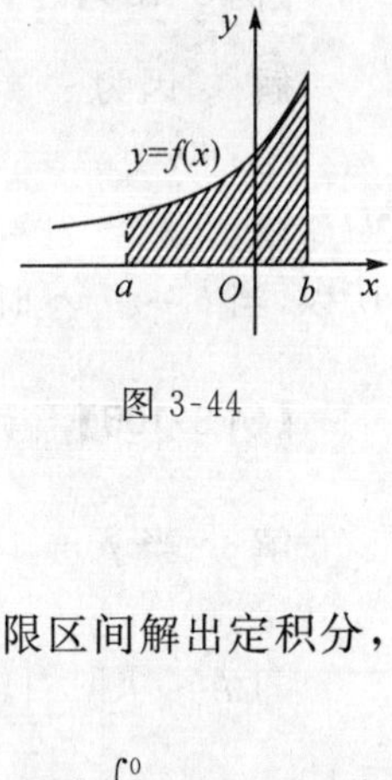

图 3-44

此时也称反常积分$\int_{-\infty}^b f(x)\mathrm{d}x$ 收敛，否则称发散.

说明：

先把积分下限的负无穷大，用静止的量表示，将无限化有限，通过有限区间解出定积分，再用极限将有限化无限，把有限区间转化为无限区间.

定义 3-8 设函数 $f(x)$ 在无限区间$(-\infty,+\infty)$内连续，若反常积分$\int_{-\infty}^0 f(x)\mathrm{d}x$ 和$\int_0^{+\infty} f(x)\mathrm{d}x$ 都收敛，则称上述两个反常积分之和为函数 $f(x)$ 在无限区间$(-\infty,+\infty)$上的反常积分，记作$\int_{-\infty}^{+\infty} f(x)\mathrm{d}x$，即

$$\int_{-\infty}^{+\infty} f(x)\mathrm{d}x=\int_{-\infty}^0 f(x)\mathrm{d}x+\int_0^{+\infty} f(x)\mathrm{d}x.$$

此时也称反常积分$\int_{-\infty}^{+\infty} f(x)\mathrm{d}x$ 收敛，否则称发散.

若记 $\lim\limits_{x \to +\infty} F(x) = F(+\infty)$，$F'(x) = f(x)$，则

$$\int_a^{+\infty} f(x)\mathrm{d}x = F(+\infty) - F(a).$$

类似地，

$$\int_{-\infty}^{b} f(x)\mathrm{d}x = F(b) - F(-\infty),$$

$$\int_{-\infty}^{+\infty} f(x)\mathrm{d}x = F(+\infty) - F(-\infty).$$

说明：

先将双边无限区间化为两个单边无限区间，再把无限化有限，最后通过极限把有限化无限.

【例 3-102】 求反常积分 $\int_1^{+\infty} \frac{\mathrm{d}x}{x^2(1+x^2)}$.

解 $\int_1^{+\infty} \frac{\mathrm{d}x}{x^2(1+x^2)} = \int_1^{+\infty} \left(\frac{1}{x^2} - \frac{1}{1+x^2}\right)\mathrm{d}x = \lim\limits_{b \to +\infty} \int_1^b \left(\frac{1}{x^2} - \frac{1}{1+x^2}\right)\mathrm{d}x$

$$= \lim_{b \to +\infty}\left(-\frac{1}{x} - \arctan x\right)\Big|_1^b = 1 - \frac{\pi}{4}.$$

【例 3-103】 求反常积分 $\int_0^{+\infty} t\mathrm{e}^{-pt}\mathrm{d}t$（$p > 0$ 为常数）.

解 $\int_0^{+\infty} t\mathrm{e}^{-pt}\mathrm{d}t = -\frac{t}{p}\mathrm{e}^{-pt}\Big|_0^{+\infty} + \frac{1}{p}\int_0^{+\infty} \mathrm{e}^{-pt}\mathrm{d}t = -\frac{1}{p}\left(\lim\limits_{t \to +\infty} \frac{t}{\mathrm{e}^{pt}} - 0\right) - \frac{1}{p^2}\mathrm{e}^{-pt}\Big|_0^{+\infty} = \frac{1}{p^2}.$

【例 3-104】 讨论反常积分 $\int_0^{+\infty} \cos x\mathrm{d}x$ 的敛散性.

解 因为

$$\int_0^{+\infty} \cos x\mathrm{d}x = \lim_{b \to +\infty} \int_0^b \cos x\mathrm{d}x = \lim_{b \to +\infty} \sin x\Big|_0^b,$$

所以，当 $b \to +\infty$ 时，变量 $\sin b$ 的极限值不存在，所以 $\int_0^{+\infty} \cos x\mathrm{d}x$ 不收敛，即发散.

【例 3-105】 讨论反常积分 $\int_a^{+\infty} \frac{1}{x^p}\mathrm{d}x$（$a > 0$）的敛散性.

解 当 $p = 1$ 时，$\int_a^{+\infty} \frac{1}{x^p}\mathrm{d}x = \int_a^{+\infty} \frac{1}{x}\mathrm{d}x = (\ln|x|)\Big|_a^{+\infty} = +\infty$；

当 $p < 1$ 时，$\int_a^{+\infty} \frac{1}{x^p}\mathrm{d}x = \left(\frac{1}{1-p}x^{1-p}\right)\Big|_a^{+\infty} = +\infty$；

当 $p > 1$ 时，$\int_a^{+\infty} \frac{1}{x^p}\mathrm{d}x = \left(\frac{1}{1-p}x^{1-p}\right)\Big|_a^{+\infty} = \frac{a^{1-p}}{p-1}$.

因此，当 $p > 1$ 时，此反常积分收敛，其收敛值为 $\frac{a^{1-p}}{p-1}$；当 $p \leqslant 1$ 时，此反常积分发散.

类型归纳 ▶▶▶

类型：求上限为正无穷大的反常积分.

方法：运用定义 $\int_a^{+\infty} f(x)\mathrm{d}x = \lim\limits_{b \to +\infty} \int_a^b f(x)\mathrm{d}x$ 求解.

【例 3-106】 求反常积分$\int_{-\infty}^{0}\frac{\mathrm{d}x}{1+x^2}$.

解 $\int_{-\infty}^{0}\frac{\mathrm{d}x}{1+x^2}=\arctan x\Big|_{-\infty}^{0}=\frac{\pi}{2}$.

类型归纳 ▶▶▶

类型:求下限为负无穷大的反常积分.

方法:运用定义$\int_{-\infty}^{b}f(x)\mathrm{d}x=\lim\limits_{a\to-\infty}\int_{a}^{b}f(x)\mathrm{d}x$求解.

【例 3-107】 计算第二宇宙速度.

解 使宇宙飞船脱离地球引力所需要的速度叫第二宇宙速度.我们先计算发射宇宙飞船时,克服地球引力所做的功.

设地球质量为M,飞船的质量为m,地球半径$R=6371\text{ km}$,根据万有引力定律,飞船与地心的距离为r时,地球对飞船的引力是

$$F=G\frac{Mm}{r^2}(G\text{ 为常数}),$$

把飞船从地球表面发射到距地心距离为A处,需要做的功为

$$W_A=\int_{R}^{A}G\frac{Mm}{r^2}\mathrm{d}r.$$

使飞船脱离地球的引力场,相当于把飞船发射到无穷远处,令$A\to+\infty$,我们得到做的功的总量为

$$W=\int_{R}^{+\infty}G\frac{Mm}{r^2}\mathrm{d}r=\lim_{A\to\infty}\int_{R}^{A}G\frac{Mm}{r^2}\mathrm{d}r=\lim_{A\to\infty}GMm\left(\frac{1}{R}-\frac{1}{A}\right)=\frac{GMm}{R}.$$

由于物体在地球表面时,地球对物体的引力F就是重力,所以

$$mg=\frac{GMm}{R^2}\text{ 或 }mgR=\frac{GMm}{R},$$

因而做功为

$$W=mgR.$$

根据能量守恒定律,发射宇宙飞船所做的功,等于飞船飞行时所具有的动能$\frac{1}{2}mv^2$,即

$$mgR=\frac{1}{2}mv^2,$$

由此求得

$$v=\sqrt{2gR}\approx11.2(\text{km/s}).$$

这就是第二宇宙速度.

类型归纳 ▶▶▶

类型:求无限区间的物理应用题.

方法:根据物理知识,结合数学方法解决.

二、无界函数的反常积分

定义 3-9 设函数 $f(x)$ 在区间 $(a,b]$ 内连续，点 a 为无穷间断点(见图 3-45)，取 $\varepsilon>0$，若极限

$$\lim_{\varepsilon\to0^+}\int_{a+\varepsilon}^{b}f(x)\mathrm{d}x$$

存在，则称此极限值为函数 $f(x)$ 在区间 $(a,b]$ 内的反常积分，记作 $\int_a^b f(x)\mathrm{d}x$，即

$$\int_a^b f(x)\mathrm{d}x=\lim_{\varepsilon\to0^+}\int_{a+\varepsilon}^{b}f(x)\mathrm{d}x.$$

类似地，可定义函数 $f(x)$ 在区间 $[a,b)$ 上的反常积分(见图 3-46)

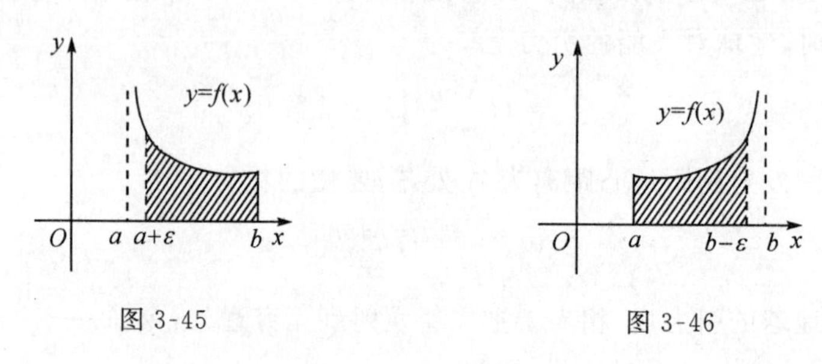

图 3-45　　图 3-46

$$\int_a^b f(x)\mathrm{d}x=\lim_{\varepsilon\to0^+}\int_{a}^{b-\varepsilon}f(x)\mathrm{d}x.$$

还可证明函数 $f(x)$ 在区间 $[a,b]$ 上除点 $c(a<c<b)$ 外连续，而点 c 为无穷间断点的反常积分

$$\int_a^b f(x)\mathrm{d}x=\int_a^c f(x)\mathrm{d}x+\int_c^b f(x)\mathrm{d}x$$

当且仅当 $\int_a^c f(x)\mathrm{d}x$ 及 $\int_c^b f(x)\mathrm{d}x$ 都收敛时，称 $\int_a^b f(x)\mathrm{d}x$ 收敛，否则称反常积分 $\int_a^b f(x)\mathrm{d}x$ 发散.

说明：

函数在积分区间端点处无界时，可以先无界化有界，在较小的区间上进行积分计算，再通过极限，把有界化无界；函数在积分区间内无界时，可以通过无穷间断点，先将积分区间分解成若干区间，然后分别讨论，综合判断.

【例 3-108】 计算反常积分 $\int_0^a\frac{1}{\sqrt{a^2-x^2}}\mathrm{d}x(a>0)$.

解 因 $\lim\limits_{x\to a^-}\frac{1}{\sqrt{a^2-x^2}}=\infty$，故 $x=a$ 为函数 $f(x)$ 的无穷间断点.

于是

$$\int_0^a\frac{1}{\sqrt{a^2-x^2}}\mathrm{d}x=\lim_{\varepsilon\to0^+}\int_0^{a-\varepsilon}\frac{1}{\sqrt{a^2-x^2}}\mathrm{d}x=\lim_{\varepsilon\to0^+}\arcsin\frac{x}{a}\Big|_0^{a-\varepsilon}$$

$$=\lim_{\varepsilon\to0^+}\arcsin\frac{a-\varepsilon}{a}=\frac{\pi}{2}.$$

【例 3-109】 计算反常积分$\int_0^1 \ln x\mathrm{d}x$.

解 $\int_0^1 \ln x\mathrm{d}x=\lim\limits_{t\to0^+}(x\ln x-x)\Big|_t^1=-1-\lim\limits_{t\to0^+}t\ln t$

$$=-1-\lim_{t\to0^+}\frac{\ln t}{\frac{1}{t}}=-1-\lim_{t\to0^+}\frac{\frac{1}{t}}{-\frac{1}{t^2}}=-1.$$

类型归纳 ▶▶▶

类型:求端点处函数无界的反常积分.

方法:运用定义$\int_a^b f(x)\mathrm{d}x=\lim\limits_{\varepsilon\to0^+}\int_{a+\varepsilon}^b f(x)\mathrm{d}x$或$\int_a^b f(x)\mathrm{d}x=\lim\limits_{\varepsilon\to0^+}\int_a^{b-\varepsilon} f(x)\mathrm{d}x$,先在较小的区间上进行积分计算,然后再求极限.

【例 3-110】 讨论反常积分$\int_{-1}^1 \frac{1}{x^2}\mathrm{d}x$的敛散性.

解 因$f(x)=\frac{1}{x^2}$在$[-1,1]$上除$x=0$点外都连续,并且$\lim\limits_{x\to0}\frac{1}{x^2}=+\infty$,又由于$\int_{-1}^0 \frac{1}{x^2}\mathrm{d}x=\lim\limits_{\varepsilon\to0^+}\int_{-1}^{0-\varepsilon}\frac{1}{x^2}\mathrm{d}x=\lim\limits_{\varepsilon\to0^+}\left(-\frac{1}{x}\right)\Big|_{-1}^{-\varepsilon}=+\infty$,即反常积分$\int_{-1}^0 \frac{1}{x^2}\mathrm{d}x$发散,因而反常积分$\int_{-1}^1 \frac{1}{x^2}\mathrm{d}x$发散.

注:本例,若忽略了$x=0$是无穷间断点,而误认为是普通定积分,就会得到如下错误结果:$\int_{-1}^1 \frac{1}{x^2}\mathrm{d}x=-\frac{1}{x}\Big|_{-1}^1=-2$.因此,要特别注意无界函数的反常积分与普通定积分的区别.

【例 3-111】 计算反常积分$\int_{-1}^1 \frac{1}{(x^2)^{\frac{1}{4}}}\mathrm{d}x$.

解 $\int_{-1}^1 \frac{1}{(x^2)^{\frac{1}{4}}}\mathrm{d}x=\int_{-1}^0 \frac{1}{(x^2)^{\frac{1}{4}}}\mathrm{d}x+\int_0^1 \frac{1}{(x^2)^{\frac{1}{4}}}\mathrm{d}x=2\int_0^1 \frac{1}{\sqrt{x}}\mathrm{d}x=4\lim\limits_{t\to0^+}\sqrt{x}\Big|_t^1=4.$

类型归纳 ▶▶▶

类型:求积分区间内函数无界的反常积分.

方法:通过无穷间断点,将积分区间分解成若干区间,分别讨论.

结束语 ▶▶▶

反常积分,是定积分为解决新的问题而衍生出来的一种新的积分形式,这种新的积分的计算,最后还是要用普通定积分的方法加以解决,只不过中间用极限来过渡完成.无限区间的反常积分,运用极限理论,相对容易解决.无界函数的反常积分,就容易出错.我们在计算有限区间的定积分的时候,一定要认真分析,正确判断在给出的区间内是否存在没有意义的点,即无穷间断点.如果有,就必须进行转化,运用反常积分的知识加以解决.我们需要掌握的是对问题性质的转化能力，不能达到的，就暂且退一步，把无限化有限，把无界化有界，以有限去研究无限，以有界去研究无界，再通过极限还原到原来的问题. 用老的办法去研究新的问题，用已知去探索未知，最后得到新的理论，这是理论发展和进步的最基本的方法.

同步训练

【A 组】

1. 求反常积分$\int_0^{+\infty}\frac{dx}{1+x^2}$.

2. 讨论下列反常积分，如果收敛，求出收敛值：

(1)$\int_1^{+\infty}\frac{1}{x^2}dx$；　(2)$\int_0^1\frac{1}{x^2}dx$；

(3)$\int_1^{+\infty}\frac{1}{\sqrt{x}}dx$；　(4)$\int_0^1\frac{1}{x}dx$.

3. 求反常积分$\int_e^{+\infty}\frac{dx}{x(\ln x)^2}$.

4. 求反常积分$\int_0^{+\infty}te^{-t}dt$.

5. 讨论反常积分$\int_{-\infty}^{+\infty}\frac{2x+3}{x^2+2x+2}dx$ 的敛散性.

6. 讨论反常积分$\int_a^b\frac{dx}{(x-a)^q}$ 的敛散性($b>a>0$ 且 $q>0$).

【B 组】

1. 计算反常积分$\int_{-\infty}^{+\infty}\frac{1}{1+x^2}dx$.

2. 讨论下列反常积分，如果收敛，求出收敛值：

(1)$\int_0^{+\infty}\sin x dx$；　(2)$\int_0^{+\infty}e^{-2x}dx$；

(3)$\int_1^{+\infty}\frac{1}{x}dx$；　(4)$\int_1^{+\infty}\frac{1}{\sqrt{x}}dx$.

3. 计算反常积分$\int_{-\infty}^0 e^{2x}dx$.

4. 计算反常积分$\int_0^{+\infty}xe^{-3x^2}dx$.

5. 计算反常积分$\int_0^{+\infty}x^2e^{-x^3}dx$.

6. 讨论反常积分$\int_0^{+\infty}x^2e^{-x^3}dx$ 和$\int_0^2\frac{dx}{x-1}$ 的敛散性.

7. 讨论反常积分$\int_a^b\frac{dx}{(b-x)^q}$ 的敛散性($b>a>0$ 且 $q>0$).

单元自测题

一、填空题

1. 如果 e^{-x} 是函数 $f(x)$ 的一个原函数，则不定积分 $\int f(x)dx =$ ________.

2. 若不定积分 $\int f(x)dx = 2\cos\frac{x}{2} + C$，则函数 $f(x) =$ ________.

3. 设不定积分 $f(x) = \frac{1}{x}$，则函数 $\int f'(x)dx =$ ________.

4. 不定积分 $\int f(x)df(x) =$ ________.

5. 不定积分 $\int \sin x\cos x dx =$ ________.

6. 设函数 $G(x) = \int_a^{x^2} \tan t dt$，则导函数 $G'(x) =$ ________.

7. 定积分 $\int_{-4}^{4} \sqrt{16 - x^2}dx =$ ________.

8. 定积分 $\int_{-1}^{1} \frac{x}{(x^2+1)^2}dx =$ ________.

二、单项选择题

1. 若函数 $f(x)$ 的一个原函数是 $\frac{1}{x}$，则导函数 $f'(x) =$ (　　).

(A) $\ln|x|$　　(B) $-\frac{1}{x^2}$

(C) $\frac{1}{x}$　　(D) $\frac{2}{x^3}$

2. 设不定积分 $\int f(x)dx = \frac{3}{4}\ln\sin 4x + C$，则函数 $f(x) =$ (　　).

(A) $\cot 4x$　　(B) $-\cot 4x$

(C) $3\cos 4x$　　(D) $3\cot 4x$

3. 不定积分 $\int \frac{\ln x}{x}dx =$ (　　).

(A) $\frac{1}{2}x\ln^2 x + C$　　(B) $\frac{1}{2}\ln^2 x + C$

(C) $\frac{\ln x}{x} + C$　　(D) $\frac{1}{x^2} - \frac{\ln x}{x^2} + C$

4. 若 $f(x)$ 为可导函数，则(　　).

(A) $\left[\int f(x)dx\right]' = f(x)$　　(B) $d\left[\int f(x)dx\right] = f(x)$

(C) $\int f'(x)dx = f(x)$　　(D) $\int df(x) = f(x)$

5.下列凑微分式中(　　)是正确的.

(A)$\sin 2x\mathrm{d}x=\mathrm{d}(\sin^2 x)$　　(B) $\dfrac{\mathrm{d}x}{\sqrt{x}}=\mathrm{d}(\sqrt{x})$

(C)$\ln|x|\mathrm{d}x=\mathrm{d}\left(\dfrac{1}{x}\right)$　　(D)$\arctan x\mathrm{d}x=\mathrm{d}\left(\dfrac{1}{1+x^2}\right)$

6.微分$\dfrac{\mathrm{d}}{\mathrm{d}x}\left(\int_x^b \ln^2 t\mathrm{d}t\right)=$(　　).

(A)$2\ln x$;　　(B)$\ln^2 t$;

(C)$\ln^2 x$　　(D)$-\ln^2 x$

7.若定积分$\int_0^1(2x+k)\mathrm{d}x=2$,则$k=$(　　).

(A)1　　(B)-1

(C)0　　(D) $\dfrac{1}{2}$

8.下列无穷积分中收敛的是(　　).

(A)$\int_1^{+\infty}\ln x\mathrm{d}x$　　(B)$\int_1^{+\infty}\mathrm{e}^x\mathrm{d}x$

(C)$\int_1^{+\infty}\dfrac{1}{x^2}\mathrm{d}x$　　(D)$\int_1^{+\infty}\dfrac{1}{\sqrt[3]{x}}\mathrm{d}x$

三、计算题

1.$\int\dfrac{1}{9-4x^2}\mathrm{d}x$.

2.$\int\cos^2 x\mathrm{d}x$.

3.$\int\dfrac{\sqrt{x^2-4}}{x}\mathrm{d}x$.

4.$\int\arccos x\mathrm{d}x$.

5.$\int_0^{16}\dfrac{1}{\sqrt{x+9}-\sqrt{x}}\mathrm{d}x$.

6.$\int_0^{\frac{\pi}{2}}x\cos 2x\mathrm{d}x$.

7.$\int_0^1\dfrac{\mathrm{d}x}{4-x^2}$.

8.$\int_1^{+\infty}\dfrac{\mathrm{d}x}{x^2(1+x^2)}$.

四、应用题

1.求由曲线$y=x^2$,$y=\dfrac{1}{2}x+\dfrac{1}{2}$围成的平面图形的面积.

2.求椭圆$\dfrac{x^2}{a^2}+\dfrac{y^2}{b^2}=1$绕$x$轴旋转一周得到的椭球的体积.

第四章　向量代数与空间解析几何

第一节　向量及其线性运算

【学习要求】

1. 了解空间直角坐标系的概念,掌握空间两点间的距离公式;

2. 掌握向量的有关概念以及相应的坐标表示,掌握向量的加减法及数乘向量的坐标运算方法;

3. 会用向量的坐标计算向量的模、方向余弦.

【学习重点】

1. 空间两点间的距离公式;

2. 两点构成向量的坐标运算;

3. 向量加减法的坐标运算;

4. 数乘向量的坐标运算;

5. 向量平行的判定.

【学习难点】

1. 向量的方向角的计算;

2. 向量单位化的坐标运算.

引言

空间解析几何,是用代数的方法解决空间几何问题的一个数学分支,而向量是几何学、物理学及工程技术运用中的常用工具.通过向量运算,我们可以把原先非常复杂的矢量关系化为很简单的数量形式,为进一步研究几何元素的属性和关系创造了条件.

一、空间直角坐标系

定义 4-1　过空间定点 O,作 3 条相互垂直的数轴,它们都以 O 为原点,且一般具有相同的长度单位,这 3 条数轴分别称为 x 轴、y 轴和 z 轴,统称为坐标轴.3 条坐标轴的正向要符合右手系,即右手的中指向内依次指向 x 轴和 y 轴的正向,右手大拇指所指的就是 z 轴的正向.这样的 3 条坐标轴构成的坐标系,称为空间直角坐标系,点 O 称为坐标原点,任意两条坐标轴所确定的平面称为坐标面(见图 4-1).

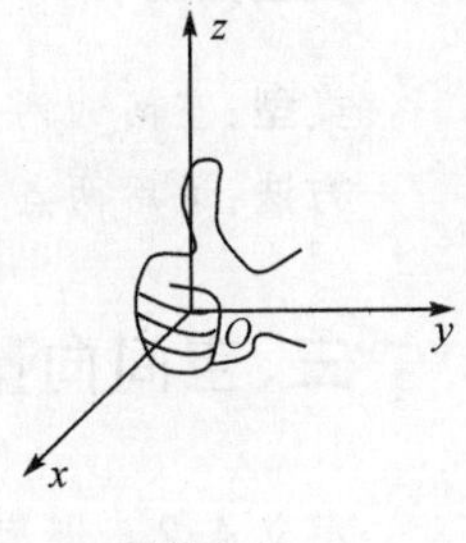

图 4-1

说明：

x 轴、y 轴和 z 轴分别称为横轴、纵轴和竖轴，对应的坐标分别称为横坐标、纵坐标和竖坐标，空间上的点就可以与一个有序数组 (a,b,c) 对应起来（见图 4-2）. 由 x 轴和 y 轴所确定的坐标面称为 xOy 坐标面，由 x 轴和 z 轴所确定的坐标面称为 xOz 坐标面，由 y 轴和 z 轴所确定的坐标面称为 yOz 坐标面，这 3 个坐标面将空间分成八个部分，每个部分称为一个卦限（见图 4-3）.

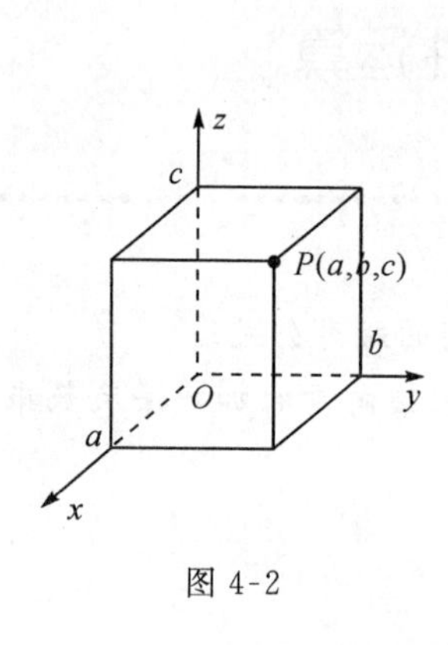

图 4-2

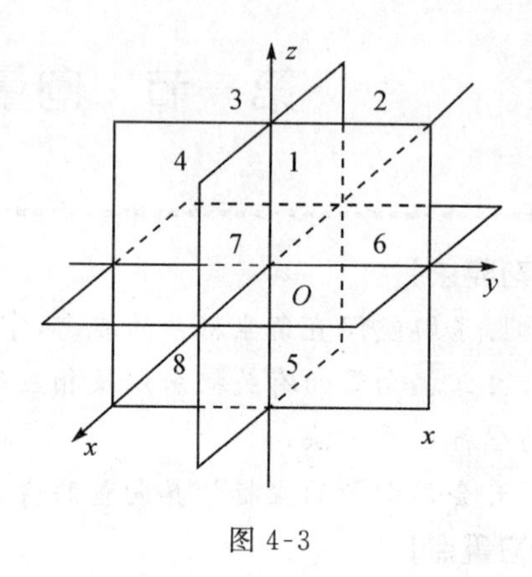

图 4-3

二、空间两点间的距离

设空间两点与 $P_1(x_1,y_1,z_1)$ 与 $P_2(x_2,y_2,z_2)$（见图 4-4），由图可以看出这两点的距离为

$$d=|P_1P_2|=\sqrt{(x_2-x_1)^2+(y_2-y_1)^2+(z_2-z_1)^2}.$$

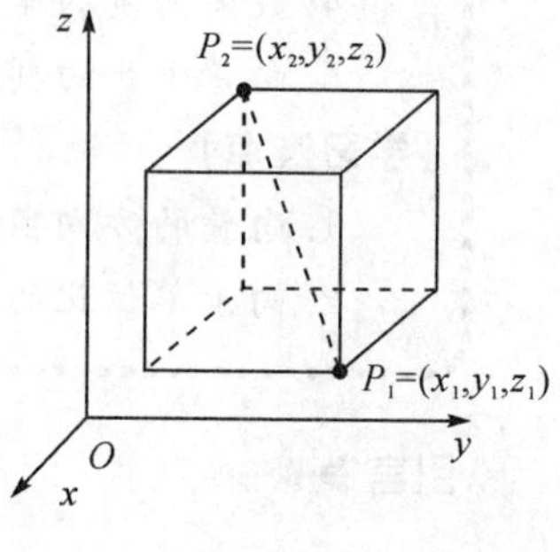

【例 4-1】 已知点 $A(2,-1,-3)$ 与点 $B(x,-5,5)$ 之间的距离为 9，求 x.

解 由空间两点间的距离公式

$$|AB|=\sqrt{(x_2-x_1)^2+(y_2-y_1)^2+(z_2-z_1)^2}$$

可知

$$(x-2)^2+(-5+1)^2+(5+3)^2=81,$$

解得 $x=1$ 或 $x=3$.

图 4-4

类型归纳 ▶▶▶

类型：空间的两点间距离问题.

方法：运用两点间距离公式.

三、空间向量的概念及其线性运算

定义 4-2 既有大小又有方向的量叫向量，也称矢量. 向量的大小（即长度）叫作向量的模.

说明：

(1) 向量有两个要素，只要大小相等，方向相同，就认为是同一个向量，平行移动后的向量还是本身. 向量用小写的字母表示，印刷体为 $\boldsymbol{a}$，$\boldsymbol{b}$ 等，手写体为 $\vec{a}$、$\vec{b}$ 等，也可以用起点 A 和终点 B 的连写 $\overrightarrow{AB}$ 表示，向量的模记作 $|\boldsymbol{a}|$ 或 $|\vec{a}|$. 值得一提的是，符号"$|\ \ |$"对实数来说，是绝对值，而广义是指被计算对象的一个度量. 由于平行移动后的向量还是本身，因此，研究向量 $\boldsymbol{a}$ 的时候，通常先平移向量，使得向量的起点与空间直角坐标系的原点 O 一致(见图 4-5).

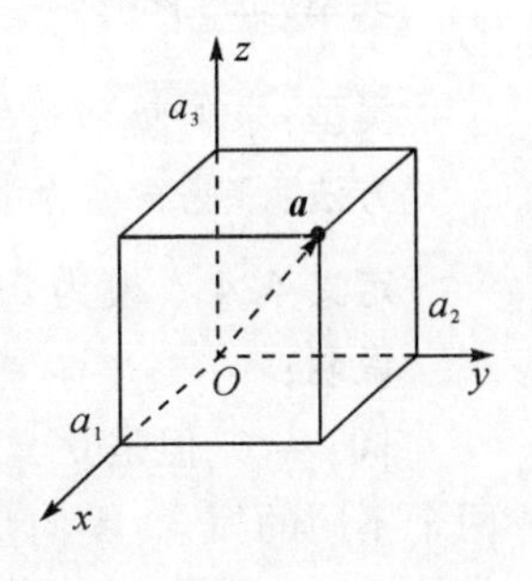

图 4-5

(2) 长度为 1，方向分别与 x 轴、y 轴和 z 轴的正向同向的向量称为空间向量的基，分别记为 $\boldsymbol{i}$，$\boldsymbol{j}$ 和 $\boldsymbol{k}$.

定义 4-3　形如线性组合 $k\boldsymbol{a}+\lambda\boldsymbol{b}$ 的运算($k\in\mathbf{R}$，$\lambda\in\mathbf{R}$)，称为向量 $\boldsymbol{a}$ 和 $\boldsymbol{b}$ 的线性运算.

说明：向量的线性运算，有加法运算、减法运算和数乘运算，向量的加法和减法，可以通过高中学过的三角形法则或平行四边形法则求解. 当 $k=1$ 且 $\lambda=1$ 时，构成 $\boldsymbol{a}$ 和 $\boldsymbol{b}$ 的加法运算(见图 4-6)；当 $k=1$ 且 $\lambda=-1$ 时，构成 $\boldsymbol{a}$ 和 $\boldsymbol{b}$ 的减法运算(见图 4-7)；当 $k\in\mathbf{R}$ 且 $\lambda=0$ 时，构成 $\boldsymbol{a}$ 的数乘运算，向量 $\lambda\boldsymbol{a}$ 的模 $|\lambda\boldsymbol{a}|=|\lambda|\cdot|\boldsymbol{a}|$，当 $\lambda>0$ 时，$\lambda\boldsymbol{a}$ 的方向与 $\boldsymbol{a}$ 相同；当 $\lambda<0$ 时，$\lambda\boldsymbol{a}$ 与 $\boldsymbol{a}$ 方向相反(见图 4-8).

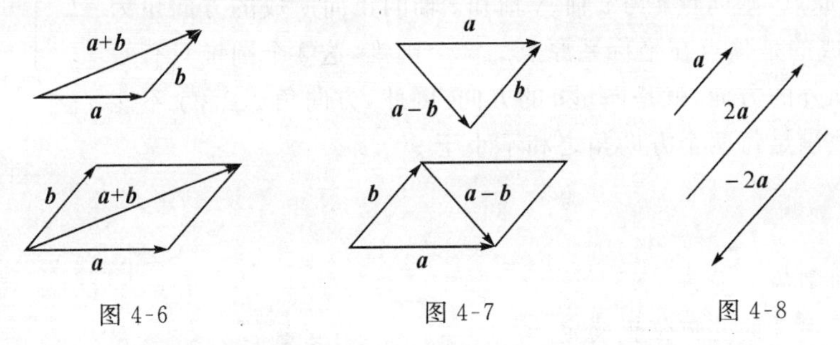

图 4-6　　图 4-7　　图 4-8

【例 4-2】　有一条船在以两条平行线为河岸的河道上航行，已知船在静水中的航行速度为 U(km/h)，而河流的水流速度为 V(km/h)，试问：(1) 要想垂直地渡过河道，船头应始终保持什么方向？(2) 其渡河的实际速率 W 是多大？(3) 这种渡河方法在什么条件下才是可能的？

解　以出发点为原点，以河道流水方向为 x 轴向，以河道正对岸方向为 y 轴向，建立坐标系如图 4-9 所示，根据向量加法的平行四边形法则，可得：

(1) 要想垂直地渡过河道，船头应始终保持正对岸偏逆流方向的角度 α，满足 $\sin\alpha=\dfrac{|\boldsymbol{V}|}{|\boldsymbol{U}|}$，即

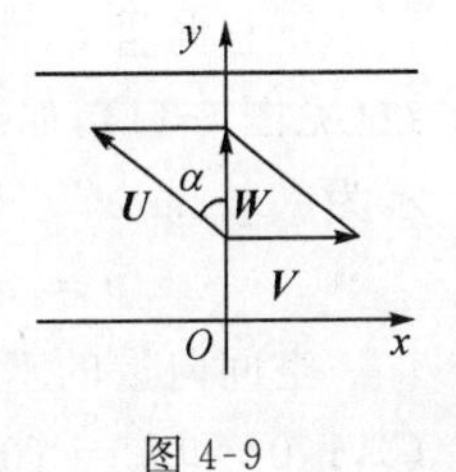

图 4-9

$$\alpha=\arcsin\frac{|\boldsymbol{V}|}{|\boldsymbol{U}|};$$

(2) 此时，渡河的实际速率 $W=\sqrt{|\boldsymbol{U}^2-\boldsymbol{V}^2|}$；

(3) 显然，这种渡河方法只有在 $|\boldsymbol{U}|>|\boldsymbol{V}|$ 的条件下才是可能的.

类型归纳

类型:求向量加法的应用问题.

方法:根据向量加法的几何法则求解.

定义 4-4 模为 0 的向量称为零向量,用 $\mathbf{0}$ 或 $\vec{0}$ 表示.

说明:

$|\mathbf{0}| = 0$,但是 $\mathbf{0} \neq 0$,因为左边的 $\mathbf{0}$ 表示一个向量,而右边的 0 表示的是一个数量,这是两个不同的概念.零向量方向是任意的.

定义 4-5 经过平行移动,使得向量 $\boldsymbol{a}$ 和 $\boldsymbol{b}$ 起点相同,所形成的夹角,称为向量 $\boldsymbol{a}$ 和 $\boldsymbol{b}$ 所成的角.

说明:

向量 $\boldsymbol{a}$ 和 $\boldsymbol{b}$ 所成的角记为 $\langle \boldsymbol{a}, \boldsymbol{b} \rangle$,它的取值范围为 $[0, \pi]$.

定义 4-6 向量 $\boldsymbol{a}$ 与 x 轴、y 轴和 z 轴的正向所成的角分别称为向量 $\boldsymbol{a}$ 的方向角.

说明:

向量 $\boldsymbol{a}$ 与 x 轴、y 轴和 z 轴的正向所成的方向角,分别记为 α、β 和 γ,它是确定向量 $\boldsymbol{a}$ 的方向的一个度量(见图 4-10).设向量 $\boldsymbol{a}$ 的起点在空间直角坐标系的原点,则向量 $\boldsymbol{a}$ 与 x 轴、y 轴和 z 轴的正向所成的方向角为 α、β 和 γ,所形成的是顶点在坐标系原点的 3 个圆锥,这 3 个圆锥只有一条交线,交线向外的方向,就是向量 $\boldsymbol{a}$ 的方向.因此,方向角 α、β 和 γ 不能任意,首先应该满足每两个方向角之和不小于 90°.

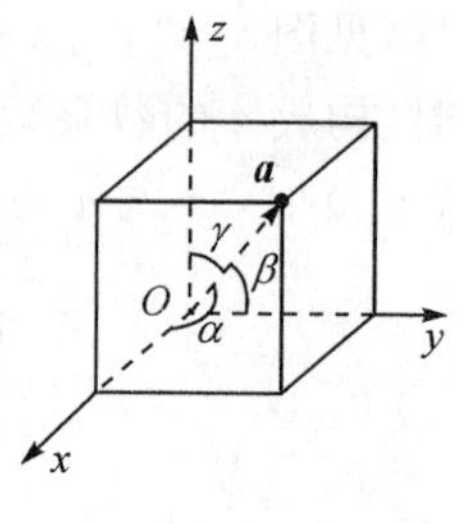

图 4-10

类型归纳

类型:求向量的方向角.

方法:根据向量的几何位置确定.

四、向量的坐标表示和坐标运算

1. 向量的坐标公式

平移向量 $\boldsymbol{a}$,使得向量 $\boldsymbol{a}$ 的起点与空间直角坐标系的原点 O 一致(见图 4-11),如果向量 $\boldsymbol{a}$ 的终点坐标为 (a_1, a_2, a_3),则向量 $\boldsymbol{a}$ 可表示为

$$\boldsymbol{a} = a_1\boldsymbol{i} + a_2\boldsymbol{j} + a_3\boldsymbol{k} \text{ 或 } \boldsymbol{a} = (a_1, a_2, a_3).$$

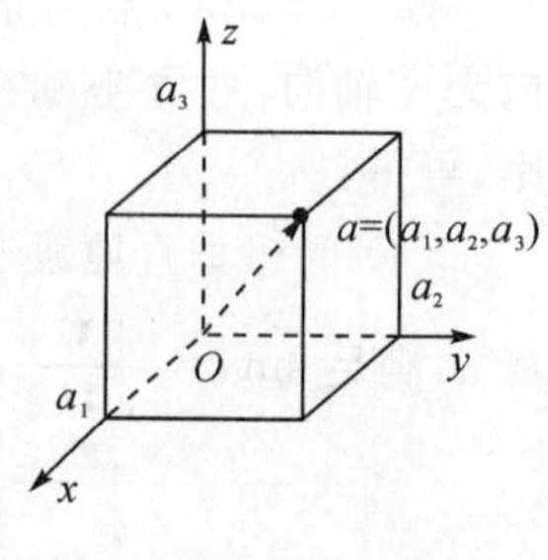

图 4-11

空间向量的基 $\boldsymbol{i}$、$\boldsymbol{j}$ 和 $\boldsymbol{k}$ 的坐标形式分别为:$\boldsymbol{i} = (1,0,0)$,$\boldsymbol{j} = (0,1,0)$ 和 $\boldsymbol{k} = (0,0,1)$.

设空间两点 $M_1(x_1, y_1, z_1)$,$M_2(x_2, y_2, z_2)$,则

$$\overrightarrow{M_1M_2} = (x_2 - x_1)\boldsymbol{i} + (y_2 - y_1)\boldsymbol{j} + (z_2 - z_1)\boldsymbol{k}.$$

2. 坐标表示下的向量运算

设向量 $\boldsymbol{a} = a_1\boldsymbol{i} + a_2\boldsymbol{j} + a_3\boldsymbol{k}$,$\boldsymbol{b} = b_1\boldsymbol{i} + b_2\boldsymbol{j} + b_3\boldsymbol{k}$,则

(1)$\boldsymbol{a}\pm\boldsymbol{b}=(a_1\pm b_1)\boldsymbol{i}+(a_2\pm b_2)\boldsymbol{j}+(a_3\pm b_3)\boldsymbol{k}$,

或简写为

$$\boldsymbol{a}\pm\boldsymbol{b}=[(a_1\pm b_1),(a_2\pm b_2),(a_3\pm b_3)].$$

(2)$\lambda\boldsymbol{a}=\lambda a_1\boldsymbol{i}+\lambda a_2\boldsymbol{j}+\lambda a_3\boldsymbol{k}$ 或 $\lambda\boldsymbol{a}=(\lambda a_1,\lambda a_2,\lambda a_3)$.

【例 4-3】 设向量 $\boldsymbol{a}=3\boldsymbol{i}+7\boldsymbol{j}-3\boldsymbol{k}$ 与 $\boldsymbol{b}=\boldsymbol{i}+2\boldsymbol{j}+6\boldsymbol{k}$,求 $\boldsymbol{a}+\boldsymbol{b},\boldsymbol{a}-\boldsymbol{b},-3\boldsymbol{a},|\boldsymbol{a}|$.

解 $\boldsymbol{a}+\boldsymbol{b}=(3\boldsymbol{i}+7\boldsymbol{j}-3\boldsymbol{k})+(\boldsymbol{i}+2\boldsymbol{j}+6\boldsymbol{k})=4\boldsymbol{i}+9\boldsymbol{j}+3\boldsymbol{k}$,

$$\boldsymbol{a}-\boldsymbol{b}=(3\boldsymbol{i}+7\boldsymbol{j}-3\boldsymbol{k})-(\boldsymbol{i}+2\boldsymbol{j}+6\boldsymbol{k})=2\boldsymbol{i}+5\boldsymbol{j}-9\boldsymbol{k},$$

$$-3\boldsymbol{a}=-3\times(3\boldsymbol{i}+7\boldsymbol{j}-3\boldsymbol{k})=-9\boldsymbol{i}-21\boldsymbol{j}+9\boldsymbol{k},$$

$$\boldsymbol{a}=3\boldsymbol{i}+7\boldsymbol{j}-3\boldsymbol{k},$$

$$|\boldsymbol{a}|=\sqrt{3^2+7^2+(-3)^2}=\sqrt{67}.$$

(3)$|\boldsymbol{a}|=\sqrt{a_1^2+a_2^2+a_3^2}$,模为 1 的向量叫单位向量.

与 $\boldsymbol{a}=a_1\boldsymbol{i}+a_2\boldsymbol{j}+a_3\boldsymbol{k}$ 方向相同的单位向量为

$$\boldsymbol{a}^0=\frac{1}{|\boldsymbol{a}|}\boldsymbol{a}=\cos\alpha\cdot\boldsymbol{i}+\cos\beta\cdot\boldsymbol{j}+\cos\gamma\cdot\boldsymbol{k}.$$

类型归纳 ▶▶▶

类型:向量的代数运算.

方法:运用向量坐标的计算公式.

性质(方向余弦的性质)

设 $\boldsymbol{a}=(a_1,a_2,a_3)$ 与 x 轴、y 轴和 z 轴所成的角分别为 α、β 和 γ,则 $\cos\alpha=\dfrac{a_1}{\sqrt{a_1^2+a_2^2+a_3^2}}$,

$\cos\beta=\dfrac{a_2}{\sqrt{a_1^2+a_2^2+a_3^2}},\cos\gamma=\dfrac{a_3}{\sqrt{a_1^2+a_2^2+a_3^2}}$,且 $\cos^2\alpha+\cos^2\beta+\cos^2\gamma=1$.

【例 4-4】 设作用在同一点的两个力分别是 $\boldsymbol{F}_1=(0,1,2),\boldsymbol{F}_2=(1,6,-5)$,求 $\boldsymbol{F}_1$ 与 $\boldsymbol{F}_2$ 的合力的模与方向余弦.

解 因为 $\boldsymbol{F}_1+\boldsymbol{F}_2=(0+1)\boldsymbol{i}+(1+6)\boldsymbol{j}+(2-5)\boldsymbol{k}=\boldsymbol{i}+7\boldsymbol{j}-3\boldsymbol{k}$,

所以,$\boldsymbol{F}_1$ 与 $\boldsymbol{F}_2$ 的合力的模是

$$|\boldsymbol{F}_1+\boldsymbol{F}_2|=\sqrt{(1)^2+(7)^2+(-3)^2}=\sqrt{59},$$

方向余弦是

$$\cos\alpha=\frac{1}{\sqrt{59}},\cos\beta=\frac{7}{\sqrt{59}},\cos\gamma=-\frac{3}{\sqrt{59}}.$$

类型归纳 ▶▶▶

类型:向量模与方向余弦的运算.

方法:运用向量模与方向余弦的计算公式.

【例 4-5】 设点 $M_1(1,-3,1)$、$M_2(0,1,-2)$,求与$\overrightarrow{M_1M_2}$ 方向相同的单位向量.

解 方法一 $\overrightarrow{M_1M_2}=(0-1)\boldsymbol{i}+(1+3)\boldsymbol{j}+(-2-1)\boldsymbol{k}=-\boldsymbol{i}+4\boldsymbol{j}-3\boldsymbol{k}$,

$$|\overrightarrow{M_1M_2}|=\sqrt{(-1)^2+(4)^2+(-3)^2}=\sqrt{26},$$

$$\cos\alpha=-\frac{1}{\sqrt{26}},\cos\beta=\frac{4}{\sqrt{26}},\cos\gamma=-\frac{3}{\sqrt{26}},$$

则

$$\overrightarrow{M_1M_2}^0=-\frac{1}{\sqrt{26}}\boldsymbol{i}+\frac{4}{\sqrt{26}}\boldsymbol{j}-\frac{3}{26}\boldsymbol{k}.$$

方法二 $\overrightarrow{M_1M_2}=(0-1)\boldsymbol{i}+(1+3)\boldsymbol{j}+(-2-1)\boldsymbol{k}=-\boldsymbol{i}+4\boldsymbol{j}-3\boldsymbol{k}$,

$$|\overrightarrow{M_1M_2}|=\sqrt{(-1)^2+(4)^2+(-3)^2}=\sqrt{26},$$

则

$$\overrightarrow{M_1M_2}^0=\frac{1}{|\overrightarrow{M_1M_2}|}\overrightarrow{M_1M_2}=-\frac{1}{\sqrt{26}}\boldsymbol{i}+\frac{4}{\sqrt{26}}\boldsymbol{j}-\frac{3}{56}\boldsymbol{k}.$$

类型归纳 ▶▶▶

类型:求两点构成的向量、同方向的单位向量.
方法:运用向量的相应公式.

【例 4-6】 设向量 $\boldsymbol{a}$ 的方向两个方向余弦分别为 $\cos\alpha=-\frac{2}{5}$,$\cos\beta=\frac{3}{5}$,$|\boldsymbol{a}|=5$,求向量 $\boldsymbol{a}$.

解 设 $\boldsymbol{a}=a_1\boldsymbol{i}+a_2\boldsymbol{j}+a_3\boldsymbol{k}$,由 $\cos^2\alpha+\cos^2\beta+\cos^2\gamma=1$ 得

$$\cos\gamma=\pm\sqrt{1-\frac{4}{25}-\frac{9}{25}}=\pm\frac{2}{5}\sqrt{3},$$

$$a_1=|\boldsymbol{a}|\cos\alpha=-2,a_2=|\boldsymbol{a}|\cos\beta=3,a_3=|\boldsymbol{a}|\cos\gamma=\pm2\sqrt{3},$$

故

$$\boldsymbol{a}=-2\boldsymbol{i}+3\boldsymbol{j}\pm2\sqrt{3}\boldsymbol{k}.$$

类型:已知方向余弦求向量.
方法:运用方向余弦与向量的关系解决.

【例 4-7】 求与向量 $\boldsymbol{a}=4\boldsymbol{i}+3\boldsymbol{j}-3\boldsymbol{k}$ 平行的单位向量 $\boldsymbol{b}$.

解 由 $|\boldsymbol{a}|=\sqrt{4^2+3^2+(-3)^2}=\sqrt{34}$,得

$$\cos\alpha=\frac{4}{\sqrt{34}},\cos\beta=\frac{3}{\sqrt{34}},\cos\gamma=-\frac{3}{\sqrt{34}},$$

$$\boldsymbol{b}=\pm\left(\frac{4}{\sqrt{34}}\boldsymbol{i}+\frac{3}{\sqrt{34}}\boldsymbol{j}-\frac{3}{\sqrt{34}}\boldsymbol{k}\right).$$

类型:已知向量求对应的单位向量.
方法:运用向量与单位向量的关系解决.

五、向量平行的判定原理

定理 4-1(向量平行的判定原理)

设向量 $\boldsymbol{a}=a_1\boldsymbol{i}+a_2\boldsymbol{j}+a_3\boldsymbol{k}$,$\boldsymbol{b}=b_1\boldsymbol{i}+b_2\boldsymbol{j}+b_3\boldsymbol{k}$,则两非零向量 $\boldsymbol{a}$ 和 $\boldsymbol{b}$ 平行(也称共线)的充分必要条件是$\frac{a_1}{b_1}=\frac{a_2}{b_2}=\frac{a_3}{b_3}$(当分式中有分母为零时,相应的分子也为零),即 $\boldsymbol{a}=\lambda\boldsymbol{b}$ 或

$\boldsymbol{b}=\lambda\boldsymbol{a}(\lambda\in\mathbf{R})$.

【例 4-8】 在桥梁施工中，桥面护栏，通常以直线状建. 假设护栏上有三点，分别为 $A(2,1,1)$，$B(3,2,4)$，$C(4,3,7)$，求证 A、B、C 三点共线.

证明 因为$\overrightarrow{AB}=(3-2,2-1,4-1)=(1,1,3)$，$\overrightarrow{AC}=(4-2,3-1,7-1)=(2,2,6)$，则有$\overrightarrow{AC}=2\overrightarrow{AB}$，故

$$\overrightarrow{AC}\parallel\overrightarrow{AB}.$$

又因为$\overrightarrow{AC}$ 和$\overrightarrow{AB}$ 有一个公共点 A，因此 A、B、C 三点共线.

类型归纳 ▶▶▶

类型：判断三点是否共线.
方法：由三点构成两个向量，先判断是否平行，再判断是否有公共点.

【例 4-9】 设向量 $\boldsymbol{a}=m\boldsymbol{i}+7\boldsymbol{j}-3\boldsymbol{k}$ 与 $\boldsymbol{b}=\boldsymbol{i}+n\boldsymbol{j}+6\boldsymbol{k}$ 相互平行，求 m 和 n.

解 由向量平行的坐标特征可得：

$$\frac{m}{1}=\frac{7}{n}=\frac{-3}{6},$$

所以 $m=-\frac{1}{2}$，$n=-14$.

类型归纳 ▶▶▶

类型：向量的平行问题.
方法：运用向量平行方向系数成比例进行求解.

结束语 ▶▶▶

有了空间直角坐标系，向量这个几何元素就可以实现数量化，我们就可以用代数的方法来解决几何的问题了，这就是解析几何. 其中，空间两点间距离的计算和向量的线性运算，是空间解析几何的基本运算，一定要熟练掌握.

同步训练

【A 组】

1. 填空题：

(1) 空间中两点 $A(1,2,-3)$ 和 $B(-1,0,1)$ 间的距离为________；

(2) 已知空间两 $A(2,-2,0)$，$B(3,5,-3)$，则$\overrightarrow{AB}=$ ________；

(3)$\boldsymbol{a}=2\boldsymbol{i}-7\boldsymbol{j}-3\boldsymbol{k}$ 与 $\boldsymbol{b}=3\boldsymbol{i}+2\boldsymbol{j}-4\boldsymbol{k}$，则 $\boldsymbol{a}+\boldsymbol{b}=$ ________，$\boldsymbol{a}-\boldsymbol{b}=$ ________，$-3\boldsymbol{a}=$ ________，$|\boldsymbol{a}|=$ ________；

(4) 向量 $\boldsymbol{a}=3\boldsymbol{i}+m\boldsymbol{j}-3\boldsymbol{k}$ 与 $\boldsymbol{b}=\boldsymbol{i}+\boldsymbol{j}+n\boldsymbol{k}$ 相互平行，则 $m=$ ________，$n=$ ________；

(5) $\overrightarrow{M_1M_2}=\boldsymbol{i}+7\boldsymbol{j}-3\boldsymbol{k}$ 的方向余弦为 $\cos\alpha=$ ________，$\cos\beta=$ ________，$\cos\gamma$

= ________.

2.单项选择题:

(1) 下列各向量中是单位向量的是(　　);

(A)$\boldsymbol{a}=\boldsymbol{i}+\boldsymbol{j}+\boldsymbol{k}$　　(B)$\boldsymbol{a}=\frac{1}{2}\boldsymbol{i}+\frac{1}{3}\boldsymbol{j}+\frac{1}{6}\boldsymbol{k}$

(C)$\boldsymbol{a}=\frac{\sqrt{2}}{2}\boldsymbol{i}-\frac{\sqrt{2}}{2}\boldsymbol{j}$　　(D)$\boldsymbol{a}=\frac{1}{3}\boldsymbol{i}-\frac{1}{3}\boldsymbol{j}+\boldsymbol{k}$

(2) 点(0,3,0)在(　　);

(A)x 轴上　　(B)y 轴上

(C)z 轴上　　(D) 不在坐标轴上

(3) 点(1,0,−2)在(　　);

(A)xOy 坐标面上　　(B)yOz 坐标面上

(C)xOz 坐标面上　　(D) 不在坐标面上

(4)$\cos\alpha,\cos\beta,\cos\gamma$ 是向量的方向余弦则下列结论正确的是(　　);

(A)$\cos\alpha+\cos\beta+\cos\gamma=1$　　(B)$\cos^2\alpha+\cos^2\beta+\cos^2\gamma=1$

(C)$\cos^2\alpha+\cos^2\beta+\cos^2\gamma=2$　　(D)$\cos^2\alpha+\cos^2\beta-\cos^2\gamma=1$

(5) 两向量 $\boldsymbol{a}$ 与 $\lambda\boldsymbol{a}$ (　　).

(A) 相交　　(B) 垂直

(C) 相等　　(D) 平行

3.计算题:

(1) 在空间直角坐标系中,画出下列各点:

$A(1,2,3)$,$B(-1,2,3)$,$C(1,-2,3)$,$D(-1,-2,-2)$,$E(1,0,2)$,$F(0,0,2)$;

(2) 指出下列各点的位置特点:

$A(2,0,0)$,$B(0,-3,0)$,$C(2,0,3)$,$D(0,0,0)$;

(3) 求下列两点间的距离:

①$A(1,-1,3)$,$B(3,0,-1)$,②$A(-3,4,5)$,$B(0,0,1)$;

(4) 根据下列条件求 B 点坐标:

①$A(4,3,-1)$,$B(3,4,z)$,$|AB|=10$, ②$A(4,-1,2)$,$B(3,y,0)$,$|AB|=5$;

(5) 设向量 $\boldsymbol{a}=5\boldsymbol{i}-2\boldsymbol{j}-3\boldsymbol{k}$,$\boldsymbol{b}=4\boldsymbol{i}+2\boldsymbol{j}-6\boldsymbol{k}$,求 $\boldsymbol{a}+\boldsymbol{b}$,$\boldsymbol{a}-\boldsymbol{b}$,$-3\boldsymbol{a}$,$|\boldsymbol{a}|$;

(6) 设点 $M_1(-2,-3,-1)$,$M_2(3,4,2)$,求$\overrightarrow{M_1M_2}$ 的模与方向余弦;

(7) 设点 $M_1(2,3,-1)$,$M_2(3,0,2)$,求与$\overrightarrow{M_1M_2}$ 方向相同的单位向量;

(8) 若 $\boldsymbol{a}=3\boldsymbol{i}-m\boldsymbol{j}+\boldsymbol{k}$ 与 $\boldsymbol{b}=\boldsymbol{i}+\boldsymbol{j}+n\boldsymbol{k}$ 相互平行,求 m 和 n;

(9) 设向量 $\boldsymbol{a}$ 的 $\cos\alpha=\frac{1}{3}$, $\cos\gamma=\frac{2}{3}$,$|\boldsymbol{a}|=3$,求 $\boldsymbol{a}$;

(10) 已知向量 $\boldsymbol{a}$ 的两个方向余弦 $\cos\alpha=\frac{2}{7}$, $\cos\beta=\frac{6}{7}$,且 $\boldsymbol{a}$ 与 z 轴正向的夹角为钝角,求 $\cos\gamma$.

【B组】

1. 判断以三点 $A(4,1,9)$,$B(10,-1,6)$,$C(2,4,3)$ 为顶点的三角形形状.

2. 求向量 $\boldsymbol{a}=2\boldsymbol{i}-3\boldsymbol{j}+5\boldsymbol{k}$ 的模、方向余弦及与它平行的单位向量 $\boldsymbol{b}$,并用同向的单位向量 $\boldsymbol{a}^0$ 表示 $\boldsymbol{a}$.

3. 已知两个力 $\boldsymbol{F}_1=(1,2,3)$,$\boldsymbol{F}_2=(-2,3,-4)$,求合力的大小和方向.

第二节　向量的乘法运算

【学习要求】

1. 掌握向量的数量积的运算定义,并会用坐标进行两向量的数量积运算;

2. 会用向量的数量积运算求两个向量的夹角,并能用向量的数量积判断两个向量是否垂直;

3. 掌握向量的向量积的运算及几何意义,并会运用坐标进行两向量的向量积运算.

【学习重点】

1. 两向量数量积的坐标运算;

2. 两向量向量积的坐标运算;

3. 两向量向量积的几何意义;

4. 运用等向量的数量积求向量的模;

5. 运用数量积和向量积判定两向量的垂直与平行的关系.

【学习难点】

1. 两向量夹角的坐标运算;

2. 向量积的坐标运算.

引言

向量的运算,除了上一节介绍的线性运算,还有非线性运算,这就是本节要介绍的向量的数量积和向量的向量积.通过向量的数量积和向量积的讨论,不但可以确定两向量的位置关系和所成的夹角,还可以解决下一节将要研究的直线和平面方程的相关向量计算.

一、向量的数量积

定义 4-7　设 $\boldsymbol{a},\boldsymbol{b}$ 是两个向量,它们的模及夹角的余弦的乘积,称为向量 $\boldsymbol{a}$ 与 $\boldsymbol{b}$ 的数量积(又称内积或点积),记作 $\boldsymbol{a}\cdot\boldsymbol{b}$,即 $\boldsymbol{a}\cdot\boldsymbol{b}=|\boldsymbol{a}|\cdot|\boldsymbol{b}|\cos\langle\boldsymbol{a},\boldsymbol{b}\rangle$.

说明:

(1) 向量的数量积,指的是这个向量的运算结果是一个数量.它的运算记号为"·",所以也称点积,这个运算符号"·"不可省略,ab 是没有意义的.它的运算结果,相当于一个向量在另一个向量上投影后,两个向量的长度的乘积,所以也称内积(见图 4-12).由于数量积的运算符号用"·"表示,所以也称点积.

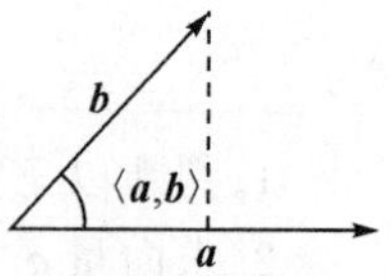

(2) 向量的数量积,在物理学中,表示力对物体所做的功,即 $W = \boldsymbol{F} \cdot \boldsymbol{S}$.

图 4-12

【例 4-10】 求向量 $\boldsymbol{i}$ 与 $\boldsymbol{j}$ 的数量积.

解 $\boldsymbol{i} \cdot \boldsymbol{j} = |\boldsymbol{i}| \times |\boldsymbol{j}| \times \cos\langle \boldsymbol{i}, \boldsymbol{j} \rangle = 1 \times 1 \times \cos\frac{\pi}{2} = 0.$

类型归纳 ▶▶▶

类型:求已知长度和夹角的两向量的数量积.

方法:根据向量的数量积定义计算.

性质 1(等向量的数量积的计算公式)

$\boldsymbol{a} \cdot \boldsymbol{a} = |\boldsymbol{a}|^2$,即 $|\boldsymbol{a}| = \sqrt{\boldsymbol{a} \cdot \boldsymbol{a}}$.

性质 2(数量积的运算规律)

(1) 交换律:$\boldsymbol{a} \cdot \boldsymbol{b} = \boldsymbol{b} \cdot \boldsymbol{a}$.

(2) 结合律:$\lambda(\boldsymbol{a} \cdot \boldsymbol{b}) = (\lambda \boldsymbol{a}) \cdot \boldsymbol{b} = \boldsymbol{a} \cdot (\lambda \boldsymbol{b})$.

(3) 分配律:$\boldsymbol{a} \cdot (\boldsymbol{b} + \boldsymbol{c}) = \boldsymbol{a} \cdot \boldsymbol{b} + \boldsymbol{a} \cdot \boldsymbol{c}$.

公式 1(数量积的坐标运算公式)

设 $\boldsymbol{a} = a_1\boldsymbol{i} + a_2\boldsymbol{j} + a_3\boldsymbol{k}$,$\boldsymbol{b} = b_1\boldsymbol{i} + b_2\boldsymbol{j} + b_3\boldsymbol{k}$,则

$$\boldsymbol{a} \cdot \boldsymbol{b} = a_1b_1 + a_2b_2 + a_3b_3.$$

【例 4-11】 设 $\boldsymbol{a} = \boldsymbol{i} + 2\boldsymbol{j} - 3\boldsymbol{k}$,$\boldsymbol{b} = 2\boldsymbol{i} + \boldsymbol{j} + 2\boldsymbol{k}$,求 $\boldsymbol{a} \cdot \boldsymbol{b}$.

解 $\boldsymbol{a} \cdot \boldsymbol{b} = 1 \times 2 + 2 \times 1 + (-3) \times 2 = -2.$

类型归纳 ▶▶▶

类型:求已知坐标的两向量的数量积.

方法:运用向量的数量积坐标运算公式计算.

【例 4-12】 在离海岸 1000m 处有一艘船只失去动力,直升机对其进行紧急求援.如果直升机保持 400m 的高度牵引船只,牵引绳的长度为 500m,牵引力为 2000kg,假设牵引过程中牵引绳保持直线状,试求直升机将船只沿海面牵引到海岸,做了多少功?

解 作草图(见图 4-13).

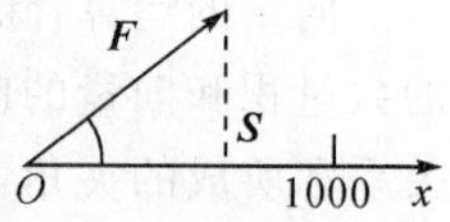

由题意可知,牵引力 $= 2000 \times 9.8\text{N}$,$\cos\langle \boldsymbol{F} \cdot \boldsymbol{S} \rangle = \dfrac{\sqrt{500^2 - 400^2}}{500} = \dfrac{3}{5}$,所以,直升机将船只沿海面牵引到海岸所做的功为

图 4-13

$$W = \boldsymbol{F} \cdot \boldsymbol{S} = 2000 \times 9.8 \times 1000 \times \cos\langle \boldsymbol{F} \cdot \boldsymbol{S} \rangle = 11760000(\text{J}).$$

类型归纳 ▶▶▶

类型:求力对物体所做的功.

方法:运用向量的数量积的物理意义计算.

二、向量的向量积

定义 4-8 两个向量 $\boldsymbol{a}$ 和 $\boldsymbol{b}$ 的向量积(又称外积或叉积)仍是一个向量,记作 $\boldsymbol{a}\times\boldsymbol{b}$. 它按下列方式来确定(见图 4-14):

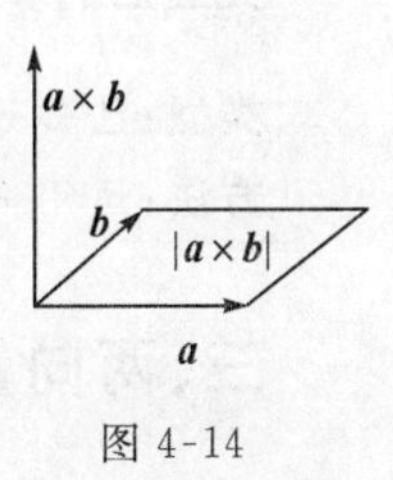

图 4-14

(1) 模:$|\boldsymbol{a}\times\boldsymbol{b}|=|\boldsymbol{a}|\cdot|\boldsymbol{b}|\sin\langle\boldsymbol{a},\boldsymbol{b}\rangle$(在几何上表示由向量 $\boldsymbol{a},\boldsymbol{b}$ 经过平行移动后所确定的平行四边形的面积);

(2) 方向:$\boldsymbol{a}\times\boldsymbol{b}\perp\boldsymbol{a},\boldsymbol{a}\times\boldsymbol{b}\perp\boldsymbol{b}$,即 $\boldsymbol{a}\times\boldsymbol{b}$ 垂直于 $\boldsymbol{a}$ 和 $\boldsymbol{b}$ 经过平行移动后所确定的平面,且 $\boldsymbol{a},\boldsymbol{b},\boldsymbol{a}\times\boldsymbol{b}$ 构成右手系.

说明:向量的向量积,指的是这个向量的运算结果是一个向量. 它的运算记号用“×”连接,所以也称叉积. 相对于向量的内积运算,就把现在这个向量的运算称为外积了. 虽然向量的向量积不满足交换律,但是 $\boldsymbol{a}\times\boldsymbol{b}=-\boldsymbol{b}\times\boldsymbol{a}$ 成立.

性质 3(等向量的向量积的特性) 对于任一向量 $\boldsymbol{a}$,都有

$$\boldsymbol{a}\times\boldsymbol{a}=0.$$

性质 4(向量积的运算规律)

(1) 结合律:$\lambda(\boldsymbol{a}\times\boldsymbol{b})=(\lambda\boldsymbol{a})\times\boldsymbol{b}=\boldsymbol{a}\times(\lambda\boldsymbol{b})$.

(2) 分配律:$\boldsymbol{a}\times(\boldsymbol{b}+\boldsymbol{c})=\boldsymbol{a}\times\boldsymbol{b}+\boldsymbol{a}\times\boldsymbol{c},(\boldsymbol{a}+\boldsymbol{b})\times\boldsymbol{c}=\boldsymbol{a}\times\boldsymbol{c}+\boldsymbol{b}\times\boldsymbol{c}$.

公式 2(向量积的坐标运算公式)

设 $\boldsymbol{a}=a_1\boldsymbol{i}+a_2\boldsymbol{j}+a_3\boldsymbol{k},\boldsymbol{b}=b_1\boldsymbol{i}+b_2\boldsymbol{j}+b_3\boldsymbol{k}$,则

$$\boldsymbol{a}\times\boldsymbol{b}=\begin{vmatrix}\boldsymbol{i}&\boldsymbol{j}&\boldsymbol{k}\\a_1&a_2&a_3\\b_1&b_2&b_3\end{vmatrix}=(a_2b_3-a_3b_2)\boldsymbol{i}-(a_1b_3-a_3b_1)\boldsymbol{j}+(a_1b_2-a_2b_1)\boldsymbol{k}.$$

【例 4-13】 设 $\boldsymbol{a}=4\boldsymbol{i}+7\boldsymbol{j}-3\boldsymbol{k},\boldsymbol{b}=2\boldsymbol{i}-3\boldsymbol{j}+6\boldsymbol{k}$,求与 $\boldsymbol{a}$ 和 $\boldsymbol{b}$ 同时垂直的向量.

解 由向量的向量积定义可知,与 $\boldsymbol{a},\boldsymbol{b}$ 同时垂直的向量应为

$$k(\boldsymbol{a}\times\boldsymbol{b})=k\begin{vmatrix}\boldsymbol{i}&\boldsymbol{j}&\boldsymbol{k}\\4&7&-3\\2&-3&6\end{vmatrix}=k(33\boldsymbol{i}-30\boldsymbol{j}-26\boldsymbol{k})(\text{其中 }k\in\mathbf{R}).$$

类型归纳 ▶▶▶

类型:求与两个向量同时垂直的向量.

方法:运用向量的向量积的定义和计算公式求解.

【例 4-14】 已知 $A(1,1,1),B(2,2,2),C(1,2,3)$,试求此三点构成的 $\triangle ABC$ 的面积.

解 由 $\overrightarrow{AB}=(2-1,2-1,2-1)=(1,1,1),\overrightarrow{AC}=(1-1,2-1,3-1)=(0,1,2)$,得

$$\overrightarrow{AB}\times\overrightarrow{AC}=\begin{vmatrix}\boldsymbol{i}&\boldsymbol{j}&\boldsymbol{k}\\1&1&1\\0&1&2\end{vmatrix}=\boldsymbol{i}-2\boldsymbol{j}+\boldsymbol{k},$$

所以 $|\overrightarrow{AB}\times\overrightarrow{AC}|=\sqrt{1^2+(-2)^2+1^2}=\sqrt{6}$,根据向量向量积的几何意义,得

$$S_{\triangle ABC} = \frac{1}{2}|\overrightarrow{AB} \times \overrightarrow{AC}| = \frac{\sqrt{6}}{2}.$$

类型归纳

类型:已知三定点,求此三点构成的三角形的面积.

方法:运用向量的向量积的几何意义求解.

三、两向量垂直与平行的判定

定理 4-2(两向量垂直的判定) 向量 $\boldsymbol{a}$ 与 $\boldsymbol{b}$ 垂直的充分必要条件是 $\boldsymbol{a} \cdot \boldsymbol{b} = 0$.

【例 4-15】 设 $\boldsymbol{a} = 4\boldsymbol{i} + 7\boldsymbol{j} - 3\boldsymbol{k}, \boldsymbol{b} = \boldsymbol{i} + 2\boldsymbol{j} + 6\boldsymbol{k}$,判断它们是否垂直.

解 $\boldsymbol{a} \cdot \boldsymbol{b} = 4 \times 1 + 7 \times 2 + (-3) \times 6 = 0$,由两向量相互垂直的判定定理可知,两个向量相互垂直.

类型归纳

类型:向量垂直的判断.

方法:运用向量的数量积是否为 0 进行判断.

定理 4-3(两向量平行的判定)

向量 $\boldsymbol{a}$ 与 $\boldsymbol{b}$ 平行的充分必要条件是 $\boldsymbol{a} \times \boldsymbol{b} = 0$.

公式 3(两向量的夹角计算公式)

设 $\boldsymbol{a} = a_1\boldsymbol{i} + a_2\boldsymbol{j} + a_3\boldsymbol{k}, \boldsymbol{b} = b_1\boldsymbol{i} + b_2\boldsymbol{j} + b_3\boldsymbol{k}$,则

$$\cos\langle \boldsymbol{a}, \boldsymbol{b} \rangle = \frac{\boldsymbol{a} \cdot \boldsymbol{b}}{|\boldsymbol{a}||\boldsymbol{b}|} = \frac{a_1b_1 + a_2b_2 + a_3b_3}{\sqrt{a_1^2 + a_2^2 + a_3^2}\sqrt{b_1^2 + b_2^2 + b_3^2}},$$

其中,两向量的夹角 $\langle \boldsymbol{a}, \boldsymbol{b} \rangle$ 的取值范围是 $[0, \pi]$.

【例 4-16】 设 $\boldsymbol{a} = \boldsymbol{i} + \sqrt{2}\boldsymbol{j} - \boldsymbol{k}, \boldsymbol{b} = \boldsymbol{i} + \sqrt{2}\boldsymbol{j} + \boldsymbol{k}$,求 $\boldsymbol{a}$ 与 $\boldsymbol{b}$ 之间的夹角.

解 $\boldsymbol{a} \cdot \boldsymbol{b} = 1 \times 1 + \sqrt{2} \times \sqrt{2} + (-1) \times 1 = 2$,

$$|\boldsymbol{a}| = 2, |\boldsymbol{b}| = 2, \cos\langle \boldsymbol{a}, \boldsymbol{b} \rangle = \frac{\boldsymbol{a} \cdot \boldsymbol{b}}{|\boldsymbol{a}| \cdot |\boldsymbol{b}|} = \frac{1}{2},$$

则 $\langle \boldsymbol{a}, \boldsymbol{b} \rangle = \frac{\pi}{3}$.

类型归纳

类型:向量之间的夹角计算.

方法:运用两向量的夹角公式求解.

四、三向量共面的判定

公式 4(三个向量的混合积计算公式)

设 $\boldsymbol{a} = a_1\boldsymbol{i} + a_2\boldsymbol{j} + a_3\boldsymbol{k}, \boldsymbol{b} = b_1\boldsymbol{i} + b_2\boldsymbol{j} + b_3\boldsymbol{k}, \boldsymbol{c} = c_1\boldsymbol{i} + c_2\boldsymbol{j} + c_3\boldsymbol{k}$,则

$$(\boldsymbol{a}\times\boldsymbol{b})\cdot\boldsymbol{c}=\boldsymbol{a}\cdot(\boldsymbol{b}\times\boldsymbol{c})=(\boldsymbol{c}\times\boldsymbol{a})\cdot\boldsymbol{b}=\begin{vmatrix}a_1 & a_2 & a_3\\ b_1 & b_2 & b_3\\ c_1 & c_2 & c_3\end{vmatrix}.$$

向量混合积的几何意义：当 $\boldsymbol{a},\boldsymbol{b},\boldsymbol{c}$ 三个向量的起点相同，且依次满足右手系，则这三个向量的混合积的值 $(\boldsymbol{a}\times\boldsymbol{b})\cdot\boldsymbol{c}$ 就是这三个向量构成的平行六面体的体积. 由于 $\boldsymbol{a}\times\boldsymbol{b}=-\boldsymbol{b}\times\boldsymbol{a}$ 和 $\boldsymbol{a}\cdot\boldsymbol{b}=\boldsymbol{b}\cdot\boldsymbol{a}$，所以，在不知道 $\boldsymbol{a},\boldsymbol{b},\boldsymbol{c}$ 三个向量是否依次满足右手系的情况下，这三个向量的混合积的值 $(\boldsymbol{a}\times\boldsymbol{b})\cdot\boldsymbol{c}$ 与对应的平行六面体的体积，最多相差一个负号. 换言之，三个向量的混合积的值 $(\boldsymbol{a}\times\boldsymbol{b})\cdot\boldsymbol{c}$ 的绝对值，等于对应的平行六面体的体积.

【例 4-17】 设 $A(1,2,3),B(3,2,1),C(1,3,2)$，试求四面体 $O\text{-}ABC$ 的体积.

解 由立体几何的知识可以知道，四面体 $O\text{-}ABC$ 的体积是对应的平行六面体体积的 1/6.

因为 $\overrightarrow{OA}=(1-0,2-0,3-0)=(1,2,3),\overrightarrow{OB}=(3-0,2-0,1-0)=(3,2,1),$
$\overrightarrow{OC}=(1-0,3-0,2-0)=(1,3,2)$，所以

$$(\overrightarrow{OA}\times\overrightarrow{OB})\cdot\overrightarrow{OC}=\begin{vmatrix}1 & 2 & 3\\ 3 & 2 & 1\\ 1 & 3 & 2\end{vmatrix}=12,$$

所以，四面体 $O\text{-}ABC$ 的体积是 12.

类型归纳 ▶▶▶

类型： 求四面体的体积.

方法： 运用向量混合积的几何意义求解.

定理 4-4（三向量共面的判定） 三个向量 $\boldsymbol{a},\boldsymbol{b},\boldsymbol{c}$ 共面的充分必要条件是 $(\boldsymbol{a}\times\boldsymbol{b})\cdot\boldsymbol{c}=0$.

【例 4-18】 求证向量 $\boldsymbol{a}=3\boldsymbol{i}+4\boldsymbol{j}+5\boldsymbol{k},\boldsymbol{b}=\boldsymbol{i}+2\boldsymbol{j}+2\boldsymbol{k},\boldsymbol{c}=9\boldsymbol{i}+14\boldsymbol{j}+16\boldsymbol{k}$ 共面.

证明 由三向量共面的充分必要条件 $(\boldsymbol{a}\times\boldsymbol{b})\cdot\boldsymbol{c}=0$ 及向量混合积运算公式可得

$$(\boldsymbol{a}\times\boldsymbol{b})\cdot\boldsymbol{c}=\boldsymbol{a}\cdot(\boldsymbol{b}\times\boldsymbol{c})=(\boldsymbol{c}\times\boldsymbol{a})\cdot\boldsymbol{b}=\begin{vmatrix}3 & 4 & 5\\ 1 & 2 & 2\\ 9 & 14 & 16\end{vmatrix}=0,$$

因此三向量共面.

类型归纳 ▶▶▶

类型： 判断三向量是否共面.

方法： 根据向量混合积是否为 0 来判断.

结束语 ▶▶▶

向量的数量积是一个数，而向量的向量积是一个向量，千万不能混淆. 向量的数量积和向量积的运算，是讨论空间几何元素中线与线、线与面、面与面关系的重要工具，必须很好地掌握. 在下一节中，求直线方程和平面方程，经常需要通过向量的向量积来解决.

同步训练

【A 组】

1. 填空题：

(1) 已知向量 $\boldsymbol{a}=2\boldsymbol{i}-7\boldsymbol{j}-3\boldsymbol{k},\boldsymbol{b}=3\boldsymbol{i}+2\boldsymbol{j}-4\boldsymbol{k}$，则 $\boldsymbol{a}\cdot\boldsymbol{b}=$ ________；

(2) 已知向量 $\boldsymbol{a}=2\boldsymbol{i}-7\boldsymbol{j}-3\boldsymbol{k},\boldsymbol{b}=3\boldsymbol{i}+2\boldsymbol{j}-4\boldsymbol{k}$，则 $\boldsymbol{a}\times\boldsymbol{b}=$ ________；

(3) 两向量 $\boldsymbol{a}$ 与 $\boldsymbol{b}$ 相互平行的充分必要条件是________；

(4) $\boldsymbol{a}=\boldsymbol{i}+\sqrt{2}\boldsymbol{j}-\boldsymbol{k}$ 与 $\boldsymbol{b}=-\boldsymbol{i}+\boldsymbol{k}$ 之间的夹角为________；

(5) 两向量 $\boldsymbol{a}$ 与 $\boldsymbol{b}$ 相互垂直的充分必要条件是________；

(6) 向量 $\boldsymbol{a}=(1,-2,3)$ 的单位向量是 $\boldsymbol{a}^0=$ ________.

2. 单项选择题：

(1) 以下等式正确的是(　　)；

(A) $\boldsymbol{i}\cdot\boldsymbol{j}=\boldsymbol{k}$　　(B) $\boldsymbol{i}\cdot\boldsymbol{i}=\boldsymbol{k}\cdot\boldsymbol{k}$

(C) $\boldsymbol{i}+\boldsymbol{j}=\boldsymbol{k}\cdot\boldsymbol{j}$　　(D) $\boldsymbol{k}\times\boldsymbol{k}=\boldsymbol{k}\cdot\boldsymbol{k}$

(2) 与向量 $(-1,1,0)$ 垂直的单位向量是(　　)；

(A) $\left(\frac{1}{\sqrt{2}},\frac{1}{\sqrt{2}},0\right)$　　(B) $\left(\frac{1}{2},\frac{1}{2},0\right)$　　(C) $(1,1,0)$　　(D) $(-1,1,0)$

(3) 下列各向量中是单位向量的且与 $\boldsymbol{b}=\boldsymbol{i}+\boldsymbol{j}-4\boldsymbol{k}$ 垂直的是(　　)；

(A) $\boldsymbol{a}=2\boldsymbol{i}+2\boldsymbol{j}+\boldsymbol{k}$　　(B) $\boldsymbol{a}=\frac{1}{2}\boldsymbol{i}+\frac{1}{2}\boldsymbol{j}-2\boldsymbol{k}$

(C) $\boldsymbol{a}=\frac{\sqrt{2}}{2}\boldsymbol{i}-\frac{\sqrt{2}}{2}\boldsymbol{j}$　　(D) $\boldsymbol{a}=\frac{\sqrt{3}}{3}\boldsymbol{i}-\frac{\sqrt{3}}{3}\boldsymbol{j}+\frac{\sqrt{3}}{3}\boldsymbol{k}$

(4) 下列各向量中与 $\boldsymbol{b}=\boldsymbol{i}+\boldsymbol{j}-4\boldsymbol{k}$ 平行的是(　　)；

(A) $\boldsymbol{a}=2\boldsymbol{i}+2\boldsymbol{j}+\boldsymbol{k}$　　(B) $\boldsymbol{a}=\frac{1}{2}\boldsymbol{i}+\frac{1}{2}\boldsymbol{j}-2\boldsymbol{k}$

(C) $\boldsymbol{a}=\frac{\sqrt{2}}{2}\boldsymbol{i}-\frac{\sqrt{2}}{2}\boldsymbol{j}$　　(D) $\boldsymbol{a}=\frac{\sqrt{3}}{3}\boldsymbol{i}-\frac{\sqrt{3}}{3}\boldsymbol{j}+\frac{\sqrt{3}}{3}\boldsymbol{k}$

(5) 与 $\boldsymbol{a}=\boldsymbol{i}+\boldsymbol{j}-\boldsymbol{k}$ 和 $\boldsymbol{b}=3\boldsymbol{i}+2\boldsymbol{j}-\boldsymbol{k}$ 同时垂直且模为 2 的向量是(　　)；

(A) $\boldsymbol{c}=\boldsymbol{i}-2\boldsymbol{j}-\boldsymbol{k}$　　(B) $\boldsymbol{c}=\frac{1}{2}\boldsymbol{i}-\boldsymbol{j}-\frac{1}{2}\boldsymbol{k}$

(C) $\boldsymbol{c}=2\boldsymbol{i}-4\boldsymbol{j}-2\boldsymbol{k}$　　(D) $\boldsymbol{c}=\frac{\sqrt{6}}{3}\boldsymbol{i}-\frac{2\sqrt{6}}{3}\boldsymbol{j}-\frac{\sqrt{6}}{3}\boldsymbol{k}$

(6) 设向量 $\boldsymbol{a}$ 与各坐标轴间的夹角为 α,β,γ，若已知 $\alpha=\frac{\pi}{3},\beta=\frac{2\pi}{3}$，那么 $\gamma=$ (　　)；

(A) $\frac{\pi}{3}$　　(B) $\frac{\pi}{4}$　　(C) $\frac{\pi}{2}$　　(D) $\frac{2\pi}{3}$

(7) 设向量 $\boldsymbol{a}=\boldsymbol{i}-\boldsymbol{j}+3\boldsymbol{k},\boldsymbol{b}=3\boldsymbol{i}-\boldsymbol{k}$，那么(　　)；

(A) $\boldsymbol{b}/\!/\boldsymbol{a}$，且 $\boldsymbol{b}$ 与 $\boldsymbol{a}$ 同向　　(B) $\boldsymbol{b}/\!/\boldsymbol{a}$，且 $\boldsymbol{b}$ 与 $\boldsymbol{a}$ 反向

(C) $\boldsymbol{a}$ 和 $\boldsymbol{b}$ 既不平行，也不垂直　　(D) $\boldsymbol{b}\perp\boldsymbol{a}$

(8) 向量(　　)是单位向量;

(A)$(1,1,-1)$　　(B)$\left(\frac{1}{3},\frac{1}{3},\frac{1}{3}\right)$

(C)$(-1,0,0)$　　(D)$\left(\frac{1}{2},0,\frac{1}{2}\right)$

(9) 与向量$(1,3,1)$和$(1,0,2)$同时垂直的向量是(　　).

(A)$(3,-1,0)$　　(B)$(6,-1,-3)$　　(C)$(4,0,-2)$　　(D)$(1,0,1)$

3.计算题:

(1)已知向量$\boldsymbol{a}=3\boldsymbol{i}+4\boldsymbol{j}-\boldsymbol{k}$,$\boldsymbol{b}=-\boldsymbol{i}+5\boldsymbol{j}-\boldsymbol{k}$,求$\boldsymbol{a}\cdot\boldsymbol{b}$,$\boldsymbol{a}\cdot\boldsymbol{i}$,$\boldsymbol{j}\cdot\boldsymbol{b}$;

(2)已知向量$\boldsymbol{a}=3\boldsymbol{i}+4\boldsymbol{j}-\boldsymbol{k}$,$\boldsymbol{b}=-\boldsymbol{i}+5\boldsymbol{j}-\boldsymbol{k}$,求$\boldsymbol{a}\times\boldsymbol{b}$;

(3)已知向量$\boldsymbol{a}=3\boldsymbol{i}-4\boldsymbol{j}+5\boldsymbol{k}$,$\boldsymbol{b}=\boldsymbol{i}+2\boldsymbol{j}-2\boldsymbol{k}$,$\boldsymbol{c}=9\boldsymbol{i}+14\boldsymbol{j}+\lambda\boldsymbol{k}$共面,求$\lambda$;

(4)已知:$A(1,2,3)$,$B(-2,3,5)$,$C(2,-2,4)$,求ΔABC的面积;

(5)设向量$\boldsymbol{a}=2\boldsymbol{i}+5\boldsymbol{j}-3\boldsymbol{k}$,$\boldsymbol{b}=-\boldsymbol{i}+5\boldsymbol{j}-\lambda\boldsymbol{k}$,试确定$\lambda$,使①$\langle\boldsymbol{a},\boldsymbol{b}\rangle$是锐角;②$\langle\boldsymbol{a},\boldsymbol{b}\rangle$是钝角;③$\langle\boldsymbol{a},\boldsymbol{b}\rangle$是直角;④$\boldsymbol{a}$与$\boldsymbol{b}$平行.

【B组】

1.计算$4\boldsymbol{i}\cdot(\boldsymbol{j}\times\boldsymbol{k})+3\boldsymbol{j}\cdot(\boldsymbol{i}\times\boldsymbol{k})+\boldsymbol{k}\cdot(\boldsymbol{i}\times\boldsymbol{j})$.

2.求与向量$\boldsymbol{a}=3\boldsymbol{i}+6\boldsymbol{j}+8\boldsymbol{k}$及$x$轴都垂直的单位向量.

3.设向量$\boldsymbol{a}=3\boldsymbol{m}+\boldsymbol{n}$,$\boldsymbol{b}=2\boldsymbol{m}-3\boldsymbol{n}$是平行四边形的两个邻边,已知$|\boldsymbol{m}|=3$,$|\boldsymbol{n}|=2$,$\langle\boldsymbol{m},\boldsymbol{n}\rangle=\frac{\pi}{3}$,求四边形的两条对角线的长度.

4.设$A(1,2,3)$,$B(3,0,3)$,$C(3,2,1)$,试求四面体$O\text{-}ABC$的体积.

第三节　平面与直线

【学习要求】

1.熟练掌握平面的点法式方程,掌握平面的一般方程,会求点到平面的距离;

2.熟练掌握空间直线的点向式方程,掌握参数方程和一般方程,会进行这三种方程间的互化;

3.掌握用直线的方向向量和平面的法向量讨论平面与平面、平面与直线、直线与直线之间的位置关系(平行、垂直、重合等).

【学习重点】

1.运用向量建立平面和直线的方程;

2.运用向量来判定平面与平面、平面与直线之间的位置关系.

【学习难点】

运用向量运算确定平面的法向量和直线的方向向量.

引言 ▶▶▶

在中学里，我们已经学习了平面和直线的概念、确定的条件以及相互位置关系的判定. 现在，我们运用向量的知识，进一步研究空间中平面和直线的方程，运用代数的方法去解决几何的问题.

一、空间平面的方程

定义 4-9 与平面垂直的向量，称为该平面的法向量.

说明：

一个平面的法向量有无数多个，方向有两个，可以是由平面的一侧朝向另一侧，也可以是另一侧朝向原来的一侧，法向量通常用 $\boldsymbol{n}$ 表示（见图 4-15）.

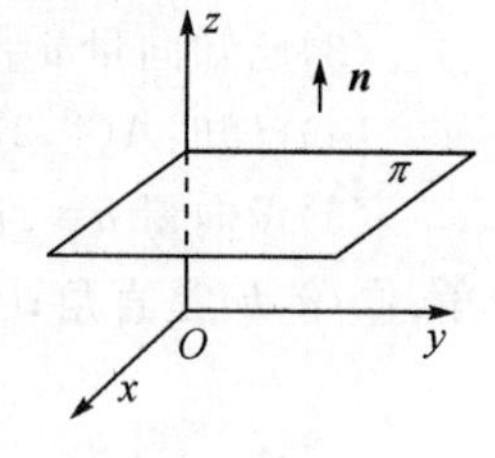

图 4-15

1. 平面的点法式方程

已知平面 π 经过一点，一个法向量是 $\boldsymbol{n}=(A,B,C)$，则平面方程为

$$A(x-x_0)+B(y-y_0)+C(z-z_0)=0,$$

称此方程为平面的点法式方程.

2. 平面的一般式方程

将平面的点法式方程化简整理，可以得到

$$Ax+By+Cz+D=0,$$

称此方程为平面的一般式方程，其中 $\boldsymbol{n}(A,B,C)$ 是平面的一个法向量.

当 $A=0$ 时，平面平行于 x 轴；当 $B=0$ 时，平面平行于 y 轴；当 $C=0$ 时，平面平行于 z 轴；当 $D=0$ 时，平面经过坐标系原点 O.

3. 平面的截距式方程

已知平面 π 在 x 轴、y 轴、z 轴上的截距分别为 a,b,c，由待定系数法可得平面 π 的方程为

$$\frac{x}{a}+\frac{y}{b}+\frac{z}{c}=1,$$

称此方程为平面的截距式方程.

4. 平面束方程

设直线 l 由方程组 $\begin{cases}A_1x+B_1y+C_1z+D_1=0\\A_2x+B_2y+C_2z+D_2=0\end{cases}$ 所确定，其中系数 A_1,B_1,C_1 与 A_2,B_2,C_2 不成比例，则方程 $(A_1x+B_1y+C_1z+D_1)+\lambda(A_2x+B_2y+C_2z+D_2)=0$ 是一组过直线 l 且不含 $A_2x+B_2y+C_2z+D_2=0$ 的平面方程（λ 是任意常数），把该方程叫作过直线 l 的平面束方程（见图 4-16）.

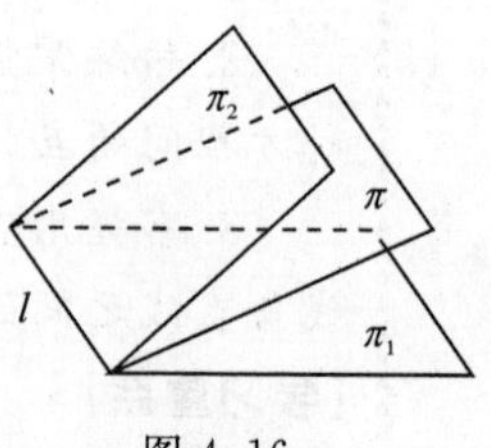

图 4-16

【例 4-19】 求 xOy 坐标面所对应的平面方程.

解 取 xOy 坐标面上最简单的点 $O(0,0,0)$，再取垂直于 xOy 坐标面的最简单向量 $k=(0,0,1)$ 作为法向量，由平面的点法式方程可得

$$0\times(x-0)+0\times(y-0)+1\times(z-0)=0,$$

化简整理，xOy 坐标面所对应的平面方程为 $z=0$.

同理可得，xOz 坐标面所对应的平面方程为 $y=0$，yOz 坐标面所对应的平面方程为 $x=0$.

空间直角坐标系坐标平面方程的特点是：等号右边为 0，等号左边为坐标面表示式里没有出现的 x,y,z 中的其中一个变量.

类型归纳 ▶▶▶

类型：求坐标面所对应的平面方程.

方法：运用平面的点法式方程求解.

【例 4-20】 求由点 $A(-1,2,3)$，$B(2,0,-1)$，$C(0,2,5)$ 所确定的平面方程.

解 用待定系数法（为求解方便，不妨设其中一个未定常数为 1，如果解题过程中出现矛盾，则换一个参数）.

设所求平面方程为

$$Ax+By+Cz+1=0.$$

因为点 $A(-1,2,3)$，$B(2,0,-1)$，$C(0,2,5)$ 在平面上，所以这三点的坐标满足平面方程，代入，得

$$\begin{cases}-A+2B+3C+1=0,\\ 2A+0B-C+1=0,\\ 0A+2B+5C+1=0.\end{cases}$$

所以 $A=-\dfrac{2}{5}$，$B=-1$，$C=\dfrac{1}{5}$，化简整理得所求平面方程为

$$2x+5y-z-5=0.$$

类型归纳 ▶▶▶

类型：求由三点确定的平面.

方法：可以运用待定系数法求解.

二、空间直线的方程

定义 4-10 与直线平行的向量，称为该直线的方向向量.

说明：

一条直线的方向向量也有无数多个，方向有两个，可以是由直线的一头朝向另一头，也可以是另一头朝向原来的一头，通常用 s 表示（见图 4-17）.

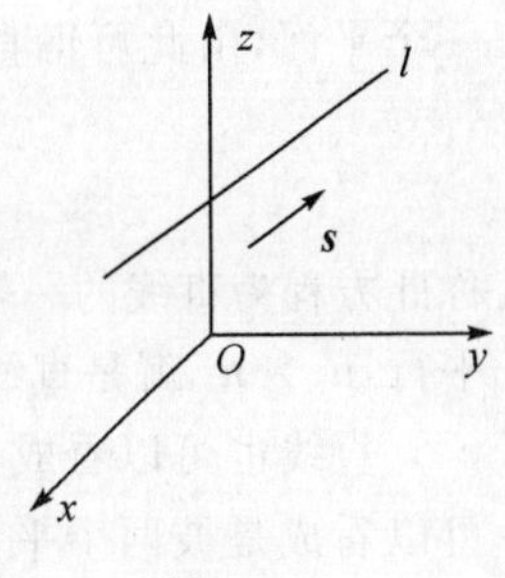

图 4-17

1. 直线的点向式方程

已知直线 l 经过一点，一个方向向量是 (m,n,p)，则直线方程为

$$\frac{x-x_0}{m}=\frac{y-y_0}{n}=\frac{z-z_0}{p},$$

称此方程为直线的点向式方程（也称直线的标准方程）.

【例 4-21】 求直线$\frac{2x+1}{6}=\frac{1-y}{2}=3z$的方向向量.

解 分析:该直线方程不是标准方程,必须化为标准方程,才能得到直线的方向向量.

给出的直线方程可化为标准方程

$$\frac{x+\frac{1}{2}}{3}=\frac{y-1}{-2}=\frac{z}{\frac{1}{3}},$$

所以直线的方向向量为

$$s=k\left(3,-2,\frac{1}{3}\right)(k\neq 0).$$

类型归纳 ▶▶▶

类型:通过非标准方程求直线的方向向量.

方法:化非标准方程为标准方程.

2. 直线的参数式方程

将直线的点向式方程的比值设为 t,可得直线为

$$\begin{cases}x=x_0+mt,\\y=y_0+nt,\\z=z_0+pt\end{cases}\quad(-\infty<t<+\infty),$$

称此方程为直线的参数式方程.

3. 直线的两点式方程

已知直线经过点 $M_1(x_1,y_1,z_1)$,$M_2(x_2,y_2,z_2)$,将向量$\overrightarrow{M_1M_2}$作为直线的方向向量,则直线方程为

$$\frac{x-x_1}{x_2-x_1}=\frac{y-y_1}{y_2-y_1}=\frac{z-z_1}{z_2-z_1},$$

称此方程为直线的两点式方程.

4. 直线的一般式方程

将直线的标准方程化为两个等式的联立组$\begin{cases}\frac{x-x_0}{m}=\frac{y-y_0}{n},\\\frac{y-y_0}{n}=\frac{z-z_0}{p},\end{cases}$而每个等式对应的就是一个平面,由此可得直线方程的又一种形式

$$\begin{cases}A_1x+B_1y+C_1z+D_1=0,\\A_2x+B_2y+C_2z+D_2=0,\end{cases}$$

称此方程为直线的一般式方程.其中两个平面的法向量 $\boldsymbol{n}_1=(A_1,B_1,C_1)$,$\boldsymbol{n}_2=(A_2,B_2,C_2)$不平行,$\boldsymbol{n}_1\times\boldsymbol{n}_2$ 就是直线的一个方向向量.

直线也可以看成是两个平面的交线.同一条直线,既可以看成是此两个平面的交线,也可以看成是彼两个平面的交线,因此,同一条直线的一般式方程,也没有确定的表达式.

【例 4-22】 把直线的一般方程$\begin{cases}2x-3y+4z-12=0,\\3x+5y-6z-30=0\end{cases}$化为标准方程和参数方程.

解 先求出直线上定点.

在直线的一般方程中,设 $x=0$,解得 $y=91,z=75$,这样直线上的一个定点就为(0,96,75).

再求出直线对应的方向向量.由于所给直线是两个平面的交线,故直线的方向向量分别与两个平面的法向量垂直,则直线的一个方向向量可取两个平面法向量的向量积.

两个平面的法向量分别为 $\boldsymbol{n}_1=(2,-3,4)$,$\boldsymbol{n}_2=(3,5,-6)$,则直线的一个方向向量为

$$\boldsymbol{s}=\boldsymbol{n}_1\times\boldsymbol{n}_2=(2,-3,4)\times(3,5,-6)=\begin{vmatrix}\boldsymbol{i} & \boldsymbol{j} & \boldsymbol{k}\\ 2 & -3 & 4\\ 3 & 5 & -6\end{vmatrix}=-2\boldsymbol{i}+24\boldsymbol{j}+19\boldsymbol{k}.$$

故直线的标准方程为

$$\frac{x}{-2}=\frac{y-96}{24}=\frac{z-75}{19}.$$

设 $\frac{x}{-2}=\frac{y-96}{24}=\frac{z-75}{19}=t$,就得到直线的参数方程为

$$\begin{cases}x=-2t,\\ y=96+24t,\\ z=75+19t\end{cases}\quad(-\infty<t<+\infty).$$

类型归纳 ▶▶▶

类型:化直线一般方程为标准方程和参数方程.

方法:先找出直线上一点,再找出直线的一个方向向量,即可得到直线的标准方程和参数方程.

【例 4-23】 求两条平行直线 $\frac{x-1}{2}=\frac{y-2}{-1}=\frac{z+3}{3}$ 与 $\frac{x+2}{4}=\frac{y-1}{-2}=\frac{z-2}{6}$ 确定的平面方程.

解 两平行直线确定一个平面,作草图(见图 4-18).

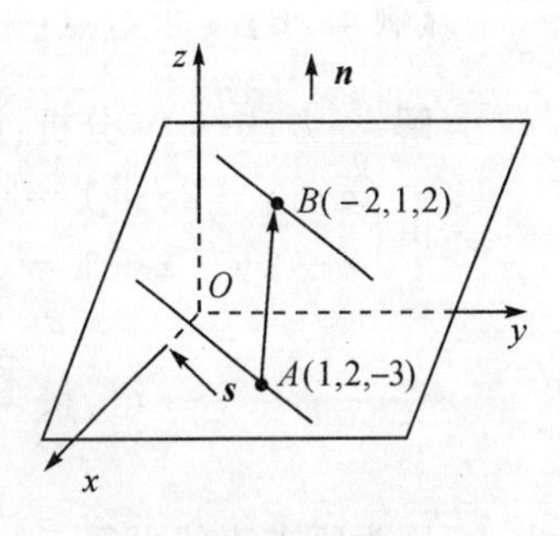

图 4-18

用点法式求平面方程,定点可取两直线上的任意一点,关键是确定平面的法向量.在两个已知直线上各取一点 $A(1,2,-3)$ 和 $B(-2,1,2)$,构成向量 $\overrightarrow{AB}=(-3,-1,5)$,再取其中一个直线的方向向量 $\boldsymbol{s}=(2,-1,3)$,这两个向量的向量积就是所求平面的一个法向量,即

$$\boldsymbol{n}=\overrightarrow{AB}\times\boldsymbol{s}=\begin{vmatrix}\boldsymbol{i} & \boldsymbol{j} & \boldsymbol{k}\\ -3 & -1 & 5\\ 2 & -1 & 3\end{vmatrix}=(2,19,5),$$

故所求平面方程为

$$2(x-1)+19(y-2)+5(z+3)=0,$$

即

$$2x+19y+5z-25=0.$$

【例 4-24】 求两条相交直线$\frac{x-2}{2}=\frac{y+1}{1}=\frac{z}{3}$与$\frac{x-2}{2}=\frac{y+1}{-2}=-z$确定的平面方程.

解 两相交直线确定一个平面,平面的定点可取两直线的公共点$A(2,-1,0)$.平面的法向量同时与两直线的方向向量垂直,由向量向量积运算可知

$$\boldsymbol{n}=\boldsymbol{s}_1\times\boldsymbol{s}_2=\begin{vmatrix}\boldsymbol{i} & \boldsymbol{j} & \boldsymbol{k}\\ 2 & 1 & 3\\ 2 & -2 & -1\end{vmatrix}=(5,8,-6),$$

故所求平面方程为

$$4(x-2)+8(y+1)-6(z-0)=0,\text{即 }4x+8y-6z=0.$$

【例 4-25】 求通过点$M(-1,3,-2)$,且通过直线l:$\frac{x+1}{3}=\frac{y-1}{-2}=\frac{z}{5}$的平面方程.

解 分析:设法找出所求平面的法向量.

因为直线在平面上,所以直线上的点$(-1,1,0)$与点$(-1,3,-2)$所连的向量为$(0,2,-2)$,且直线的方向向量为$\boldsymbol{s}=(3,-2,5)$,则平面的一个法向量n为

$$\boldsymbol{n}=(0,2,-2)\times(3,-2,5)=\begin{vmatrix}\boldsymbol{i} & \boldsymbol{j} & \boldsymbol{k}\\ 0 & 2 & -2\\ 3 & -2 & 5\end{vmatrix}=6\boldsymbol{i}-6\boldsymbol{j}-6\boldsymbol{k},$$

所以,平面方程为$6(x+1)-6(y-3)-6(z+2)=0$,即$x-y-z+2=0$.

类型归纳 ▶▶▶

类型:求平面方程.

方法:先"定点",找出所求平面上的某一点,再"定向",找出所求平面上的某两个不共线向量,运用向量的向量积得到平面的法向量.

【例 4-26】 求过点$(-1,2,1)$,且平行于直线$\begin{cases}x+y-2z+1=0,\\ x+2y-z+1=0\end{cases}$的直线方程.

解 方法一 分析:设法找到所求直线的方向向量.

由$\begin{cases}x+y-2z+1=0,\\ x+2y-z+1=0\end{cases}$得到已知直线的一个方向向量$\boldsymbol{s}$为

$$\boldsymbol{s}=(1,1,-2)\times(1,2,-1)=\begin{vmatrix}\boldsymbol{i} & \boldsymbol{j} & \boldsymbol{k}\\ 1 & 1 & -2\\ 1 & 2 & -1\end{vmatrix}=3\boldsymbol{i}-\boldsymbol{j}+\boldsymbol{k}.$$

因为所求直线平行于已知直线,它们的方向向量相同或共线,因此所求直线的一个方向向量为

$$\boldsymbol{s}=3\boldsymbol{i}-\boldsymbol{j}+\boldsymbol{k},$$

则直线方程为

$$\frac{x+1}{3}=\frac{y-2}{-1}=\frac{z-1}{1}.$$

方法二 过点$(-1,2,1)$,分别作平行于平面$x+y-2z+1=0$,$x+2y-z+1=0$的平面π_1,π_2,而π_1和π_2的交线就是所求的直线.

过点$(-1,2,1)$，平行于平面$x+y-2z+1=0$的平面π_1为

$$1(x+1)+1(y-2)-2(z-1)=0,\text{即 } x+y-2z+1=0,$$

过点$(-1,2,1)$，平行于平面$x+2y-z+1=0$的平面π_2为

$$1(x+1)+2(y-2)-(z-1)=0,\text{即 } x+2y-z-2=0,$$

联立得所求直线方程为

$$\begin{cases}x+y-2z+1=0,\\x+2y-z-2=0.\end{cases}$$

【例 4-27】 求空间直角坐标系中三条坐标轴的方程.

解 先求x轴的方程.

取x轴上最简单的点$O(0,0,0)$，再取平行于x轴的最简单向量$\boldsymbol{i}=(1,0,0)$作为方向向量，由直线的点向式方程可得

$$\frac{x-0}{1}=\frac{y-0}{0}=\frac{z-0}{0},$$

化简整理，x轴的方程为

$$\begin{cases}y=0,\\z=0.\end{cases}$$

同理可得，y轴的方程为$\begin{cases}x=0,\\z=0,\end{cases}$ z轴的方程为$\begin{cases}x=0,\\y=0.\end{cases}$

空间直角坐标系坐标轴方程的特点是：两个方程联立构成的方程组，每个方程等号右边都为0，等号左边分别为坐标轴表示式里没有出现的x,y,z中的其中两个变量.

【例 4-28】 求过两点$(1,2,3)$和$(2,2,1)$的直线方程.

解 由过两点的直线方程公式得

$$\frac{x-1}{1}=\frac{y-2}{0}=\frac{z-3}{-2}\text{ 或}\begin{cases}2x+z-5=0,\\y=2.\end{cases}$$

类型归纳 ▶▶▶

类型：求直线方程.

方法：运用“定点”(找出所求直线上的点)和“定向”(找出所求直线对应的方向向量)求出直线方程，也可以运用空间中的直线是两平面的交线这个特性，先求出所在平面，再联立方程组得到直线方程.

【例 4-29】 求直线$\begin{cases}2x-4y+z=0,\\3x-y-2z-9=0\end{cases}$在平面$4x-y+z=1$上的投影直线的方程.

解 设过直线$\begin{cases}2x-4y+z=0,\\3x-y-2z-9=0\end{cases}$的平面束的方程为

$$(2x-4y+z)+\lambda(3x-y-2z-9)=0,$$

即

$$(2+3\lambda)x+(-4-\lambda)y+(1-2\lambda)z-9\lambda=0.$$

当此平面与已知平面垂直时，有

$$(2+3\lambda)\cdot 4+(-4-\lambda)\cdot(-1)+(1-2\lambda)\cdot 1=0,$$

解得 $\lambda=-\frac{13}{11}$,代入,可得过已知直线且与已知平面垂直的平面方程为

$$17x+31y-37z-117=0,$$

故 $\begin{cases}2x-4y+z=0,\\3x-y-2z-9=0\end{cases}$ 在平面 $4x-y+z=1$ 上的投影直线的方程为

$$\begin{cases}17x+31y-37z-117=0,\\4x-y+z-1=0.\end{cases}$$

类型归纳 ▶▶▶

类型:求投影直线方程.
方法:运用平面束方程求解.

三、平面与平面、直线之间位置关系的判定

定理 4-5(平面与平面的位置关系的判定)

设两平面 π_1 与 π_2 的方程分别是:

$$\pi_1:A_1x+B_1y+C_1z+D_1=0,$$
$$\pi_2:A_2x+B_2y+C_2z+D_2=0,$$

两平面的法向量分别是 $\boldsymbol{n}_1=(A_1,B_1,C_1)$ 和 $\boldsymbol{n}_2=(A_2,B_2,C_2)$(见图 4-19),那么

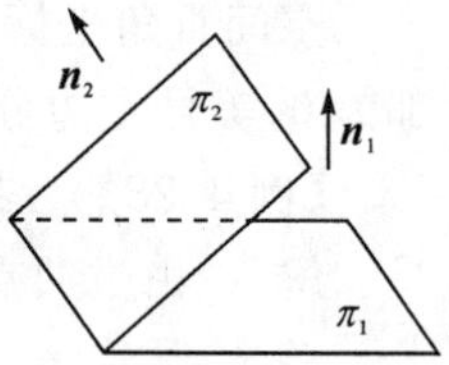

图 4-19

(1) $\frac{A_1}{A_2}=\frac{B_1}{B_2}=\frac{C_1}{C_2}=\frac{D_1}{D_2}\Leftrightarrow\pi_1$ 与 π_2 重合;

(2) $\frac{A_1}{A_2}=\frac{B_1}{B_2}=\frac{C_1}{C_2}\neq\frac{D_1}{D_2}\Leftrightarrow\pi_1$ 与 π_2 平行但不重合;

(3) $A_1A_2+B_1B_2+C_1C_2=0\Leftrightarrow\pi_1\perp\pi_2$;

(4) 若上述三条均不满足,则 π_1 与 π_2 斜交,其夹角的余弦值为

$$\cos\theta=\frac{|A_1A_2+B_1B_2+C_1C_2|}{\sqrt{A_1^2+B_1^2+C_1^2}\cdot\sqrt{A_2^2+B_2^2+C_2^2}}\left(0<\theta<\frac{\pi}{2}\right).$$

定理 4-6(平面与直线的位置关系的判定)

设平面 π 与直线 l 的方程分别是:

$$\pi:Ax+By+Cz+D=0,$$
$$l:\frac{x-x_0}{m}=\frac{y-y_0}{n}=\frac{z-z_0}{p},$$

平面的法向量和直线的方向向量分别是 $\boldsymbol{n}=(A,B,C)$ 和 $\boldsymbol{s}=(m,n,p)$(见图 4-20),那么

(1) $Am+Bn+Cp=0\Leftrightarrow\pi$ 与 l 平行,若进一步有 $Ax_0+By_0+Cz_0+D=0$,则直线 l 在平面 π 上;

(2) $\frac{m}{A}=\frac{m}{B}=\frac{p}{C}\Leftrightarrow\pi\perp l$;

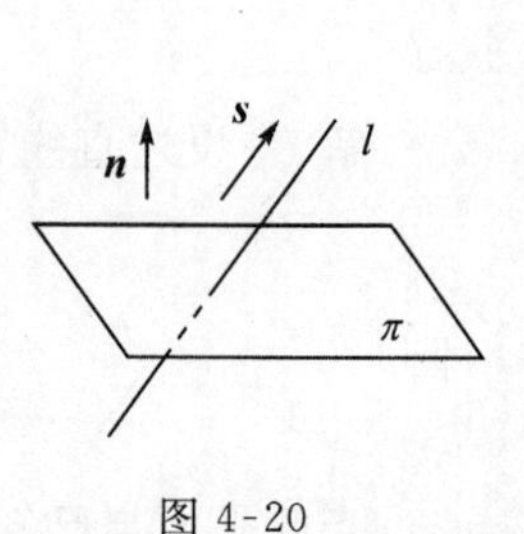

图 4-20

(3) 若上述两条均不满足,则 π 与 l 斜交,其夹角的正弦值为

$$\sin\theta=\frac{|Am+Bn+Cp|}{\sqrt{A^2+B^2+C^2}\cdot\sqrt{m^2+n^2+p^2}}\left(0<\theta<\frac{\pi}{2}\right).$$

【例 4-30】 求平面 $x-2y+2z-5=0$ 与 $x-y-6=0$ 的夹角.

解 两平面的法向量分别为 $\boldsymbol{n}_1=(1,-2,2)$,$\boldsymbol{n}_2=(1,-1,0)$.

由两平面夹角公式

$$\cos\theta=\frac{|A_1A_2+B_1B_2+C_1C_2|}{\sqrt{A_1^2+B_1^2+C_1^2}\cdot\sqrt{A_2^2+B_2^2+C_2^2}}\left(0<\theta<\frac{\pi}{2}\right)$$

得

$$\cos\theta=\frac{|1\times1+(-2)\times(-1)+2\times0|}{\sqrt{1^2+(-2)^2+2^2}\cdot\sqrt{1^2+(-1)^2+0^2}}=\frac{\sqrt{2}}{2},$$

故两平面的夹角为 $\theta=\frac{\pi}{4}$.

类型归纳 ▶▶▶

类型:求两平面夹角.

方法:运用两平面的夹角公式求解.

【例 4-31】 求直线$\frac{x-2}{2}=\frac{y+1}{1}=\frac{z-3}{1}$与平面 $x-y+2z+2=0$ 的夹角.

解 直线的方向向量为 $\boldsymbol{s}=(2,1,1)$,平面的法向量为 $\boldsymbol{n}=(1,-1,2)$,由直线与平面的夹角公式

$$\sin\theta=\frac{|lA+mB+nC|}{\sqrt{l^2+m^2+n^2}\cdot\sqrt{A^2+B^2+C^2}}=\frac{|2\times1+1\times(-1)+1\times2|}{\sqrt{4+1+1}\cdot\sqrt{1+1+4}}=\frac{1}{2},$$

得直线与平面夹角为 $\theta=\frac{\pi}{6}$.

类型归纳 ▶▶▶

类型:求直线与平面的夹角.

方法:运用直线与平面的夹角公式求解.

四、点到平面的距离公式

点到平面 $Ax+By+Cz+D=0$ 的距离为

$$d=\frac{|Ax_1+By_1+Cz_1+D|}{\sqrt{A^2+B^2+C^2}}.$$

空间点到平面的距离公式,可以借助高中阶段学习的平面上点到直线的距离公式来记忆.

【例 4-32】 求点 $M(1,-2,6)$ 到直线$\frac{x+1}{-1}=\frac{y-4}{3}=\frac{z-3}{2}$的距离 d.

解 方法一 过已知点作一平面与已知直线垂直,并求出直线与平面的交点,该交点

与已知点的距离就是已知点到已知直线的距离.

取已知直线的方向向量 $\boldsymbol{s}=(-1,3,2)$ 为所求平面的法向量,则经过点 $(1,-2,6)$ 且垂直于已知直线 l 的平面方程为 $(-1)(x-1)+3(y+2)+2(z-6)=0$,即

$$x-3y-2z+5=0. \tag{1}$$

再求直线 l 与平面的交点.把直线方程改写成参数式,设 $\frac{x+1}{-1}=\frac{y-4}{3}=\frac{z-3}{2}=t$,则得

$$\begin{cases} x=-1-t, \\ y=4+3t, \\ z=3+2t. \end{cases} \tag{2}$$

把(2)式代入(1)式,解得 $t=-1$,再代入(2)式,得交点 $P(0,1,1)$.

于是,点 M 到直线的距离即为点 M 到点 P 之间的距离

$$d=|MP|=\sqrt{(1-0)^2+(-2-1)^2+(6-1)^2}=\sqrt{35}.$$

方法二　作草图(见图 4-21).

设 $P(x,y,z)$ 是已知直线上一动点.则点 M 到直线 l 的距离就是向量 $\overrightarrow{MP}$ 的模 $|\overrightarrow{MP}|$ 的最小值.而当 $|\overrightarrow{MP}|$ 的值最小时,向量 $\overrightarrow{MP}$ 与直线 l 垂直,即 $\overrightarrow{MP}\perp\boldsymbol{s}$.由直线的参数式方程可得点 P 的参数式为 $(-1-t,4+3t,3+2t)$,故向量

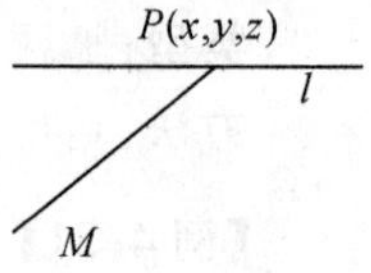

$$\overrightarrow{MP}=(-2-t,6+3t,-3+2t).$$

P(x,y,z)
l
M

图 4-21

因为 $\overrightarrow{MP}\perp\boldsymbol{s}$,所以

$$\overrightarrow{MP}\cdot\boldsymbol{s}=(-2-t)(-1)+(6+3t)3+(-3+2t)2=0,$$

解得 $t=-1$,所以

$$\overrightarrow{MP}=(-2-t,6+3t,-3+2t)=(-1,3,-5).$$

所求距离为

$$d=|\overrightarrow{MP}|=\sqrt{(-1)^2+(3)^2+(-5)^2}=\sqrt{35}.$$

方法三　作草图(见图 4-22).

由直线的标准方程可知 $M_0(-1,4,3)$ 是已知直线上一点,于是向量 $\overrightarrow{M_0M}=(2,-6,3)$,又直线的方向向量为 $\boldsymbol{s}=(-1,3,2)$,则

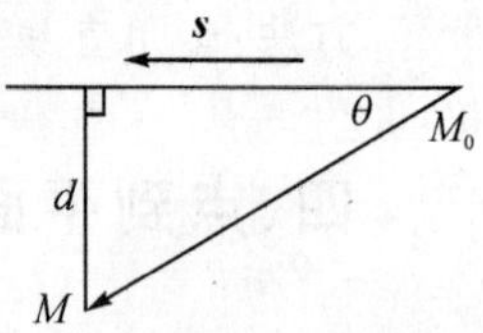

$$\overrightarrow{M_0M}\times\boldsymbol{s}=\begin{vmatrix} \boldsymbol{i} & \boldsymbol{j} & \boldsymbol{k} \\ 2 & -6 & 3 \\ -1 & 3 & 2 \end{vmatrix}=(-21,-7,0).$$

s
θ
M_0
d
M

图 4-22

由向量的向量积模的定义可知

$$|\overrightarrow{M_0M}\times\boldsymbol{s}|=|\overrightarrow{M_0M}|\cdot|\boldsymbol{s}|\cdot\sin\theta.$$

由图可知点 M 到直线 l 的距离为 $d=|\overrightarrow{M_0M}|\cdot\sin\theta$,其中 θ 是 $\overrightarrow{M_0M}$ 与 $\boldsymbol{s}$ 的夹角,所以

$$d=\frac{|\overrightarrow{M_0M}\times s|}{|\boldsymbol{s}|}=\frac{\sqrt{(-21)^2+(-7)^2+0^2}}{\sqrt{(-1)^2+3^2+2^2}}=\sqrt{35}.$$

方法四　设 $P(x,y,z)$ 是已知直线上一动点. 由直线的参数式方程可得点 P 的参数式为 $P(-1-t,4+3t,3+2t)$，由两点间距离公式可知

$$d=\sqrt{(1+1+t)^2+(-2-4-3t)^2+(6-3-2t)^2},$$

则

$$d^2=(1+1+t)^2+(-2-4-3t)^2+(6-3-2t)^2=14(t+1)^2+35,$$

当 $t=-1$ 时，d^2 取得最小值 35，d 的最小值就是 $\sqrt{35}$，它就是点 M 到直线 l 的距离.

类型归纳 ▶▶▶

类型：求空间中点到直线的距离.

方法：用向量方法比较方便，也可转化成其他代数形式来求解.

结束语 ▶▶▶

求空间的平面方程和直线方程，很多时候是运用向量的向量积确定其法向量和方向向量，再运用平面的点法式方程和直线的点向式方程得到所求的平面和直线的代数方程形式，从中我们更加体会到了掌握向量运算的重要性.

同步训练

【A 组】

1. 填空题：

(1) $2x-1=0$ 是平行于________坐标平面的平面；

(2) 点(2,3,4) 到平面 $2x-3y+6z-5=0$ 的距离是________；

(3) 经过原点的平面方程的一般式为________；

(4) 平行于 xOy 平面的平面方程的一般式为________；

(5) 平面 $x+3y-4z-4=0$ 与平面 $3x-5y-3z+7=0$ 的位置关系是________；

(6) 一平面在三个坐标轴上的截距分别为 3、-5、6，该平面方程为________；

(7) 经过点$(3,-4,5)$ 且法向量为$(-1,2,4)$ 的平面方程为________；

(8) 经过点$(-2,0,3)$，且方向向量为(3,5,0) 的直线的标准方程为________；

(9) 经过点$(-3,1,4)$，且方向向量为$(-3,4,1)$ 的直线参数方程为________；

(10) 经过点 $A(-3,1,4)$，$B(3,5,2)$ 的直线方程的一般式为________.

2. 单项选择题：

(1) 平面的法向量有(　　) 个；

(A) 一个　　(B) 两个　　(C) 无数个　　(D) 三个

(2) 若平面 $x+ky+3z=4$ 过点 $M(1,2,-1)$，则 $k=$(　　)；

(A)3　　(B) -2　　(C)2　　(D) -3

(3) 平面 $x+5=0$ 的位置关系是(　　)；

(A) 与 x 轴平行　　(B) 与 x 轴垂直

(C) 与 y 轴垂直　　(D) 与 z 轴垂直

(4) 平面 $2x+y-3=0$ 的位置关系是(　　);

(A) 与 y 轴平行　　(B) 与 z 轴垂直

(C) 与 x 轴平行　　(D) 与 z 轴平行

(5) 平面 $x+3y-5z=0$ 的位置关系是(　　);

(A) 与 xOy 面平行　　(B) 与 xOz 面平行

(C) 经过坐标原点　　(D) 与 x 轴垂直

(6) 平面 $6x+5y-3z+1=0$ 与 $2x+3y+6z+2=0$ 的位置关系是(　　);

(A) 垂直　　(B) 平行

(C) 斜交　　(D) 重合

(7) 直线 $\frac{x+1}{-2}=\frac{y-2}{3}=\frac{z}{1}$ 与平面 $2x+y+z=5$ 的关系是(　　);

(A) 相交　　(B) 重合

(C) 垂直　　(D) 平行

(8) 过点 $M(3,-1,2)$ 且与直线 $\frac{x-2}{-1}=\frac{y+1}{2}=\frac{z}{3}$ 垂直的平面方程为(　　).

(A) $x+2y+3z-11=0$　　(B) $x-2y-3z-1=0$

(C) $-x+2y+3z+11=0$　　(D) $x-2y-3z+1=0$

3. 解答题:

(1) 求过点 $M_1(3,-1,-5)$ 和 $M_2(0,1,-1)$ 且垂直于平面 $x+y+z=0$ 的平面方程;

(2) 求过点 $(1,-1,1)$ 且垂直于平面 $x-y+z-1=0$ 和 $2x+y+z+1=0$ 的平面方程;

(3) 求过点 $(1,0,-2)$ 且垂直于直线 $\frac{x-2}{3}=\frac{y+1}{-1}=\frac{z}{2}$ 的平面方程;

(4) 求过点 $(3,1,-2)$ 且平行于直线 $\frac{x-4}{5}=\frac{y+3}{2}=\frac{z}{1}$ 和 $\frac{x+3}{3}=\frac{y+4}{-2}=\frac{z+1}{1}$ 的平面方程;

(5) 求过直线 $\begin{cases}x-2z-4=0,\\3y-z+8=0\end{cases}$ 且平行于直线 $\begin{cases}x-y-4=0,\\y-z+6=0\end{cases}$ 的平面方程;

(6) 求平行于 x 轴且经过两点 $A(4,0,-2)$ 和 $B(5,1,7)$ 的平面方程;

(7) 求过点 $(2,-1,0)$ 且与两条直线 $\frac{x-1}{3}=\frac{y}{-4}=\frac{z+5}{1}$ 及 $\frac{x}{-1}=\frac{y-2}{2}=\frac{z-2}{3}$ 平行的平面方程;

(8) 一平面过点 $M(1,1,0)$ 且与平面 $x-y-z+2=0$ 和 $2x-y+z+5=0$ 都垂直,求其方程;

(9) 求过点 $(1,2,-5)$ 且垂直于平面 $2x-y+z=3$ 的直线方程;

(10) 化直线的一般方程 $\begin{cases}x-3z+5=0,\\y-2z+2=0\end{cases}$ 为标准方程;

(11) 求过点 $M(-1,3,-2)$ 且垂直于平面 $3x-2y+5z=5$ 的直线方程;

(12) 求过点 $(1,1,0)$ 且平行于直线 $\begin{cases}2x-y=1,\\3y+z=-2\end{cases}$ 的直线方程;

(13) 化直线的一般方程 $\begin{cases} x-y+3z-4=0, \\ 2x-y+z-2=0 \end{cases}$ 为参数方程；

(14) 求过点 $M(-1,3,-2)$ 且通过直线 $\frac{x+1}{3}=\frac{y-1}{-2}=\frac{z}{5}$ 的平面方程.

【B 组】

1. 求过点 $(3,-5,-2)$ 且在各坐标轴上的截距相等的平面方程.
2. 求过 y 轴且垂直于平面 $2x+3y-4z+5=0$ 的平面方程.
3. 求过点 $(1,-2,3)$，垂直于直线 $\frac{x-1}{3}=\frac{y}{4}=\frac{z+5}{5}$ 且平行于平面 $x+2y+3z-6=0$ 的直线方程.
4. 求直线 $\begin{cases} x+y-z+2=0, \\ x+2y+z-3=0 \end{cases}$ 在平面 $x+y+z=6$ 上投影的直线方程.
5. 求点 $(3,-1,2)$ 到直线 $\begin{cases} x+y-z+1=0, \\ 2x-y+z-4=0 \end{cases}$ 的距离.

第四节　曲面与曲线

【学习要求】

1. 了解空间曲面方程的概念，能判别一些常用的二次曲面方程的曲面类型；
2. 了解空间曲线方程的构成；
3. 会用平面截痕法判别曲面的结构；
4. 掌握柱面方程的特性；
5. 会求坐标平面上的曲线绕坐标轴旋转所得的曲面方程.

【学习重点】

1. 常用的二次曲面方程的类型判别；
2. 柱面方程的解法；
2. 坐标平面上的曲线绕坐标轴旋转所得的曲面方程的解法.

【学习难点】

坐标平面上的曲线绕坐标轴旋转所得的曲面方程的方程特性.

引言

上一节，我们学习了平面和直线，它是曲面和曲线的最简单的形式. 掌握了平面和直线的知识，我们就可以进一步研究空间的曲面和曲线了.

一、空间曲面方程的概念

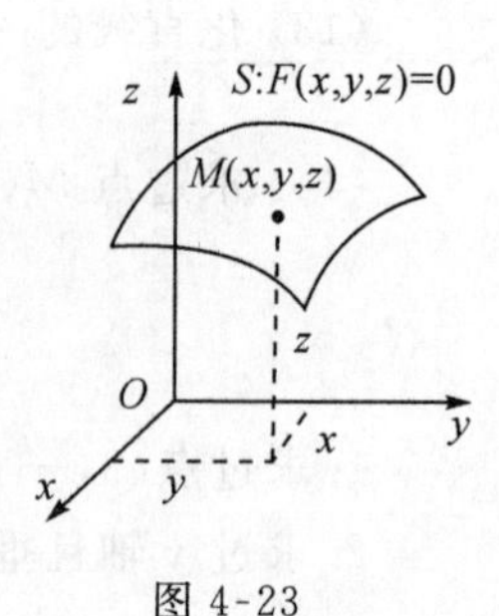

图 4-23

定义 4-11 在空间直角坐标系 $Oxyz$ 下，如果

(1) 曲面 S 上的每一点的坐标 $M(x,y,z)$ 都满足方程 $F(x,y,z)=0$，

(2) 不在曲面 S 上的点的坐标都不满足方程 $F(x,y,z)=0$，则称方程 $F(x,y,z)=0$ 为曲面 S 的方程，而曲面 S 叫作方程 $F(x,y,z)=0$ 的图形(见图 4-23).

说明：

空间的任何几何体，都可以看成是点的集合，它是动点在一定条件下运动的轨迹. 因此，研究空间的几何体，如同平面解析几何研究平面曲线的方程一样，通过建立适当的坐标系，我们也可以找到满足一定条件的几何体方程.

二、常见的二次曲面方程

常见的空间二次曲面方程，有以下 9 类：

1. 球面方程

球心为 O，半径为 R 的球面方程为

$$x^2+y^2+z^2=R^2.$$

一般地，如果二次曲面方程可化为左边是系数为 1 的 x^2，y^2 和 z^2 的线性组合，右边是大于 0 的常数，则该二次曲面表示的是一个球面(见图 4-24).

【例 4-33】 为了造型美观，某艺术馆的外形设计为半球面. 假设球的直径为 40m，出于安全考虑，建筑师要在圆的内部安置 4 根柱子，分别对称安装在离球心 10m 处的位置，试求柱子的高度.

解 建立适当的坐标系，作草图(见图 4-25).

由题意可知半球面方程为

$$x^2+y^2+z^2=20^2\,(z\geqslant 0).$$

由于 4 根柱子分别对称安装在离球心 10m 处的位置，因此 4 根柱子等高. 可设其中一根柱子的底部位置为 $A(10,0,0)$，将点 A 的横坐标和纵坐标代入半球面方程，得

$$10^2+0^2+z^2=20^2\,(z\geqslant 0),$$

解得 $z=10\sqrt{3}\approx 17.32$，所以柱子的高度为 17.32m.

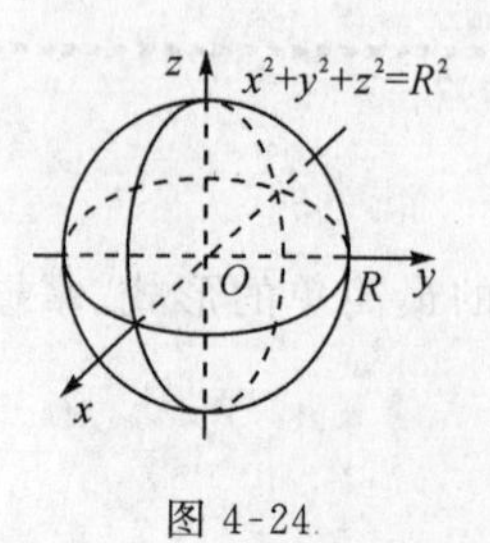

图 4-24

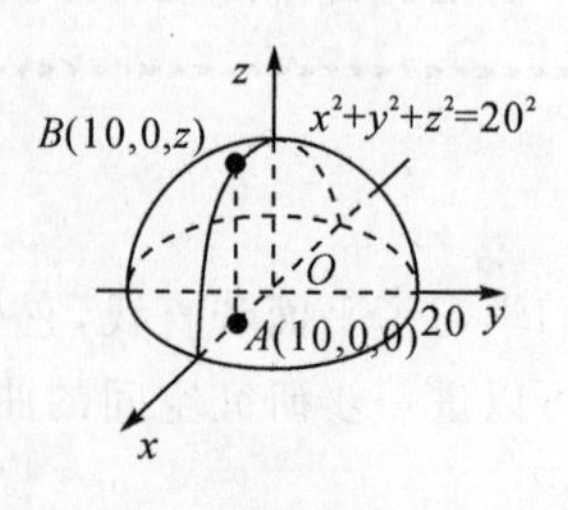

图 4-25

类型归纳 ▶▶▶

类型:以坐标面 xOy 作为地面,求曲面在某点处的高度.

方法:根据曲面方程中该点的竖坐标求解.

2. 椭球面方程

中心为 O,x 轴、y 轴和 z 轴的正半轴上的截距分别为 a,b 和 c 的椭球面方程为

$$\frac{x^2}{a^2}+\frac{y^2}{b^2}+\frac{z^2}{c^2}=1(a>0,b>0,c>0).$$

特别地,$a=b=c$,表示的二次曲面是一个球面.

一般地,如果二次曲面方程可化为左边是系数大于 0 的 x^2,y^2 和 z^2 的线性组合,右边是1,则该二次曲面表示的是一个椭球面(见图 4-26).

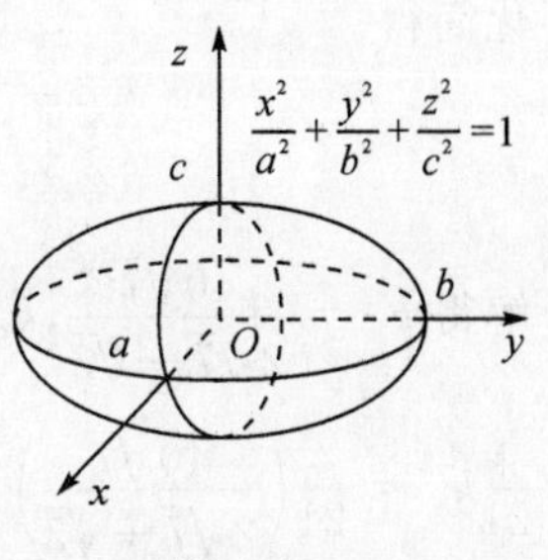

图 4-26

3. 旋转曲面方程

一平面曲线 C 绕同一平面上的一条定直线 L 旋转形成的曲面称为旋转曲面. 曲线 C 称为旋转曲面的母线,直线 L 称为旋转曲面的轴.

下面只讨论母线在某个坐标面上,它绕某个坐标轴旋转所形成的旋转曲面.

(1) 在 yOz 坐标面上的一条母线 $\begin{cases}f(y,z)=0,\\x=0\end{cases}$ 绕 z 轴旋转一周得到的旋转曲面方程为

$$f(\pm\sqrt{x^2+y^2},z)=0;$$

(2) 在 yOz 坐标面上的一条母线 $\begin{cases}f(y,z)=0,\\x=0\end{cases}$ 绕 y 轴旋转一周得到的旋转曲面方程为

$$f(y,\pm\sqrt{x^2+z^2})=0.$$

在绕对称轴选择过程中,母线上的点与对称轴的距离保持不变.

旋转曲面方程的特性是:如果母线在某个坐标面上,母线方程中所绕的坐标轴对应的变量不变,而另一个变量改成带有正负号的一个平方根,被开方数是 x,y,z 中的非对称轴的其中两个变量的平方和(见图 4-27).

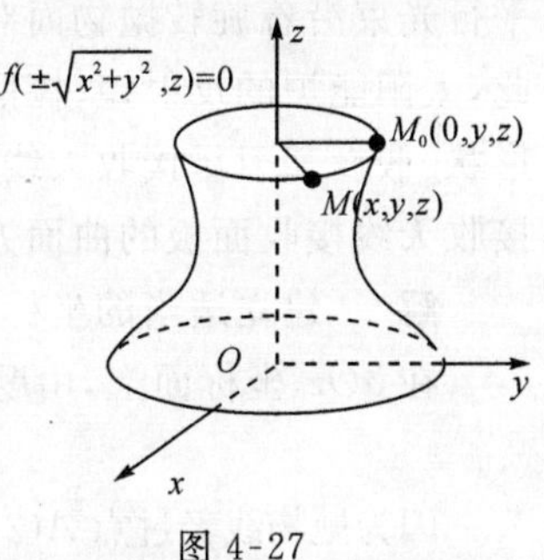

图 4-27

【例 4-34】 双曲线绕着对称轴旋转一周而成的曲面,称为旋转双曲面. 发电厂的冷却塔,根据流体力学知识,为了达到最佳冷却效果,通常采用旋转双曲面建造. 假设某发电厂的冷却塔,要求上口直径为 10m,下口直径为 20m,腰部的最小直径为 8m,且最小口在冷却塔的上半部分的位置,上口的高度为 20m,试求该冷却塔的曲面方程.

解 建立适当的坐标系,作草图(见图 4-28).

在 xOz 坐标面上,由题意可设双曲线方程为

$$\frac{x^2}{4^2}-\frac{(z-k)^2}{c^2}=1.$$

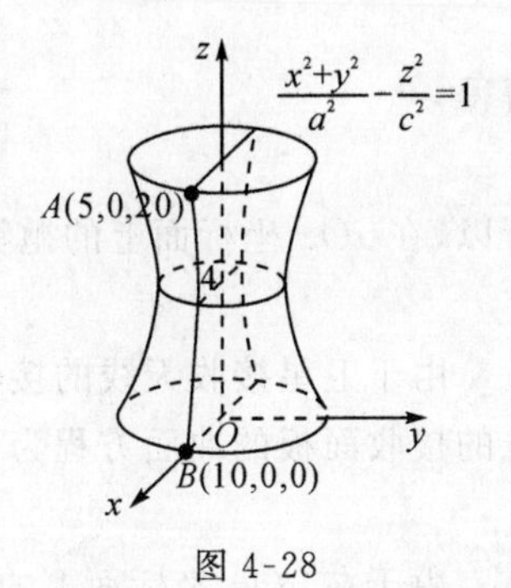

图 4-28

因为双曲线经过点 $A(5,0,20)$ 和点 $B(10,0,0)$，将这两点的坐标代入双曲线方程，得

$$\begin{cases}\dfrac{5^2}{4^2}-\dfrac{(20-k)^2}{c^2}=1,\\[2mm] \dfrac{10^2}{4^2}-\dfrac{k^2}{c^2}=1,\end{cases}$$

化简得

$$\begin{cases}9c^2=16(20-k)^2,\\ 21c^2=4k^2,\end{cases}$$

解得 $k_1=\dfrac{40\sqrt{7}}{2\sqrt{7}-\sqrt{3}}$，$k_2=\dfrac{40\sqrt{7}}{2\sqrt{7}+\sqrt{3}}$（舍去，因为最小口在冷却塔的上半部分的位置），$c^2=\dfrac{4}{21}k^2=\dfrac{4}{21}\left(\dfrac{40\sqrt{7}}{2\sqrt{7}-\sqrt{3}}\right)^2$，所以，在 xOz 坐标面上的双曲线方程为

$$\frac{x^2}{4^2}-\frac{\left(z-\dfrac{40\sqrt{7}}{2\sqrt{7}-\sqrt{3}}\right)^2}{\dfrac{4}{21}\left(\dfrac{40\sqrt{7}}{2\sqrt{7}-\sqrt{3}}\right)^2}=1.$$

由于冷却塔的曲面是由该双曲线绕 z 轴旋转而成的，因此，该冷却塔的曲面方程为

$$\frac{x^2+y^2}{16}-\frac{\left(z-\dfrac{40\sqrt{7}}{2\sqrt{7}-\sqrt{3}}\right)^2}{\dfrac{4}{21}\left(\dfrac{40\sqrt{7}}{2\sqrt{7}-\sqrt{3}}\right)^2}=1.$$

【例 4-35】 抛物线绕着对称轴旋转一周而成的曲面，称为旋转抛物面. 根据光学原理，平行光束沿着旋转抛物面对称轴入射，经过旋转抛物面反射，都聚焦在抛物线的焦点上. 因此，太阳能炉的反射镜、探照灯的反光镜、卫星接收天线的接收面板，都设计为旋转抛物面的形状. 假设某卫星接收天线的旋转抛物面接收面板，外口直径为 4m，深度为 1m，试求该卫星接收天线接收面板的曲面方程，并确定卫星接收器的安装位置.

解 建立适当的坐标系，作草图(见图 4-29).

在 xOz 坐标面上，由题意可设抛物线方程为

$$x^2=2pz.$$

因为抛物线经过点 $A(2,0,1)$，将该点的坐标代入抛物线方程，得

$$2^2=2p,$$

解得

$$p=2,$$

所以，在 xOz 坐标面上的抛物线方程为

$$x^2=4z.$$

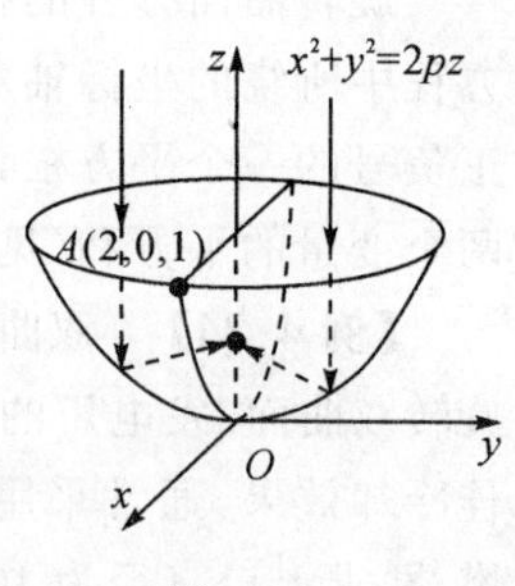

图 4-29

由于卫星接收天线的接收面板，是由该抛物线绕 z 轴旋转而成的，因此，该卫星接收天线的接收面板的曲面方程为

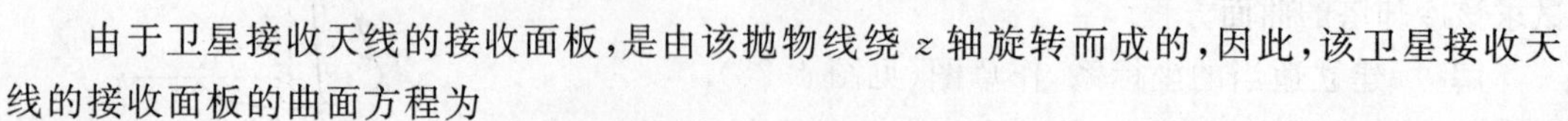

$$x^2+y^2=4z.$$

由于在 xOz 坐标面上的抛物线的焦点坐标是

$$\left(0,0,\frac{p}{2}\right)=(0,0,1),$$

所以，卫星接收器应该安装在抛物面顶点沿对称轴向外 1m 的位置. 由于该接收面板的深度是 1m，那么，卫星接收器就安装在卫星接收天线的接收面板外口圆的圆心上.

类型归纳

类型：求旋转曲面的应用题.

方法：根据旋转曲面方程的特点求解.

4. 坐标轴为中心轴的圆锥面方程

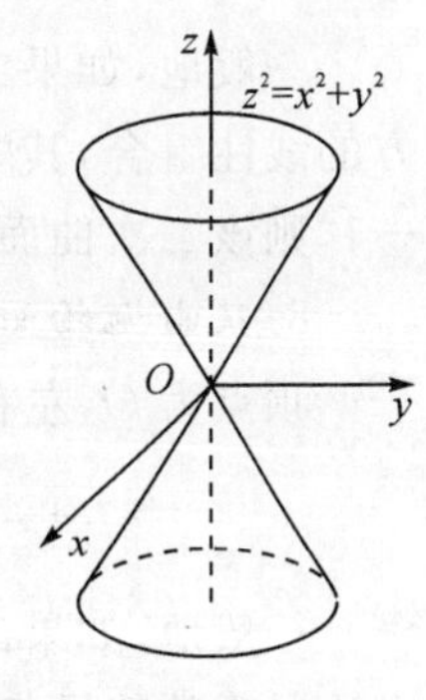

图 4-30

(1) 在 yOz 坐标面上的直线 $\begin{cases} z=y, \\ x=0 \end{cases}$ 绕 z 轴旋转一周得到的圆锥面方程为 $z^2=x^2+y^2$；

(2) 在 yOz 坐标面上的直线 $\begin{cases} z=y, \\ x=0 \end{cases}$ 绕 y 轴旋转一周得到的圆锥面方程为 $y^2=x^2+z^2$.

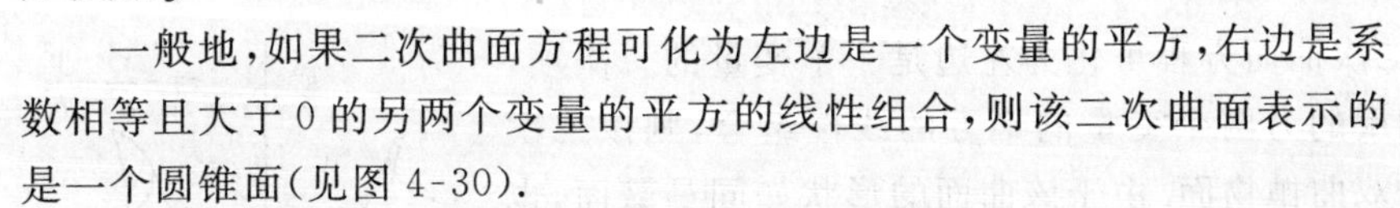

一般地，如果二次曲面方程可化为左边是一个变量的平方，右边是系数相等且大于 0 的另两个变量的平方的线性组合，则该二次曲面表示的是一个圆锥面(见图 4-30).

5. 椭圆抛物面方程

顶点为 O，开口与 z 轴的正向同向的椭圆抛物面方程为

$$z=\frac{x^2}{a^2}+\frac{y^2}{b^2}(a>0,b>0).$$

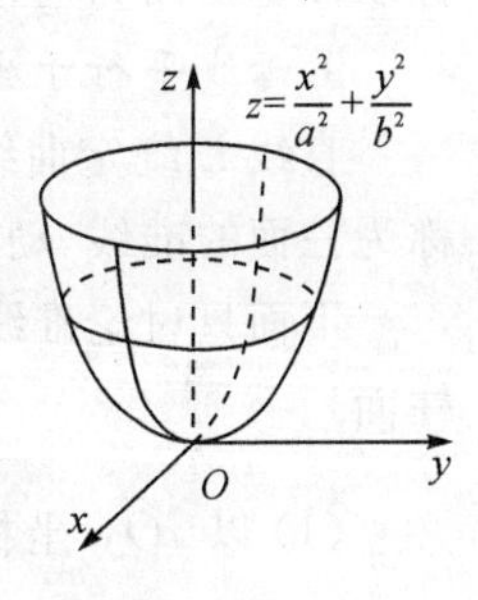

图 4-31

特别地，当 $a=b$ 时，$x^2+y^2=a^2z$ 表示的二次曲面是一个旋转抛物面.

一般地，如果二次曲面方程可化为左边是一个变量的一次项，右边是系数符号相同的另两个变量的平方的线性组合，则该二次曲面表示的是一个椭圆抛物面(见图 4-31).

6. 单叶双曲面方程

上下开口的单叶双曲面方程为

$$\frac{x^2}{a^2}+\frac{y^2}{b^2}-\frac{z^2}{c^2}=1(a>0,b>0,c>0).$$

特别地，当 $a=b$ 时，$\frac{x^2}{b^2}+\frac{y^2}{b^2}-\frac{z^2}{c^2}=1$ 表示的二次曲面是在 yOz 坐标面上的双曲线 $\begin{cases} \frac{y^2}{b^2}-\frac{z^2}{c^2}=1, \\ x=0 \end{cases}$ 绕 z 轴旋转一周得到的旋转单叶双曲面.

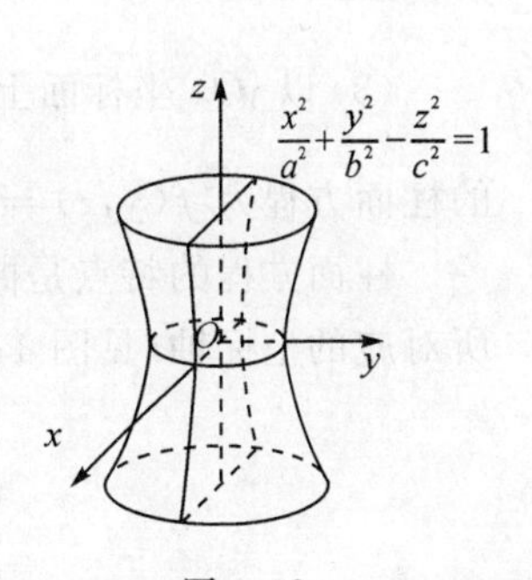

图 4-32

一般地，如果二次曲面方程可化为左边是三个变量的平方的线性组合，其中的系数符号，两个为正，一个为负，右边是 1，则该二次曲面表示的是一个单叶双曲面(见图 4-32).

7. 双叶双曲面方程

左右开口的双叶双曲面方程为

$$\frac{x^2}{a^2}-\frac{y^2}{b^2}+\frac{z^2}{c^2}=-1(a>0,b>0,c>0).$$

特别地，当 $a=c$ 时，$\frac{x^2}{c^2}-\frac{y^2}{b^2}+\frac{z^2}{c^2}=-1$，表示的二次曲面是在 yOz 坐标面上的双曲线 $\begin{cases}\frac{y^2}{b^2}-\frac{z^2}{c^2}=1,\\ x=0\end{cases}$ 绕 y 轴旋转一周得到的旋转双叶双曲面.

一般地，如果二次曲面方程可化为左边是三个变量的平方的线性组合，其中的系数符号，两个为正，一个为负，右边是 -1，则该二次曲面表示的是一个双叶双曲面(见图 4-33).

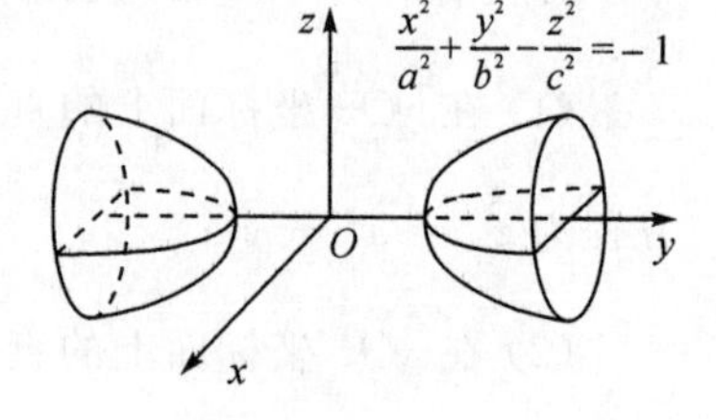

图 4-33

8. 双曲抛物面方程

顶点为 O，左右开口的双曲抛物面方程为

$$z=-\frac{x^2}{a^2}+\frac{y^2}{b^2}(a>0,b>0).$$

一般地，如果二次曲面方程可化为左边是一个变量的一次项，右边是系数符号相反的另两个变量的平方的线性组合，则该二次曲面表示的是一个双曲抛物面. 由于该曲面的形状如同马鞍面，也称双曲抛物面为马鞍面(见图 4-34).

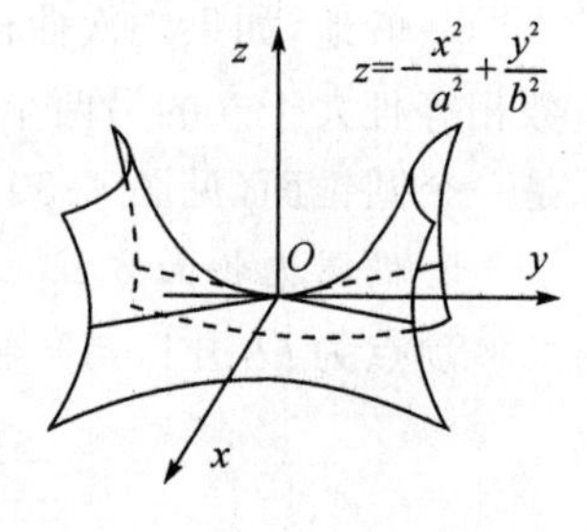

图 4-34

9. 母线平行于坐标轴的柱面方程

直线 L 绕定曲线平行移动所形成的曲面称为柱面. 定曲线 C 称为柱面的准线，动直线 L 称为柱面的母线.

下面只讨论准线在某个坐标面上，而母线垂直于该坐标面的柱面.

(1) 以 xOy 坐标面上的曲线 $\begin{cases}f(x,y)=0,\\ z=0\end{cases}$ 为基线，母线平行于 z 轴的柱面方程为 $f(x,y)=0$；

(2) 以 xOz 坐标面上的曲线 $\begin{cases}f(x,z)=0,\\ y=0\end{cases}$ 为基线，母线平行于 y 轴的柱面方程为 $f(x,z)=0$；

(3) 以 yOz 坐标面上的曲线 $\begin{cases}f(y,z)=0,\\ x=0\end{cases}$ 为基线，母线平行于 x 轴的柱面方程为 $f(y,z)=0$.

柱面方程的特点是曲面方程中 x,y,z 不齐全，母线平行于缺失变量所对应的坐标轴(见图 4-35).

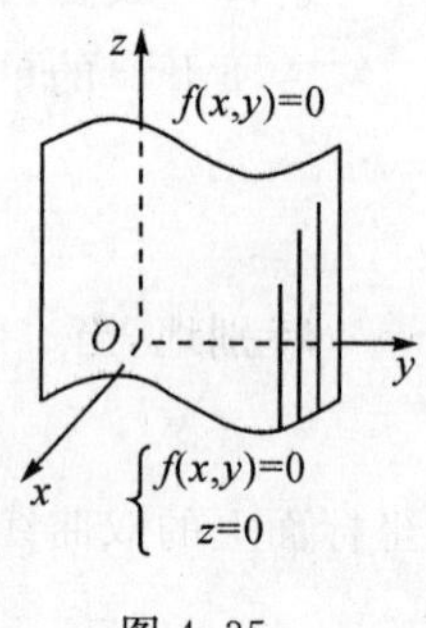

图 4-35

三、常见的空间曲线方程

常见的空间曲线方程有以下两类.

1. 空间曲线的一般式方程

空间的曲线,可以看成是两个曲面的交线(见图 4-36),所以空间曲线的方程可以表示为

$$\begin{cases} F_1(x,y,z)=0, \\ F_2(x,y,z)=0, \end{cases}$$

称此方程为空间曲线的一般式方程.

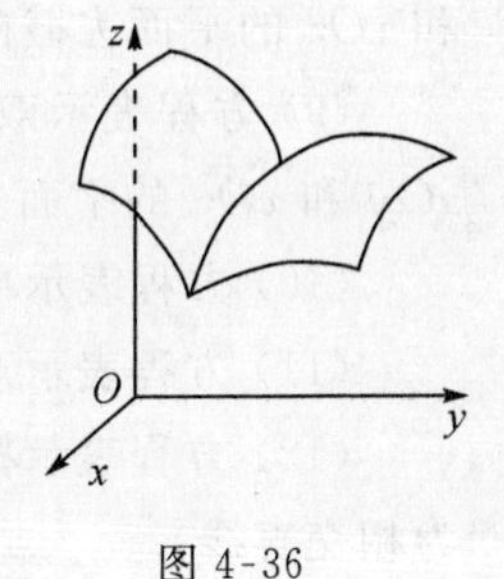

图 4-36

2. 空间曲线的参数式方程

空间的曲线,可以看成是不同时刻下的不同位置构成的点的轨迹,所以空间曲线的方程可以表示为

$$\begin{cases} x=x(t), \\ y=y(t), \quad (-\infty<t<+\infty). \\ z=z(t) \end{cases}$$

称此方程为空间曲线的参数式方程.

四、平面截痕法

定义 4-12 用坐标面或平行于坐标面的平面与曲面相截,考察其交线(即截痕)的形状,然后加以综合,从而了解整个曲面的结构,称此方法为平面截痕法.

【例 4-36】 下列方程在空间中各表示何种曲面:

(1) $x^2+y^2=1$; (2) $x^2-y^2=0$;

(3) $x^2-2y=0$; (4) $xyz=0$;

(5) $x^2+\frac{y^2}{4}=1$; (6) $x^2-4y^2=1$;

(7) $\frac{x^2}{4}+\frac{y^2}{9}+\frac{z^2}{16}=1$; (8) $\frac{x^2}{4}+\frac{y^2}{9}=z$;

(9) $x=\frac{y^2}{9}-\frac{z^2}{16}$; (10) $\frac{x^2}{4}+\frac{y^2}{9}-\frac{z^2}{16}=1$;

(11) $\frac{x^2}{4}-\frac{y^2}{9}-\frac{z^2}{16}=1$; (12) $\frac{x^2}{4}+\frac{y^2}{9}-\frac{z^2}{16}=0$.

解 (1) 方程少一个未知量 z,故表示圆柱面(母线平行于 z 轴,垂直于母线的平面截痕为圆);

(2) 由 $(x+y)(x-y)=0$ 得两相交平面 $x-y=0$ 与 $x+y=0$;

(3) 方程少一个未知量 z,故表示抛物柱面(母线平行于 z 轴,垂直于母线的平面截痕为抛物线);

(4) 方程表示三个坐标平面;

(5) 方程少一个未知量 z,故表示抛物柱面(母线平行于 z 轴,垂直于母线的平面截痕为

椭圆)；

(6) 方程少一个未知量 z，故表示双曲柱面(母线平行于 z 轴，垂直于母线的平面截痕为双曲线)；

(7) 方程表示椭球；

(8) 方程表示椭圆抛物面(用平行于 xOy 的平面去截曲面，截痕为椭圆，用平行于 yOz 和 xOz 的平面去截曲面，截痕为抛物线)；

(9) 方程表示双曲抛物面(用平行于 yOz 的平面去截曲面，截痕为双曲线，用平行于 xOy 和 xOz 的平面去截曲面，截痕为抛物线)；

(10) 方程表示单叶双曲面(对称中心在曲面内部)；

(11) 方程表示双叶双曲面(对称中心在曲面外部)；

(12) 方程表示椭圆锥面(垂直于 z 轴的平面的截痕为椭圆，$x=0$ 和 $y=0$ 的平面截痕为相交直线).

类型归纳 ▶▶▶

类型：曲面类型判断.

方法：运用平行于坐标平面的平面截痕法来判断.

【例 4-37】 曲面 $\frac{x^2}{4}+\frac{y^2}{9}+\frac{z^2}{9}=1$ 是由什么曲线绕什么轴旋转而成的？

解 由于用平行于 yOz 平面去截，得截痕为圆，所以它是由 $\begin{cases}\frac{x^2}{4}+\frac{y^2}{9}=1,\\ z=0\end{cases}$ 或 $\begin{cases}\frac{x^2}{4}+\frac{z^2}{9}=1,\\ y=0\end{cases}$ 绕 x 轴旋转而成的.

类型归纳 ▶▶▶

类型：求旋转曲面的形成曲线.

方法：根据旋转曲面方程的特点求解.

【例 4-38】 求曲线 $\begin{cases}z^2=x,\\ y=0\end{cases}$ 绕 x 轴旋转而成的曲面方程.

解 $\begin{cases}z^2=x,\\ y=0\end{cases}$ 绕 x 轴旋转而成的曲面方程是 $y^2+z^2=x$.

类型归纳 ▶▶▶

类型：已知母线求旋转曲面的方程.

方法：根据旋转曲面方程的特点求解.

【例 4-39】 求曲面 $\frac{x^2}{3}+\frac{y^2}{4}-\frac{z^2}{5}=1$ 与平面 $y=4$ 交线的方程.

解 两方程联立 $\begin{cases}\frac{x^2}{3}+\frac{y^2}{4}-\frac{z^2}{5}=1,\\ y=4\end{cases}$ 就是两曲面的交线方程.

也可把 $y=4$ 代入方程 $\frac{x^2}{3}+\frac{y^2}{4}-\frac{z^2}{5}=1$ 中，整理得 $\frac{z^2}{15}-\frac{x^2}{9}=1$，再与 $y=4$ 联立. 即

$$\begin{cases}\frac{z^2}{15}-\frac{x^2}{9}=1,\\ y=4.\end{cases}$$

类型归纳 ▶▶▶

类型：求曲面与曲面的交线.

方法：由联立方程组求解.

结束语 ▶▶▶

我们知道了很多几何体对应的方程，事实上，可以通过图书阅览和网络搜索了解到，有些几何体在物理学上有很多重要的性质，被广泛运用在生产实践中. 同时，空间曲面和空间曲线，也是多元函数微积分的基本内容，是培养学生空间想象力的重要工具，为进一步学习多元函数的微积分奠定了基础.

同步训练

【A 组】

1. 填空题：

(1) 球心在点 $(1,-1,0)$，半径为 2 的球面方程为________；

(2) 曲线 $\begin{cases}z^2=2x\\ y=0\end{cases}$ 绕 x 轴旋转而成的曲面方程为________；

(3) 曲线 $\begin{cases}z^2=2x\\ y=0\end{cases}$ 绕 z 轴旋转而成的曲面方程为________；

(4) 曲线 $\begin{cases}z^2=y\\ x=0\end{cases}$ 绕 y 轴旋转而成的曲面方程为________；

(5) 曲线 $\begin{cases}y^2=2x\\ z=0\end{cases}$ 绕 x 轴旋转而成的曲面方程为________.

2. 单项选择题：

(1) 下列方程中表示柱面的方程是(　　)；

(A) $z^2=x^2+y^2$　　(B) $x=y^2+z^2$

(C) $x^2-y^2=4$　　(D) $x^2+4y^2+z^2=1$

(2) 下列方程中表示球面的方程是(　　)；

(A) $x^2+y^2=2-z^2$　　(B) $x^2+2=y^2+z^2$

(C) $x^2+y^2=4-z$　　(D) $\sqrt{x^2+y^2}=1-z^2$

(3) 下列方程中表示锥面的方程是(　　).

(A) $z=x^2+y^2$　　(B) $z^2=x^2+y^2$

(C) $x^2+y^2+z^2=1$　　(D) $z^2=y^2$

3. 求下列旋转曲面的方程，并画出图形：

(1) xOz 平面上的抛物线 $z^2 = 5x$ 绕 x 轴旋转而成的曲面；

(2) yOz 平面上的椭圆 $\frac{y^2}{4} + \frac{z^2}{9} = 1$ 绕 z 轴旋转而成的曲面.

【B 组】

1. 写出下列曲线所表示的曲面的名称：

(1) $x^2 + \frac{y^2}{4} + \frac{z^2}{9} = 1$；

(2) $x^2 + z^2 = 1$；

(3) $\frac{y^2}{4} + \frac{z^2}{9} = 1$；

(4) $x^2 = 4z$；

(5) $x^2 - \frac{y^2}{4} = 1$；

(6) $x^2 - \frac{y^2}{4} + \frac{z^2}{9} = 1$；

(7) $\frac{x^2}{4} + \frac{y^2}{4} + \frac{z^2}{4} = 1$；

(8) $x^2 - \frac{y^2}{4} - \frac{z^2}{9} = 1$；

(9) $x^2 - \frac{y^2}{4} = z$；

(10) $x^2 + \frac{y^2}{4} - \frac{z^2}{9} = 0$.

2. 下列方程各表示什么曲线：

(1) $\begin{cases} y^2 + z^2 = 2x, \\ y = 0; \end{cases}$

(2) $\begin{cases} \frac{y^2}{4} + \frac{z^2}{9} = 1, \\ x = 1; \end{cases}$

(3) $\begin{cases} x^2 + y^2 + z^2 = 9, \\ z = 0; \end{cases}$

(4) $\begin{cases} x = 3\cos\theta, \\ y = 4\sin\theta, \\ z = 5. \end{cases}$

单元自测题

一、填空题

1. 向量 b 与非零向量 a 平行的充分必要条件是存在一个实数 λ，使________.

2. 平面 $y = 3x - 2z$ 的法向量为________.

3. 假设两平面 $3x - y - 1 = 0$ 与 $2x + ay - z - 2 = 0$ 垂直，则 $a =$ ________.

4. 点 $(-1, -2, -1)$ 到平面 $x + 2y + 2z - 5 = 0$ 的距离 $d =$ ________.

5. 直线 $\begin{cases} x = 3, \\ y = 5 + t, \\ z = 1 \end{cases}$ 平行于________坐标轴.

6. 两向量 $\boldsymbol{a}$ 和 $\boldsymbol{b}$ 相互垂直的充分必要条件是________.

7. 两向量 $\boldsymbol{a}$ 和 $\boldsymbol{b}$ 相互平行的充分必要条件是________.

8. 两平面 $x + 2y - 3z - 5 = 0$ 与 $x + 2y - 3z + 5 = 0$ 之间距离是________.

9. 向量 $\boldsymbol{a} = (1, -2, 3)$ 的单位向量是 $\boldsymbol{a}^0 =$ ________.

10. 方程 $2x - 1 = 0$ 是平行于________坐标面的平面.

二、单项选择题

1. 与向量 $\boldsymbol{a}=(1,0,-1)$ 垂直的单位向量是(　　).

(A) $(-1,0,1)$　　(B) $(1,0,1)$

(C) $\left(\frac{1}{\sqrt{2}},0,\frac{1}{\sqrt{2}}\right)$　　(D) $\left(\frac{1}{2},0,\frac{1}{2}\right)$

2. 设向量 $\boldsymbol{a}$ 与各坐标轴间的夹角为 α,β,γ,若已知 $\alpha=\frac{\pi}{3},\beta=\frac{2\pi}{3}$,那么 $\gamma=$(　　).

(A) $\frac{\pi}{3}$　　(B) $\frac{\pi}{4}$　　(C) $\frac{\pi}{2}$　　(D) $\frac{2\pi}{3}$

3. 设向量 $\boldsymbol{a}=-\boldsymbol{j}+3\boldsymbol{k},\boldsymbol{b}=\frac{1}{2}\boldsymbol{j}-\frac{3}{2}\boldsymbol{k}$,那么(　　).

(A) $\boldsymbol{b}\perp\boldsymbol{a}$　　(B) $\boldsymbol{a}$ 和 $\boldsymbol{b}$ 既不平行,也不垂直

(C) $\boldsymbol{b}\parallel\boldsymbol{a}$,且 $\boldsymbol{b}$ 与 $\boldsymbol{a}$ 同向　　(D) $\boldsymbol{b}\parallel\boldsymbol{a}$,且 $\boldsymbol{b}$ 与 $\boldsymbol{a}$ 反向

4. 直线 $\begin{cases}2x+z-1=0,\\x-y-z=0\end{cases}$ 的方向向量是(　　).

(A) $\begin{vmatrix}\boldsymbol{i}&\boldsymbol{j}&\boldsymbol{k}\\1&-1&-1\\2&0&1\end{vmatrix}$　　(B) $\begin{vmatrix}\boldsymbol{i}&\boldsymbol{j}&\boldsymbol{k}\\2&1&0\\1&-1&-1\end{vmatrix}$

(C) $\begin{vmatrix}\boldsymbol{i}&\boldsymbol{j}&\boldsymbol{k}\\2&1&-1\\1&-1&-1\end{vmatrix}$　　(D) $\begin{vmatrix}\boldsymbol{i}&\boldsymbol{j}&\boldsymbol{k}\\1&-1&-1\\2&1&0\end{vmatrix}$

5. 直线 $\frac{x+1}{2}=\frac{y-2}{-1}=\frac{z}{3}$ 与平面 $x-y-z-5=0$ 的关系是(　　).

(A) 垂直　　(B) 相交　　(C) 平行　　(D) 重合

6. 向量(　　)是单位向量.

(A) $(1,1,-1)$　　(B) $\left(\frac{1}{3},\frac{1}{3},\frac{1}{3}\right)$

(C) $(-1,0,0)$　　(D) $\left(\frac{1}{2},0,\frac{1}{2}\right)$

7. 与向量 $(1,3,1)$ 和 $(1,0,2)$ 同时垂直的向量是(　　).

(A) $(3,-1,0)$　　(B) $(6,-1,-3)$

(C) $(1,0,1)$　　(D) $(0,1,1)$

8. 平面 $3y-2z+6=0$ 的位置是(　　).

(A) 与 z 轴平行　　(B) 与 y 轴平行

(C) 与 x 轴平行　　(D) 与 yOz 面平行

三、计算题

1. 设平面过点 $M(1,1,0)$ 且与平面 $x-y-z+2=0$ 和 $2x-y+z+5=0$ 都垂直,求该平面的方程.

2. 求平行于 x 轴且经过两点 $A(4,0,-2)$ 和 $B(5,1,7)$ 的平面方程.

3. 求过点 $M(-1,3,-2)$ 且垂直于平面 $3x-2y+5z=5$ 的直线方程.

4.求过点(2,−1,0)且与两条直线$\frac{x-1}{3}=\frac{y}{-4}=\frac{z+5}{1}$及$\frac{x}{-1}=\frac{y-2}{2}=\frac{z-2}{3}$平行的平面方程.

5.化直线的一般方程$\begin{cases}x-y+3z-4=0,\\2x-y+z-2=0\end{cases}$为参数方程.

6.求过点$M(-1,3,-2)$,且通过直线$\frac{x+2}{3}=\frac{y-1}{2}=\frac{z}{2}$的平面方程.

7.求过点(−1,2,1),且平行于直线$\begin{cases}x+y-2z+1=0,\\x+2y-z+1=0\end{cases}$的直线方程.

8.求下列旋转曲面的方程,并画出图形:

(1)xOz平面上的抛物线$z^2=5x$绕x轴旋转而成的曲面;

(2)yOz平面上的椭圆$\frac{y^2}{4}+\frac{z^2}{9}=1$绕$z$轴旋转而成的曲面;

9.写出下列曲线所表示的曲面的名称:

(1)$x^2+\frac{y^2}{4}+\frac{z^2}{9}=1$;　　(2)$x^2-\frac{y^2}{4}+\frac{z^2}{9}=1$.

第五章　常微分方程

第一节　微分方程的基本概念

【学习要求】

理解微分方程、常微分方程的有关概念.

【学习重点】

微分方程的阶、解、通解、特解、初始条件等概念.

【学习难点】

理解两个引例中通过积分求微分方程解的方法.

引言

在初等数学中就有各种各样的方程,比如线性方程、二次方程、高次方程、指数方程、对数方程、三角方程、方程组等.这些方程都是要把研究的问题中的已知数和未知数之间的关系找出来,列出包含一个未知数或几个未知数的一个或者多个方程式,然后求方程的解.

但是在实际工作中,常常出现一些特点和以上方程完全不同的问题.比如:物质在一定条件下的运动变化,要寻求它的运动、变化的规律;某个物体在重力作用下自由下落,要寻求下落距离随时间变化的规律;火箭在发动机推动下飞行,要寻求它飞行的轨道;等等.

解这类问题的基本思想和初等数学解方程的基本思想很相似,也是要把研究的问题中已知函数和未知函数之间的关系找出来,从列出的包含未知函数的一个或几个方程中去求得未知函数的表达式.但是无论在方程的形式、求解的具体方法还是求出的解的性质等方面,都和初等数学中的解方程有许多不同的地方.

在数学上,解这类方程,要用到微分和导数的知识.因此,凡是表示未知函数的导数以及自变量之间的关系的方程,就叫作微分方程.微分方程是数学联系实际的重要渠道之一,是人们利用数学理论知识解决实际问题必须掌握的一种工具.

引例

【例5-1】　设某一平面曲线上任意一点(x,y)处的切线斜率等于该点横坐标x的2倍,且曲线通过点$(1,3)$,求该曲线方程.

解　设所求曲线方程为$y=f(x)$,根据导数的几何意义可知

$$y' = 2x, \tag{1}$$

等式两边积分$\int y'\mathrm{d}x = \int 2x\mathrm{d}x$,求积分得

$$y = x^2 + C, \tag{2}$$

又曲线满足

$$f(1) = 3, \tag{3}$$

代入(2)式得$C = 2$,因此,所求的曲线方程为

$$y = x^2 + 2. \tag{4}$$

【例5-2】 一列车在直线轨道上以30m/s的速度行驶,制动时列车获得加速度$-0.6\mathrm{m/s^2}$,求列车的运动方程.

解 设制动后列车的运动方程为$s = s(t)$,由二阶导数的物理学意义可知

$$s'' = -0.6, \tag{5}$$

等式两边积分$\int s''\mathrm{d}t = \int(-0.6)\mathrm{d}t$,求积分得

$$s' = -0.6t + C_1, \tag{6}$$

等式两边再积分$\int s'\mathrm{d}t = \int(-0.6t + C_1)\mathrm{d}t$,求积分得

$$s = -0.3t^2 + C_1 t + C_2. \tag{7}$$

同时,函数$s = s(t)$还应满足下列条件

$$s\big|_{t=0} = 0, v = \left.\frac{\mathrm{d}s}{\mathrm{d}t}\right|_{t=0} = 30, \tag{8}$$

把条件(8)分别代入(6)式和(7)式,得$C_1 = 30, C_2 = 0$,因此,列车的制动后的运动方程为

$$s = -0.3t^2 + 30t. \tag{9}$$

上述两个引例中,关系式(1)、(5)和(6)都含有未知函数的导数,它们都是微分方程.下面介绍微分方程的一些基本概念.

类型归纳 ▶▶▶

类型:由应用题引出的关于导数的问题.

方法:综合运用微积分理论解决.

定义5-1 含有未知函数的导数(或微分)的方程,称为微分方程.若未知函数是一元函数,则这样的微分方程称为常微分方程;若未知函数是多元函数,则这样的方程称为偏微分方程.本章我们只讨论常微分方程,以下简称为微分方程.

定义5-2 微分方程中所含未知函数导数的最高阶数,称为微分方程的阶.

例如,方程$\frac{\mathrm{d}y}{\mathrm{d}x} = x^2$,$y' + xy = \mathrm{e}^x$和$2xy' - x\ln x = 0$都是一阶微分方程,方程$\frac{\mathrm{d}^2 s}{\mathrm{d}t^2} = -0.6$和$y'' - 3y' + 2y = x^2$都是二阶微分方程.

一般地,n阶微分方程表示为$F[y^{(n)}, y^{(n-1)}, \cdots, y'', y', y, x] = 0$,其中所含变量中必须有$y^{(n)}$,其他各个变量可以有,也可以没有.

定义5-3 如果把函数$y = f(x)$代入微分方程后,能使方程成为恒等式,则称该函数为该微分方程的解.若微分方程的解中含有任意常数,且独立常数的个数与方程的阶数相

同，则称这样的解为该微分方程的通解.

例如，在引例中(2)式是(1)式的通解，(7)式是(5)式的通解.

定义 5-4 用未知函数及其各阶导数在某个特定点的值作为确定通解中任意常数的条件，称为该微分方程的初始条件，满足初始条件的微分方程的解称为该微分方程的特解.

例如，在引例中(3)式是(1)式的初始条件，(8)式是(5)式的初始条件；(4)式是(1)式的特解，(9)式是(5)式的特解.

【例 5-3】 验证函数 $y = C_1\cos 2x + C_2\sin 2x$ 是微分方程 $y'' + 4y = 0$ 的通解，并求满足初始条件 $y|_{x=0} = 1, y'|_{x=0} = -1$ 的特解.

解 因为 $y = C_1\cos 2x + C_2\sin 2x$，所以

$$y' = -2C_1\sin 2x + 2C_2\cos 2x,\ y'' = -4C_1\cos 2x - 4C_2\sin 2x.$$

将 y, y'' 代入原方程 $y'' + 4y = 0$ 中，得

$$-4C_1\cos 2x - 4C_2\sin 2x + 4C_1\cos 2x + 4C_2\sin 2x = 0,$$

故函数 $y = C_1\cos 2x + C_2\sin 2x$ 满足方程 $y'' + 4y = 0$，是该方程的解.

又因为这个解中含有独立的任意常数的个数等于方程 $y'' + 4y = 0$ 的阶数，所以此解为通解.

将初值条件分别代入，得 $C_1 = 1, C_2 = -\dfrac{1}{2}$.

所以 $y'' + 4y = 0$ 满足初值条件的特解是 $y = \cos 2x - \dfrac{1}{2}\sin 2x$.

类型归纳 ▶▶▶

类型：微分方程解的判定.

方法：用代入法验证.

结束语 ▶▶▶

微分方程差不多是和微积分同时产生的. 苏格兰数学家耐普尔创立对数的时候，就讨论过微分方程的近似解. 牛顿在建立微积分的同时，用级数来求解简单的微分方程. 后来瑞士数学家雅各布·贝努利、欧拉，法国数学家克雷洛、达朗贝尔、拉格朗日等人又不断地研究和丰富了微分方程的理论.

常微分方程的形成与发展是和力学、天文学、物理学以及其他科学技术的发展密切相关的. 数学的其他分支如复变函数、李群、组合拓扑学等的新发展，都对常微分方程的发展产生了深刻的影响. 当前计算机的发展更是为常微分方程的应用及理论研究提供了非常有力的工具.

牛顿研究天体力学和机械力学的时候，利用了微分方程这个工具，从理论上得到了行星运动规律. 后来，法国天文学家勒维烈和英国天文学家亚当斯使用微分方程各自计算出那时尚未发现的海王星的位置. 这些都使数学家更加深信微分方程在认识自然、改造自然方面的巨大力量.

在微分方程的理论逐步完善的时候，利用它就可以精确地表述事物变化所遵循的基本规律，只要列出相应的微分方程，有了解方程的方法，微分方程也就成了最有生命力的数学分支.

同步训练

【A 组】

1. 指出下列各微分方程的阶数：

(1) $x(y')^2+2yy'+x=1$；　　(2) $x^2(y'')-2xy'+x=0$；

(3) $xy'''+2y''+xy=0$；　　(4) $(7x-6y)\mathrm{d}x+(2y+x)\mathrm{d}y=0$.

2. 判断下列各题中的函数是否为所给微分方程的解：

(1) $xy'=2y, y=5x^2$；

(2) $y''+y=0, y=3\sin x-4\cos x$；

(3) $y''-2y'+y=0, y=x^2\mathrm{e}^x$；

(4) $y''-(\lambda_1+\lambda_2)y'+\lambda_1\lambda_2 y=0, y=C_1\mathrm{e}^{\lambda_1 x}+C_2\mathrm{e}^{\lambda_2 x}$.

【B 组】

求下列微分方程的解：

(1) $\dfrac{\mathrm{d}y}{\mathrm{d}x}=\dfrac{1}{x}$；　　(2) $y''=\cos x$；

(3) $y'=3x, y|_{x=0}=2$.

第二节　一阶线性微分方程

【学习要求】

1. 理解变量分离方程以及可化为变量分离方程的类型(齐次方程)，熟练掌握变量分离方程的解法；

2. 理解一阶线性微分方程的类型，熟练掌握一阶齐次(非齐次)线性微分方程的求解.

【学习重点】

一阶微分方程的各类初等解法.

【学习难点】

一阶微分方程的各类初等解法.

引言 ▶▶▶

一阶微分方程的一般形式为 $F(y',y,x)=0$，对于一般的一阶微分方程是没有统一的初等解法的. 本节的主要目的在于介绍几类能用初等解法的微分方程类型及求解的方法，虽然这些类型是很有限的，但它们却反映了微分方程的相当部分. 因此，掌握这些类型方程的解法还是有实际意义的.

一、可分离变量的微分方程

定义 5-5 形如$\frac{dy}{dx}=f(x)g(y)$的一阶微分方程,叫作可分离变量的微分方程.

说明:

可分离变量的微分方程还可以形如$\frac{dy}{dx}=\frac{f(x)}{g(y)}$或$\frac{dy}{dx}=\frac{g(y)}{f(x)}$,关键是等式右边一定是积商.

可分离变量的微分方程可以用积分的方法求解,求解步骤如下:

(1) 分离变量:

$$\frac{dy}{g(y)}=f(x)dx.$$

(2) 两边积分:

$$\int\frac{dy}{g(y)}=\int f(x)dx.$$

(3) 求出积分,得通解:

$$G(y)=F(x)+C.$$

其中把$G(y)$,$F(x)$分别理解为$\frac{1}{g(y)}$,$f(x)$的某一个原函数.

【例 5-4】 求解方程$\frac{dy}{dx}=-\frac{x}{y}$.

解 将所给方程分离变量得

$$ydy=-xdx,$$

两边积分有

$$\int ydy=-\int xdx,$$

求积分得通解为

$$x^2+y^2=C,$$

这里的C是任意的正常数.

说明:

微分方程的解可能是显函数,也可能是隐函数,本题的通解是隐函数.

【例 5-5】 求微分方程$\frac{dy}{dx}=2x^3y$的通解.

解 将所给方程分离变量得

$$\frac{dy}{y}=2x^3dx,$$

两边积分有

$$\int\frac{dy}{y}=\int 2x^3dx,$$

求积分后得

$$\ln|y| = \frac{1}{2}x^4 + C_1,$$

从而有 $|y| = e^{\frac{1}{2}x^4 + C_1} = e^{C_1} \cdot e^{\frac{1}{2}x^4}$，即 $y = \pm e^{C_1} \cdot e^{\frac{1}{2}x^4}$，

由于 $\pm e^{C_1}$ 仍是任意常数，把它记作 C，于是所给方程的通解为

$$y = Ce^{\frac{1}{2}x^4}.$$

【例 5-6】 求微分方程 $\frac{dy}{dx} = y^2\cos x$ 满足初始条件 $y|_{x=0} = 1$ 的特解.

解 将所给方程分离变量得

$$\frac{dy}{y^2} = \cos x dx,$$

两边积分有

$$\int \frac{dy}{y^2} = \cos x dx,$$

求积分得通解为

$$-\frac{1}{y} = \sin x + C,$$

则

$$y = -\frac{1}{\sin x + C},$$

将 $y|_{x=0} = 1$ 代入以上通解得 $C = -1$，因而，所求的特解为 $y = \frac{1}{1 - \sin x}$.

类型归纳 ▶▶▶

类型：可分离变量的微分方程求解.

方法：按照可分离变量的微分方程的求解步骤.

二、一阶线性微分方程

定义 5-6 形如

$$\frac{dy}{dx} + P(x)y = Q(x) \tag{1}$$

的微分方程称为一阶线性微分方程，当 $Q(x) \equiv 0$ 时，即

$$\frac{dy}{dx} + P(x)y = 0, \tag{2}$$

称为一阶线性齐次微分方程. 当 $Q(x) \neq 0$ 时，则称为一阶线性非齐次微分方程.

说明：

所谓"线性" 指的是，方程中关于未知函数 y 及其导数 y' 都是一次式.

例如，方程 $y' + \frac{1}{x}y = \sin x$ 是一阶线性非齐次微分方程. 它所对应的线性齐次微分方程是 $y' + \frac{1}{x}y = 0$.

而方程$\frac{dy}{dx}=x^2+y^2$，$(y')^2+xy=e^x$，$2yy'+xy=0$等，虽然都是一阶微分方程，但都不是线性微分方程.

1. 一阶线性齐次微分方程的求解

下面讨论一阶线性齐次微分方程$\frac{dy}{dx}+P(x)y=0$的解法.

它是变量可分离的微分方程，分离变量，得

$$\frac{dy}{y}=-P(x)dx,$$

两端积分，并把任意常数写成$\ln|C|$的形式，得

$$\ln|y|=-\int P(x)dx+\ln|C|,$$

化简后即得一阶线性齐次微分方程的通解为

$$y=Ce^{-\int P(x)dx}. \tag{3}$$

【例 5-7】 求微分方程$y'+xy=0$的通解.

解 该微分方程为一阶线性齐次微分方程，知$P(x)=x$，

代入(3)式得通解为$y=Ce^{-\int P(x)dx}=Ce^{-\int xdx}=Ce^{-\frac{x^2}{2}}$.

类型归纳 ▶▶▶

类型：一阶线性齐次微分方程求解.

方法：套用一阶线性齐次微分方程的求解公式，或直接使用分离变量法.

2. 一阶线性非齐次微分方程的求解

下面利用"常数变易法"求一阶线性非齐次微分方程$\frac{dy}{dx}+P(x)y=Q(x)$的通解.

方程(1)不能用分离变量的方法求解，但方程(1)与方程(2)的左端是一样的，只是右端不同，故(2)是(1)的特殊情况. 因此可以设想(1)与(2)的解一定有联系，不妨按照可分离变量的微分方程的解题思路分析它们之间的联系，把

$$\frac{dy}{dx}+P(x)y=Q(x)$$

分离变量得

$$\frac{dy}{y}=\left[\frac{Q(x)}{y}-P(x)\right]dx,$$

两边积分，得

$$\ln|y|=\int\left[\frac{Q(x)}{y}-P(x)\right]dx,$$

即

$$y=e^{\int\frac{Q(x)}{y}dx-\int P(x)dx}=e^{\int\frac{Q(x)}{y}dx}e^{-\int P(x)dx},$$

其中$e^{\int\frac{Q(x)}{y}dx}$是x的函数，记为$C(x)$，于是上式可以写成

$$y=C(x)e^{-\int P(x)dx}.$$

如果能进一步求出 $C(x)$，就求出了方程(1) 的解，下面求 $C(x)$.

将 $y=C(x)e^{-\int P(x)dx}$ 代入原方程(1)，得

$$[C(x)e^{-\int P(x)dx}]'+P(x)C(x)e^{-\int P(x)dx}=Q(x),$$

整理，得

$$C'(x)=Q(x)e^{\int P(x)dx},$$

两边积分，得

$$C(x)=\int Q(x)\, e^{\int P(x)dx}\,dx+C,$$

即原方程(1) 的通解为

$$y=e^{-\int P(x)dx}\left[\int Q(x)e^{\int P(x)dx}\,dx+C\right], \tag{4}$$

或

$$y=Ce^{-\int P(x)dx}+e^{-\int P(x)dx}\int Q(x)e^{\int P(x)dx}\,dx. \tag{5}$$

说明：

公式(4) 或(5) 称为方程(1) 的通解，其中的不定积分中，不含任意常数 C，因为任意常数 C 在公式推导过程中已经被单独列出了. 用公式(4) 或(5) 求方程(1) 的通解的方法称为公式法.

【例 5-8】 求微分方程 $x\,dy+(y-xe^{-x})dx=0$ 的通解.

解 方法一 当 $x\neq 0$ 时，将微分方程化为 $\frac{dy}{dx}+\frac{1}{x}y=e^{-x}$，

由方程(1) 可知，$P(x)=\frac{1}{x}$，$Q(x)=e^{-x}$，代入公式(4)，得

$$y=e^{-\int\frac{1}{x}dx}\left[\int e^{-x}e^{\int\frac{1}{x}dx}dx+C\right]=e^{-\ln x}\left[\int e^{-x}e^{\ln x}dx+C\right]$$

$$=e^{\ln\frac{1}{x}}\left[\int xe^{-x}dx+C\right]=\frac{1}{x}[-(x+1)e^{-x}+C](x\neq 0).$$

方法二 当 $x\neq 0$ 时，将所给方程化为 $\frac{dy}{dx}+\frac{1}{x}y=e^{-x}$，它是一阶线性非齐次微分方程. 其对应的线性齐次微分方程为

$$\frac{dy}{dx}+\frac{1}{x}y=0,$$

移项并分离变量，得 $\frac{dy}{y}=-\frac{dx}{x}$，两端积分，得 $\ln|y|=-\ln|x|+\ln|C|$，

化简后，即得对应齐次方程的通解为

$$y=\frac{C}{x}.$$

设所求微分方程的解为 $y=\frac{C(x)}{x}$，则

$$\frac{dy}{dx}=\frac{C'(x)}{x}-\frac{C(x)}{x^2},$$

将上述两式代入所求微分方程，化简后得

$$C'(x) = xe^{-x},$$

对上式两边积分，得

$$C(x) = \int xe^{-x}dx = -xe^{-x} - e^{-x} + C = -(x+1)e^{-x} + C,$$

所以，原微分方程的通解为

$$y = \frac{1}{x}[-(x+1)e^{-x} + C](x \neq 0).$$

【例 5-9】 求微分方程$\frac{dy}{dx} - \frac{2}{x+1}y = (x+1)^3$，满足初值条件$y|_{x=0} = 1$的特解.

解 对照方程(1)，知$P(x) = -\frac{2}{x+1}$，$Q(x) = (x+1)^3$，代入公式(4)，得

$$y = e^{\int\frac{2}{x+1}dx}\left[\int (x+1)^3 e^{\int\frac{-2}{x+1}dx}dx + C\right],$$

即得所求方程的通解为

$$y = \left(\frac{1}{2}x^2 + x + C\right)(x+1)^2,$$

将所给初始条件$y|_{x=0} = 1$代入上面的通解中，得$C = 1$，故得所求特解为

$$y = \left(\frac{1}{2}x^2 + x + 1\right)(x+1)^2.$$

类型归纳 ▶▶▶

类型：解一阶线性非齐次微分方程.

方法：使用公式法或直接使用常数变易法求解.

说明：

使用一阶线性非齐次微分方程的通解公式(4)时，必须首先把方程化为形如(1)式的标准形式，再找出未知函数y的系数$P(x)$及自由项$Q(x)$.

结束语 ▶▶▶

一阶微分方程的几种常见类型及解法归纳见表 5-1.

表 5-1

方程类型		方　程	解　法
可分离变量的微分方程		$\frac{dy}{dx} = f(x)g(x)$	将不同变量分离到方程两边，然后积分 $\int\frac{dy}{g(y)} = \int f(x)dx$
一阶线性微分方程	齐次方程	$\frac{dy}{dx} + P(x)y = 0$	分离变量，两边积分或用公式 $y = Ce^{-\int P(x)dx}$
	非齐次方程	$\frac{dy}{dx} + P(x)y = Q(x)$	用常数变易法或公式法 $y = e^{-\int P(x)dx}\left[\int Q(x)e^{\int P(x)dx}dx + C\right]$

同步训练

【A组】

1.求下列可分离变量微分方程的解：

(1)$xy' - y = 0$；

(2)$3x^2 + 5x - 5y' = 0$；

(3)$\sqrt{1-x^2}y' = \sqrt{1-y^2}$；

(4)$y' = e^{2x-y}, y|_{x=0} = 0$；

(5)$xdy + 2ydx = 0, y|_{x=2} = 1$.

2.求下列一阶线性微分方程的解：

(1)$y' + y = e^{-x}$；

(2)$xy' + y = x^2 + 3x + 2$；

(3)$y' + y\cos x = e^{-\sin x}$；

(4)$\dfrac{dy}{dx} + 2xy = 2x$；

(5)$y' + \dfrac{y}{x} = \dfrac{\sin x}{x}, y|_{x=\pi} = 1$；

(6)$\dfrac{dy}{dx} + 3y = 8, y|_{x=0} = 2$.

【B组】

1.求下列可分离变量微分方程的解：

(1)$y' - xy' = 2(y^2 + y')$；

(2)$(e^{x+y} - e^x)dx + (e^{x+y} + e^y)dy = 0$；

(3)$\cos x \sin y dy = \cos y \sin x dx, y|_{x=0} = \dfrac{\pi}{4}$；

(4)$y' \sec x = 2y, y|_{x=0} = e$.

2.求下列一阶线性微分方程的解：

(1)$y' + y\tan x = \sin 2x$；

(2)$y' + y\cot x = 5e^{\cos x}, y|_{x=\frac{\pi}{2}} = -4$.

第三节　二阶常系数线性齐次微分方程

【学习要求】

1.理解二阶常系数线性齐次微分方程的概念及其通解结构；

2.掌握二阶常系数线性齐次微分方程的解法.

【学习重点】

二阶常系数线性齐次微分方程的解法.

【学习难点】

二阶常系数线性齐次微分方程的解法和函数的线性相关概念.

引言 ▶▶▶

上一节我们学习了一阶微分方程的解法，这一节我们学习二阶常微分方程中的一种特殊类型.

定义 5-7 我们把形如

$$y'' + py' + qy = 0 \tag{1}$$

的微分方程叫作二阶常系数线性齐次微分方程，其中 p,q 均为常数.

下面讨论二阶常系数线性齐次微分方程解的结构和解法.

一、二阶常系数线性齐次微分方程解的结构

首先引进下面的定义：

定义 5-8 设有两个不恒为零的函数 $y_1(x)$ 和 $y_2(x)$ 在区间 (a,b) 内有定义，若存在两个不同时为零的常数 C_1,C_2，使 $C_1y_1 + C_2y_2 \equiv 0$ 在 (a,b) 内成立，则称 $y_1(x)$ 和 $y_2(x)$ 在 (a,b) 内线性相关，否则叫作线性无关.

定义 5-8 的另一种说法是：若 $\frac{y_1}{y_2} \equiv$ 常数，则 y_1 与 y_2 线性相关；若 $\frac{y_1}{y_2} \neq$ 常数，则 y_1 与 y_2 线性无关.

例如 $y_1 = \sin 2x, y_2 = \sin x\cos x$，因为 $\frac{y_1}{y_2} = \frac{\sin 2x}{\sin x\cos x} = 2$，所以 y_1 与 y_2 线性相关.

再如，$y_1 = e^x, y_2 = e^{2x}$，因为 $\frac{y_1}{y_2} = \frac{e^x}{e^{2x}} = e^{-x} \neq$ 常数，所以 y_1 与 y_2 线性无关.

定理 5-1 如果函数 $y_1(x)$ 与 $y_2(x)$ 是二阶常系数线性齐次微分方程(1) 的两个解，那么 $y = C_1y_1(x) + C_2y_2(x)$ 也是方程(1) 的解，其中 C_1,C_2 是任意常数.

例如，$y_1 = \sin x, y_2 = \cos x$ 和 $y = C_1y_1 + C_2y_2 = C_1\sin x + C_2\cos x$ 都是方程 $y'' + y = 0$ 的解.

这个定理表明，二阶线性齐次微分方程的解具有可叠加性.

定理 5-2 如果函数 $y_1(x)$ 与 $y_2(x)$ 是二阶常系数线性齐次微分方程(1) 的两个线性无关的特解，那么 $y = C_1y_1(x) + C_2y_2(x)$ 就是方程(1) 的通解，其中 C_1,C_2 是任意常数.

例如，方程 $y'' - y = 0$，容易验证 $y_1 = e^x$ 与 $y_2 = e^{-x}$ 是所给方程的两个特解，且 $\frac{y_1}{y_2} = \frac{e^x}{e^{-x}} = e^{2x} \neq$ 常数，即它们是线性无关的. 因此，$y = C_1e^x + C_2e^{-x}$ 就是该方程的通解.

二、二阶常系数线性齐次微分方程的解法

由前面讨论可知，求方程 $y'' + py' + qy = 0$ 的通解，可归结为求它的两个线性无关的特解，再根据定理 5-2 写出通解.

从方程(1) 的结构来看，它的解应有如下特点：未知函数的一阶导数 y'，二阶导数 y'' 与未知函数 y 只相差一个常数因子. 也就是说，方程中的 y, y', y'' 应具有相同的形式. 而指数函数 $y = e^{rx}$ 正是具有这种特点的函数. 因此，设 $y = e^{rx}$ 是方程(1) 的解，将 $y = e^{rx}, y' = re^{rx}$，$y'' = r^2e^{rx}$ 代入方程(1)，得 $(r^2 + pr + q)e^{rx} = 0$.

因为 $e^{rx}\neq 0$，故有 $r^2+pr+q=0$，只要找到 r，使

$$r^2+pr+q=0 \tag{2}$$

成立，则 $y=e^{rx}$ 就是方程(1)的特解. 而 r 是方程(2)的根，这样一来，求微分方程(1)的解的问题，归结为求代数方程(2)的根的问题.

定义 5-9 方程(2)叫作微分方程(1)的特征方程，特征方程的根叫作特征根.

方程(2)是一元二次方程，它的根有三种情况，相应地，方程(1)的解也有三种情况：

(1) 当 $p^2-4q>0$ 时，特征方程(2)有两个不相等的实根

$$r_1=\frac{-p+\sqrt{p^2-4q}}{2},r_2=\frac{-p-\sqrt{p^2-4q}}{2},$$

从而可得方程(1)的两个特解 $y_1=e^{r_1x},y_2=e^{r_2x}$.

又因为$\frac{y_1}{y_2}=\frac{e^{r_1x}}{e^{r_2x}}=e^{(r_1-r_2)x}\neq$ 常数，所以 y_1 与 y_2 线性无关. 因此，微分方程(1)的通解为 $y=C_1e^{r_1x}+C_2e^{r_2x}$.

(2) 当 $p^2-4q=0$ 时，特征方程(2)有两个相等的实根 $r_1=r_2=r=-\frac{p}{2}$，此时，我们只得到微分方程(1)的一个特解 $y_1=e^{rx}$.

为了求得微分方程(1)的通解，还需求出另一个特解 y_2，且要求$\frac{y_2}{y_1}\neq$ 常数. 为此，不妨设$\frac{y_2}{y_1}=u(x)$，即 $y_2=y_1u(x)=e^{rx}u(x)$，其中 $u(x)$ 为待定函数. 下面来求 $u(x)$，将

$$\begin{aligned}y_2&=u(x)e^{rx},\\ y_2'&=re^{rx}u(x)+e^{rx}u'(x)=e^{rx}[ru(x)+u'(x)],\\ y_2''&=re^{rx}[ru(x)+u'(x)]+e^{rx}[ru'(x)+u''(x)]\\ &=e^{rx}[u''(x)+2ru'(x)+r^2u(x)],\end{aligned}$$

代入方程(1)，整理后得

$$e^{rx}[u''(x)+(2r+p)u'(x)+(r^2+pr+q)u(x)]=0.$$

因为 $e^{rx}\neq 0$，且 $r=-\frac{p}{2}$ 是 $r^2+pr+q=0$ 的重根，故 $r^2+pr+q=0,2r+p=0$，所以有 $u''(x)=0$. 两次积分后得，$u(x)=C_1x+C_2$.

由于我们只要求$\frac{y_2}{y_1}=u(x)\neq$ 常数，所以为简便起见，不妨取 $C_1=1,C_2=0$，得

$$u(x)=x,$$

从而得到方程(1)的另一个与 $y_1=e^{rx}$ 线性无关的特解为 $y_2=xy_1=xe^{rx}$，因此微分方程(1)的通解为 $y=(C_1+C_2x)e^{rx}$.

(3) 当 $p^2-4q<0$ 时，特征方程(2)有一对共轭复根

$$r_1=\alpha+i\beta,r_2=\alpha-i\beta,$$

其中，

$$\alpha=-\frac{p}{2},\beta=\frac{\sqrt{4q-p^2}}{2}>0,$$

这时，$y_1=e^{(\alpha+i\beta)x}$ 与 $y_2=e^{(\alpha-i\beta)x}$ 是微分方程(1)的两个解. 为了得出实数解，由欧拉公式

$e^{i\theta}=\cos\theta+i\sin\theta$,将 y_1 与 y_2 改写为

$$y_1=e^{\alpha x}(\cos\beta x+i\sin\beta x),y_2=e^{\alpha x}(\cos\beta x-i\sin\beta x),$$

由定理 5-2,可知

$$\overline{y_1}=\frac{1}{2}(y_1+y_2)=e^{\alpha x}\cos\beta x,\overline{y_2}=\frac{1}{2i}(y_1-y_2)=e^{\alpha x}\sin\beta x$$

是方程(1) 的两个特解,且 $\dfrac{\overline{y_1}}{\overline{y_2}}=\dfrac{e^{\alpha x}\cos\beta x}{e^{\alpha x}\sin\beta x}\neq$ 常数,所以方程(1) 的通解为

$$y=e^{\alpha x}(C_1\cos\beta x+C_2\sin\beta x).$$

综上所述,求二阶常系数线性齐次微分方程 $y''+py'+qy=0$ 的通解的步骤如下:

(1) 写出微分方程的特征方程 $r^2+pr+q=0$;

(2) 求出特征方程的根 r_1 和 r_2;

(3) 按 r_1 和 r_2 的不同情形,按照表 5-2 写出方程的通解:

表 5-2

特征方程 $r^2+pr+q=0$ 的两个根 r_1,r_2	微分方程 $y''+py'+qy=0$ 的通解
① 两个不相等的实根 r_1,r_2	$y=C_1e^{r_1x}+C_2e^{r_2x}$
② 两个相等实根 $r_1=r_2=r$	$y=(C_1+C_2x)e^{rx}$
③ 一对共轭复根 $r_{1,2}=\alpha\pm i\beta(\beta>0)$	$y=e^{\alpha x}(C_1\cos\beta x+C_2\sin\beta x)$

【例 5-10】 求微分方程 $y''-3y'-4y=0$ 的通解.

解 所给微分方程的特征方程为 $r^2-3r-4=0$,特征根为 $r_1=4,r_2=-1$,故得所给方程的通解为 $y=C_1e^{4x}+C_2e^{-x}$.

【例 5-11】 求微分方程 $4y''-4y'+y=0$ 满足初值条件 $y|_{x=0}=1,y'|_{x=0}=3$ 的特解.

解 把所给方程变形为 $y''-y'+\dfrac{1}{4}y=0$.

它的特征方程为 $r^2-r+\dfrac{1}{4}=0$,特征根为 $r_1=r_2=\dfrac{1}{2}$.

因此所给方程的通解为 $y=(C_1+C_2x)e^{\frac{1}{2}x}$.

为了求满足初值条件的特解,将上式对 x 求导,得 $y'=\dfrac{1}{2}(C_1+C_2x)e^{\frac{1}{2}x}+C_2e^{\frac{1}{2}x}$.

将初值条件 $y|_{x=0}=1,y'|_{x=0}=3$ 分别代入上面两式,得 $C_1=1,C_2=\dfrac{5}{2}$.

于是所求特解为 $y=\left(1+\dfrac{5}{2}x\right)e^{\frac{1}{2}x}$.

【例 5-12】 求微分方程 $y''+2y'+10y=0$ 的通解.

解 所给方程的特征方程是 $r^2+2r+10=0$.

特征根为 $r_{1,2}=\dfrac{-2\pm\sqrt{2^2-4\times10}}{2}=-1\pm3i$.

它们是一对共轭复根,其中 $\alpha=-1,\beta=3$.

因此所求方程的通解为 $y=e^{-x}(C_1\cos3x+C_2\sin3x)$.

类型归纳

类型:二阶常系数齐次线性微分方程求解.

方法:确定方程对应的特征方程,求出特征解,按照特征解的类型代入相应公式即可.

结束语

从上面的讨论可以看出,求解二阶常系数线性齐次微分方程,不必通过积分,只要用代数的方法求出特征方程的根,就可以写出微分方程的通解.

同步训练

【A组】

求下列微分方程的通解:

(1)$y''+y'-2y=0$; (2)$y''-4y'=0$;

(3)$y''+16y=0$; (4)$y''-4y'-5y=0$;

(5)$y''+4y'+4y=0$; (6)$y''-6y'+9y=0$.

【B组】

求下列微分方程满足初值条件的特解:

(1)$y''-4y'+3y=0, y|_{x=0}=6, y'|_{x=0}=10$;

(2)$y''-4y'+4y=0, y|_{x=0}=3, y'|_{x=0}=5$;

(3)$y''-4y'+5y=0, y|_{x=0}=0, y'|_{x=0}=3$.

第四节 二阶常系数线性非齐次微分方程

【学习要求】

1. 理解二阶常系数线性非齐次微分方程的概念及其通解结构;
2. 掌握二阶常系数线性非齐次微分方程的解法.

【学习重点】

二阶常系数线性非齐次微分方程的解法.

【学习难点】

二阶常系数线性非齐次微分方程的解法.

引言

这一节我们学习二阶常微分方程中的第二种特殊类型.

定义 5-10 我们把形如

$$y'' + py' + qy = f(x) \tag{1}$$

的微分方程叫作二阶常系数线性非齐次微分方程,其中 p,q 均为常数,且 $f(x) \neq 0$.

一、二阶常系数线性非齐次微分方程解的性质与通解结构

对于二阶常系数线性非齐次微分方程(1) 的通解结构,有如下定理:

定理 5-3 如果 y^* 是二阶常系数线性非齐次微分方程(1) 的一个特解,Y 是与(1) 对应的齐次方程

$$y'' + py' + qy = 0 \tag{2}$$

的通解,那么 $y = Y + y^*$ 是方程(1) 的通解.

可以看出,二阶线性微分方程与一阶线性微分方程一样,其通解的结构是对应的齐次方程的通解加上非齐次方程的一个特解.

例如:方程 $y'' + y = x^2$ 是二阶常系数线性非齐次微分方程,$Y = C_1\sin x + C_2\cos x$ 是与其对应的齐次方程 $y'' + y = 0$ 的通解;又容易验证 $y^* = x^2 - 2$ 是方程 $y'' + y = x^2$ 的一个特解.因此 $y = Y + y^* = C_1\sin x + C_2\cos x + x^2 - 2$ 是方程 $y'' + y = x^2$ 的通解.

定理 5-4 设微分方程(1) 的右端 $f(x)$ 是两个函数之和,即

$$y'' + py' + qy = f_1(x) + f_2(x),$$

而 y_1, y_2 分别是方程 $y'' + py' + qy = f_1(x)$ 与 $y'' + py' + qy = f_2(x)$ 的特解,那么 $y^* = y_1 + y_2$ 就是原方程的特解.

这个定理表明,线性非齐次微分方程的特解,对于方程右端的自由项也具有可叠加性.

二、二阶常系数线性非齐次微分方程的解法

下面我们来讨论二阶常系数线性非齐次微分方程(1) 的解法.

由定理 1 知道,方程(1) 的通解 y 等于它的一个特解 y^* 与它对应的线性齐次微分方程(2) 的通解 Y 的和,即 $y = Y + y^*$.因此,现在只需解决如何求线性非齐次微分方程(1) 的一个特解.

这里仅就方程(1) 的右端函数 $f(x)$ 取以下三种常见形式进行讨论:

1. $f(x) = P_n(x)$[其中 $P_n(x)$ 为 x 的一个 n 次多项式]

这时方程(1) 变成

$$y'' + py' + qy = P_n(x). \tag{3}$$

因为方程(3) 的右端是多项式,而多项式的一阶导数、二阶导数仍为多项式,所以方程(3) 的特解也应该是多项式,且有以下特征:

(1) 若 $q \neq 0$,方程(3) 的特解 y^* 与 $P_n(x)$ 是同次多项式,这时可设 $y^* = Q_n(x)$[与 $P_n(x)$ 是同次多项式].

(2) 若 $q = 0, p \neq 0$,方程(3) 的特解 y^* 的一阶导数 $y^{*\prime}$ 与 $P_n(x)$ 是同次多项式,这时可设 $y^* = xQ_n(x)$[比 $P_n(x)$ 高一次].

(3) 若 $p = 0, q = 0$,这时对 $f(x)$ 直接进行两次积分.

【例 5-13】 求微分方程 $y''-2y'+3y=3x+1$ 的一个特解.

解 因为 $P_n(x)=3x+1$,而 $q=3\neq 0$,故设 $y^*=Ax+B$,于是 $y^{*\prime}=A, y^{*\prime\prime}=0$,把 $y^*, y^{*\prime}, y^{*\prime\prime}$ 代入原方程,得

$$-2A+3Ax+3B=3x+1,$$

比较两边的系数,得 $\begin{cases}3A=3,\\-2A+3B=1,\end{cases}$ 解得 $A=1, B=1$,所以原方程的一个特解是

$$y^*=x+1.$$

【例 5-14】 求方程 $y''-y'=2x$ 的一个特解.

解 因为 $P_n(x)=2x$ 是一个一次多项式,而 $q=0, p=-1\neq 0$,所以特解应是一个二次多项式. 故设 $y^*=Ax^2+Bx$.

把 $y^*=Ax^2+Bx, y^{*\prime}=2Ax+B, y^{*\prime\prime}=2A$,代入原方程,得

$$2A-2Ax-B=2x,$$

比较两边系数,得 $\begin{cases}-2A=2,\\2A-B=0,\end{cases}$ 解得 $A=-1, B=-2$,所以原方程的一个特解为

$$y^*=-x^2-2x.$$

类型归纳 ▶▶▶

类型: 当 $f(x)=P_n(x)$ 时二阶常系数非齐次线性微分方程求解.

方法: 根据 p, q 的取值设出方程的解,再用待定系数法确定方程的解.

2. $f(x)=P_n(x)e^{\lambda x}$[其中 $P_n(x)$ 是 x 的一个 n 次多项式,λ 为常数]

这时方程(1) 变成

$$y''+py'+qy=P_n(x)e^{\lambda x}. \tag{4}$$

方程(4) 右端是多项式与指数函数乘积形式,而多项式与指数函数乘积的一阶导数、二阶导数仍为多项式与指数函数的乘积形式(常数可看作零次多项式). 根据方程(4) 左端各项系数均为常数的特点,因而可以推测,方程(4) 的特解也只可能是某个多项式 $Q(x)$ 与指数函数 $e^{\lambda x}$ 的乘积形式. 因此可设方程(4) 的特解为

$$y^*=Q(x)e^{\lambda x}.$$

由上式,得 $y^{*\prime}=Q'(x)e^{\lambda x}+\lambda Q(x)e^{\lambda x}, y^{*\prime\prime}=Q''(x)e^{\lambda x}+2\lambda Q'(x)e^{\lambda x}+\lambda^2 Q(x)e^{\lambda x}$,

把 $y^*, y^{*\prime}, y^{*\prime\prime}$ 代入方程(4),经过整理并约去等式两端的非零因式 $e^{\lambda x}$,得

$$Q''(x)+(2\lambda+p)Q'(x)+(\lambda^2+p\lambda+q)Q(x)=P_n(x). \tag{5}$$

从(5) 式可以看出,应分三种情况来讨论特解 y^*:

(1) 如果 λ 不是方程(4) 所对应的齐次方程的特征根,即 $\lambda^2+p\lambda+q\neq 0$,由(5) 式可知,$Q(x)$ 应是另一个 n 次多项式 $Q_n(x)$. 于是可设方程(4) 的特解 $y^*=Q_n(x)e^{\lambda x}$[其中 $Q_n(x)$ 是一个与 $P_n(x)$ 同次的待定多项式].

(2) 如果 λ 是方程(4) 所对应的齐次方程的单特征根,即 $\lambda^2+p\lambda+q=0$,但 $2\lambda+p\neq 0$. 由(5) 式可知,$Q'(x)$ 必须是 n 次多项式,从而 $Q(x)$ 必须是 $n+1$ 次多项式. 于是可设方程(4) 的特解 $y^*=xQ_n(x)e^{\lambda x}$[其中 $Q_n(x)$ 是一个与 $P_n(x)$ 同次的待定多项式].

(3) 如果 λ 是方程(4) 所对应的齐次方程的二重特征根. 即 $\lambda^2+p\lambda+q=0, 2\lambda+p=0$. 由(5) 式可知,$Q''(x)$ 必须是 n 次多项式,从而 $Q(x)$ 必须是 $n+2$ 次多项式,于是可设方程

(4) 的特解 $y^* = x^2 Q_n(x)e^{\lambda x}$[其中 $Q_n(x)$ 是与 $P_n(x)$ 同次的待定多项式].

综上所述,可得如下结论:

二阶常系数线性非齐次微分方程(4) 具有形如

$$y^* = x^k Q_n(x)e^{\lambda x} \tag{6}$$

的特解,其中 $Q_n(x)$ 与 $P_n(x)$ 都是 n 次的待定多项式,而 k 的取法规则是:当 λ 不是方程(4) 所对应的齐次方程的特征方程 $r^2+pr+q=0$ 的根时,取 $k=0$;当 λ 是特征方程的单根时,取 $k=1$;当 λ 是特征方程的重根时,取 $k=2$. 上述结论可用表 5-3 表示:

表 5-3

$f(x)$ 的形式	条件	特解 y^* 的形式
$f(x)=P_n(x)e^{\lambda x}$	λ 不是特征根	$y^* = Q_n(x)e^{\lambda x}$
	λ 是特征单根	$y^* = xQ_n(x)e^{\lambda x}$
	λ 是特征重根	$y^* = x^2 Q_n(x)e^{\lambda x}$

【例 5-15】 求微分方程 $y''-5y'+6y=-5e^{2x}$ 的一个特解.

解 所给方程是二阶常系数线性非齐次微分方程,且方程右端

$$f(x)=-5e^{2x}$$

是 $P_n(x)e^{\lambda x}$ 型[其中 $P_n(x)=-5, \lambda=2$],所给方程对应的齐次方程的特征方程为

$$r^2-5r+6=0,$$

特征根为 $r_1=2, r_2=3$.

由于 $\lambda=2$ 是特征方程的单根,所以在(6) 式中取 $k=1$,而 $P_n(x)=-5$ 是零次多项式,故应设特解为 $y^*=Axe^{2x}$,其中 A 为待定系数,于是

$$y^{*\prime}=Ae^{2x}(1+2x), y^{*\prime\prime}=4Ae^{2x}(1+x).$$

将 $y^*, y^{*\prime}, y^{*\prime\prime}$ 代入所给方程,得 $4Ae^{2x}(1+x)-5Ae^{2x}(1+2x)+6Axe^{2x}=-5e^{2x}$,即 $-Ae^{2x}=-5e^{2x}$,解得 $A=5$,因此,所给方程的一个特解为

$$y^*=5xe^{2x}.$$

【例 5-16】 求方程 $y''+6y'+9y=5xe^{-3x}$ 的通解.

解 所给方程是二阶常系数线性非齐次微分方程,先求对应齐次微分方程

$$y''+6y'+9y=0$$

的通解. 它的特征方程为 $r^2+6r+9=0$,特征根为 $r_1=r_2=-3$,所以所给方程对应齐次方程的通解为

$$Y=(C_1+C_2x)e^{-3x}.$$

由于 $\lambda=-3$ 是特征方程的重根,所以在(6) 式中应取 $k=2$,而 $p_n(x)=5x$ 是一次多项式,故应设特解为 $y^*=x^2(Ax+B)e^{-3x}=(Ax^3+Bx^2)e^{-3x}$,则

$$y^{*\prime}=e^{-3x}[-3Ax^3+(3A-3B)x^2+2Bx],$$

$$y^{*\prime\prime}=e^{-3x}[9Ax^3+(-18A+9B)x^2+(6A-12B)x+2B].$$

将 $y^*, y^{*\prime}, y^{*\prime\prime}$ 代入所给方程,化简得 $(6Ax+2B)=5x$,比较上式两边同类项的系数,得 $A=\frac{5}{6}, B=0$,于是求得原方程的一个特解为 $y^*=\frac{5}{6}x^3e^{-3x}$,因此原方程的通解为

$$y=\left(\frac{5}{6}x^3+C_2x+C_1\right)e^{-3x}.$$

【例 5-17】 求微分方程 $y''-2y'+y=e^x$ 满足初值条件 $y|_{x=0}=1, y'|_{x=0}=2$ 的特解.

解 所给方程是二阶常系数线性非齐次微分方程,先求对应齐次方程

$$y''-2y'+y=0$$

的通解.它的特征方程为 $r^2-2r+1=0$,特征根为 $r_1=r_2=1$,故得所给方程对应齐次方程的通解为 $Y=(C_1+C_2x)e^x$.

再求所给非齐次方程的一个特解 y^*.由于所给方程的右端 $f(x)=e^x$ 属于 $P_n(x)e^{\lambda x}$ 型.这里,$P_n(x)=1$ 是零次多项式,$\lambda=1$ 是特征方程的重根,所以在(6)式中应取 $k=2$,$Q_n(x)$ 是一个零次多项式(即常数),故应设特解为:

$$y^*=Ax^2e^x.\text{则 } y^{*\prime}=(2Ax+Ax^2)e^x, y^{*\prime\prime}=(2A+4Ax+Ax^2)e^x.$$

将 $y^*, y^{*\prime}, y^{*\prime\prime}$ 代入所给方程,化简得 $A=\frac{1}{2}$,故得所求特解为 $y^*=\frac{1}{2}x^2e^x$,因此,原方程的通解为 $y=\left(C_1+C_2x+\frac{1}{2}x^2\right)e^x$.

最后求所给方程满足初值条件的特解.为此,先将上述通解对 x 求导,得

$$y'=C_2e^x+(C_1+C_2x)e^x+xe^x+\frac{1}{2}x^2e^x,$$

将初值条件 $y|_{x=0}=1, y'|_{x=0}=2$ 代入上面的通解 y 及 y' 的表示式中,得

$$C_1=1, C_2=1,$$

于是,微分方程 $y''-2y'+y=e^x$ 满足初值条件 $y|_{x=0}=1, y'|_{x=0}=2$ 的特解为

$$y=\left(1+x+\frac{1}{2}x^2\right)e^x.$$

类型归纳 ▶▶▶

类型: 当 $f(x)=P_n(x)e^{\lambda x}$ 时,二阶常系数非齐次线性微分方程求解.

方法: 根据 λ 与特征根的关系设出方程的解,再用待定系数法确定方程的解.

3. $f(x)=a\cos\omega x+b\sin\omega x$($a,b,\omega$ 为实常数,且 $\omega>0$,a,b 不同时为零)

这时方程成为

$$y''+py'+qy=a\cos\omega x+b\sin\omega x. \tag{7}$$

可以证明,方程(7)具有如下形式的特解:

$$y^*=x^k(A\cos\omega x+B\sin\omega x), \tag{8}$$

其中 A,B 为待定系数.k 的取法规则是:当 $\pm\omega i$ 不是方程(7)所对应的齐次方程的特征方程 $r^2+pr+q=0$ 的根时,取 $k=0$;当 $\pm\omega i$ 是特征方程的根时,取 $k=1$.

上述结论可用表 5-4 表示:

表 5-4

$f(x)$ 的形式	条　件	特解 y^* 的形式
$f(x)=a\cos\omega x+b\sin\omega x$	$\pm\omega i$ 不是特征根	$y^*=A\cos\omega x+B\sin\omega x$
	$\pm\omega i$ 是特征根	$y^*=x(A\cos\omega x+B\sin\omega x)$

【例 5-18】 求微分方程 $y''-y'-2y=\sin 2x$ 的一个特解.

解 所给方程所对应的齐次方程的特征方程为 $r^2-r-2=0$,特征根为 $r_1=-1,r_2=2$. 由于 $f(x)=\sin 2x$ 属于 $a\cos\omega x+b\sin\omega x$ 型,这里 $\omega=2,a=0,b=1,\pm\omega\mathrm{i}=\pm 2\mathrm{i}$,不是特征方程的根,所以取 $k=0$,故设原方程的一个特解为

$$y^*=A\cos 2x+B\sin 2x,$$

则 $y^{*\prime}=2B\cos 2x-2A\sin 2x, y^{*\prime\prime}=-4B\sin 2x-4A\cos 2x$.

将 $y^*,y^{*\prime},y^{*\prime\prime}$ 代入所给方程,化简得

$$(-6A-2B)\cos 2x+(2A-6B)\sin 2x=\sin 2x.$$

比较上式两端同类项的系数,得 $A=\frac{1}{20},B=-\frac{3}{20}$,故原方程的一个特解为

$$y^*=\frac{1}{20}\cos 2x-\frac{3}{20}\sin 2x.$$

【例 5-19】 求微分方程 $y''+9y=x+\sin 3x$ 的通解.

解 所给方程是二阶常系数线性非齐次微分方程.

先求对应齐次方程的通解. 其特征方程为 $r^2+9=0$,特征根为 $r_{1,2}=\pm 3\mathrm{i}$,故得对应齐次方程的通解为 $Y=C_1\cos 3x+C_2\sin 3x$.

再求所给方程的特解 y^*,这里 $f(x)=x+\sin 3x$ 是由 $f_1(x)=x$ 与 $f_2(x)=\sin 3x$ 相加构成的,根据定理 5-4,可分别求出方程 $y''+9y=x$ 与 $y''+9y=\sin 3x$ 的特解 y_1 与 y_2,则所给方程的特解为 $y^*=y_1+y_2$.

下面先求方程的一个特解 y_1. 由于方程的右端 $f(x)=x$ 属于 $P_n(x)$ 型,其中 $P_n(x)=x$ 是一次多项式,且 $q=9\neq 0$,所以特解应是一次多项式. 故设

$$y_1=Ax+B,\text{则 } y'_1=A,y_1''=0.$$

将 y_1,y'_1,y_1'' 代入原方程,得 $9(Ax+B)=x$,比较上式两边同类项的系数,得 $A=\frac{1}{9},B=0$,故得方程的一个特解为 $y_1=\frac{1}{9}x$.

再求方程的另一个特解 y_2. 由于方程的右端 $f(x)=\sin 3x$ 属于 $a\cos\omega x+b\sin\omega x$ 型,$\omega=3,\pm\omega\mathrm{i}=\pm 3\mathrm{i}$ 是特征方程的根,应取 $k=1$,故可设方程的特解为

$$y_2=x(A\cos 3x+B\sin 3x),$$

则

$$y'_2=(A+3Bx)\cos 3x+(B-3Ax)\sin 3x, y''_2=(6B-9Ax)\cos 3x-(6A+9Bx)\sin 3x.$$

把 y_2,y'_2,y_2'' 代入原方程,整理后得 $6B\cos 3x-6A\sin 3x=\sin 3x$,比较上式两边同类项的系数得 $A=-\frac{1}{6},B=0$,于是方程的一个特解为 $y_2=-\frac{1}{6}x\cos 3x$,因此所给方程的特解为 $y^*=y_1+y_2=\frac{1}{9}x-\frac{1}{6}x\cos 3x$,原方程的通解为

$$y=Y+y^*=C_1\cos 3x+C_2\sin 3x+\frac{1}{9}x-\frac{1}{6}x\cos 3x.$$

类型归纳 ▶▶▶

类型:当 $f(x)=a\cos\omega x+b\sin\omega x$ 时,二阶常系数非齐次线性微分方程求解.

方法：根据 $\pm\omega i$ 与特征根的关系设出方程的解，再用待定系数法确定方程的解.

结束语 ▶▶▶

常系数非齐次线性微分方程的通解，包括它对应的齐次线性方程的通解与非齐次方程的一个特解之和. 这里关键在于寻求特解，求特解的方法是待定系数法. 要求大家熟练掌握二阶常系数非齐次线性方程的特解形式，直到准确求出此类方程的通解.

同步训练

【A 组】

求下列微分方程的解：

(1) $y''-y'-2y=2$；

(2) $y''-4y'+4y=4$；

(3) $y''+4y=x$.

【B 组】

求下列微分方程的解：

(1) $y''+2y=\sin x$；

(2) $y''-6y'+9y=18, y'|_{x=0}=0, y|_{x=0}=3$.

第五节 微分方程应用举例

【学习要求】

1. 理解用微分方程解决实际问题的方法步骤；

2. 初步掌握微分方程在解决几何学、力学、电学上的应用.

【学习重点】

微分方程在解决几何学、力学、电学上的简单应用.

【学习难点】

微分方程在解决几何学、力学、电学上的简单应用.

引言 ▶▶▶

常微分方程是研究自然科学和社会科学中的事物、物体和现象运动、演化和变化规律的最为基本的数学理论和方法. 物理、化学、生物、工程、航空航天、医学、经济和金融领域中的许多原理和规律都可以描述成适当的常微分方程，如牛顿的运动定律、万有引力定律、机械能守恒定律、能量守恒定律、人口发展规律、生态种群竞争、疾病传染、遗传基因变异、股票的涨伏趋势、利率的浮动、市场均衡价格的变化等，对这些规律的描述、认识和分析就归结为对相应的常微分方程描述的数学模型的研究.

本节将列举出微分方程应用的若干实例.用微分方程解决实际问题的一般步骤是:

(1) 根据题意,建立起反映这个实际问题的微分方程及其相应的初值条件;

(2) 求出微分方程的通解或满足初值条件的特解;

(3) 根据某些实际问题的需要,利用所求得的特解来解释问题的实际意义,或求得其他所需的结果.

上述步骤中,第(1)步如何建立微分方程是关键.下面仅就几何学、力学、机械学、经济学等方面的实例说明微分方程的应用,使我们初步了解利用微分方程求解实际问题的方法和步骤.

【例 5-20】 已知一曲线过点(2,3),且曲线上任一点的切线介于两坐标轴间的部分恰为切点所平分,求此曲线方程.

解 设所求曲线方程为 $y=y(x)$,曲线上任意点 $P(x,y)$ 处的切线与两坐标轴的交点坐标为 $(a,0)$,$(0,b)$.根据题设,得 $\frac{a}{2}=x$,$\frac{b}{2}=y$,即 $a=2x$,$b=2y$,则此切线的斜率为 $\frac{b-0}{0-a}=-\frac{2y}{2x}=-\frac{y}{x}$.

又由导数的几何意义知,曲线在点 $P(x,y)$ 处切线的斜率为 $\frac{\mathrm{d}y}{\mathrm{d}x}$,故有 $\frac{\mathrm{d}y}{\mathrm{d}x}=-\frac{y}{x}$.

由于所求曲线过点(2,3),故有初值条件 $y|_{x=2}=3$.将方程分离变量,得

$$\frac{1}{y}\mathrm{d}yd=-\frac{1}{x}\mathrm{d}x,$$

两边积分,得 $\ln|y|=-\ln|x|+\ln|C|$,即 $xy=C$.

将初值条件代入上式,得 $C=6$.于是所求的曲线方程为 $xy=6$.

由所得曲线方程知,这是等轴双曲线在第一象限内的分支.

类型归纳 ▶▶▶

类型:微分方程在几何上的应用.

方法:用导数的几何意义建立微分方程,再求微分方程的解.

【例 5-21】 一电动机运转后,每秒温度升高 1℃,设室内温度恒为 15℃,电动机温度的冷却速率和电动机与室内温差成正比.求电动机的温度与时间的函数关系.

解 设电动机运转 t s 后的温度(单位为 ℃)为 $T=T(t)$,当时间从 t(单位为 s)增加 $\mathrm{d}t$ 时,电动机的温度也相应地从 $T(t)$ 增加到 $T(t)+\mathrm{d}T$.由于在 $\mathrm{d}t$ 时间内,电动机温度升高了 $\mathrm{d}T$,同时受室温的影响又下降了 $K(T-15)\mathrm{d}t$.因此,电动机在 $\mathrm{d}t$ 时间内温度实际改变量为 $\mathrm{d}T=\mathrm{d}t-K(T-15)\mathrm{d}t$,即 $\frac{\mathrm{d}T}{\mathrm{d}t}+KT=1+15K$.

由题设可知,初始条件为 $T|_{t=0}=15$.方程是一阶线性非齐次微分方程,由一阶线性非齐次微分方程的通解公式,得

$$T=\mathrm{e}^{-\int K\mathrm{d}t}\left[\int(1+15K)\mathrm{e}^{\int K\mathrm{d}t}\,\mathrm{d}t+C\right]$$
$$=\mathrm{e}^{-Kt}\left[\frac{(1+15K)\mathrm{e}^{Kt}}{K}+C\right].$$

将初始条件$T|_{t=0}=15$代入上式，得$C=-\dfrac{1}{K}$，故经时间t后，电动机的实际温度为$T(t)=15+\dfrac{1}{K}(1-\mathrm{e}^{-Kt})$，由上式可见，电动机运转较长时间后，温度将稳定于$T=15+\dfrac{1}{K}$.

【例 5-22】 一质量为m的物体，在倾斜角为α的斜面上由静止下滑，摩擦力为$kv+LP$，其中v为运动速度，P为物体对斜面的正压力，k，L为常数，求速度随时间的变化规律.

解 如图 5-1 所示，物体对斜面的正压力为$P=mg\cos\alpha$，因此物体受到的摩擦力为$kv+Lmg\cos\alpha$，物体还受到重力的分力作用使它下滑，此分力为$mg\sin\alpha$，由牛顿第二定律，得$m\dfrac{\mathrm{d}v}{\mathrm{d}t}=mg\sin\alpha-kv-Lmg\cos\alpha$，即$\dfrac{\mathrm{d}v}{\mathrm{d}t}+\dfrac{k}{m}v=g(\sin\alpha-L\cos\alpha)$.

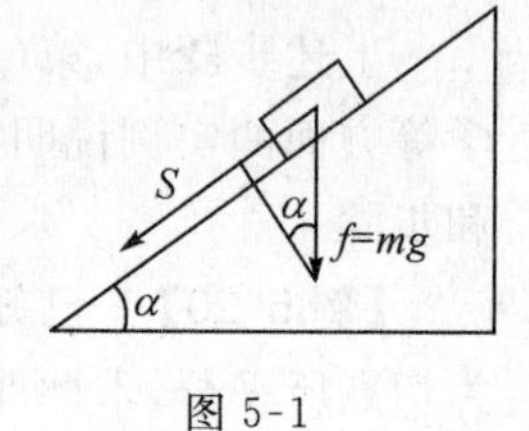

图 5-1

由题设，初始条件为$v|_{t=0}=0$.上式为一阶线性非齐次微分方程，利用其通解公式，得

$$\begin{aligned}v&=\mathrm{e}^{-\int\frac{k}{m}\mathrm{d}t}\left[\int g(\sin\alpha-L\cos\alpha)\mathrm{e}^{\int\frac{k}{m}\mathrm{d}t}\,\mathrm{d}t+C\right]\\&=\mathrm{e}^{-\frac{k}{m}t}\left[\int g(\sin\alpha-L\cos\alpha)\mathrm{e}^{\frac{k}{m}t}\,\mathrm{d}t+C\right]\\&=\frac{mg}{k}(\sin\alpha-L\cos\alpha)+C\mathrm{e}^{-\frac{k}{m}t}.\end{aligned}$$

将初始条件$v|_{t=0}=0$代入上式，得$C=-\dfrac{mg}{k}(\sin\alpha-L\cos\alpha)$，所以速度随时间的变化规律为

$$v(t)=\frac{mg}{k}(\sin\alpha-L\cos\alpha)(1-\mathrm{e}^{-\frac{k}{m}t}).$$

【例 5-23】 如图 5-2 所示，电路中$E=20\mathrm{V}$，$C=0.5\mathrm{F}$，$L=1.6\mathrm{H}$，$R=4.8\Omega$，且开关 S 在拨向A，B之前，电容C上的电压$U_C=0$.

(1) 开关 S 先被拨向A，求电容C上的电压随时间的变化规律$U_C(t)$；

(2) 达到稳定状态后，再将开关拨向B，求$U_C(t)$.

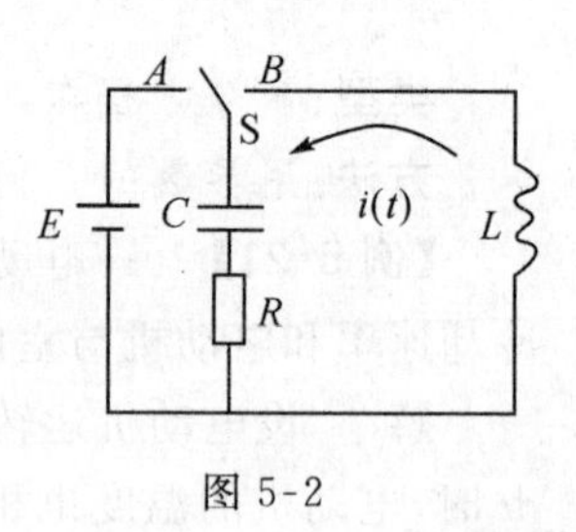

图 5-2

解 (1) 设 S 被拨向A后，电路中的电流为$i(t)$，电容器板上的电量为$q(t)$，则

$$q(t)=CU_C(t),\ i(t)=\frac{\mathrm{d}q(t)}{\mathrm{d}t}=\frac{\mathrm{d}[CU_C(t)]}{\mathrm{d}t}=C\frac{\mathrm{d}U_C(t)}{\mathrm{d}t}.$$

由回路电压定律知$U_C+Ri=E$，得

$$U_C+RC\frac{\mathrm{d}U_C(t)}{\mathrm{d}t}=E.$$

将R，C，E的值代入上式，整理得

$$U'_C(t)+\frac{5}{12}U_C(t)=\frac{25}{3}.$$

根据一阶线性非齐次微分方程的通解公式，得

$$U_C(t)=\mathrm{e}^{-\int\frac{5}{12}\mathrm{d}t}\left[\int\frac{25}{3}\mathrm{e}^{\int\frac{5}{12}\mathrm{d}t}\mathrm{d}t+C\right]=\mathrm{e}^{-\frac{5}{12}t}(20\mathrm{e}^{\frac{5}{12}t}+C).$$

将初始条件$U_C|_{t=0}=0$代入上式，得$C=-20$，于是有

$$U_C(t)=20(1-\mathrm{e}^{-\frac{5}{12}t}).$$

上式表明，随着时间t的增大，U_C将逐渐趋近于电源电压E. 即充电较长时间后，达到稳定状态时，$U_C=E$.

(2) 根据回路电压定律可知，电容、电感、电阻上的电压U_C,U_L,U_R之间的关系为

$$U_C+U_L+U_R=0.$$

因为$i=C\dfrac{\mathrm{d}U_C(t)}{\mathrm{d}t}$，则$U_R=Ri=RC\dfrac{\mathrm{d}U_C(t)}{\mathrm{d}t}$，$U_L=L\dfrac{\mathrm{d}i}{\mathrm{d}t}=LC\dfrac{\mathrm{d}^2U_C(t)}{\mathrm{d}t^2}$，所以

$$LC\frac{\mathrm{d}^2U_C(t)}{\mathrm{d}t^2}+RC\frac{\mathrm{d}U_C(t)}{\mathrm{d}t}+U_C(t)=0.$$

将L,C,R的值代入上式，并列出初始条件，有

$$4\frac{\mathrm{d}^2U_C(t)}{\mathrm{d}t^2}+12\frac{\mathrm{d}U_C(t)}{\mathrm{d}t}+5U_C(t)=0,U_C|_{t=0}=E,U'_C|_{t=0}=0.$$

这是一个二阶常系数线性齐次微分方程，可以得到

$$U_C(t)=C_1\mathrm{e}^{-\frac{5}{2}t}+C_2\mathrm{e}^{-\frac{1}{2}t}.$$

将初始条件$U_C|_{t=0}=E,U'_C|_{t=0}=0$代入上式，得$C_1=-5,C_2=25$，所以，放电时，电容$C$上的电压为$U_C=25\mathrm{e}^{-\frac{1}{2}t}-5\mathrm{e}^{-\frac{5}{2}t}$.

类型归纳 ▶▶▶

类型：微分方程在物理上的应用.

方法：由题意建立微分方程，再求微分方程的解.

【例5-24】 在商品销售预测中，t时刻的销售量用$x=x(t)$表示. 如果商品销售的增长速度$\dfrac{\mathrm{d}x(t)}{\mathrm{d}t}$与销售量$x$和销售接近饱和水平程度$\alpha-x$之积($\alpha$为饱和水平)成正比，求销售量函数$x(t)$.

解 由题意，可建立微分方程$\dfrac{\mathrm{d}x}{\mathrm{d}t}=kx(\alpha-x)$，其中$k$为比例系数. 将方程分离变量，得$\dfrac{\mathrm{d}x}{x(\alpha-x)}=k\mathrm{d}t$，即$\left(\dfrac{1}{x}+\dfrac{1}{\alpha-x}\right)\mathrm{d}x=\alpha k\,\mathrm{d}t$，两边积分，得

$$\ln|x|-\ln|\alpha-x|=\alpha kt+\ln|C_1|,$$

化简，得$\dfrac{x}{\alpha-x}=C_1\mathrm{e}^{\alpha kt}$，从而得通解为

$$x(t)=\frac{\alpha C_1\mathrm{e}^{\alpha kt}}{1+C_1\mathrm{e}^{\alpha kt}}=\frac{\alpha}{1+C\mathrm{e}^{-\alpha kt}},$$

其中$C=\dfrac{1}{C_1}$为任意常数，可由初始条件确定.

类型归纳 ▶▶▶

类型：微分方程在经济学上的应用.

方法:由题意建立微分方程,再求微分方程的解.

结束语 ▶▶▶

常微分方程的理论和方法不仅被广泛应用于自然科学,而且越来越多地被应用于社会的各个领域,特别是研究运动状态下的事物的变化规律.学好微分方程知识,对解决自然科学、工程技术、社会科学等领域中的实际问题,会有极大的帮助.

同步训练

【A 组】

1.一曲线过点(1,1),且曲线上任一点的切线垂直于此点与原点的连线,求该曲线的方程.

2.已知物体在空气中冷却的速率与该物体及空气两者温度的差成正比.假设室温为20℃时,一物体由100℃冷却到60℃需经20s.问:需经过多长时间才能使此物体的温度从100℃降到30℃?

【B 组】

质量为 m 的潜水艇,从水下某处下潜,所受阻力与下潜速度成正比(比例系数 $K>0$),并设开始下潜时($t=0$)的速度为零,求潜水艇下潜的速度与时间的函数关系.

单元自测题

一、填空题

1.微分方程 $y'''+\sin xy'-x=\cos x$ 的通解中应含________个独立常数.

2.微分方程 $y''=e^x$ 的通解为________.

3.微分方程 $xy'''+2x^2y'^2+x^3y=x^4+1$ 是________阶微分方程.

4.微分方程 $y\cdot y''-(y')^6=0$ 是________阶微分方程.

5.微分方程 $y'=\frac{2y}{x}$ 的通解为________.

6.微分方程 $\frac{dx}{y}+\frac{dy}{x}=0$ 的通解为________.

7.已知微分方程 $\frac{dy}{dx}-\frac{2y}{x+1}=(x+1)^{\frac{5}{2}}$,其对应的齐次方程的通解为________.

8.微分方程 $xy'-(1+x^2)y=0$ 的通解为________.

二、单项选择题

1.微分方程 $xyy''+x(y')^3-y^4y'=0$ 的阶数为(　　).

(A)3　　(B)4

(C)5　　(D)2

2. 微分方程 $y'''-x^2y''-x^5=1$ 的通解中应含的独立常数的个数为(   ).

(A)3 (B)5

(C)4 (D)2

3. 下列函数中，哪个是微分方程 $dy-2xdx=0$ 的解(   ).

(A) $y=2x$ (B) $y=x^2$

(C) $y=-2x$ (D) $y=-x$

4. 微分方程 $y'=3y^{\frac{2}{3}}$ 的一个特解为(   ).

(A) $y=x^3+1$ (B) $y=(x+2)^3$

(C) $y=(x+C)^2$ (D) $y=C(1+x)^3$

5. $y=C_1e^x+C_2e^{-x}$(其中 C_1,C_2 为任意常数)是方程 $y''-y=0$ 的(   ).

(A)通解 (B)特解

(C)是方程所有的解 (D)上述都不对

6. 微分方程 $y'=y$ 满足 $y|_{x=0}=2$ 的特解为(   ).

(A) $y=e^x+1$ (B) $y=2e^x$

(C) $y=2\cdot e^{\frac{x}{2}}$ (D) $y=3\cdot e^x$

7. 下列微分方程中，是二阶常系数齐次线性微分方程的是(   ).

(A) $y''-2y=0$ (B) $y''-xy'+3y^2=0$

(C) $5y''-4x=0$ (D) $y''-2y'+1=0$

8. 微分方程 $y'-y=0$ 满足初始条件 $y(0)=1$ 的特解为(   ).

(A) e^x (B) e^x-1

(C) e^x+1 (D) $2-e^x$

9. 过点(1,3)且切线斜率为 $2x$ 的曲线方程 $y=y(x)$ 应满足的关系是(   ).

(A) $y'=2x$ (B) $y''=2x$

(C) $y'=2x,y(1)=3$ (D) $y''=2x,y(1)=3$

10. 下列微分方程中，可分离变量的是(   ).

(A) $\frac{dy}{dx}+\frac{y}{x}=e$

(B) $\frac{dy}{dx}=k(x-a)(b-y)$ (k,a,b 是常数)

(C) $\frac{dy}{dx}-\sin y=x$

(D) $y'+xy=y^2\cdot e^x$

11. 微分方程 $y'-2y=0$ 的通解为(   ).

(A) $y=\sin x$ (B) $y=4\cdot e^{2x}$

(C) $y=C\cdot e^{2x}$ (D) $y=e^x$

12. 微分方程 $\frac{dx}{y}+\frac{dy}{x}=0$ 满足 $y|_{x=3}=4$ 的特解为(   ).

(A) $x^2+y^2=25$ (B) $3x+4y=C$

(C) $x^2+y^2=C$ (D) $x^2-y^2=7$

13. 微分方程$\frac{dy}{dx}-\frac{1}{x}\cdot y=0$的通解为$y=$(　　).

(A)$\frac{C}{x}$　　(B)Cx

(C)$\frac{1}{x}+C$　　(D)$x+C$

14. 下列函数中,为微分方程$xdx+ydy=0$的通解为(　　).

(A)$x+y=C$　　(B)$x^2+y^2=C$

(C)$Cx+y=0$　　(D)$Cx^2+y=0$

15. 微分方程$y''=e^{-x}$的通解为$y=$(　　).

(A)$-e^{-x}$　　(B)e^{-x}

(C)$e^{-x}+C_1x+C_2$　　(D)$-e^{-x}+C_1x+C_2$

三、计算题

1. 验证函数$y=C\cdot e^{-3x}+e^{-2x}$(C为任意常数)是方程$\frac{dy}{dx}=e^{-2x}-3y$的通解,并求出满足初始条件$y|_{x=0}=0$的特解.

2. 求微分方程$\begin{cases}x(y^2+1)dx+y(1-x^2)dy=0,\\ y|_{x=0}=1\end{cases}$的解.

3. 求微分方程$y'+y\cdot\cos x=e^{-\sin x}$的通解.

4. 求微分方程$\frac{dy}{dx}+\frac{y}{x}=\sin x$的通解.

5. 求微分方程$\begin{cases}(x+1)y'-2y-(x+1)^{\frac{7}{2}}=0,\\ y|_{x=0}=1\end{cases}$的特解.

6. 求微分方程$y''=2yy'$满足初始条件$x=0,y=1,y'=2$的特解.

7. 求微分方程$(e^{x+y}-e^x)dx+(e^{x+y}+e^y)dy=0$的通解.

8. 求微分方程$\frac{dy}{dx}-y\cdot\tan x=\sec x, y|_{x=0}=0$的特解.

9. 求微分方程$y'=\frac{2y-x^2}{x}$的通解.

10. 求微分方程$y'+\frac{1}{x}y+e^x=0$满足初始条件$y(1)=0$的特解.

11. 求微分方程$\frac{dy}{dx}-\frac{2}{x+1}y=(x+1)^3$的通解.

12. 求微分方程$y''+y'-2y=0$的通解.

13. 求微分方程$y''+2y'+5y=0$的通解.

14. 求微分方程$y''+4y'+4y=0$的通解.

第六章 无穷级数

第一节 常数项级数的概念与性质

【学习要求】

1. 深入理解常数项级数的概念,能够求通项和某一单项的表达式;
2. 熟练地掌握常数项级数的收敛与发散概念、性质;
3. 会计算简单的无穷级数和.

【学习重点】

1. 无穷级数收敛与发散的定义;
2. 无穷级数的性质.

【学习难点】

1. 无穷级数收敛与发散的判断;
2. 无穷级数和的计算.

引言

无穷级数是因实际计算的需要而产生的,它是高等数学的一个组成部分.无穷级数是函数的一种特殊表示形式,是近似计算的有力工具.

一、基本概念

无穷级数是伴随着极限概念而产生的.在进行数量运算时常有一个从近似到精确的过程,例如,半径为 R 的圆的面积 A 是通过计算其内接正多边形的面积而得到的,具体做法如下:作圆的内接正三角形,该三角形的面积 a_1 可以作为圆面积的近似值,这个近似值与实际值的误差比较大,若以这个三角形的每一个边为底分别作一个顶点在圆周上的等腰三角形,设这 3 个等腰三角形的面积为 a_2,则 a_1+a_2 就是圆内接六边形的面积,用它来作为圆的面积近似值就比三角形的近似更接近圆的面积.若再以正六边形的各边分别作顶点在圆周上的等腰三角形,a_3 就是这些三角形的面积,$a_1+a_2+a_3$ 就是圆内接正十二边形的面积.用它作为圆面积的近似值又比正六边形更接近圆的面积.如此做下去,做 n 次可得到圆的内接正$3\times2^{n-1}$ 边形的面积为 $a_1+a_2+\cdots+a_n$.随着 n 的无限增大,$a_1+a_2+\cdots+a_n+\cdots$ 就是一个无穷级数.当 $n\to\infty$ 时,$a_1+a_2+\cdots+a_n$ 的极限值就是圆的面积 A.

$a_1+a_2+\cdots+a_n$ 是有限项相加，是 A 的近似值，n 越大，这个近似值就越精确. 当 $n\to\infty$ 时，和式中的项数无限增多，出现了无穷多个数量相加的问题，即"无穷和"，它可通过极限求得.

定义 6-1 若给定一个数列 $u_1,u_2,\cdots u_n,\cdots$，是一个已知数列，由它构成的表达式

$$u_1+u_2+\cdots+u_n+\cdots$$

称为常数项无穷级数，简称级数，记作 $\sum\limits_{n=1}^{\infty}u_n$. 亦即 $\sum\limits_{n=1}^{\infty}u_n=u_1+u_2+\cdots+u_n+\cdots$，其中第 n 项 u_n 叫作级数的一般项或通项.

上述级数定义仅仅是一个形式化的定义，它未明确无限多个数量相加的意义. 无限多个数量的相加并不能简单地认为是一项一项地累加起来，因为这一累加过程是无法完成的.

为给出级数中无限多个数量相加的数学定义，我们引入部分和概念.

作级数的前 n 项之和 $s_n=u_1+u_2+\cdots+u_n$，称 s_n 为级数 $\sum\limits_{n=1}^{\infty}u_n$ 的部分和. 当 n 依次取 $1,2,3,\cdots$ 时，它们构成一个新的数列：

$$s_1=u_1,$$
$$s_2=u_1+u_2,$$
$$s_3=u_1+u_2+u_3,$$
$$\cdots$$
$$s_n=u_1+u_2+\cdots+u_n,$$
$$\cdots$$

称此数列为级数的部分和数列.

根据部分和数列 s_n 是否有极限，我们给出级数 $\sum\limits_{n=1}^{\infty}u_n$ 收敛与发散的概念.

定义 6-2 当 n 无限增大时，如果级数 $\sum\limits_{n=1}^{\infty}u_n$ 的部分和数列 s_n 有极限 s，即

$$\lim_{n\to\infty}s_n=s,$$

则称级数 $\sum\limits_{n=1}^{\infty}u_n$ 收敛，这时极限 s 叫作级数 $\sum\limits_{n=1}^{\infty}u_n$ 的和，并记作

$$s=u_1+u_2+\cdots+u_n+\cdots.$$

如果部分和数列 s_n 无极限，则称级数 $\sum\limits_{n=1}^{\infty}u_n$ 发散.

当级数 $\sum\limits_{n=1}^{\infty}u_n$ 收敛时，其部分和 s_n 是级数和 s 的近似值，它们之间的差值

$$r_n=s-s_n=u_{n+1}+u_{n+2}+\cdots+u_{n+k}+\cdots$$

叫作级数的余项.

注：由级数定义 $\sum\limits_{k=1}^{\infty}u_k=\lim\limits_{n\to\infty}s_n=\lim\limits_{n\to\infty}\sum\limits_{k=1}^{n}u_k$ 发现，它对加法的规定是：依数列 u_k 的序号大小次序进行逐项累加，因此，级数的敛散性与这种加法规定的方式有关.

【例 6-1】 讨论等比级数 $\sum\limits_{k=0}^{\infty}aq^k=a+aq+aq^2+\cdots+aq^n+\cdots(a\neq 0)$ 的敛散性.

解　若 $q \neq 1$，则部分和为 $s_n = \sum_{k=0}^{n-1} aq^k = a + aq + aq^2 + \cdots + aq^{n-1} = \frac{a - aq^n}{1-q}$.

(1) 当 $|q| < 1$ 时，$\lim_{n \to \infty} q^n = 0$，故 $\lim_{n \to \infty} s_n = \frac{a}{1-q}$，等比级数收敛，且和为 $\frac{a}{1-q}$；

(2) 当 $|q| > 1$ 时，$\lim_{n \to \infty} q^n = \infty$，所以 $\lim_{n \to \infty} s_n = \infty$，等比级数发散；

(3) 当 $|q| = 1$ 时，若 $q = 1$，则 $s_n = \sum_{k=0}^{n-1} a \cdot 1^k = a + a + a + \cdots + a = na \to \infty (n \to \infty)$，

若 $q = -1$，则 $s_n = \sum_{k=0}^{n-1} (-1)^k \cdot a = a - a + \cdots + (-1)^{n-2} a + (-1)^{n-1} a = \begin{cases} 0, n \text{ 为偶数}, \\ a, n \text{ 为奇数}, \end{cases}$ 所以 $\lim_{n \to \infty} s_n$ 不存在. 即当 $|q| \neq 1$ 时，等比级数发散.

综合之，有 $\sum_{k=0}^{\infty} aq^k = \begin{cases} \frac{a}{1-q}, |q| < 1 \\ \text{发散}, |q| \geqslant 1 \end{cases}$.

类型归纳 ▶▶▶

类型: 等比数列的无穷级数和.

方法: 运用等比数列的无穷级数和公式.

【例 6-2】　求证级数 $\sum_{n=1}^{\infty} \frac{1}{\sqrt{n+1} + \sqrt{n}}$ 是发散的.

证明　无穷级数的通项为 $u_n = \frac{1}{\sqrt{n+1} + \sqrt{n}}$，部分和为

$$
\begin{aligned}
s_n &= \sum_{k=1}^{n} \frac{1}{\sqrt{k+1} + \sqrt{k}} = \sum_{k=1}^{n} [\sqrt{k+1} - \sqrt{k}] \\
&= (\sqrt{2} - \sqrt{1}) + (\sqrt{3} - \sqrt{2}) + \cdots + (\sqrt{n+1} - \sqrt{n}) \\
&= \sqrt{n+1} - \sqrt{1},
\end{aligned}
$$

所以 $\lim_{n \to \infty} s_n = \lim_{n \to \infty} (\sqrt{n+1} - \sqrt{1}) = +\infty$，级数 $\sum_{n=1}^{\infty} \frac{1}{\sqrt{n+1} + \sqrt{n}}$ 是发散的.

【例 6-3】　求证级数 $\sum_{n=1}^{\infty} \frac{1}{n(n+2)}$ 收敛且其和为 $\frac{3}{4}$.

证明　无穷级数的通项为 $u_n = \frac{1}{n(n+2)}$，部分和为

$$
\begin{aligned}
s_n &= \sum_{k=1}^{n} \frac{1}{k(k+2)} = \sum_{k=1}^{n} \frac{1}{2}\left(\frac{1}{k} - \frac{1}{k+2}\right) \\
&= \frac{1}{2}\left[\left(1 - \frac{1}{3}\right) + \left(\frac{1}{2} - \frac{1}{4}\right) + \left(\frac{1}{3} - \frac{1}{5}\right) + \cdots + \left(\frac{1}{n-1} - \frac{1}{n+1}\right) + \left(\frac{1}{n} - \frac{1}{n+2}\right)\right] \\
&= \frac{1}{2}\left[\left(1 - \frac{1}{n+1}\right) + \left(\frac{1}{2} - \frac{1}{n+2}\right)\right] = \frac{3}{4} - \frac{1}{2(n+1)} - \frac{1}{2(n+2)},
\end{aligned}
$$

所以 $\lim_{n \to \infty} s_n = \lim_{n \to \infty} \left[\frac{3}{4} - \frac{1}{2(n+1)} - \frac{1}{2(n+2)}\right] = \frac{3}{4}$，即原级数收敛于 $\frac{3}{4}$.

类型归纳 ▶▶▶

类型：通项可以拆成两部分相减.
方法：想办法消去中间项.

二、基本性质

性质 1 如果级数 $\sum_{n=1}^{\infty} u_n$ 收敛于和 s，则它的各项同乘以一个常数 k 所得的级数 $\sum_{n=1}^{\infty} ku_n$ 也收敛，且和为 $k \cdot s$.

性质 2 如果级数 $\sum_{n=1}^{\infty} u_n$ 发散，则 $\sum_{n=1}^{\infty} ku_n$ 也发散.

性质 3 若级数 $\sum_{n=1}^{\infty} u_n$、$\sum_{n=1}^{\infty} v_n$ 收敛，且和分别为 s,σ，则级数 $\sum_{n=1}^{\infty}(u_n \pm v_n)$ 收敛且其和为 $s \pm \sigma$.

性质 4 若 $\sum_{n=1}^{\infty} u_n$ 收敛，且 $\sum_{n=1}^{\infty} v_n$ 发散，则 $\sum_{n=1}^{\infty}(u_n \pm v_n)$ 必发散.

性质 5 在级数的前面去掉或加上有限项，级数的敛散性保持一致.

性质 6 将收敛级数的某些项加括号之后所成新级数仍收敛于原来的和，反之不一定.

性质 7 如果级数加括号之后所形成的级数发散，则级数本身也一定发散，反之不一定.

注：收敛的级数去括号之后所成级数不一定收敛.

【例 6-4】 分析级数 $1+(-1)+1+(-1)+\cdots+(-1)^{n-1}+(-1)^n+\cdots$ 的敛散性.

解 (1) 若逐项相加，部分和为

$$s_n = \begin{cases} 0, & n\text{ 为偶数}, \\ 1, & n\text{ 为奇数}, \end{cases}$$

s_n 无极限，故级数发散.

(2) 若每两项相加之后再各项相加，有

$$(1-1)+(1-1)+\cdots+[(-1)^{n-1}+(-1)^n]+\cdots = 0.$$

类型归纳 ▶▶▶

类型：判断无穷级数的敛散性.
方法：可以通过定义来求解.

性质 8(级数收敛的必要条件) 级数 $\sum_{n=1}^{\infty} u_n$ 收敛的必要条件是 $\lim_{n\to\infty} u_n = 0$.

证明 对于级数 $\sum_{n=1}^{\infty} u_n = u_1+u_2+\cdots+u_n+\cdots$ 它的一般项 u_n 与部分和 $s_n=\sum_{k=1}^{n} u_k$ 有关系式 $u_n = s_n - s_{n-1}$，假设该级数收敛于和 s，则

$$\lim_{n\to\infty} u_n = \lim_{n\to\infty}(s_n - s_{n-1}) = \lim_{n\to\infty} s_n - \lim_{n\to\infty} s_{n-1} = s - s = 0.$$

于是，级数$\sum\limits_{n=1}^{\infty} u_n$收敛的必要条件是$\lim\limits_{n\to\infty} u_n = 0$.

反过来，级数的一般项趋向于零并不是级数收敛的充分条件.

【例 6-5】 讨论调和级数$1+\frac{1}{2}+\frac{1}{3}+\cdots+\frac{1}{n}+\cdots$的敛散性.

解 这里，$\lim\limits_{n\to\infty} u_n = \lim\limits_{n\to\infty}\frac{1}{n} = 0$，即调和级数的一般项趋近于零. 部分和$s_4 = 1+\frac{1}{2}+\frac{1}{3}+\frac{1}{4}$可看作图 6-1 中阶梯形的面积.

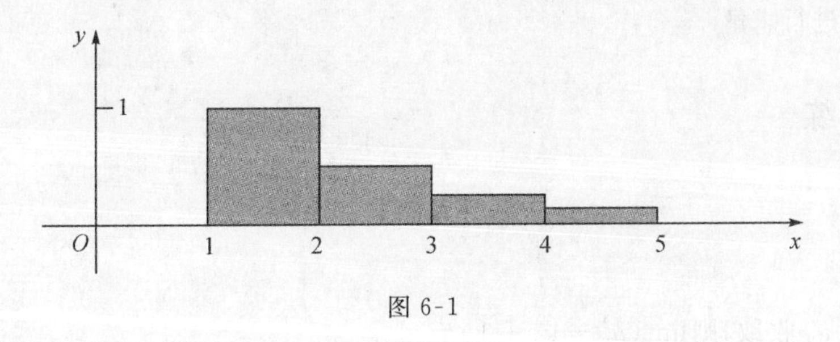

图 6-1

考虑到由$x=1, x=n+1, y=\frac{1}{x}$，$x$轴所围成的曲边梯形的面积与这个阶梯形面积的关系(见图 6-2)，建立不等式如下：

$$s_n > \int_1^{n+1} \frac{1}{x}\mathrm{d}x = \ln|x|\,\Big|_1^{n+1} = \ln(n+1).$$

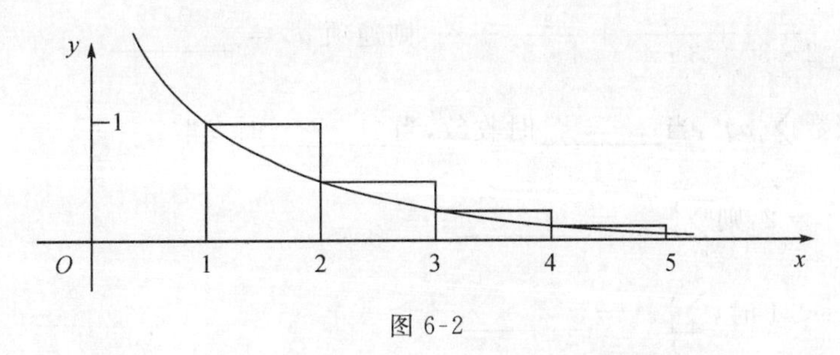

图 6-2

当$n\to\infty$时，$\ln(n+1)\to+\infty$，即$s_n\to+\infty$，因此调和级数$\sum\limits_{n=1}^{\infty}\frac{1}{n}$发散.

类型归纳 ▶▶▶

类型：求无穷级数的和.

方法：可以考虑运用定积分计算.

性质 9(级数发散的充分条件) 若$\lim\limits_{n\to\infty} u_n \neq 0$，则级数$\sum\limits_{n=1}^{\infty} u_n$必发散.

【例 6-6】 运用收敛的必要性证明级数$\sum\limits_{n=1}^{\infty}\frac{n}{n+1}$是发散的.

证明 $\lim\limits_{n\to\infty} u_n = \lim\limits_{n\to\infty}\frac{n}{n+1} = 1$. 由级数收敛的必要性可知：$\sum\limits_{n=1}^{\infty}\frac{n}{n+1}$是发散的.

类型归纳 ▶▶▶

类型:无穷级数通项极限不为 0.

方法:通过级数发散的充分条件或级数收敛的必要条件判断.

结束语 ▶▶▶

无穷级数是因实际计算的需要而产生的,作为函数的一种表示形式,是近似计算的有力工具.无穷级数计算可以通过等比数列的求和公式、无穷级数收敛和发散的性质、通项拆项、定积分等方法进行求解.

同步训练

【A 组】

1.填空题:

(1) 若 $\sum_{n=1}^{\infty}u_n$ 收敛,则 $\lim_{n\to\infty}(u_n^2-u_n+1)=$ ________;

(2) 若 $\sum_{n=1}^{\infty}u_n$ 收敛,$S_n=u_1+u_2+\cdots+u_n$,则 $\lim_{n\to\infty}(S_{n+1}+S_{n-1}-2S_n)=$ ________;

(3) 若 $u_n=\dfrac{1\cdot 3\cdot\cdots\cdot(2n-1)}{2\cdot 4\cdot\cdots\cdot 2n}$,则 $\sum_{n=1}^{\infty}u_n=$ ________;

(4) 若 $S=\dfrac{1}{2\cdot 3^2}+\dfrac{1}{3\cdot 4^3}+\dfrac{1}{4\cdot 5^4}+\cdots$,则通项 $u_n=$ ________;

(5) 等级级数 $\sum_{n=1}^{\infty}aq^n$,当________时收敛,当________时发散;

(6) 若 $\sum_{n=1}^{\infty}t^n=2$,则 $\sum_{n=1}^{\infty}\dfrac{t^n}{2}=$ ________;

(7) 当 $|x|<1$ 时,$\sum_{n=1}^{\infty}x^n=$ ________.

2.根据级数收敛与发散的定义判别下列级数的敛散性:

(1) $\sum_{n=1}^{\infty}\dfrac{1}{(2n-1)(2n+1)}$;

(2) $\sum_{n=1}^{\infty}(\sqrt{n+2}-\sqrt{n+1})$;

(3) $\sum_{n=1}^{\infty}\left(\dfrac{1}{2^n}+5^{-n}\right)$;

(4) $\sum_{n=1}^{\infty}\left(\dfrac{1}{n^2}+0.001\right)$.

【B组】

判别级数的敛散性：

(1) $\frac{1}{2}+\frac{1}{4}+\frac{1}{6}+\cdots+\frac{1}{2n}+\cdots$；

(2) $\left(\frac{1}{2}+\frac{1}{3}\right)+\left(\frac{1}{2^2}+\frac{1}{3^2}\right)+\left(\frac{1}{2^3}+\frac{1}{3^3}\right)+\cdots+\left(\frac{1}{2^n}+\frac{1}{3^n}\right)+\cdots$；

(3) $\frac{1}{2}+\frac{1}{10}+\frac{1}{2^2}+\frac{1}{20}+\cdots+\frac{1}{2^n}+\frac{1}{10n}+\cdots$；

(4) $\sum_{n=1}^{\infty}(-1)^{n-1}\left(\frac{4}{5}\right)^n$；

(5) $\sum_{n=1}^{\infty}\left(\frac{3}{2}\right)^n$；

(6) $\sum_{n=1}^{\infty}\sqrt[n]{0.001}$.

第二节　正项级数及其敛散性

【学习要求】

1.理解正项级数的概念；

2.掌握判别正项级数敛散性的各种方法，包括比较审敛法和比值审敛法.

【学习重点】

1.比较审敛法；

2.比值审敛法.

【学习难点】

1.比较审敛法；

2.比值审敛法.

引言

常数项级数的每一项都是常数，当其各项都是非负常数时，称级数为正项级数.正项级数是级数中最简单也是最基础的一种级数，在研究其他级数的收敛问题时，常常归结为研究正项级数的敛散性.因此，正项级数的敛散性判定就显得十分重要.

一、基本概念

定义 6-3　若级数 $\sum_{n=1}^{\infty}u_n$ 中的各项都是非负的(即 $u_n\geqslant 0, n=1,2,\cdots$)，则称级数 $\sum_{n=1}^{\infty}u_n$

为正项级数.

二、基本定理

定理 6-1(基本定理)　正项级数收敛的充要条件是它的部分和数列有界.

证明　设级数 $s=\sum_{n=1}^{\infty}u_n$ 是一个正项级数,它的部分和数列

$$s_1=u_1,$$
$$s_2=u_1+u_2,$$
$$s_3=u_1+u_2+u_3,$$
$$\cdots$$
$$s_n=u_1+u_2+u_3+\cdots+u_n,$$
$$\cdots$$

是单调增加的,即 $s_1\leqslant s_2\leqslant s_3\leqslant\cdots\leqslant s_n\leqslant\cdots$.

若数列 s_n 有上界 M,根据单调有界数列必有极限的准则,级数 $s=\sum_{n=1}^{\infty}u_n$ 必收敛于和 s,且 $0\leqslant s_n\leqslant s\leqslant M$.

反过来,如果级数 $s=\sum_{n=1}^{\infty}u_n$ 收敛于和 s,即 $\lim\limits_{n\to\infty}s_n=s$,根据极限存在的数列必为有界数列的性质可知,部分和数列 s_n 是有界的.

三、基本审敛法

定理 6-2(正项级数的比较审敛法)　给定两个正项级数 $\sum_{n=1}^{\infty}u_n$,$\sum_{n=1}^{\infty}v_n$,

(1) 若 $u_n\leqslant v_n(n=1,2,\cdots)$,且 $\sum_{n=1}^{\infty}v_n$ 收敛,则 $\sum_{n=1}^{\infty}u_n$ 亦收敛;

(2) 若 $u_n\geqslant v_n(n=1,2,\cdots)$,且 $\sum_{n=1}^{\infty}v_n$ 发散,则 $\sum_{n=1}^{\infty}u_n$ 亦发散.

证明　(1) 设 $\sum_{n=1}^{\infty}v_n$ 收敛于 σ,由 $u_n\leqslant v_n(n=1,2,\cdots)$,可知 $\sum_{n=1}^{\infty}u_n$ 的部分和 s_n 满足

$$s_n=u_1+u_2+\cdots+u_n\leqslant v_1+v_2+\cdots+v_n\leqslant\sigma,$$

即单调增加的部分和数列 s_n 有上界,据基本定理知,$\sum_{n=1}^{\infty}u_n$ 收敛.

(2) 反证法:假设 $\sum_{n=1}^{\infty}u_n$ 收敛,则由定理 6-2 可知 $\sum_{n=1}^{\infty}v_n$ 也收敛,这与 $\sum_{n=1}^{\infty}v_n$ 发散矛盾,于是 $\sum_{n=1}^{\infty}u_n$ 发散.

推论　设 k 为正数,N 为正整数,$\sum_{n=1}^{\infty}u_n$,$\sum_{n=1}^{\infty}v_n$ 均为正项级数,则

(1) 若 $u_n \leqslant k \cdot v_n (n \geqslant N)$，且 $\sum_{n=1}^{\infty} v_n$ 收敛，则 $\sum_{n=1}^{\infty} u_n$ 亦收敛；

(2) 若 $u_n \geqslant k \cdot v_n (n \geqslant N)$，且 $\sum_{n=1}^{\infty} v_n$ 发散，则 $\sum_{n=1}^{\infty} u_n$ 亦发散.

【例 6-7】 讨论 p 级数 $\sum_{n=1}^{\infty} \frac{1}{n^p} = 1 + \frac{1}{2^p} + \frac{1}{3^p} + \cdots + \frac{1}{n^p} + \cdots$ 的敛散性，其中 $p > 0$.

解 当 $0 < p \leqslant 1$ 时，则 $n^p \leqslant n$，所以 $\frac{1}{n^p} \geqslant \frac{1}{n}$，又因为调和级数 $\sum_{n=1}^{\infty} \frac{1}{n}$ 发散，故 $\sum_{n=1}^{\infty} \frac{1}{n^p}$ 亦发散；

当 $p > 1$ 时，它的部分和根据图 6-3，有如下不等式成立：

$$s_n = 1 + \frac{1}{2^p} + \frac{1}{3^p} + \cdots + \frac{1}{n^p} < 1 + \int_1^2 \frac{1}{x^p}\mathrm{d}x + \int_2^3 \frac{1}{x^p}\mathrm{d}x + \cdots + \int_{n-1}^{n} \frac{1}{x^p}\mathrm{d}x$$

$$= 1 + \int_1^n \frac{1}{x^p}\mathrm{d}x = 1 + \frac{n^{1-p} - 1}{1 - p} = 1 + \frac{1 - n^{1-p}}{p - 1} < 1 + \frac{1}{p - 1}.$$

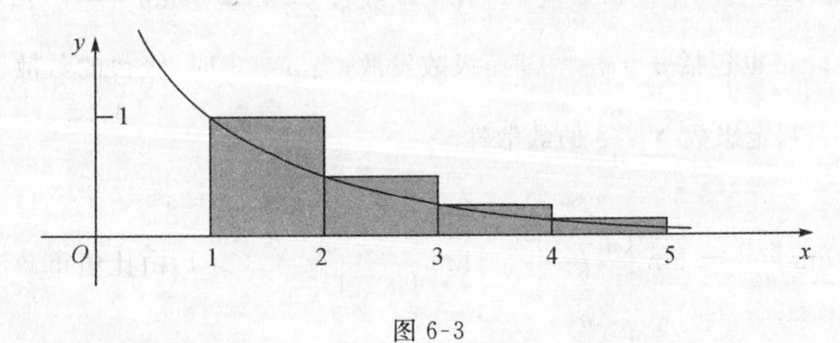

图 6-3

因此，部分和 s_n 有上界，故 $\lim_{n\to\infty} s_n$ 存在，所以 $\sum_{n=1}^{\infty} \frac{1}{n^p}$ 收敛.

综上讨论，当 $0 < p \leqslant 1$ 时，p 级数为发散的；当 $p > 1$ 时，p 级数是收敛的.

类型归纳 ▶▶▶

类型：级数敛散性的判别.

方法：与已知敛散性的级数做比较或者考虑定积分.

p 级数是一个重要的比较级数，在解题中会经常用到. 比较审敛法还可用其极限形式给出，而极限形式在运用中更方便.

定理 6-3（比较审敛法的极限形式） 设 $\sum_{n=1}^{\infty} u_n$ 及 $\sum_{n=1}^{\infty} v_n$ 都是正项级数，

(1) 如果极限 $\lim_{n\to\infty} \frac{u_n}{v_n} = l (0 < l < +\infty)$，则级数 $\sum_{n=1}^{\infty} v_n$ 与 $\sum_{n=1}^{\infty} u_n$ 同时收敛或同时发散；

(2) 若 $l = 0$，且级数 $\sum_{n=1}^{\infty} v_n$ 收敛，则 $\sum_{n=1}^{\infty} u_n$ 收敛；

(3) 若 $l = \infty$，且级数 $\sum_{n=1}^{\infty} v_n$ 发散，则 $\sum_{n=1}^{\infty} u_n$ 发散.

【例 6-8】 判别级数 $\sum_{n=1}^{\infty} \sin \frac{1}{n}$ 的敛散性.

解 因为$\lim\limits_{n\to\infty}\dfrac{\sin\dfrac{1}{n}}{\dfrac{1}{n}}=1$，且$\sum\limits_{n=1}^{\infty}\dfrac{1}{n}$发散，故级数$\sum\limits_{n=1}^{\infty}\sin\dfrac{1}{n}$发散.

【例 6-9】 判别级数$\sum\limits_{n=1}^{\infty}\ln\left(1+\dfrac{1}{n^2}\right)$的敛散性.

解 因为$\lim\limits_{n\to\infty}\dfrac{\ln\left(1+\dfrac{1}{n^2}\right)}{\dfrac{1}{n^2}}=\lim\limits_{t\to0}\dfrac{\ln(1+t)}{t}=1$，且$\sum\limits_{n=1}^{\infty}\dfrac{1}{n^2}$收敛，故级数$\sum\limits_{n=1}^{\infty}\ln\left(1+\dfrac{1}{n^2}\right)$收敛.

类型归纳 ▶▶▶

类型：类似 p 级数的正项级数的敛散性判别.

方法：可以与 p 级数比较.

定理 6-4（正项级数的比值审敛法） 若正项级数$\sum\limits_{n=1}^{\infty}u_n$满足$\lim\limits_{n\to\infty}\dfrac{u_{n+1}}{u_n}=\rho$，则当$\rho<1$时，级数收敛；当$\rho>1$（也包括$\rho=+\infty$）时，级数发散；当$\rho=1$时，级数的敛散性不能确定.

【例 6-10】 判定级数$\sum\limits_{n=1}^{\infty}\dfrac{2^n}{n^2}$的敛散性.

解 因为$\lim\limits_{n\to\infty}\dfrac{u_{n+1}}{u_n}=\lim\limits_{n\to\infty}\dfrac{\dfrac{2^{n+1}}{(n+1)^2}}{\dfrac{2^n}{n^2}}=\lim\limits_{n\to\infty}\dfrac{2n^2}{(n+1)^2}=2>1$，由比值审敛法，级数$\sum\limits_{n=1}^{\infty}\dfrac{2^n}{n^2}$是发散的.

【例 6-11】 判定级数$\sum\limits_{n=1}^{\infty}\dfrac{3^n}{n!}$的敛散性.

解 因为$\lim\limits_{n\to\infty}\dfrac{u_{n+1}}{u_n}=\lim\limits_{n\to\infty}\dfrac{\dfrac{3^{n+1}}{(n+1)!}}{\dfrac{3^n}{n!}}=\lim\limits_{n\to\infty}\dfrac{3}{n+1}=0<1$，由比值审敛法，级数$\sum\limits_{n=1}^{\infty}\dfrac{3^n}{n!}$收敛.

【例 6-12】 判定级数$\sum\limits_{n=1}^{\infty}\dfrac{n!}{n^n}$的敛散性.

解 因为$\lim\limits_{n\to\infty}\dfrac{u_{n+1}}{u_n}=\lim\limits_{n\to\infty}\dfrac{\dfrac{(n+1)!}{(n+1)^{n+1}}}{\dfrac{(n)!}{n^n}}=\lim\limits_{n\to\infty}\dfrac{n^n}{(n+1)^n}=\lim\limits_{n\to\infty}\dfrac{1}{\left(1+\dfrac{1}{n}\right)^n}=\dfrac{1}{\mathrm{e}}<1$，所以$\sum\limits_{n=1}^{\infty}\dfrac{n!}{n^n}$收敛.

类型归纳 ▶▶▶

类型：幂指形式的正项级数的敛散性判别.

方法：可以考虑使用比值审敛法.

结束语

正项级数是常数项级数中的一种级数,因此它的敛散性的判别也十分重要.比较审敛法和比值审敛法是判别正项级数敛散性的基本方法,因此需要熟练掌握.

同步训练

【A 组】

1.填空题:

(1) 级数$\sum_{n=1}^{\infty}\frac{1}{n^p}$,当 p ________时收敛,当 p ________时发散;

(2) 若$\sum_{n=1}^{\infty}u_n$为正项级数,且$\lim_{n\to\infty}\frac{u_{n+1}}{u_n}=\rho$,则当$\rho$ ________时级数收敛,当ρ ________时级数发散,当ρ ________时可能收敛也可能发散.

2.用比较审敛法判别下列级数的敛散性:

(1) $\sum_{n=1}^{\infty}\frac{1}{n\sqrt{n+1}}$;

(2) $\sum_{n=1}^{\infty}\frac{1+n}{1+n^2}$;

(3) $\sum_{n=1}^{\infty}\frac{1}{1+2^n}$.

3.用比值审敛法判别下列级数的敛散性:

(1) $\sum_{n=1}^{\infty}\frac{3^n}{n\cdot 2^n}$;

(2) $\sum_{n=1}^{\infty}\frac{2^n\cdot n!}{n^n}$.

【B 组】

判别下列级数的敛散性:

(1) $\sqrt{2}+\sqrt{\frac{3}{2}}+\cdots+\sqrt{\frac{n+1}{n}}+\cdots$;

(2) $\sum_{n=1}^{\infty}2^n\sin\frac{\pi}{3^n}$;

(3) $\sum_{n=1}^{\infty}\frac{\ln(n+2)}{\left(a+\frac{1}{n}\right)^n}(a>0)$;

(4) $\sum_{n=1}^{\infty}\left(\frac{n}{3n+1}\right)^n$;

(5) $\sum_{n=1}^{\infty}\frac{n+(-1)^n}{2^n}$.

第三节　绝对收敛与条件收敛

【学习要求】

1. 掌握条件收敛和绝对收敛的定义；
2. 熟练地掌握莱布尼兹判别法；
3. 理解条件收敛和绝对收敛的关系.

【学习重点】

1. 交错级数的莱布尼兹判别法；
2. 条件收敛和绝对收敛的定义；
3. 条件收敛和绝对收敛的关系.

【学习难点】

1. 交错级数的莱布尼兹判别法；
2. 条件收敛和绝对收敛的关系.

引言

交错级数是级数中又一种重要的级数，通过莱布尼兹定理可以判别其敛散性. 绝对收敛和条件收敛的判定在正项级数的敛散性和一般级数的敛散性之间建立了关系，从而更容易研究一般级数的敛散性.

一、交错级数及其审敛法

定义 6-4　若级数的各项是正、负相间的，称级数为交错级数，其形式为

$$u_1-u_2+u_3-u_4+\cdots+(-1)^{n-1}u_n+\cdots,$$

或

$$-u_1+u_2-u_3+u_4+\cdots+(-1)^n u_n+\cdots,$$

其中 $u_1,u_2,u_3,u_4,\cdots,u_n,\cdots$ 均为正数.

定理 6-5(莱布尼兹定理)　如果交错级数 $\sum\limits_{n=1}^{\infty}(-1)^{n-1}u_n$ 满足条件：

(1) $u_n\geqslant u_{n+1}(n=1,2,\cdots)$；

(2) $\lim\limits_{n\to\infty}u_n=0$，

则交错级数收敛，且收敛和 $s\leqslant u_1$，余项 r_n 的绝对值 $|r_n|\leqslant u_{n+1}$.

【例 6-13】　判断交错级数 $\sum\limits_{n=1}^{\infty}(-1)^{n-1}\dfrac{1}{n}$ 的敛散性.

解　因为 $u_n=\dfrac{1}{n}>\dfrac{1}{n+1}=u_{n+1}$，且 $\lim\limits_{n\to\infty}u_n=\lim\limits_{n\to\infty}\dfrac{1}{n}=0$，故此交错级数 $\sum\limits_{n=1}^{\infty}(-1)^{n-1}\dfrac{1}{n}$

收敛.

【例 6-14】 判断交错级数$\sum_{n=1}^{\infty}(-1)^{n-1}\frac{n}{2^n}$的敛散性.

解 $u_n-u_{n+1}=\frac{n}{2^n}-\frac{n+1}{2^{n+1}}=\frac{n-1}{2^{n+1}}\geqslant 0,\lim_{n\to\infty}u_n=\lim_{n\to\infty}\frac{n}{2^n}=0.$

故此交错级数$\sum_{n=1}^{\infty}(-1)^{n-1}\frac{n}{2^n}$收敛.

类型归纳 ▶▶▶

类型:判断交错级数的敛散性.
方法:根据莱布尼兹定理判别.

二、绝对收敛与条件收敛

定义 6-5 设有级数$\sum_{n=1}^{\infty}u_n$,其中$u_n(n=1,2,\cdots)$为任意实数,该级数称为任意项级数.

对于$\sum_{n=1}^{\infty}u_n$各项的绝对值所组成的正项级数$\sum_{n=1}^{\infty}|u_n|$,任意项级数与正项级数$\sum_{n=1}^{\infty}|u_n|$的敛散性有以下关系:

定理 6-6 如果级数$\sum_{n=1}^{\infty}|u_n|$收敛,则级数$\sum_{n=1}^{\infty}u_n$必收敛.

定义 6-6 若级数$\sum_{n=1}^{\infty}u_n$收敛,则称$\sum_{n=1}^{\infty}u_n$绝对收敛.

定义 6-7 若$\sum_{n=1}^{\infty}|u_n|$级数发散,且级数$\sum_{n=1}^{\infty}u_n$收敛,则称级数$\sum_{n=1}^{\infty}u_n$条件收敛.

由此可见定理 6-6 可将任意项级数的敛散性判定转化成正项级数的敛散性判定.

【例 6-15】 判定任意项级数$\sum_{n=1}^{\infty}\frac{\sin(n\alpha)}{n^2}$的敛散性,其中$\alpha$为实数.

解 因$\left|\frac{\sin(n\alpha)}{n^2}\right|\leqslant\frac{1}{n^2}$,又$\sum_{n=1}^{\infty}\frac{1}{n^2}$收敛,故$\sum_{n=1}^{\infty}\left|\frac{\sin(n\alpha)}{n^2}\right|$亦收敛,据定理 6-6,级数$\sum_{n=1}^{\infty}\frac{\sin(n\alpha)}{n^2}$收敛.

类型归纳 ▶▶▶

类型:判断任意项级数的敛散性.
方法:先考虑是否绝对收敛.

【例 6-16】 讨论级数$\sum_{n=1}^{\infty}(-1)^{n-1}\frac{1}{n}$的敛散性.

解 因调和级数$\sum_{n=1}^{\infty}\frac{1}{n}$发散,且交错级数$\sum_{n=1}^{\infty}(-1)^{n-1}\frac{1}{n}$收敛,故级数$\sum_{n=1}^{\infty}(-1)^{n-1}\frac{1}{n}$条

件收敛,不是绝对收敛.

类型归纳 ▶▶▶

类型: 判断交错级数是条件收敛还是绝对收敛.

方法: 先考虑绝对收敛,不是绝对收敛再考虑莱布尼兹定理.

结束语 ▶▶▶

通过莱布尼兹定理判断交错级数的敛散性,通过绝对收敛和条件收敛的判定在正项级数的敛散性和一般级数的敛散性之间建立了关系,以后我们可以掌握的级数的类型越来越多.

同步训练

【A 组】

1. 单项选择题:

(1) 级数 $\sum_{n=1}^{\infty}(-1)^n\frac{k+n}{n^2}(k>0)$ (　　);

(A) 发散　　(B) 条件收敛

(C) 绝对收敛　　(D) 敛散性与 k 有关

(2) 对于级数 $\sum_{n=1}^{\infty}(-1)^n\frac{1}{n^p}$,以下结论正确的是(　　);

(A) 当 $p>1$ 时级数条件收敛　　(B) 当 $p>1$ 时级数绝对收敛

(C) 当 $0<p\leqslant 1$ 时级数绝对收敛　　(D) 当 $0<p\leqslant 1$ 时级数发散

(3) 设 $\sum_{n=1}^{\infty}v_n$ 为正项级数,k 为正常数,以下命题正确的是(　　);

(A) 若 $\sum_{n=1}^{\infty}v_n$ 收敛,$|u_n|\leqslant kv_n$,则 $\sum_{n=1}^{\infty}u_n$ 绝对收敛

(B) 若 $\sum_{n=1}^{\infty}v_n$ 收敛,$|u_n|\geqslant kv_n$,则 $\sum_{n=1}^{\infty}u_n$ 条件收敛

(C) 若 $\sum_{n=1}^{\infty}v_n$ 发散,$|u_n|\geqslant kv_n$,则 $\sum_{n=1}^{\infty}u_n$ 条件收敛

(D) 若 $\sum_{n=1}^{\infty}v_n$ 发散,$|u_n|\geqslant kv_n$,则 $\sum_{n=1}^{\infty}u_n$ 发散

(4) 下列级数条件收敛的是(　　).

(A) $\sum_{n=1}^{\infty}(-1)^{n-1}\frac{1}{\sqrt{n}}$　　(B) $\sum_{n=1}^{\infty}(-1)^{n-1}\frac{1}{2^n}$

(C) $\sum_{n=1}^{\infty}(-1)^{n-1}\frac{n+1}{2n-1}$　　(D) $\sum_{n=1}^{\infty}(-1)^{n-1}\frac{n}{\sqrt{2n^2-1}}$

2. 判别下列级数的敛散性，若收敛，指出是条件收敛还是绝对收敛：

(1) $\sum_{n=1}^{\infty}(-1)^{n-1}\frac{1}{2n-1}$； (2) $\sum_{n=1}^{\infty}(-1)^{n-1}\frac{n}{3^{n-1}}$；

(3) $\sum_{n=1}^{\infty}(-1)^{n-1}\frac{1}{(n+1)(n+4)}$； (4) $\sum_{n=1}^{\infty}(-1)^{n-1}\frac{1}{\sqrt{n}}$；

(5) $\sum_{n=1}^{\infty}\frac{\sin n\alpha}{n^2}$； (6) $\sum_{n=1}^{\infty}(-1)^{n}\frac{1}{\ln n}$.

【B 组】

1. 判别下列级数的敛散性：

(1) $\sum_{n=1}^{\infty}(-1)^{n}\ln\left(1+\frac{1}{n}\right)$； (2) $\sum_{n=1}^{\infty}(-1)^{n}\frac{\sqrt{n}}{n+100}$；

(3) $\sum_{n=1}^{\infty}(-1)^{n}\frac{2+(-1)^{n}}{n^2}$； (4) $\sum_{n=1}^{\infty}(-1)^{n}\frac{2+(-1)^{n}}{n}$；

(5) $\sum_{n=1}^{\infty}\frac{(-1)^{n}}{2^{n}}\left(1+\frac{1}{n}\right)^{n^2}$.

2. 求下列任意项级数的敛散性，收敛时要说明条件收敛或绝对收敛：

(1) $1.1-1.01+1.001-1.0001+\cdots$；

(2) $\frac{1}{2}-\frac{2}{2^2+1}+\frac{3}{3^2+1}-\frac{4}{4^2+1}+\cdots$.

3. 判别级数 $\sum_{n=1}^{\infty}(-1)^{n}\frac{x^{n}}{n}(x>0)$ 的敛散性.

4. 判别级数 $\sum_{n=1}^{\infty}\frac{\cos\frac{n\pi}{2}}{n^2}$ 的敛散性.

第四节 幂级数

【学习要求】

1. 掌握幂级数收敛半径和收敛区间的定义与求法；

2. 会求幂级数的收敛半径和收敛范围；

3. 掌握幂级数的性质和运算.

【学习重点】

1. 幂级数的收敛半径；

2. 幂级数的收敛区间.

【学习难点】

1. 幂级数的收敛半径；

2. 幂级数的收敛区间.

引言 ▶▶▶

幂级数是一类最简单的函数项级数. 在幂级数理论中,对给定幂级数分析其敛散性以及求收敛幂级数的和函数是重要内容.

一、函数项级数的一般概念

定义 6-8 设有定义在区间 I 上的函数列 $u_1(x), u_2(x), \cdots, u_n(x), \cdots$,由此函数列构成的表达式 $\sum_{n=1}^{\infty} u_n(x)$ 称为函数项级数.

对于确定的值 $x_0 \in I$,函数项级数 $\sum_{n=1}^{\infty} u_n(x_0)$ 称为常数项级数.

若 $\sum_{n=1}^{\infty} u_n(x_0)$ 收敛,则称点 x_0 是函数项级数 $\sum_{n=1}^{\infty} u_n(x)$ 的收敛点;若 $\sum_{n=1}^{\infty} u_n(x_0)$ 发散,则称点 x_0 是函数项级数 $\sum_{n=1}^{\infty} u_n(x)$ 的发散点. 函数项级数的所有收敛点的全体称为它的收敛域,函数项级数的所有发散点的全体称为它的发散域.

对于函数项级数收敛域内任意一点 x,$\sum_{n=1}^{\infty} u_n(x)$ 收敛,其收敛和自然应依赖于 x 的取值,故其收敛和应为 x 的函数,即为 $s(x)$. 通常称 $s(x)$ 为函数项级数的和函数. 它的定义域就是级数的收敛域,并记 $s(x) = u_1(x) + u_2(x) + \cdots + u_n(x) + \cdots$.

若将函数项级数 $\sum_{n=1}^{\infty} u_n(x)$ 的前 n 项之和(即部分和)记作 $s_n(x)$,则在收敛域上,必有 $\lim_{n \to \infty} s_n(x) = s(x)$.

把 $r_n(x) = s(x) - s_n(x)$ 叫作函数项级数的余项(这里 x 在收敛域上),则 $\lim_{n \to \infty} r_n(x) = 0$.

二、幂级数及其收敛域

函数项级数中最常见的一类级数是幂级数,它的形式是 $\sum_{n=0}^{\infty} a_n x^n$ 或 $\sum_{n=0}^{\infty} a_n (x - x_0)^n$,其中常数 $a_0, a_1, a_2, \cdots, a_n, \cdots$ 叫作幂级数系数.

$\sum_{n=0}^{\infty} a_n (x - x_0)^n$ 是幂级数的一般形式,作变量代换 $t = x - x_0$ 可以把它化为 $\sum_{n=0}^{\infty} a_n x^n$ 的形式.

因此,在下述讨论中,如不作特殊说明,我们用幂级数 $\sum_{n=0}^{\infty} a_n x^n$ 作为讨论的对象.

1. 幂级数的收敛半径、收敛区间、收敛域

先看一个著名的例子,考察等比级数(显然也是幂级数)$1 + x + x^2 + \cdots + x^n + \cdots$ 的敛散性.

当 $|x|<1$ 时,该级数收敛于 $\frac{1}{1-x}$;

当 $|x|\geqslant 1$ 时,该级数发散.

因此,该幂级数在开区间 $(-1,1)$ 内收敛,在 $(1,+\infty)$ 及 $(-\infty,-1)$ 内发散.

由此例,我们观察到,这个幂级数的收敛域是在一个区间上.这一结论对一般的幂级数也如此.

定理 6-7(阿贝尔定理) 若当 $x=x_0(\neq 0)$ 时,幂级数 $\sum_{n=0}^{\infty}a_nx^n$ 收敛,则满足不等式 $|x|<|x_0|$ 的一切 x 均使幂级数绝对收敛;若当 $x=x_0(\neq 0)$ 时,幂级数 $\sum_{n=0}^{\infty}a_nx^n$ 发散,则满足不等式 $|x|>|x_0|$ 的一切 x 均使幂级数发散.

阿贝尔定理揭示了幂级数的收敛域的结构特征.

对于幂级数 $\sum_{n=0}^{\infty}a_nx^n$,若在 $x=x_0(\neq 0)$ 处收敛,则在开区间 $(-|x_0|,|x_0|)$ 之内,它亦收敛;若在 $x=x_0(\neq 0)$ 处发散,则在开区间 $(-|x_0|,|x_0|)$ 之外,它亦发散.

这表明,幂级数的发散点不可能位于原点与收敛点之间.

于是,我们可以这样来寻找幂级数的收敛域(见图 6-4):

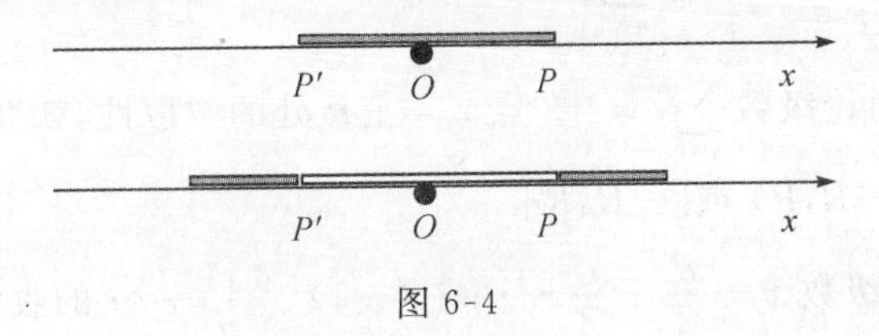

图 6-4

设幂级数 $\sum_{n=0}^{\infty}a_nx^n$ 在数轴上既有收敛点(不仅仅只是原点,原点肯定是一个收敛点),也有发散点.

(1) 从原点出发,沿数轴向右方搜寻,最初只遇到收敛点,然后就只遇到发散点,设这两部分的界点为 P,点 P 可能是收敛点,也可能是发散点;

(2) 从原点出发,沿数轴向左方搜寻,情形也是如此,也可找到一个界点 P',两个界点在原点的两侧,由阿贝尔定理知,它们到原点的距离是一样的.

(3) 位于点 P' 与 P 之间的点,就是幂级数的收敛域;位于这两点之外的点,就是幂级数的发散域.

借助上述几何解释,我们就得到如下重要推论.

推论 如果幂级数 $\sum_{n=0}^{\infty}a_nx^n$ 不是仅在一点收敛,也不是在整个数轴上都收敛,则必有一个确定的正数 R 存在,它具有下列性质:

(1) 当 $|x|<R$ 时,幂级数绝对收敛;

(2) 当 $|x|>R$ 时,幂级数发散;

(3) 当 $x=\pm R$ 时,幂级数可能收敛,也可能发散.

正数 R 通常称作幂级数的收敛半径,区间 $(-R,R)$ 叫作幂级数的收敛区间(见图 6-5).

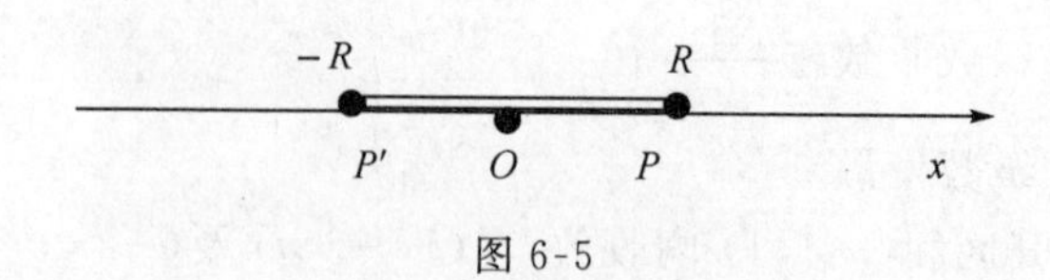

图 6-5

进一步讨论 $x=\pm R$ 处的敛散性，得到相应的收敛区间. $(-R,R)$，$(-R,R]$，$[-R,R)$ 或 $[-R,R]$ 叫幂级数的收敛域.

特别地，如果幂级数只在点 $x=0$ 处收敛，则表示收敛半径 $R=0$；如果幂级数对一切 x 都收敛，则表示收敛半径 $R=+\infty$.

2. 幂级数的收敛半径、收敛区间、收敛域的求法

定理 6-8 设有幂级数 $\sum\limits_{n=0}^{\infty}a_nx^n$，且 $\lim\limits_{n\to\infty}\left|\dfrac{a_{n+1}}{a_n}\right|=\rho$ (a_{n+1}，a_n 是幂级数的相邻两项的系数).

(1) 如果 $\rho\neq 0$，则 $R=\dfrac{1}{\rho}$，$\sum\limits_{n=0}^{\infty}a_nx^n$ 的收敛区间为 $(-R,R)$；

(2) 如果 $\rho=0$，则 $R=+\infty$，$\sum\limits_{n=0}^{\infty}a_nx^n$ 的收敛区间为 $(-\infty,\infty)$；

(3) 如果 $\rho=+\infty$，则 $R=0$，$\sum\limits_{n=0}^{\infty}a_nx^n$ 只在点 $x=0$ 处收敛.

对于(1)，如果再讨论级数 $\sum\limits_{n=0}^{\infty}a_nx^n$ 在点 $x=\pm R$ 处的敛散性，就会得到相应的收敛域为 $(-R,R)$，$(-R,R]$，$[-R,R)$ 或 $[-R,R]$.

【例 6-17】 求幂级数 $x-\dfrac{x^2}{2}+\dfrac{x^3}{3}-\cdots+(-1)^{n-1}\dfrac{x^n}{n}+\cdots$ 的收敛半径、收敛区间和收敛域.

解 因为

$$\rho=\lim_{n\to\infty}\left|\frac{a_{n+1}}{a_n}\right|=\lim_{n\to\infty}\left|\frac{(-1)^n\dfrac{1}{n+1}}{(-1)^{n-1}\dfrac{1}{n}}\right|=\lim_{n\to\infty}\frac{n}{n+1}=1,$$

所以 $R=1$，则收敛区间为 $(-1,1)$.

在左端点 $x=-1$，幂级数成为 $-1-\dfrac{1}{2}-\dfrac{1}{3}-\cdots-\dfrac{1}{n}-\cdots$ 它是发散的；在右端点 $x=1$，幂级数成为 $1-\dfrac{1}{2}+\dfrac{1}{3}-\cdots+(-1)^{n-1}\dfrac{1}{n}+\cdots$ 它是收敛的. 综合之，原幂级数的收敛域为 $(-1,1]$.

【例 6-18】 求幂级数 $\sum\limits_{n=1}^{\infty}(-1)^{n-1}\dfrac{1}{n!}x^n$ 的收敛半径、收敛区间和收敛域.

解 因为

$$\rho=\lim_{n\to\infty}\left|\frac{a_{n+1}}{a_n}\right|=\lim_{n\to\infty}\left|\frac{\dfrac{1}{(n+1)!}}{\dfrac{1}{n!}}\right|=\lim_{n\to\infty}\frac{1}{n+1}=0,$$

所以级数$\sum\limits_{n=1}^{\infty}(-1)^{n-1}\dfrac{1}{n!}x^n$的收敛半径为$R=+\infty$,收敛区间及收敛域均为$(-\infty,+\infty)$.

【例 6-19】 求幂级数$\sum\limits_{n=1}^{\infty}n^nx^n$的收敛半径、收敛区间和收敛域.

解 $\rho=\lim\limits_{n\to\infty}\left|\dfrac{a_{n+1}}{a_n}\right|=\lim\limits_{n\to\infty}\left|\dfrac{(n+1)^{n+1}}{n^n}\right|=\lim\limits_{n\to\infty}(n+1)\left(1+\dfrac{1}{n}\right)^n=+\infty$,则级数的收敛半径$R=0$,级数只在点$x=0$处收敛.

【例 6-20】 求幂级数$\sum\limits_{n=1}^{\infty}\dfrac{n}{3^n}(x-1)^n$的收敛半径、收敛区间和收敛域.

解 设$t=x-1$,则级数$\sum\limits_{n=1}^{\infty}\dfrac{n}{3^n}(x-1)^n$变形为$\sum\limits_{n=1}^{\infty}\dfrac{n}{3^n}t^n$的收敛半径

$$\rho=\lim_{n\to\infty}\left|\frac{a_{n+1}}{a_n}\right|=\lim_{n\to\infty}\left|\frac{\dfrac{(n+1)}{3^{n+1}}}{\dfrac{n}{3^n}}\right|=\lim_{n\to\infty}\frac{n+1}{3n}=\frac{1}{3},$$

则级数$\sum\limits_{n=1}^{\infty}\dfrac{n}{3^n}t^n$的收敛半径$R=3$,收敛区间为$(-3,+3)$;以$t=x-1$回代得$-3<x-1<3$,即$-2<x<4$,级数$\sum\limits_{n=1}^{\infty}\dfrac{n}{3^n}(x-1)^n$的收敛区间为$-2<x<4$,把$x=-2,x=4$代入$\sum\limits_{n=1}^{\infty}\dfrac{n}{3^n}(x-1)^n$中得$\sum\limits_{n=1}^{\infty}(-1)^nn$和$\sum\limits_{n=1}^{\infty}n$这两个级数都发散,则$\sum\limits_{n=1}^{\infty}\dfrac{n}{3^n}(x-1)^n$的收敛域为$(-2,4)$.

类型归纳 ▶▶▶

类型: 求幂级数的收敛半径、收敛区间和收敛域.

方法: 可以先通过公式$\dfrac{1}{R}=\lim\limits_{n\to\infty}\left|\dfrac{a_{n+1}}{a_n}\right|$求出收敛半径和收敛区间,再考虑区间端点的敛散性确定收敛域.

【例 6-21】 求幂级数$\sum\limits_{n=1}^{\infty}\dfrac{2n-1}{2^n}x^{2n-2}$的收敛半径、收敛区间和收敛域.

解 此幂级数缺少奇次幂项,根据比值审敛法的原理,得

$$\lim_{n\to\infty}\left|\frac{u_{n+1}(x)}{u_n(x)}\right|=\lim_{n\to\infty}\left|\frac{2n+1}{2^{n+1}}x^{2n}\Big/\frac{2n-1}{2^n}x^{2n-2}\right|=\lim_{n\to\infty}\frac{2n+1}{4n-2}|x|^2=\frac{1}{2}|x|^2.$$

当$\dfrac{1}{2}|x|^2<1$,即$|x|<\sqrt{2}$时,幂级数收敛,收敛区间为$(-\sqrt{2},\sqrt{2})$;当$\dfrac{1}{2}|x|^2>1$,即$|x|>\sqrt{2}$时,幂级数发散.

对于左端点$x=-\sqrt{2}$,幂级数成为

$$\sum_{n=1}^{\infty}\frac{2n-1}{2^n}(-\sqrt{2})^{2n-2}=\sum_{n=1}^{\infty}\frac{2n-1}{2^n}\cdot 2^{n-1}=\sum_{n=1}^{\infty}\frac{2n-1}{2},$$

它是发散的.

对于右端点$x=\sqrt{2}$,幂级数成为

$$\sum_{n=1}^{\infty}\frac{2n-1}{2^n}(\sqrt{2})^{2n-2}=\sum_{n=1}^{\infty}\frac{2n-1}{2^n}\cdot 2^{n-1}=\sum_{n=1}^{\infty}\frac{2n-1}{2},$$

它也是发散的.

综上所述,幂级数的收敛半径为$\sqrt{2}$,收敛区间为$(-\sqrt{2},\sqrt{2})$,收敛域为$(-\sqrt{2},\sqrt{2})$.

类型归纳 ▶▶▶

类型:求缺少奇次幂项的幂级数的收敛半径、收敛区间和收敛域.

方法:可根据比值审敛法的原理,先求出收敛半径和收敛区间,再根据区间端点的敛散性确定收敛域.

三、幂级数的运算

幂级数的运算具有以下性质:

性质1(幂级数的加、减运算性质) 设幂级数$\sum\limits_{n=1}^{\infty}a_nx^n$及$\sum\limits_{n=1}^{\infty}b_nx^n$的收敛区间分别为$(-R_1,R_1)$和$(-R_2,R_2)$,记

$$R=\min\{R_1,R_2\}.$$

当$|x|<R$时,有

$$\sum_{n=1}^{\infty}a_nx^n\pm\sum_{n=1}^{\infty}b_nx^n=\sum_{n=1}^{\infty}(a_n\pm b_n)x^n.$$

性质2(幂级数的和函数的性质) 幂级数$\sum\limits_{n=1}^{\infty}a_nx^n$的和函数$s(x)$在收敛区间$(-R,R)$内连续.若幂级数在敛区的左端点$x=-R$收敛,则其和函数$s(x)$在点$x=-R$处右连续,即

$$\lim_{x\to -R+0}s(x)=\sum_{n=0}^{\infty}a_n(-R)^n;$$

若幂级数在敛区的右端点$x=R$处收敛,则其和函数$s(x)$在点$x=R$处左连续,即

$$\lim_{x\to R-0}s(x)=\sum_{n=0}^{\infty}a_n(R)^n.$$

注:这一性质在求某些特殊的数项级数之和时非常有用.

性质3(幂级数的逐项求导性质) 幂级数$\sum\limits_{n=1}^{\infty}a_nx^n$的和函数$s(x)$在收敛区间$(-R,R)$内可导,且有

$$s'(x)=\left(\sum_{n=0}^{\infty}a_nx^n\right)'=\sum_{n=0}^{\infty}(a_nx^n)'=\sum_{n=1}^{\infty}n\cdot a_nx^{n-1}.$$

性质4(幂级数的逐项求积分性质) 幂级数$\sum\limits_{n=1}^{\infty}a_nx^n$的和函数$s(x)$在收敛区间$(-R,R)$内可积,且有

$$\int_0^x s(x)\mathrm{d}x=\int_0^x\left(\sum_{n=0}^{\infty}a_nx^n\right)\mathrm{d}x=\sum_{n=0}^{\infty}\int_0^x a_nx^n\mathrm{d}x=\sum_{n=0}^{\infty}\frac{a_n}{n+1}x^{n+1}.$$

【例6-22】 求数项级数$1-\frac{1}{2}+\frac{1}{3}-\frac{1}{4}+\cdots+(-1)^{n-1}\frac{1}{n}+\cdots$之和.

解　因为 $1+x+x^2+\cdots+x^{n-1}+\cdots=\dfrac{1}{1-x}(-1<x<1)$，则对上述等式两边同时逐项求积分，有

$$\int_0^x 1\mathrm{d}x+\int_0^x x\mathrm{d}x+\int_0^x x^2\mathrm{d}x+\cdots+\int_0^x x^{n-1}\mathrm{d}x+\cdots=\int_0^x \frac{1}{1-x}\mathrm{d}x,$$

得到

$$x+\frac{x^2}{2}+\frac{x^3}{3}+\cdots+\frac{x^n}{n}+\cdots=-\ln(1-x).$$

当 $x=-1$ 时，幂级数成为

$$(-1)+\frac{(-1)^2}{2}+\cdots+\frac{(-1)^n}{n}+\cdots=-\left[1-\frac{1}{2}+\frac{1}{3}-\cdots+(-1)^{n-1}\frac{1}{n}+\cdots\right],$$

是一个收敛的交错级数.

当 $x=1$ 时，幂级数成为 $1+\dfrac{1}{2}+\dfrac{1}{3}+\dfrac{1}{4}+\cdots+\dfrac{1}{n}+\cdots$，它是调和级数，是发散的.

综合之，

$$x+\frac{x^2}{2}+\frac{x^3}{3}\cdots+\frac{x^n}{n}+\cdots=-\ln(1-x)(-1\leqslant x<1),$$

且有

$$-\left[1-\frac{1}{2}+\frac{1}{3}-\cdots+(-1)^{n-1}\frac{1}{n}+\cdots\right]=-\ln2,$$

所以

$$1-\frac{1}{2}+\frac{1}{3}-\cdots+(-1)^{n-1}\frac{1}{n}+\cdots=\ln2.$$

【例 6-23】　求 $1\cdot\dfrac{1}{2}+2\cdot\left(\dfrac{1}{2}\right)^2+3\cdot\left(\dfrac{1}{2}\right)^2+\cdots+n\cdot\left(\dfrac{1}{2}\right)^n+\cdots$ 的和.

解　考虑辅助幂级数 $x+2x^2+3x^3+\cdots+nx^n+\cdots$，

$$\rho=\lim_{n\to\infty}\left|\frac{a_{n+1}}{a_n}\right|=\lim_{n\to\infty}\frac{n+1}{n}=1,$$

所以 $R=1$.

设 $s(x)=x+2x^2+3x^3+\cdots+nx^n+\cdots(-1<x<1)$，则

$$\begin{aligned}s(x)&=x(1+2x+3x^2+\cdots+nx^{n-1}+\cdots)\\&=x\cdot(x+x^2+\cdots+x^n+\cdots)'\\&=x\cdot\left(\frac{x}{1-x}\right)'=x\cdot\frac{1}{(1-x)^2}.\end{aligned}$$

故当 $-1<x<1$ 时，有

$$x+2x^2+3x^3+\cdots+nx^n+\cdots=\frac{x}{(1-x)^2}.$$

令 $x=\dfrac{1}{2}$，得

$$\frac{1}{2}+\frac{2}{2^2}+\frac{3}{2^3}+\cdots+\frac{n}{2^n}+\cdots=\frac{\frac{1}{2}}{\left(1-\frac{1}{2}\right)^2}=2.$$

类型归纳 ▶▶▶

类型:求数项级数的和.

方法:可以通过构造幂级数的和函数来求数项级数的和.

【例 6-24】 求$\sum_{n=1}^{\infty}(-1)^{n+1}\frac{x^{n+1}}{n(n+1)}$的和函数.

解 因为

$$\rho=\lim_{n\to\infty}\left|\frac{a_{n+1}}{a_n}\right|=\lim_{n\to\infty}\left|\frac{(-1)^{n+2}\frac{1}{(n+1)(n+2)}}{(-1)^{n+1}\frac{1}{n(n+1)}}\right|=\lim_{n\to\infty}\frac{n}{n+2}=1,$$

则 $R=1$.

设

$$s(x)=\sum_{n-1}^{\infty}(-1)^{n+1}\frac{x^{n+1}}{n(n+1)}(-1<x<1),$$

则

$$s'(x)=\sum_{n=1}^{\infty}(-1)^{n+1}\frac{x^n}{n},$$

$$s''(x)=\sum_{n=1}^{\infty}(-1)^{n+1}x^{n-1}=1-x+x^2+\cdots=\frac{1}{1+x},$$

$$\int_0^x s''(x)\mathrm{d}x=\int_0^x\frac{1}{1+x}\mathrm{d}x,$$

则 $s'(x)-s'(0)=\ln(1+x)$.

又因为 $s'(0)=\sum_{n=1}^{\infty}(-1)^{n+1}\frac{0^n}{n}=0$,所以

$$s'(x)=\ln(1+x),$$

$$\int_0^x s'(x)\mathrm{d}x=\int_0^x\ln(1+x)\mathrm{d}x,$$

$$s(x)-s(0)=(1+x)\ln(1+x)\Big|_0^x-\int_0^x\mathrm{d}x.$$

则有

$$s(x)=(1+x)\ln(1+x)-x.$$

当 $x=-1$ 时,幂级数成为$\sum_{n=1}^{\infty}(-1)^{n+1}\frac{(-1)^{n+1}}{n(n+1)}=\sum_{n=1}^{\infty}\frac{1}{n(n+1)}$,它是收敛的.

当 $x=1$ 时,幂级数成为$\sum_{n=1}^{\infty}(-1)^{n+1}\frac{1^{n+1}}{n(n+1)}=\sum_{n=1}^{\infty}\frac{(-1)^{n+1}}{n(n+1)}$,它是收敛的.

因此,当 $-1\leqslant x\leqslant 1$ 时,有$\sum_{n=1}^{\infty}(-1)^{n+1}\frac{x^{n+1}}{n(n+1)}=(1+x)\ln(1+x)-x$.

类型归纳 ▶▶▶

类型:求幂级数的和.

方法：可以通过逐项积分来考虑.

结束语

幂级数是多项式的一种，是比较简单的函数，以后会看到很多比较麻烦的函数可转为幂级数来研究.

同步训练

【A组】

1. 填空题：

(1) 若幂级数 $\sum\limits_{n=1}^{\infty} a_n\left(\dfrac{x-3}{2}\right)^n$ 在点 $x=0$ 处收敛，则在点 $x=5$ 处________（收敛或发散）；

(2) 若 $\lim\limits_{n\to\infty}\left|\dfrac{c_n}{c_{n+1}}\right|=2$，则幂级数 $\sum\limits_{n=1}^{\infty} a_n x^n$ 的收敛半径为________；

(3) $\sum\limits_{n=1}^{\infty} \dfrac{(-3)^n x^n}{n}$ 的收敛区间是________.

2. 求下列级数的收敛半径与收敛区间：

(1) $\sum\limits_{n=1}^{\infty} n x^n$； (2) $\sum\limits_{n=1}^{\infty} (-1)^n \dfrac{x^n}{n^2}$；

(3) $\sum\limits_{n=1}^{\infty} \dfrac{x^n}{n\cdot 3^n}$； (4) $\sum\limits_{n=1}^{\infty} (-1)^n \dfrac{x^{2n+1}}{2n+1}$；

(5) $\sum\limits_{n=1}^{\infty} (-1)^n \dfrac{2n-1}{2^n} x^{2n-2}$.

3. 求幂级数 $\sum\limits_{n=1}^{\infty} \dfrac{x^{2n}}{3^n}$ 的收敛域.

【B组】

1. 求下列幂级数的收敛半径和收敛区间：

(1) $\sum\limits_{n=1}^{\infty} n!\,x^n$； (2) $\sum\limits_{n=1}^{\infty} \dfrac{1}{2^n n}(x-1)^n$；

(3) $\sum\limits_{n=1}^{\infty} \dfrac{1}{2^{n-1}} x^{2n+1}$； (4) $\sum\limits_{n=1}^{\infty} \dfrac{n^2}{3^n} x^n$.

2. 利用逐项求导或逐项积分，求下列级数在收敛区间的和函数：

(1) $\sum\limits_{n=1}^{\infty} n x^{n-1}\ (-1<x<1)$；

(2) $\sum\limits_{n=1}^{\infty} \dfrac{x^{2n-1}}{2n-1}\ (-1<x<1)$，并求级数 $\sum\limits_{n=1}^{\infty} \dfrac{1}{(2n-1)2^n}$ 的和.

3. 求幂级数 $\sum\limits_{n=1}^{\infty} (2n+1)x^n$ 的收敛域及其和函数.

第五节　函数的幂级数展开

【学习要求】

1. 掌握泰勒级数和麦克劳林展开式，5 种基本初等函数的幂级数展开；

2. 学会用逐项求积分和逐项求导的方法展开初等函数，并利用它们作间接展开.

【学习重点】

1. 泰勒级数和麦克劳林展开式；

2. 利用初等函数的幂级数展开某些初等函数或作间接展开.

【学习难点】

利用 5 种基本初等函数的幂级数展开某些初等函数或作间接展开.

引言 ▶▶▶

幂级数不仅形式简单，而且有很多特殊的性质(如收敛域是区间，在收敛域内收敛于某个函数，在收敛域内可逐项积分、逐项微分等). 这就使我们想到，反过来，能否把不同的函数统一表示为幂级数来研究？下面我们对此加以分析讨论.

一、泰勒级数

定义 6-9　如果函数 $f(x)$ 在点 $x=x_0$ 处具有任意阶的导数，我们把级数

$$f(x_0)+\frac{f'(x_0)}{1!}(x-x_0)+\frac{f''(x_0)}{2!}(x-x_0)^2+\cdots+\frac{f^{(n)}(x_0)}{n!}(x-x_0)^n+\cdots$$

称为函数 $f(x)$ 在点 $x=x_0$ 处的泰勒级数.

特别地，当 $x_0=0$ 时，

$$f(x)=f(0)+\frac{f'(0)}{1!}x+\frac{f''(0)}{2!}x^2+\cdots+\frac{f^{(n)}(0)}{n!}x^n+\cdots,$$

这时，我们称函数 $f(x)$ 可展开成麦克劳林级数.

二、函数展开成幂级数

1. 直接展开法

将函数展开成麦克劳林级数可按如下几步进行：

(1) 求出函数的各阶导数及函数值 $f(0), f'(0), f''(0), \cdots, f^{(n)}(0), \cdots$，若函数的某阶导数不存在，则函数不能展开；

(2) 写出麦克劳林级数

$$f(0)+\frac{f'(0)}{1!}x+\frac{f''(0)}{2!}x^2+\cdots+\frac{f^{(n)}(0)}{n!}x^n+\cdots,$$

并求其收敛半径 R.

【例 6-25】 将函数 $f(x)=e^x$ 展开成麦克劳林级数.

解 因为 $f^{(n)}(x)=e^x, f^{(n)}(0)=1(n=0,1,2,\cdots)$,于是得麦克劳林级数

$$1+\frac{x}{1!}+\frac{x^2}{2!}+\cdots+\frac{x^n}{n!}+\cdots.$$

又

$$\rho=\lim_{n\to\infty}\left|\frac{a_{n+1}}{a_n}\right|=\lim_{n\to\infty}\left|\frac{1}{(n+1)!}\Big/\frac{1}{n!}\right|=\lim_{n\to\infty}\frac{1}{n+1}=0,$$

所以 $R=+\infty$,因此

$$e^x=1+\frac{x}{1!}+\frac{x^2}{2!}+\cdots+\frac{x^n}{n!}+\cdots(-\infty<x<+\infty).$$

类型归纳 ▶▶▶

类型:求麦克劳林级数.

方法:根据麦克劳林级数的定义来展开.

【例 6-26】 将函数 $f(x)=\sin x$ 在点 $x=0$ 处展开成幂级数.

解 因为 $f^{(n)}(x)=\sin\left(x+n\cdot\frac{\pi}{2}\right)(n=0,1,2,\cdots)$,所以

$$f^{(n)}(0)=\sin\left(n\cdot\frac{\pi}{2}\right)=\begin{cases}0, & n=0,2,4,\cdots,\\(-1)^{\frac{n-1}{2}}, & n=1,3,5,\cdots.\end{cases}$$

于是得幂级数

$$\frac{x}{1!}-\frac{x^3}{3!}+\frac{x^5}{5!}-\cdots+(-1)^{n-1}\frac{x^{2n-1}}{(2n-1)!}+\cdots,$$

半径为 $R=+\infty$.

因此,我们得到展开式

$$\sin x=\frac{x}{1!}-\frac{x^3}{3!}+\frac{x^5}{5!}-\cdots+(-1)^{n-1}\frac{x^{2n-1}}{(2n-1)!}-\cdots,x\in(-\infty,+\infty).$$

类型归纳 ▶▶▶

类型:求函数在某一点的幂级数.

方法:根据泰勒级数的定义来展开.

2. 间接展开法

利用一些已知的函数展开式以及幂级数的运算性质(如加减、逐项求导、逐项求积)将所给函数展开.

【例 6-27】 将函数 $f(x)=\cos x$ 展开成 x 的幂级数.

解 对展开式

$$\sin x=\frac{x}{1!}-\frac{x^3}{3!}+\frac{x^5}{5!}-\cdots+(-1)^{n-1}\frac{x^{2n-1}}{(2n-1)!}+\cdots(-\infty<x<+\infty).$$

两边关于 x 逐项求导，得

$$\cos x = 1 - \frac{x^2}{2!} + \frac{x^4}{4!} - \cdots + (-1)^{n-1}\frac{x^{2n-2}}{(2n-2)!} + \cdots(-\infty < x < +\infty).$$

【例 6-28】 将函数 $f(x) = \ln(1+x)$ 展开成 x 的幂级数.

解 因为

$$f'(x) = \frac{1}{1+x},$$

所以

$$\frac{1}{1+x} = 1 - x + x^2 - x^3 + \cdots + (-1)^n x^n + \cdots(-1 < x < 1).$$

将上式从 0 到 x 逐项积分,得

$$\ln(1+x) = x - \frac{x^2}{2} + \frac{x^3}{3} - \cdots + (-1)^n\frac{x^{n+1}}{n+1} + \cdots.$$

当 $x = 1$ 时,交错级数 $1 - \frac{1}{2} + \frac{1}{3} - \cdots + (-1)^n\frac{1}{n+1} + \cdots$ 收敛.故

$$\ln(1+x) = x - \frac{x^2}{2} + \frac{x^3}{3} - \cdots + (-1)^n\frac{x^{n+1}}{n+1} + \cdots(-1 < x \leqslant 1).$$

【例 6-29】 将函数 $f(x) = \frac{1}{x^2+4x+3}$ 展开成$(x-1)$ 的幂级数.

解 作变量替换 $t = x - 1$,则 $x = t + 1$,有

$$f(x) = \frac{1}{(x+3)(x+1)} = \frac{1}{(t+4)(t+2)}$$

$$= \frac{1}{2(t+2)} - \frac{1}{2(t+4)} = \frac{1}{4\left(1+\frac{t}{2}\right)} - \frac{1}{8\left(1+\frac{t}{4}\right)}.$$

又因为

$$\frac{1}{4\left(1+\frac{t}{2}\right)} = \frac{1}{4}\sum_{n=0}^{\infty}(-1)^n\left(\frac{t}{2}\right)^n\left(-1 < \frac{t}{2} < 1\right),$$

$$\frac{1}{8\left(1+\frac{t}{4}\right)} = \frac{1}{8}\sum_{n=0}^{\infty}(-1)^n\left(\frac{t}{4}\right)^n\left(-1 < \frac{t}{4} < 1\right),$$

所以

$$f(x) = \frac{1}{4}\sum_{n=0}^{\infty}(-1)^n\left(\frac{t}{2}\right)^n - \frac{1}{8}\sum_{n=0}^{\infty}(-1)^n\left(\frac{t}{4}\right)^n(-2 < t < 2)$$

$$= \sum_{n=0}^{\infty}(-1)^n\left[\frac{1}{2^{n+2}} - \frac{1}{2^{2n+3}}\right]\cdot(x-1)^n(-1 < x < 3).$$

类型归纳 ▶▶▶

类型: 求函数在某一点的幂级数.

方法: 可以根据已知函数的展开式及幂级数的运算性质来展开.

结束语 ▶▶▶

函数的泰勒展开式或者麦克劳林展开式都是研究复杂函数的一种手段，为研究复杂函数提供了一种方法.

同步训练

【A 组】

将下列函数展开成 x 的幂级数，并求展开式成立的区间：

(1) $\ln(1+x)$；　　(2) $a^x(a>0$ 且 $a\neq 1)$；

(3) $\dfrac{1}{1+x}$；　　(4) $(1+x)\ln(1+x)$.

【B 组】

1. 将函数 $f(x)=\dfrac{1}{1+x}$ 在点 $x_0=1$ 处展开成幂级数.

2. 将函数 $f(x)=\dfrac{1}{3+x}$ 展开成 $(x-2)$ 的幂级数.

3. 将函数 $f(x)=\cos x$ 展开成 $x+\dfrac{\pi}{3}$ 的幂级数.

4. 将函数 $f(x)=\dfrac{1}{x^2+3x+2}$ 展开成 $x+4$ 的幂级数.

单元自测题

一、填空题

1. 极限 $\lim\limits_{n\to\infty}u_n\neq 0$ 是级数 $\sum\limits_{n=1}^{\infty}u_n$ 发散的________条件.

2. 若级数 $\sum\limits_{n=1}^{\infty}u_n$ 收敛，则级数 $\sum\limits_{n=1}^{\infty}5u_n$________.

3. $\{S_n\}$ 为级数 $\sum\limits_{n=1}^{\infty}u_n$ 的部分和数列，若 $\lim\limits_{n\to\infty}S_{2n}=\lim\limits_{n\to\infty}S_{2n+1}=S$，则级数 $\sum\limits_{n=1}^{\infty}u_n=$________.

4. 已知级数 $\sum\limits_{n=1}^{\infty}u_n$ 的部分和 $S_n=\dfrac{n}{n+1}$，其和 $S=$________；

5. 已知级数 $\sum\limits_{n=1}^{\infty}u_n$ 和 $\sum\limits_{n=1}^{\infty}v_n$ 为发散级数，则级数 $\sum\limits_{n=1}^{\infty}(|u_n|+|v_n|)$ 一定________；

6. 级数 $\sum\limits_{n=1}^{\infty}\dfrac{\sqrt{2n+1}}{n^{\alpha}}$ 收敛的充分必要条件是 α 满足不等式________；

7. 幂级数 $\sum\limits_{n=1}^{\infty}nx^{n+1}(|x|<1)$ 的和函数为________.

二、选择题

1. 设部分和 $S_n=\sum_{k=1}^{n}a_k$，则数列$\{S_n\}$有界是级数$\sum_{n=1}^{\infty}a_n$收敛的(　　).

(A) 充分非必要条件　　(B) 必要非充分条件

(C) 充要条件　　(D) 无关条件

2. 级数$\sum_{n=1}^{\infty}|u_n|$收敛，是$\sum_{n=1}^{\infty}u_n$收敛的(　　).

(A) 充分非必要条件　　(B) 必要非充分条件

(C) 充要条件　　(D) 无关条件

3. 下列结论中错误的是(　　).

(A) 若$\sum_{n=1}^{\infty}u_n$收敛，$\sum_{n=1}^{\infty}v_n$发散，则$\sum_{n=1}^{\infty}(u_n+v_n)$发散

(B) 若$\sum_{n=1}^{\infty}u_n$发散，$\sum_{n=1}^{\infty}v_n$发散，则$\sum_{n=1}^{\infty}(u_n+v_n)$也可以收敛

(C) 若$\sum_{n=1}^{\infty}u_n$收敛，则$\sum_{n=1}^{\infty}u_n^2$收敛

(D) 若$\sum_{n=1}^{\infty}u_n$收敛，则$\sum_{n=1}^{\infty}\frac{1}{u_n}$必发散

4. 若$\lim\limits_{n\to\infty}\left|\frac{c_n}{c_{n+1}}\right|=4$，则幂级数$\sum_{n=1}^{\infty}c_nx^{2n}$(　　).

(A) 在$|x|<2$时绝对收敛　　(B) 在$|x|>\frac{1}{4}$时发散

(C) 在$|x|<4$时绝对收敛　　(D) 在$|x|>\frac{1}{2}$时发散

三、问答题

1. 判断下列正项级数的敛散性：

(1) $\sum_{n=1}^{\infty}\frac{n!}{100^n}$；　　(2) $\sum_{n=1}^{\infty}\frac{n^e}{e^n}$；

(3) $\sum_{n=1}^{\infty}\frac{2n+3}{n(n+3)}$；　　(4) $\sum_{n=1}^{\infty}\frac{n^4}{n!}$.

2. 求下列任意项级数的敛散性，若收敛，说明是条件收敛或绝对敛：

(1) $\sum_{n=1}^{\infty}(-1)^{n-1}\frac{n}{2^{n-1}}$；　　(2) $\sum_{n=1}^{\infty}(-1)^{n-1}\frac{1}{\ln n}$.

3. 求下列幂级数的收敛半径和收敛区间：

(1) $\sum_{n=1}^{\infty}\frac{3^n}{\sqrt{n}}x^n$；　　(2) $\sum_{n=1}^{\infty}(-1)^n\frac{x^n}{n^n}$.

4. 求下列级数的和函数：

(1) $\sum_{n=1}^{\infty}nx^{n-1}$；　　(2) $\sum_{n=1}^{\infty}\frac{1}{2^{n+1}}x^{2n+1}$.

5. 将函数$f(x)=\frac{1}{x}$在点$x_0=3$处展开成幂级数.

参考文献

[1] 李心灿.高等数学应用205例[M].北京:高等教育出版社,1997.

[2] 同济大学应用数学系.高等数学(上册)[M].第5版.北京:高等教育出版社,2002.

[3] 同济大学,天津大学,浙江大学,重庆大学.高等数学(上、下册)[M].第2版.北京:高等教育出版社,2004.

[4] 胡农.高等数学(上、下册)[M].北京:高等教育出版社,2006.

[5] 崔西玲.经管类高等数学[M].北京:高等教育出版社,2006.

[6] 龚成通.大学数学应用题精讲[M].上海:华东理工大学出版社,2006.

[7] 冯翠莲,赵益坤.应用经济数学[M].北京:高等教育出版社,2008.

[8] 邢春峰,李平.应用数学基础[M].北京:高等教育出版社,2008.

[9] 李亚杰.简明微积分[M].第2版.北京:高等教育出版社,2009.

[10] 沈跃云,马怀远.应用高等数学[M].北京:高等教育出版社,2010.

附　录

附录Ⅰ　常用积分公式表

(一) 含有 $ax+b(a\neq 0$ 且 $b\neq 0)$ 的积分

1. $\int\frac{dx}{ax+b}=\frac{1}{a}\ln|ax+b|+C$

2. $\int(ax+b)^{\mu}dx=\frac{1}{a(\mu+1)}(ax+b)^{\mu+1}+C(\mu\neq -1)$

3. $\int\frac{x}{ax+b}dx=\frac{1}{a^2}(ax+b-b\ln|ax+b|)+C$

4. $\int\frac{x^2}{ax+b}dx=\frac{1}{a^3}\left[\frac{1}{2}(ax+b)^2-2b(ax+b)+b^2\ln|ax+b|\right]+C$

5. $\int\frac{dx}{x(ax+b)}=-\frac{1}{b}\ln\left|\frac{ax+b}{x}\right|+C$

6. $\int\frac{dx}{x^2(ax+b)}=-\frac{1}{bx}+\frac{a}{b^2}\ln\left|\frac{ax+b}{x}\right|+C$

7. $\int\frac{x}{(ax+b)^2}dx=\frac{1}{a^2}\left(\ln|ax+b|+\frac{b}{ax+b}\right)+C$

8. $\int\frac{x^2}{(ax+b)^2}dx=\frac{1}{a^3}\left(ax+b-2b\ln|ax+b|-\frac{b^2}{ax+b}\right)+C$

9. $\int\frac{dx}{x(ax+b)^2}=\frac{1}{b(ax+b)}-\frac{1}{b^2}\ln\left|\frac{ax+b}{x}\right|+C$

(二) 含有 $\sqrt{ax+b}(a\neq 0$ 且 $b\neq 0)$ 的积分

10. $\int\sqrt{ax+b}\,dx=\frac{2}{3a}\sqrt{(ax+b)^3}+C$

11. $\int x\sqrt{ax+b}\,dx=\frac{2}{15a^2}(3ax-2b)\sqrt{(ax+b)^3}+C$

12. $\int x^2\sqrt{ax+b}\,dx=\frac{2}{105a^3}(15a^2x^2-12abx+8b^2)\sqrt{(ax+b)^3}+C$

13. $\int\frac{x}{\sqrt{ax+b}}dx=\frac{2}{3a^2}(ax-2b)\sqrt{ax+b}+C$

14. $\int\frac{x^2}{\sqrt{ax+b}}dx=\frac{2}{15a^3}(3a^2x^2-4abx+8b^2)\sqrt{ax+b}+C$

15. $\int \frac{dx}{x\sqrt{ax+b}} = \begin{cases} \frac{1}{\sqrt{b}}\ln\left|\frac{\sqrt{ax+b}-\sqrt{b}}{\sqrt{ax+b}+\sqrt{b}}\right| + C & (b>0), \\ \frac{2}{\sqrt{-b}}\arctan\sqrt{\frac{ax+b}{-b}} + C & (b<0) \end{cases}$

16. $\int \frac{dx}{x^2\sqrt{ax+b}} = -\frac{\sqrt{ax+b}}{bx} - \frac{a}{2b}\int \frac{dx}{x\sqrt{ax+b}}$

17. $\int \frac{\sqrt{ax+b}}{x}dx = 2\sqrt{ax+b} + b\int \frac{dx}{x\sqrt{ax+b}}$

18. $\int \frac{\sqrt{ax+b}}{x^2}dx = -\frac{\sqrt{ax+b}}{x} + \frac{a}{2}\int \frac{dx}{x\sqrt{ax+b}}$

(三) 含有 $x^2 \pm a^2 (a \neq 0)$ 的积分

19. $\int \frac{dx}{x^2+a^2} = \frac{1}{a}\arctan\frac{x}{a} + C$

20. $\int \frac{dx}{(x^2+a^2)^n} = \frac{x}{2(n-1)a^2(x^2+a^2)^{n-1}} + \frac{2n-3}{2(n-1)a^2}\int \frac{dx}{(x^2+a^2)^{n-1}}$

21. $\int \frac{dx}{x^2-a^2} = \frac{1}{2a}\ln\left|\frac{x-a}{x+a}\right| + C$

(四) 含有 $ax^2+b (a>0$ 且 $b \neq 0)$ 的积分

22. $\int \frac{dx}{ax^2+b} = \begin{cases} \frac{1}{\sqrt{ab}}\arctan\sqrt{\frac{a}{b}}x + C & (b>0) \\ \frac{1}{2\sqrt{-ab}}\ln\left|\frac{\sqrt{a}x-\sqrt{-b}}{\sqrt{a}x+\sqrt{-b}}\right| + C & (b<0) \end{cases}$

23. $\int \frac{x}{ax^2+b}dx = \frac{1}{2a}\ln|ax^2+b| + C$

24. $\int \frac{x^2}{ax^2+b}dx = \frac{x}{a} - \frac{b}{a}\int \frac{dx}{ax^2+b}$

25. $\int \frac{dx}{x(ax^2+b)} = \frac{1}{2b}\ln\frac{x^2}{|ax^2+b|} + C$

26. $\int \frac{dx}{x^2(ax^2+b)} = -\frac{1}{bx} - \frac{a}{b}\int \frac{dx}{ax^2+b}$

27. $\int \frac{dx}{x^3(ax^2+b)} = \frac{a}{2b^2}\ln\frac{|ax^2+b|}{x^2} - \frac{1}{2bx^2} + C$

28. $\int \frac{dx}{(ax^2+b)^2} = \frac{x}{2b(ax^2+b)} + \frac{1}{2b}\int \frac{dx}{ax^2+b}$

(五) 含有 $ax^2+bx+c (a>0)$ 的积分

29. $\int \frac{dx}{ax^2+bx+c} = \begin{cases} \frac{2}{\sqrt{4ac-b^2}}\arctan\frac{2ax+b}{\sqrt{4ac-b^2}} + C & (b^2<4ac), \\ \frac{1}{\sqrt{b^2-4ac}}\ln\left|\frac{2ax+b-\sqrt{b^2-4ac}}{2ax+b+\sqrt{b^2-4ac}}\right| + C & (b^2>4ac) \end{cases}$

30. $\int \frac{x}{ax^2+bx+c}dx = \frac{1}{2a}\ln|ax^2+bx+c| - \frac{b}{2a}\int \frac{dx}{ax^2+bx+c}$

(六) 含有 $\sqrt{x^2+a^2}(a>0)$ 的积分

31. $\int \frac{dx}{\sqrt{x^2+a^2}} = \ln(x+\sqrt{x^2+a^2})+C$

32. $\int \frac{dx}{\sqrt{(x^2+a^2)^3}} = \frac{x}{a^2\sqrt{x^2+a^2}}+C$

33. $\int \frac{x}{\sqrt{x^2+a^2}}dx = \sqrt{x^2+a^2}+C$

34. $\int \frac{x}{\sqrt{(x^2+a^2)^3}}dx = -\frac{1}{\sqrt{x^2+a^2}}+C$

35. $\int \frac{x^2}{\sqrt{x^2+a^2}}dx = \frac{x}{2}\sqrt{x^2+a^2} - \frac{a^2}{2}\ln(x+\sqrt{x^2+a^2})+C$

36. $\int \frac{x^2}{\sqrt{(x^2+a^2)^3}}dx = -\frac{x}{\sqrt{x^2+a^2}} + \ln(x+\sqrt{x^2+a^2})+C$

37. $\int \frac{dx}{x\sqrt{x^2+a^2}} = \frac{1}{a}\ln\frac{\sqrt{x^2+a^2}-a}{|x|}+C$

38. $\int \frac{dx}{x^2\sqrt{x^2+a^2}} = -\frac{\sqrt{x^2+a^2}}{a^2x}+C$

39. $\int \sqrt{x^2+a^2}dx = \frac{x}{2}\sqrt{x^2+a^2} + \frac{a^2}{2}\ln(x+\sqrt{x^2+a^2})+C$

40. $\int \sqrt{(x^2+a^2)^3}dx = \frac{x}{8}(2x^2+5a^2)\sqrt{x^2+a^2} + \frac{3}{8}a^4\ln(x+\sqrt{x^2+a^2})+C$

41. $\int x\sqrt{x^2+a^2}dx = \frac{1}{3}\sqrt{(x^2+a^2)^3}+C$

42. $\int x^2\sqrt{x^2+a^2}dx = \frac{x}{8}(2x^2+a^2)\sqrt{x^2+a^2} - \frac{a^4}{8}\ln(x+\sqrt{x^2+a^2})+C$

43. $\int \frac{\sqrt{x^2+a^2}}{x}dx = \sqrt{x^2+a^2} + a\ln\frac{\sqrt{x^2+a^2}-a}{|x|}+C$

44. $\int \frac{\sqrt{x^2+a^2}}{x^2}dx = -\frac{\sqrt{x^2+a^2}}{x} + \ln(x+\sqrt{x^2+a^2})+C$

(七) 含有 $\sqrt{x^2-a^2}(a>0)$ 的积分

45. $\int \frac{dx}{\sqrt{x^2-a^2}} = \ln\left|x+\sqrt{x^2-a^2}\right|+C$

46. $\int \frac{dx}{\sqrt{(x^2-a^2)^3}} = -\frac{x}{a^2\sqrt{x^2-a^2}}+C$

47. $\int \frac{x}{\sqrt{x^2-a^2}}dx = \sqrt{x^2-a^2}+C$

48. $\int \frac{x}{\sqrt{(x^2-a^2)^3}}dx = -\frac{1}{\sqrt{x^2-a^2}} + C$

49. $\int \frac{x^2}{\sqrt{x^2-a^2}}dx = \frac{x}{2}\sqrt{x^2-a^2} + \frac{a^2}{2}\ln\left|x+\sqrt{x^2-a^2}\right| + C$

50. $\int \frac{x^2}{\sqrt{(x^2-a^2)^3}}dx = -\frac{x}{\sqrt{x^2-a^2}} + \ln\left|x+\sqrt{x^2-a^2}\right| + C$

51. $\int \frac{dx}{x\sqrt{x^2-a^2}} = \frac{1}{a}\arccos\frac{a}{|x|} + C$

52. $\int \frac{dx}{x^2\sqrt{x^2-a^2}} = \frac{\sqrt{x^2-a^2}}{a^2x} + C$

53. $\int \sqrt{x^2-a^2}\,dx = \frac{x}{2}\sqrt{x^2-a^2} - \frac{a^2}{2}\ln\left|x+\sqrt{x^2-a^2}\right| + C$

54. $\int \sqrt{(x^2-a^2)^3}\,dx = \frac{x}{8}(2x^2-5a^2)\sqrt{x^2-a^2} + \frac{3}{8}a^4\ln\left|x+\sqrt{x^2-a^2}\right| + C$

55. $\int x\sqrt{x^2-a^2}\,dx = \frac{1}{3}\sqrt{(x^2-a^2)^3} + C$

56. $\int x^2\sqrt{x^2-a^2}\,dx = \frac{x}{8}(2x^2-a^2)\sqrt{x^2-a^2} - \frac{a^4}{8}\ln\left|x+\sqrt{x^2-a^2}\right| + C$

57. $\int \frac{\sqrt{x^2-a^2}}{x}dx = \sqrt{x^2-a^2} - a\arccos\frac{a}{|x|} + C$

58. $\int \frac{\sqrt{x^2-a^2}}{x^2}dx = -\frac{\sqrt{x^2-a^2}}{x} + \ln\left|x+\sqrt{x^2-a^2}\right| + C$

(八) 含有 $\sqrt{a^2-x^2}\,(a>0)$ 的积分

59. $\int \frac{dx}{\sqrt{a^2-x^2}} = \arcsin\frac{x}{a} + C$

60. $\int \frac{dx}{\sqrt{(a^2-x^2)^3}} = \frac{x}{a^2\sqrt{a^2-x^2}} + C$

61. $\int \frac{x}{\sqrt{a^2-x^2}}dx = -\sqrt{a^2-x^2} + C$

62. $\int \frac{x}{\sqrt{(a^2-x^2)^3}}dx = \frac{1}{\sqrt{a^2-x^2}} + C$

63. $\int \frac{x^2}{\sqrt{a^2-x^2}}dx = -\frac{x}{2}\sqrt{a^2-x^2} + \frac{a^2}{2}\arcsin\frac{x}{a} + C$

64. $\int \frac{x^2}{\sqrt{(a^2-x^2)^3}}dx = \frac{x}{\sqrt{a^2-x^2}} - \arcsin\frac{x}{a} + C$

65. $\int \frac{dx}{x\sqrt{a^2-x^2}} = \frac{1}{a}\ln\frac{a-\sqrt{a^2-x^2}}{|x|} + C$

66. $\int \frac{dx}{x^2\sqrt{a^2-x^2}} = -\frac{\sqrt{a^2-x^2}}{a^2x} + C$

67. $\int \sqrt{a^2-x^2}\mathrm{d}x = \frac{x}{2}\sqrt{a^2-x^2} + \frac{a^2}{2}\arcsin\frac{x}{a} + C$

68. $\int \sqrt{(a^2-x^2)^3}\mathrm{d}x = \frac{x}{8}(5a^2-2x^2)\sqrt{a^2-x^2} + \frac{3}{8}a^4\arcsin\frac{x}{a} + C$

69. $\int x\sqrt{a^2-x^2}\mathrm{d}x = -\frac{1}{3}\sqrt{(a^2-x^2)^3} + C$

70. $\int x^2\sqrt{a^2-x^2}\mathrm{d}x = \frac{x}{8}(2x^2-a^2)\sqrt{a^2-x^2} + \frac{a^4}{8}\arcsin\frac{x}{a} + C$

71. $\int \frac{\sqrt{a^2-x^2}}{x}\mathrm{d}x = \sqrt{a^2-x^2} + a\ln\frac{a-\sqrt{a^2-x^2}}{|x|} + C$

72. $\int \frac{\sqrt{a^2-x^2}}{x^2}\mathrm{d}x = -\frac{\sqrt{a^2-x^2}}{x} - \arcsin\frac{x}{a} + C$

(九) 含有 $\sqrt{\pm ax^2+bx+c}\,(a>0)$ 的积分

73. $\int \frac{\mathrm{d}x}{\sqrt{ax^2+bx+c}} = \frac{1}{\sqrt{a}}\ln\left|2ax+b+2\sqrt{a}\sqrt{ax^2+bx+c}\right| + C$

74. $\int \sqrt{ax^2+bx+c}\,\mathrm{d}x = \frac{2ax+b}{4a}\sqrt{ax^2+bx+c}$

$\qquad + \frac{4ac-b^2}{8\sqrt{a^3}}\ln\left|2ax+b+2\sqrt{a}\sqrt{ax^2+bx+c}\right| + C$

75. $\int \frac{x}{\sqrt{ax^2+bx+c}}\mathrm{d}x = \frac{1}{a}\sqrt{ax^2+bx+c}$

$\qquad - \frac{b}{2\sqrt{a^3}}\ln\left|2ax+b+2\sqrt{a}\sqrt{ax^2+bx+c}\right| + C$

76. $\int \frac{\mathrm{d}x}{\sqrt{c+bx-ax^2}} = -\frac{1}{\sqrt{a}}\arcsin\frac{2ax-b}{\sqrt{b^2+4ac}} + C$

77. $\int \sqrt{c+bx-ax^2}\,\mathrm{d}x = \frac{2ax-b}{4a}\sqrt{c+bx-ax^2} + \frac{b^2+4ac}{8\sqrt{a^3}}\arcsin\frac{2ax-b}{\sqrt{b^2+4ac}} + C$

78. $\int \frac{x}{\sqrt{c+bx-ax^2}}\mathrm{d}x = -\frac{1}{a}\sqrt{c+bx-ax^2} + \frac{b}{2\sqrt{a^3}}\arcsin\frac{2ax-b}{\sqrt{b^2+4ac}} + C$

(十) 含有 $\sqrt{\pm\frac{x-a}{x-b}}$ 或 $\sqrt{(x-a)(b-x)}$ 的积分

79. $\int \sqrt{\frac{x-a}{x-b}}\mathrm{d}x = (x-b)\sqrt{\frac{x-a}{x-b}} + (b-a)\ln(\sqrt{|x-a|} + \sqrt{|x-b|}) + C$

80. $\int \sqrt{\frac{x-a}{b-x}}\mathrm{d}x = (x-b)\sqrt{\frac{x-a}{b-x}} + (b-a)\arcsin\sqrt{\frac{x-a}{b-x}} + C$

81. $\int \frac{\mathrm{d}x}{\sqrt{(x-a)(b-x)}} = 2\arcsin\sqrt{\frac{x-a}{b-x}} + C \quad (a<b)$

82. $\int \sqrt{(x-a)(b-x)}\,\mathrm{d}x = \frac{2x-a-b}{4}\sqrt{(x-a)(b-x)}$

$\qquad + \frac{(b-a)^2}{4}\arcsin\sqrt{\frac{x-a}{b-x}} + C \quad (a<b)$

(十一)含有三角函数的积分

83. $\int \sin x \mathrm{d}x = -\cos x + C$

84. $\int \cos x \mathrm{d}x = \sin x + C$

85. $\int \tan x \mathrm{d}x = -\ln|\cos x| + C$

86. $\int \cot x \mathrm{d}x = \ln|\sin x| + C$

87. $\int \sec x \mathrm{d}x = \ln\left|\tan\left(\frac{\pi}{4} + \frac{x}{2}\right)\right| + C = \ln|\sec x + \tan x| + C$

88. $\int \csc x \mathrm{d}x = \ln\left|\tan\frac{x}{2}\right| + C = \ln|\csc x - \cot x| + C$

89. $\int \sec^2 x \mathrm{d}x = \tan x + C$

90. $\int \csc^2 x \mathrm{d}x = -\cot x + C$

91. $\int \sec x \tan x \mathrm{d}x = \sec x + C$

92. $\int \csc x \cot x \mathrm{d}x = -\csc x + C$

93. $\int \sin^2 x \mathrm{d}x = \frac{x}{2} - \frac{1}{4}\sin 2x + C$

94. $\int \cos^2 x \mathrm{d}x = \frac{x}{2} + \frac{1}{4}\sin 2x + C$

95. $\int \sin^n x \mathrm{d}x = -\frac{1}{n}\sin^{n-1} x \cos x + \frac{n-1}{n}\int \sin^{n-2} x \mathrm{d}x \quad (n = 2,3,4,\cdots)$

96. $\int \cos^n x \mathrm{d}x = \frac{1}{n}\cos^{n-1} x \sin x + \frac{n-1}{n}\int \cos^{n-2} x \mathrm{d}x \quad (n = 2,3,4,\cdots)$

97. $\int \frac{\mathrm{d}x}{\sin^n x} = -\frac{1}{n-1} \cdot \frac{\cos x}{\sin^{n-1} x} + \frac{n-2}{n-1}\int \frac{\mathrm{d}x}{\sin^{n-2} x} \quad (n = 2,3,4,\cdots)$

98. $\int \frac{\mathrm{d}x}{\cos^n x} = \frac{1}{n-1} \cdot \frac{\sin x}{\cos^{n-1} x} + \frac{n-2}{n-1}\int \frac{\mathrm{d}x}{\cos^{n-2} x} \quad (n = 2,3,4,\cdots)$

99. $\int \cos^m x \sin^n x \mathrm{d}x = \frac{1}{m+n}\cos^{m-1} x \sin^{n+1} x + \frac{m-1}{m+n}\int \cos^{m-2} x \sin^n x \mathrm{d}x$

$$= -\frac{1}{m+n}\cos^{m+1} x \sin^{n-1} x + \frac{n-1}{m+n}\int \cos^m x \sin^{n-2} x \mathrm{d}x$$

$(m = 2,3,4,\cdots; n = 2,3,4,\cdots)$

100. $\int \sin ax \cos bx \mathrm{d}x = -\frac{1}{2(a+b)}\cos(a+b)x - \frac{1}{2(a-b)}\cos(a-b)x + C \quad (a^2 \neq b^2)$

101. $\int \sin ax \sin bx \mathrm{d}x = -\frac{1}{2(a+b)}\sin(a+b)x + \frac{1}{2(a-b)}\sin(a-b)x + C \quad (a^2 \neq b^2)$

102. $\int \cos ax \cos bx \mathrm{d}x = \frac{1}{2(a+b)}\sin(a+b)x + \frac{1}{2(a-b)}\sin(a-b)x + C \quad (a^2 \neq b^2)$

103. $\int \frac{dx}{a+b\sin x}=\frac{2}{\sqrt{a^2-b^2}}\arctan\frac{a\tan\frac{x}{2}+b}{\sqrt{a^2-b^2}}+C \quad (a^2>b^2)$

104. $\int \frac{dx}{a+b\sin x}=\frac{1}{\sqrt{b^2-a^2}}\ln\left|\frac{a\tan\frac{x}{2}+b-\sqrt{b^2-a^2}}{a\tan\frac{x}{2}+b+\sqrt{b^2-a^2}}\right|+C \quad (a^2<b^2)$

105. $\int \frac{dx}{a+b\cos x}=\frac{2}{a+b}\sqrt{\frac{a+b}{a-b}}\arctan\left(\sqrt{\frac{a-b}{a+b}}\tan\frac{x}{2}\right)+C \quad (a^2>b^2)$

106. $\int \frac{dx}{a+b\cos x}=\frac{1}{a+b}\sqrt{\frac{a+b}{b-a}}\ln\left|\frac{\tan\frac{x}{2}+\sqrt{\frac{a+b}{b-a}}}{\tan\frac{x}{2}-\sqrt{\frac{a+b}{b-a}}}\right|+C \quad (a^2<b^2)$

107. $\int \frac{dx}{a^2\cos^2 x+b^2\sin^2 x}=\frac{1}{ab}\arctan\left(\frac{b}{a}\tan x\right)+C \quad (ab\neq 0)$

108. $\int \frac{dx}{a^2\cos^2 x-b^2\sin^2 x}=\frac{1}{2ab}\ln\left|\frac{b\tan x+a}{b\tan x-a}\right|+C \quad (ab\neq 0)$

109. $\int x\sin ax\,dx=\frac{1}{a^2}\sin ax-\frac{1}{a}x\cos ax+C \quad (a\neq 0)$

110. $\int x^2\sin ax\,dx=-\frac{1}{a}x^2\cos ax+\frac{2}{a^2}x\sin ax+\frac{2}{a^3}\cos ax+C \quad (a\neq 0)$

111. $\int x\cos ax\,dx=\frac{1}{a^2}\cos ax+\frac{1}{a}x\sin ax+C \quad (a\neq 0)$

112. $\int x^2\cos ax\,dx=\frac{1}{a}x^2\sin ax+\frac{2}{a^2}x\cos ax-\frac{2}{a^3}\sin ax+C \quad (a\neq 0)$

（十二）含有反三角函数的积分（其中 $a>0$）

113. $\int \arcsin\frac{x}{a}dx=x\arcsin\frac{x}{a}+\sqrt{a^2-x^2}+C$

114. $\int x\arcsin\frac{x}{a}dx=\left(\frac{x^2}{2}-\frac{a^2}{4}\right)\arcsin\frac{x}{a}+\frac{x}{4}\sqrt{a^2-x^2}+C$

115. $\int x^2\arcsin\frac{x}{a}dx=\frac{x^3}{3}\arcsin\frac{x}{a}+\frac{1}{9}(x^2+2a^2)\sqrt{a^2-x^2}+C$

116. $\int \arccos\frac{x}{a}dx=x\arccos\frac{x}{a}-\sqrt{a^2-x^2}+C$

117. $\int x\arccos\frac{x}{a}dx=\left(\frac{x^2}{2}-\frac{a^2}{4}\right)\arccos\frac{x}{a}-\frac{x}{4}\sqrt{a^2-x^2}+C$

118. $\int x^2\arccos\frac{x}{a}dx=\frac{x^3}{3}\arccos\frac{x}{a}-\frac{1}{9}(x^2+2a^2)\sqrt{a^2-x^2}+C$

119. $\int \arctan\frac{x}{a}dx=x\arctan\frac{x}{a}-\frac{a}{2}\ln(a^2+x^2)+C$

120. $\int x\arctan\frac{x}{a}dx=\frac{1}{2}(a^2+x^2)\arctan\frac{x}{a}-\frac{a}{2}x+C$

121. $\int x^2\arctan\frac{x}{a}dx=\frac{x^3}{3}\arctan\frac{x}{a}-\frac{a}{6}x^2+\frac{a^3}{6}\ln(a^2+x^2)+C$

(十三) 含有指数函数的积分

122. $\int a^x dx=\frac{1}{\ln a}a^x+C\quad(a\neq 1)$

123. $\int e^{ax}dx=\frac{1}{a}e^{ax}+C\quad(a\neq 0)$

124. $\int xe^{ax}dx=\frac{1}{a^2}(ax-1)e^{ax}+C\quad(a\neq 0)$

125. $\int x^n e^{ax}dx=\frac{1}{a}x^n e^{ax}-\frac{n}{a}\int x^{n-1}e^{ax}dx\quad(a\neq 0)$

126. $\int xa^x dx=\frac{x}{\ln a}a^x-\frac{1}{(\ln a)^2}a^x+C\quad(a\neq 1)$

127. $\int x^n a^x dx=\frac{1}{\ln a}x^n a^x-\frac{n}{\ln a}\int x^{n-1}a^x dx\quad(a\neq 1)$

128. $\int e^{ax}\sin bx\,dx=\frac{1}{a^2+b^2}e^{ax}(a\sin bx-b\cos bx)+C\quad(a^2+b^2\neq 0)$

129. $\int e^{ax}\cos bx\,dx=\frac{1}{a^2+b^2}e^{ax}(b\sin bx+a\cos bx)+C\quad(a^2+b^2\neq 0)$

130. $\int e^{ax}\sin^n bx\,dx=\frac{1}{a^2+b^2n^2}e^{ax}\sin^{n-1}bx(a\sin bx-nb\cos bx)$

$+\frac{n(n-1)b^2}{a^2+b^2n^2}\int e^{ax}\sin^{n-2}bx\,dx\quad(a^2+b^2n^2\neq 0)$

131. $\int e^{ax}\cos^n bx\,dx=\frac{1}{a^2+b^2n^2}e^{ax}\cos^{n-1}bx(a\cos bx+nb\sin bx)$

$+\frac{n(n-1)b^2}{a^2+b^2n^2}\int e^{ax}\cos^{n-2}bx\,dx\quad(a^2+b^2n^2\neq 0)$

(十四) 含有对数函数的积分

132. $\int \ln x\,dx=x\ln x-x+C$

133. $\int\frac{dx}{x\ln x}=\ln|\ln x|+C$

134. $\int x^n\ln x\,dx=\frac{1}{n+1}x^{n+1}\left(\ln x-\frac{1}{n+1}\right)+C\quad(n\neq -1)$

135. $\int(\ln x)^n dx=x(\ln x)^n-n\int(\ln x)^{n-1}dx$

136. $\int x^m(\ln x)^n dx=\frac{1}{m+1}x^{m+1}(\ln x)^n-\frac{n}{m+1}\int x^m(\ln x)^{n-1}dx\quad(m\neq -1)$

(十五) 含有双曲函数的积分

137. $\int \mathrm{sh}x\,dx=\mathrm{ch}x+C$

138. $\int \text{ch}x\text{d}x = \text{sh}x + C$

139. $\int \text{th}x\text{d}x = \ln\text{ch}x + C$

140. $\int \text{sh}^2 x\text{d}x = -\frac{x}{2} + \frac{1}{4}\text{sh}2x + C$

141. $\int \text{ch}^2 x\text{d}x = \frac{x}{2} + \frac{1}{4}\text{sh}2x + C$

$\left(\text{双曲正弦 sh}x = \frac{\text{e}^x - \text{e}^{-x}}{2}，\text{双曲余弦 ch}x = \frac{\text{e}^x + \text{e}^{-x}}{2}，\text{双曲正切 th}x = \frac{\text{e}^x - \text{e}^{-x}}{\text{e}^x + \text{e}^{-x}}\right)$

(十六) 定积分

142. $\int_{-\pi}^{\pi} \cos nx\,\text{d}x = \int_{-\pi}^{\pi} \sin nx\,\text{d}x = 0$

143. $\int_{-\pi}^{\pi} \cos mx \sin nx\,\text{d}x = 0$

144. $\int_{-\pi}^{\pi} \cos mx \cos nx\,\text{d}x = \begin{cases} 0, & m \neq n, \\ \pi, & m = n \end{cases}$

145. $\int_{-\pi}^{\pi} \sin mx \sin nx\,\text{d}x = \begin{cases} 0, & m \neq n, \\ \pi, & m = n \end{cases}$

146. $\int_{0}^{\pi} \sin mx \sin nx\,\text{d}x = \int_{0}^{\pi} \cos mx \cos nx\,\text{d}x = \begin{cases} 0, & m \neq n, \\ \frac{\pi}{2}, & m = n \end{cases}$

147. $I_n = \int_{0}^{\frac{\pi}{2}} \sin^n x\,\text{d}x = \int_{0}^{\frac{\pi}{2}} \cos^n x\,\text{d}x$

$I_n = \frac{n-1}{n} I_{n-2}$

$I_n = \frac{n-1}{n} \cdot \frac{n-3}{n-2} \cdot \cdots \cdot \frac{4}{5} \cdot \frac{2}{3}$（$n$ 为大于 1 的正奇数），$I_1 = 1$

$I_n = \frac{n-1}{n} \cdot \frac{n-3}{n-2} \cdot \cdots \cdot \frac{3}{4} \cdot \frac{1}{2} \cdot \frac{\pi}{2}$（$n$ 为正偶数），$I_0 = \frac{\pi}{2}$

附录Ⅱ　习题参考答案与提示

第一章

第一节

【A 组】

1. (1) $\left(-\frac{1}{2},1\right)\cup(1,+\infty)$；　(2) $9x+14$；　(3) $y=x+1$；　(4) π.

2. (1)C；　(2)C；　(3)A.

3. $f(x)=\frac{x}{x^2+2}$.

4. $f(0)=0, f(1.2)=1, f(3)=1, f(4)=0$.

5. (1) $y=\sin u, u=\frac{1}{x}$；　(2) $y=\sqrt{u}, u=\ln x$；　(3) $y=e^u, u=\sqrt{x}$；

(4) $y=\cos u, u=x^2$；　(5) $y=e^u, u=\tan v, v=\frac{1}{x}$；　(6) $y=\ln u, u=\ln v, v=\ln x$；

(7) $y=\arctan u, u=\sqrt{x}$；　(8) $y=\ln u, u=\arcsin v, v=e^x$；

(9) $y=u^3, u=\sin v, v=2x-1$；　(10) $y=\sqrt{u}, u=1+x^2$.

6. (1)略；　(2)20.

【B 组】

1. (1) $[-2,2]$；　(2) $[-3,-1)\cup(-1,1)\cup(1.+\infty)$.

2. $(0,1]$.

3. $f[g(x)]=\begin{cases}2\ln x, & 1\leqslant x\leqslant e,\\ \ln^2 x, & e<x\leqslant e^2,\end{cases}$　$g[f(x)]=\begin{cases}\ln(2x), & 0\leqslant x\leqslant 1,\\ 2\ln x, & 1<x\leqslant 2.\end{cases}$

4. $p=a\left(5\pi r^2+\frac{80\pi}{r}\right)$(元)$(r>0)$.

5. $y=\begin{cases}10, & 0<x\leqslant 3,\\ 2x+4, & 3<x\leqslant 10,\\ 3x-6, & x>10.\end{cases}$

第二节

【A 组】

1. (1)0；　(2)2；　(3)不存在.

2. (1)D；　(2)A；　(3)B；　(4)B；　(5)C.

3. (1) $-\frac{3}{2}$；　(2)4；　(3)0；　(4) $\frac{1}{2}$；　(5)2.

【B组】

1.(1)$\left(\frac{2}{3}\right)^{15}$； (2)$\frac{4}{3}$.

2.(1)$\frac{1}{2}$； (2)$\frac{1}{3}$； (3)$\frac{1}{2}$； (4)$3x^2$； (5)2； (6)$\frac{2\sqrt{2}}{3}$.

3.12.

4.$a=180, b=20$.

第三节

【A组】

1.(1)C； (2)C； (3)A.

2.(1)ω； (2)$\frac{m}{n}(n\neq 0)$； (3)4； (4)0.

3.(1)e^2； (2)$e^{\frac{3}{5}}$； (3)e^{-1}； (4)e^4； (5)e^2； (6)e^2.

【B组】

(1)x； (2)1； (3)$\frac{1}{2}$； (4)$e^{\frac{5}{3}}$； (5)e^3； (6)e^2.

第四节

【A组】

1.(1)D； (2)D； (3)D.

2.(1)$x\to\infty$； (2)$x\to k\pi(k\in \mathbf{Z})$； (3)$x\to 0$.

3.(1)$x\to 1$； (2)$x\to -2^+, x\to +\infty$； (3)$x\to +\infty$.

4.(1)无穷小量； (2)无穷大量； (3)既不是无穷小量也不是无穷大量； (4)无穷大量； (5)无穷小量.

【B组】

1.(1)当$n>m$时，极限为0；当$n=m$时，极限为1；当$n<m$时，极限为∞； (2)$\frac{3}{5}$； (3)$\frac{1}{2}$； (4)1； (5)2； (6)$\frac{1}{2}$.

2.$\frac{1}{x}$.

第五节

【A组】

1.(1)$x=-1$(因为$x\geqslant -2$，所以舍去$x=-3$)； (2)e^2； (3)$[-2,-1)\cup(-1,4)\cup(4,+\infty)$.

2.(1)C； (2)C； (3)A； (4)B； (5)B； (6)A； (7)C； (8)D； (9)C.

3.(1)$\sqrt{5}$； (2)1； (3)0； (4)$-\frac{\sqrt{2}}{2}$.

【B 组】

1. $a=-\pi, b=0$.

2. 证明略.

3. $k=1$.

4. 点 $x=1$ 是可去间断点,点 $x=2$ 是无穷间断点.

单元自测题

一、1. $f(x)=\begin{cases} x, & x\leqslant 2, \\ 4-x, & x>2. \end{cases}$ 2. $y=u^2, u=\arcsin v, v=3x^2-1$.

3. $f[\varphi(x)]=(2^x)^2, \varphi[f(x)]=2^{x^2}$. 4. 4. 5. -1. 6. $k=-1$.

7. $3x^2$. 8. $\dfrac{1+\sqrt{1+x^2}}{x}$. 9. x^2-x^3. 10. $a=0$.

二、1. B. 2. D. 3. C. 4. B. 5. D. 6. A.

三、1. (1) $\dfrac{1}{2}$; (2) $-\dfrac{1}{2}$; (3) e; (4) 3. 2. $a=1, b=-1$. 3. $1, \dfrac{1}{2}, \dfrac{2}{3}, \infty$.

4. 略. 5. 略.

第二章

第一节

【A 组】

1. (1) $\dfrac{1}{3}$; (2) 平均变化率,瞬时变化率; (3) 4; (4) $(1,1), (-1,-1)$.

2. (1) A; (2) B; (3) D; (4) D; (5) C; (6) B; (7) D; (8) C; (9) B; (10) C.

3. 连续不可导.

4. (1) ①0.1; ②0.21; ③2.1; ④2. (2) ①$\dfrac{121}{18}$; ②9.5. (3) 12m/s;

(4) 切线方程为 $y-\dfrac{1}{2}=-\dfrac{\sqrt{3}}{2}\left(x-\dfrac{\pi}{3}\right)$,法线方程为 $y-\dfrac{1}{2}=\dfrac{2}{\sqrt{3}}\left(x-\dfrac{\pi}{3}\right)$.

(5) ①0; ②$\dfrac{\pi}{4}$; ③$\dfrac{3\pi}{4}$; ④arctan2.

【B 组】

1. (1) $-f'(x_0)$; (2) 0; (3) 0; (4) 2.

2. 连续且可导.

3. (1) $y'=5x^4$; (2) $y'=3^x\ln 3$; (3) $y'=-\dfrac{1}{2}x^{-\frac{3}{2}}$; (4) $y'=-2x^{-3}$;

(5) $y'=\dfrac{1}{x}$; (6) $y'=-\sin x$.

4. (1) $(1,1), (-1,-1)$. (2) 180π. (3) $(2,4), 4x-y-4=0$.

(4) 当 $t=20, \Delta t=0.1$ 时, $\Delta s=21.05$m, $\dfrac{\Delta s}{\Delta t}=210.5$m/s;在 $t=20$ 时瞬时速度为 210m/s.

(5)6A$\left(\text{提示:电流强度 } I=\frac{dQ}{dt}\right)$.　(6)(2,4), $y=4x-4$.

第二节

【A 组】

1.(1)$\frac{-2}{(1+x)^2}$；　(2)(1,0)；　(3)4!；　(4)$\frac{1}{x^2}\tan\frac{1}{x}$；

(5)$\cos(\sin x+x)\cdot(\cos x+1)$；　(6)$\frac{1}{2}$；　(7)$-\frac{2x}{\sqrt{1-x^4}}$.

2.(1)D；　(2)B；　(3)C；　(4)A；　(5)B.

3.(1)$4x^2+2x^{-3}+5$；　(2)$a^x\cdot\ln a\cdot e^x+a^x\cdot e^x$；　(3)$a\cdot x^{a-1}+a^x\cdot\ln a$；

(4)$a^x\cdot\ln a\cdot x^a+a^x\cdot a\cdot x^{a-1}$；　(5)$-\frac{1}{(1+t)^{\frac{3}{2}}(1-t)^{\frac{1}{2}}}$；　(6)$\frac{1}{\ln(\ln x)}\cdot\frac{1}{\ln x}\cdot\frac{1}{x}$；

(7)$\sqrt{x}\cos x+\frac{\sin x}{2\sqrt{x}}+10\frac{1}{x}$；　(8)$\left(\frac{1}{2}\right)^v\ln\frac{1}{2}+5\sin v$；　(9)$\frac{1}{2\sqrt{\varphi}}\tan\varphi+\sqrt{\varphi}\sec^2\varphi$；

(10)$\frac{-1}{1+\sin x}$；　(11)$\frac{1}{2}x^{-\frac{1}{2}}-x^{-\frac{3}{2}}-3$；　(12)$2x\ln x+x$；　(13)$\cos 2x$；

(14)$\cos x+\frac{1}{3}x^{-\frac{4}{3}}-x^{-2}$；　(15)$\frac{-\sin x\cdot x-2\cos x}{x^3}$；

(16)$\frac{2^x\cdot\cos x}{2\sqrt{x}}+\sqrt{x}\cdot 2^x\cdot\cos x\cdot\ln 2-\sqrt{x}\cdot 2^x\cdot\sin x$；　(17)$2v-3\cos v$；

(18)$\frac{ql}{2}-qx$；　(19)$\frac{1-\ln x}{x^2}$.

4.略.

【B 组】

1.(1)$\frac{1}{6}$；　(2)0；　(3)0；　(4)$-\frac{1}{1+x^2}$.

2.(1)$12x^2+4x^{-3}$；　(2)$4x+\frac{5}{2}x^{\frac{3}{2}}$；　(3)$2x-\frac{7}{2}x^{-\frac{9}{2}}-3x^{-4}$；　(4)$8x-4$；

(5)$\frac{3}{x}+2$；　(6)$\frac{2x^3+3x^2}{(x+1)^2}$；　(7)$30(3x+1)^9$；　(8)$-\frac{x}{\sqrt{a^2-x^2}}$；

(9)$e^{-\frac{x}{2}}\left(-\frac{1}{2}\cos 3x-3\sin 3x\right)$；　(10)$\frac{2x}{1+(1-x^2)^2}$；　(11)$e^{\arctan\sqrt{x}}\cdot\frac{1}{1+x}\cdot\frac{1}{2\sqrt{x}}$；

(12)$\frac{f(x)f'(x)+g(x)g'(x)}{\sqrt{f^2(x)+g^2(x)}}$；　(13)$f'(x)=12x^3-e^x-5\sin x$, $f'(0)=-1$；

(14)$f'(0)=\frac{3}{25}$, $f'(2)=\frac{17}{15}$；　(15)$1+\frac{\pi}{2}-\frac{\sqrt{2}}{4}$；　(16)$-\frac{1}{18}$；

(17)提示:$\cot x=\frac{\cos x}{\sin x}$；　(18)提示:$\csc x=\frac{1}{\sin x}$；　(19)$\frac{1}{\sqrt{x^2+a^2}}$；

(20)$-\frac{2}{x(1+\ln x)^2}$；　(21)$2\sin x\cos x[f'(\sin^2 x)-f'(\cos^2 x)]$；

(22) $f'(e^{x^2})\cdot e^{x^2}\cdot 2x$； (23) a（提示：先求出 y'，再解方程）；

(24)法线方程为 $x+2y-2=0$，$d=\frac{2\sqrt{5}}{5}$.

第三节

【A 组】

1. (1)B； (2)D； (3)A.

2. (1) $\frac{\cos(x+y)}{1-\cos(x+y)}$； (2) $\frac{4}{3}$.

3. (1) $\frac{1}{3}\sqrt[3]{\frac{x(x^2-1)}{(x^2+1)^2}}\cdot\left(\frac{1}{x}+\frac{2x}{x^2-1}-\frac{4x}{x^2+1}\right)$；

(2) $(\cos x)^{\sin x}\cdot\left[\cos x\cdot\ln(\cos x)-\frac{\sin^2 x}{\cos x}\right]$； (3) $\frac{\ln y-\frac{y}{x}}{\ln x-\frac{x}{y}}$；

(4) $x^{2x}(2\ln x+2)+(2x)^x(\ln 2x+1)$； (5) $\frac{y-xy}{xy-x}$； (6) $\frac{1+y^2}{2+y^2}$；

(7) $\frac{(1+y^2)e^x}{1+(1+y^2)e^y}$； (8) $-\frac{ax}{by}$； (9) $\frac{ay}{y-ax}$； (10) $\frac{\cos(x+y)}{e^y-\cos(x+y)}$；

(11) $\frac{\sin y}{1-x\cos y}$； (12) $\frac{2\cos xy-\frac{y}{x}-ye^{xy}}{xe^{xy}+\ln x}$；

(13) $(1+\cos x)^{\frac{1}{x}}\left[-\frac{1}{x^2}\ln(1+\cos x)-\frac{\sin x}{x(1+\cos x)}\right]$； (14) $\frac{1}{\sqrt{x^2+a^2}}$；

(15) $y'|_{(2,0)}=-\frac{1}{2}$，$y'|_{(2,4)}=\frac{5}{2}$； (16) $x+y-\frac{\sqrt{2}}{2}a=0$； (17) t； (18) -1；

(19) -2； (20) $1-\frac{\pi}{2}$；

(21)切线方程为 $4x+3y-12a=0$，法线方程为 $3x-4y+6a=0$.

【B 组】

1. (1)D； (2)B； (3)A； (4)C； (5)A； (6)C； (7)D； (8)C.

2. (1) $\frac{1}{2}\left(\frac{1}{x}+\frac{\cos x}{\sin x}+\frac{1}{2}\frac{-e^x}{1-e^x}\right)\sqrt{x\sin x\cdot\sqrt{1-e^x}}$；

(2) $\frac{x+y}{x-y}$； (3) $9e^{3x-1}$； (4) $2\csc^2 x\cot x$； (5) $-\frac{1}{(x^2-1)^{\frac{3}{2}}}$；

(6) $-(2\sin x+x\cos x)$； (7) $e^{x^2}(6x+4x^3)$； (8) $\frac{10}{27}$； (9) $\frac{\sin 2-2\cos 2}{e^2}$；

(10) $e^x(x+n)$； (11) $2^{n-1}\sin\left[2x+(n-1)\frac{\pi}{2}\right]$； (12) $f^{(n)}(x)=(n-1)!\cdot(1-x)^{-n}$；

(13) $(-1)^n n!\left[\frac{1}{(x-2)^{n+1}}-\frac{1}{(x-1)^{n+1}}\right]$； (14) $-\frac{\sqrt{y}}{\sqrt{x}}$；

(15) $\frac{y-xy'}{y^2}=\frac{y-\frac{x^2}{y}}{y^2}=\frac{y^2-x^2}{y^3}$；

(16) $\frac{1+t^2}{4t}$； (17) $\frac{1}{t^3}$； (18) $-\frac{3t^2+1}{4t^3}$.

第四节

【A 组】

1. (1)D； (2)D； (3)C； (4)C； (5)A； (6)B； (7)B.

2. (1) $dy=\left(-\frac{1}{x^2}+\frac{1}{\sqrt{x}}\right)dx$； (2) $dy=2\cdot\ln(1-x)\cdot\frac{1}{x-1}dx$；

(3) $dy=\frac{1}{(x^2+1)^{\frac{3}{2}}}dx$； (4) $dy=8x\cdot\tan(1+2x^2)\cdot\sec^2(1+2x^2)dx$；

(5) $dy=\frac{1}{|x|}\frac{-x}{\sqrt{1-x^2}}dx$； (6) $dy=[-e^{-x}\cos(3-x)+e^{-x}\sin(3-x)]dx$；

(7) $dy=\ln5\cdot5^{\ln\tan x}\cdot\sec x\cdot\csc x dx$； (8) $dy=-\frac{1}{1+x^2}dx$；

(9) $dy=-\left(\frac{1}{1-x}+\frac{1}{2\sqrt{1-x}}\right)dx$； (10) $dy=e^x(\sin2x+2\cos2x)dx$；

(11) $dy=\frac{(1-x^2)\cos x+2x\sin x}{(1-x^2)^2}dx$； (12) $dy=\frac{dx}{\sqrt{1-x^2}(1-x^2)}$；

(13) $dy=\frac{e^x-1}{e^x+1}dx$； (14) $dy=\frac{6x^2}{(x^3+1)^2}dx$； (15) $dy=(\sin x+x\cos x)dx$；

(16) $dy=\frac{-5x}{\sqrt{2-5x^2}}dx$； (17) $dy=e^{2x}\cdot\left(2\sin\frac{x}{3}+\frac{1}{3}\cos\frac{x}{3}\right)dx$；

(18) $dy=-\frac{\sin(x+y)}{1+\sin(x+y)}dx$； (19) $dy=\frac{2-3y}{3x+2y}dx$；

(20) $dy=\frac{e^y-2x}{2y-xe^y}dx$； (21) $dy=\frac{4x^3}{2y+\frac{1}{y}}dx$；

(22) $dy=\frac{(xy-y^2)}{(x^2+xy)}dx$； (23) $dy=\frac{-[y\sin(xy)-1]}{[1+x\sin(xy)]}dx$.

3. (1)1775,1.97； (2)1.58； (3)1.5.

【B 组】

1. (1)D； (2)A； (3)B； (4)D； (5)A.

2. (1) $2x+C$； (2) $\frac{3}{2}x^2+C$； (3) $\sin t+C$； (4) $\frac{-\cos\omega t}{\omega}+C$； (5) $\ln(1+x)+C$；

(6) $\frac{-1}{2}e^{-2x}+C$； (7) $2\sqrt{x}+C$； (8) $\frac{1}{3}\tan3x+C$.

3. (1)2.745； (2)−0.8747； (3)1.007； (4)1.0434； (5)0.7869.

4. 565.5cm^3.

5. −43.63cm^2, 104.72cm^2.

6. $2\pi R_0 d$.

7. 255,17,14[提示:总收益函数 $R=R(Q)=Q\cdot P(Q)$,边际收益 $R'=R'(Q)$].

第五节

【A 组】

1. 验证略,$\frac{9}{4}$.

2. 略.

3. (1)1; (2)$\frac{3}{5}$; (3)$\cos a$; (4)3; (5)1; (6)3; (7)$-\frac{5}{3}$; (8)$-\frac{1}{3}$; (9)0;

(10)1; (11)0; (12)0; (13)1; (14)$\frac{m}{n}a^{m-n}$; (15)$\frac{3}{2}$; (16)2; (17)$\frac{1}{2}$;

(18)0; (19)1; (20)∞; (21)1; (22)a; (23)$\frac{\pi^2}{4}$ (24)0; (25)2;

(26)2; (27)1; (28)0.

【B 组】

1. 有 3 个实根,分别位于区间(1,2),(2,3),(3,4)内.

2. 提示:作函数 $y=\arcsin x+\arccos x(-1\leqslant x\leqslant 1)$,由零导数性质得此函数为常数,再由特殊值证明.

3. (1)$\frac{1}{2}$; (2)$\frac{1}{2}$; (3)1; (4)$e^{-\frac{2}{\pi}}$; (5)$e^{-\frac{2}{\pi}}$; (6)1; (7)-1; (8)0;

(9)$\frac{2}{\pi}$; (10)0; (11)0; (12)e^{-2}; (13)1; (14)$-\frac{1}{2}$; (15)-1;

(16)1; (17)$e^{\frac{1}{2}}$; (18)e; (19)$e^{-\frac{\pi}{2}}$; (20)$\frac{1}{2}$; (21)$2a$; (22)$\frac{1}{e}$;

(23)1; (24)1; (25)∞; (26)$\frac{1}{3}$; (27)$+\infty$.

4. 提示:在区间$[b,a]$上设函数 $f(x)=\ln x$.

第六节

【A 组】

1. (1)D; (2)C.

2. (1)极小值; (2)-2,4.

3. (1)在$(-\infty,-1]$,$[3,+\infty)$内单调增加,在$[-1,3]$内单调减少;

(2)在$\left[\frac{1}{2},+\infty\right)$内单调增加,在$\left(0,\frac{1}{2}\right]$内单调减少.

4. (1)极大值 $y(\pm 1)=1$,极小值 $y(0)=0$; (2)极大值 $f(-1)=0$.

5. 略.

【B 组】

1. (1)在$[-2,0)$和$(0,2]$内单调减少,在$(-\infty,-2]$和$[2,+\infty)$内单调增加;

(2)在$\left[\frac{\pi}{3},\frac{5}{3}\pi\right]$内单调增加,在$\left[0,\frac{\pi}{3}\right]$和$\left[\frac{5}{3}\pi,2\pi\right]$内单调减少.

2.(1)极大值 $y(0)=2$,极小值 $y(\pm 2)=-14$;

(2)极大值 $y\left(2k\pi+\frac{\pi}{4}\right)=\frac{\sqrt{2}}{2}e^{2k\pi+\frac{\pi}{4}}$,极小值 $y\left(2k\pi+\frac{5}{4}\pi\right)=-\frac{\sqrt{2}}{2}e^{2k\pi+\frac{5}{4}\pi}$.

3.略.

第七节

【A 组】

1.最大值 $y|_{x=4}=8$,最小值 $y|_{x=0}=0$.

2.最大值 $y|_{x=3}=68$,最小值 $y|_{x=\pm 1}=4$.

3.最大值 $y|_{x=\pi}=\pi-1$,最小值 $y|_{x=0}=1$.

4.平分.

5.底边长为 6m,高为 3m 时,长方体容器用料最省.

【B 组】

1.底半径 $r=\frac{\sqrt{6}}{3}l$,高 $h=\frac{\sqrt{3}}{3}l$ 时,圆柱体的体积最大.

2.底面半径和高分别是$\frac{\sqrt{6}}{3}R$ 和$\frac{\sqrt{3}}{3}R$ 时,体积最大.

3.$x=27$(支), $p=16$(元/支).

4.$r=\sqrt[3]{\frac{3V}{2\pi}}$,$h=\sqrt[3]{\frac{4V}{9\pi}}$.

5.300(提示:总收入为 $R=PQ$,利润函数 $L=R-C$).

第八节

【A 组】

1.A.

2.C.

3.(0,2).

4.$\left(-\infty,\frac{5}{3}\right)$凸,$\left(\frac{5}{3},+\infty\right)$凹,拐点$\left(\frac{5}{3},-\frac{115}{27}\right)$.

5.$(-\infty,-1)\cup(1,+\infty)$凸,$(-1,1)$凹,拐点$(-1,\ln 2)$,$(1,\ln 2)$.

6.略.

【B 组】

1.$(-\infty,-1)\cup(1,+\infty)$凹,$(-1,1)$凸,无拐点.

2.$(1,+\infty)$凹,$(-\infty,1)$凸,无拐点.

3.略.

第九节

【A 组】

1.$K=0$.

2. $K=\frac{1}{R}$.

3. 在点(0,0)处 $K=0$,在点$(1,a)$处 $K=\frac{6a}{(1+9a^2)^{\frac{3}{2}}}$.

4. $K=1$.

【B 组】

1. 砂轮直径不得超过 2.5 个单位长度.

2. $K=0$.

单元自测题

一、1. $10^x\ln 10$.　2. $\frac{\sqrt{3}}{2}$.　3. $y=3x-4$.　4. $2x\mathrm{d}x$.　5. $-\csc^2 x$.　6. 1.02.

7. e−1.　8. 140(提示:平均成本=总成本/总产量).

二、1. D.　2. A.　3. C.　4. C.　5. D.　6. A.

三、1. (1)$-\frac{1}{2}$;　(2)0;　(3)$\frac{2}{\pi}$;　(4)$+\infty$;　(5)$\frac{1}{2}$.

2. (1)$\frac{\sin x+x\cos x(1+x^2)}{(1+x^2)^2}$;

(2)$\frac{x^2}{1-x}\cdot\sqrt[3]{\frac{5-x}{(3+x)^2}}\cdot\left[\frac{2}{x}+\frac{1}{1-x}+\frac{1}{3}\left(\frac{1}{x-5}-\frac{2}{x+3}\right)\right]$;

(3)$3^{\cos\frac{1}{x^2}}\cdot 2\ln 3\cdot\sin\frac{1}{x^2}\cdot x^{-3}$.

3. (1)$\mathrm{d}y=\frac{\ln y-\frac{y}{x}}{\ln x-\frac{x}{y}}\mathrm{d}x$;　(2)$\mathrm{d}y=\frac{x+y}{x-y}\mathrm{d}x$.

4. $y''=2\arctan x+\frac{2x}{x^2+1}$.

5. 单调递增区间为$\left(-\frac{\pi}{2}+k\pi,\frac{\pi}{2}+k\pi\right)$,其中 $k\in\mathbf{Z}$.

6. 极小值为 0.

四、底面边长为 6m,高为 3m 时,所用材料最省.

五、提示:设 $f(x)=\ln(1+x)-\frac{x}{1+x}$,然后利用 $f(x)$的单调性来证明.

第三章

第一节

【A 组】

1. (1)无数,常数,原函数的全体;

(2)一条积分曲线,$f(x)$的某一条积分曲线沿纵轴方向任意平移所得积分曲线组成的曲线族；

(3)平行； (4)连续； (5)$\frac{2}{5}x^{\frac{5}{2}}+C$.

2.(1)A； (2)B； (3)C.

3.(1)$\frac{1}{3}x^3-\frac{3}{2}x^2+2x+C$； (2)$-\frac{2}{3}x^{-\frac{3}{2}}+C$； (3)$\frac{1}{2}x-\frac{1}{2}\sin x+C$；

(4)$x-\arctan x+C$； (5)$\frac{1}{11}x^{11}-\frac{10^x}{\ln 10}+C$； (6)$2x^{\frac{3}{2}}-2\ln x-2x^{-\frac{1}{2}}+C$；

(7)$-\frac{4}{x}+\frac{4}{3}x+\frac{1}{27}x^3+C$； (8)$\ln|x|-3\sin x+2\arcsin x+C$.

【B 组】

1.(1)$\frac{1}{3}x^3-\frac{2}{3}x^{\frac{3}{2}}+\frac{2}{5}x^{\frac{5}{2}}-x+C$； (2)$\tan x-\cot x+C$； (3)$\tan x-\arctan x+C$；

(4)$x-\cos x+C$； (5)$\tan x-x+C$； (6)$\sin x-\cos x+C$； (7)$-\frac{1}{x}+\arctan x+C$；

(8)$\tan x-\sec x+C$.

2. $y=\ln|x|+1$.

第二节

【A 组】

1.(1)$\frac{1}{a}F(ax+b)+C$； (2)$\sin e^x+C$； (3)$-F(e^{-x})+C$.

2.(1)D； (2)B.

3.(1)$\frac{1}{3}\ln|3x-2|+C$； (2) $\frac{1}{303}(3x+8)^{101}+C$； (3)$\frac{1}{3}\ln^3 x+C$；

(4)$\frac{1}{4}\sin^4 x+C$； (5)$-\sin\frac{1}{x}+C$； (6)$\frac{1}{2}x-\frac{1}{4}\sin 2x+C$； (7)$\arcsin\left(\frac{x}{a}\right)+C$；

(8)$-\frac{1}{3}\cos 3x+C$； (9)$-\frac{1}{3}(1-2x)^{\frac{3}{2}}+C$； (10)$\ln|1+x|+C$；

(11)$-e^{-x}+C$； (12)$\frac{1}{1-x}+C$； (13)$\frac{1}{6}(1+2x^2)^{\frac{3}{2}}+C$； (14)$-\sqrt{1-x^2}+C$；

(15)$\frac{3^{2x}}{2\ln 3}+C$； (16)$\ln|\ln x|+C$； (17)$e^{\sin x}+C$； (18)$\frac{2}{3}(e^x+1)^{\frac{3}{2}}+C$；

(19)$\frac{1}{2}\arctan e^{2x}+C$； (20)$2e^{\sqrt{x}}+C$； (21)$-\sin\frac{1}{x}+C$； (22)$\frac{1}{2\cos^2 x}+C$；

(23)$2\arctan\sqrt{x}+C$； (24)$\tan\frac{x}{2}+C$； (25)$-\ln(1+\cos x)+C$.

【B 组】

1.(1)$\frac{2}{\sqrt{7}}\arctan\left(\frac{x+\frac{3}{2}}{\frac{\sqrt{7}}{2}}\right)+C$； (2)$\frac{1}{3}(1+2\arctan x)^{\frac{3}{2}}+C$；

(3)$\frac{1}{3}\ln|1+3\ln x|+C$； (4)$\frac{1}{2}e^{x^2-2x}+C$；

(5)$e^{\arctan x}+C$；(6)$\ln|\arcsin x|+C$；(7)$\frac{1}{4}\ln\left|\frac{2+x}{2-x}\right|+C$；

(8)$\frac{1}{5}\ln|\sin(5x+1)|+C$；(9)$\frac{1}{2}\ln|x^2+3x+4|+\frac{1}{\sqrt{7}}\arctan\frac{2x+3}{\sqrt{7}}+C$；

(10)$\frac{3}{25}x-\frac{4}{25}\ln|3\sin x+4\cos x|+C$[提示：令 $\sin x=a(3\sin x+4\cos x)+b(3\sin x+4\cos x)'$].

第三节

【A组】

1.(1)$-2\cos\sqrt{x}+C$(提示：令$\sqrt{x}=t$)；

(2)$2\left(\sqrt{x-4}-2\arctan\frac{\sqrt{x-4}}{2}\right)+C$(提示：令$\sqrt{x-4}=t$)；

(3)$-\frac{\sqrt{1-x^2}}{x}-\arcsin x+C$(提示：令 $x=\sin t$)；

(4)$\frac{x}{\sqrt{1+x^2}}+C$(提示：令 $x=\tan t$)；

(5)$\frac{2}{5}(x+2)\sqrt{(x+3)^3}+C$；(6)$2(\sqrt{x}-\arctan\sqrt{x})+C$；

(7)$\ln\left|x+\sqrt{x^2-1}\right|+C$；(8)$\sqrt{x^2-1}-\arccos\frac{1}{x}+C$；

(9)$\ln\left|\frac{1}{x}-\frac{\sqrt{1-x^2}}{x}\right|+\sqrt{1-x^2}+C$；(10)$\frac{1}{3}\frac{x^3}{(x^2+1)^{\frac{3}{2}}}+C$.

【B组】

1.(1)$6\sqrt[6]{x}-6\arctan\sqrt[6]{x}+C$(提示：令 $x=t^6$)；

(2)$\ln|\sqrt{1+x^2}+x|+C$(提示：令 $x=\tan t$)；

(3)$\ln|x+\sqrt{x^2-a^2}|+C$(提示：令 $x=a\sec t$)；

(4)$\frac{2}{3}(x+1)^{\frac{3}{2}}-\frac{2}{3}x^{\frac{3}{2}}+C$(提示：分母有理化)；

(5)$\frac{1}{25\times16\times17}(5x-1)^{16}(80x+1)+C$；

(6)$\frac{1}{10}\frac{2x-1}{(3-x)^6}+C$；(7)$\frac{1}{\sqrt{2}}\ln(\sqrt{2}x+\sqrt{1+2x^2})+C$；

(8)$\frac{1+x}{2}\sqrt{1-2x-x^2}+\arcsin\frac{1+x}{\sqrt{2}}+C$.

第四节

【A组】

(1)$\frac{1}{4}x^4\ln x-\frac{1}{16}x^4+C$；(2)$x\arcsin x+\sqrt{1-x^2}+C$；

(3)$\int \frac{x}{\sin^2 x}\mathrm{d}x = -\int x\mathrm{d}\cot x = -\left(x\cot x - \int \cot x\mathrm{d}x\right) = -x\cot x + \ln|\sin x| + C$;

(4)$x\ln(x+\sqrt{1+x^2}) - \sqrt{1+x^2} + C$;　(5) $\frac{1}{2}xe^{2x} - \frac{1}{4}e^{2x} + C$;

(6)$-\frac{1}{2}x\cos 2x + \frac{1}{4}\sin 2x + C$;　(7) $\frac{4}{5}\left(\frac{1}{2}e^{2x}\sin x - \frac{1}{4}e^{2x}\cos x\right) + C$;

(8)$\ln(\ln x)\cdot\ln x - \ln x + C$;

(9)$2\sqrt{x+1}e^{\sqrt{x+1}} - 2e^{\sqrt{x+1}} + C$(提示:令 $t=\sqrt{x+1}$);

(10)$x\arctan\sqrt{x} - \sqrt{x} + \arctan\sqrt{x} + C$(提示:令 $t=\sqrt{x}$).

【B 组】

(1)$xf'(x) - f'(x) + C$;　(2)$x\tan x + \ln|\cos x| - \frac{1}{2}x^2 + C$;

(3)$-e^{-x}(x^2+2x+2) + C$;　(4) $\frac{1}{2}x^2\sin 2x + \frac{1}{2}x\cos 2x - \frac{1}{4}\sin 2x + C$;

(5) $\frac{3\sin 2x - 2\cos 2x}{13}e^{3x} + C$;

(6) $\frac{1}{2}x - \frac{1}{2}\sqrt{x}\sin 2\sqrt{x} - \frac{1}{4}\cos 2\sqrt{x} + C$(提示:令 $t=\sqrt{x}$);

(7) $\frac{x}{2}(\sin\ln x) - \cos\ln x + C$(提示:令 $t=\ln x$);　(8) $\frac{e^x}{1+x} + C$.

第五节

【A 组】

1.(1)$\int_{-1}^{3}(x^2+2)\mathrm{d}x$;　(2)负;　(3)$b-a$.

2.(1)D;　(2)D;　(3)C.

3.(1)1;　(2)0;　(3) $\frac{\pi}{4}$.

4.$-2e^2 \leqslant \int_2^0 e^{x^2-x}\mathrm{d}x \leqslant -2e^{-\frac{1}{4}}$.

5.提示:根据导数的应用,求出$\frac{1}{2+x}$在[1,4]上的最大值和最小值.

【B 组】

1.$\frac{1}{2}a+b$.

2.(1)4;　(2) $\frac{\pi}{2}$;　(3)0;　(4)a^2.

3.提示:作草图.

4.(1)$I_2 < I_1 < I_3$;　(2)$I_3 < I_1 < I_2$;　(3)$I_1 < I_3 < I_2$.

第六节

【A组】

1.(1)$f(x)$； (2)$\sin x^2$； (3)$2x\sin x^4$； (4)0； (5)$x-1$.

2.(1)$45\frac{1}{6}$； (2)$\frac{\pi}{3}$； (3)$1-\frac{\pi}{4}$； (4)$\frac{495}{\ln 10}$； (5)$\frac{\pi}{6}$； (6)$\frac{\pi}{6}$； (7)1； (8)4.

3.(1)1； (2)2； (3)$\frac{1}{3}$； (4)$\frac{2}{3}$.

【B组】

1.$F'\left(\frac{\pi}{2}\right)=0, F'(\pi)=-e^{\pi}$.

2.(1)$-f(x)$； (2)$\frac{f(\ln x)}{x}$； (3)$\frac{\cos x}{1-\left(\int_0^x \cos t\mathrm{d}t\right)^2}$；

(4)$\cos(\pi\sin^2 x)\cdot\cos x+\cos(\pi\cos^2 x)\cdot\sin x$.

3.$-\frac{\cos x}{e^y}$.

4.极小值$F\left(\frac{1}{4}\right)=-\frac{1}{2}$,在$\left(0,\frac{1}{4}\right)$内单调递减,在$\left(\frac{1}{4},+\infty\right)$内单调递增.

5.(1)0； (2)$\frac{1}{2e}$； (3)$\frac{\pi^2}{4}$；

6.(1)$\pi^3-\pi^2$； (2)$\frac{\pi}{6}$； (3)$\frac{5}{2}$； (4)$\frac{\pi}{3a}$；

(5)$-\ln\frac{\sqrt{2}}{2}$； (6)$\frac{2}{\ln 2}+\frac{1}{2}$； (7)0； (8)1.

7.(1)提示:奇函数； (2)提示:利用和差化积公式； (3)同上.

8.提示:利用不等式$a+\frac{1}{a}\geqslant 2(a>0)$.

第七节

【A组】

1.(1)0； (2)$\frac{\pi^3}{324}$； (3)0； (4)π； (5)$f(x+b)-f(x+a)$(提示:对t积分时,将x看作常量,$\int_a^b f(x+t)\mathrm{d}t=F(x+t)\Big|_a^b=F(x+b)-F(x+a)$,再关于$x$求导).

2.(1)$\frac{4}{5}\ln 2$； (2)$\frac{\pi}{6}-\frac{\sqrt{3}}{8}$； (3)$1-\frac{\pi}{4}$； (4)$2\left(1+\ln\frac{2}{3}\right)$； (5)$1-e^{-\frac{1}{2}}$；

(6)$\frac{1}{4}$； (7)$\frac{4}{3}$； (8)$\frac{2}{5}(1+\ln 2)$； (9)$2(\sqrt{3}-1)$； (10)$2-\frac{\pi}{2}$.

3.(1)$1-\frac{2}{e}$； (2)$-\frac{2\pi}{\omega^2}$； (3)$\frac{\pi}{4}-\frac{1}{2}$； (4)$\frac{1}{5}(e^{\pi}-2)$； (5)$e-2$；

(6)$\left(\frac{1}{4}-\frac{\sqrt{3}}{9}\right)\pi$； (7)$\frac{\pi^2}{8}+1$； (8)$4(2\ln 2-1)$； (9)$\frac{\pi}{2}-1$； (10)$\frac{5\pi}{32}$.

【B组】

1.(1) $\frac{1}{2}-\frac{1}{2e}$； (2) $\frac{4}{15}$； (3) $\frac{1}{3}$； (4) $\frac{2}{3}(2\sqrt{2}-1)$； (5)$1-\frac{\pi}{4}$；

(6) $\frac{\pi^3}{648}$； (7)$\arctan 2-\frac{\pi}{4}$； (8)$2\sqrt{2}$(提示：$\sqrt{1+\cos 2x}=\sqrt{2}|\cos x|$).

2.(1)0； (2) $\frac{3\pi}{2}$.

3.(1) 提示：令 $x=-t$； (2) 提示：$f(x)+f(-x)$ 是偶函数.

4.(1)$\ln\left(\frac{\sqrt{3}}{3}\cot\frac{\pi}{8}\right)$(提示：令 $x=\tan t$)； (2)1； (3) $\frac{3}{5}e^{\frac{\pi}{2}}-\frac{2}{5}$；

(4) $\frac{1}{2}(e\sin 1-e\cos 1+1)$(提示：令 $x=e^t$)；

(5)$\ln\frac{\sqrt{2}}{2}+\frac{\pi}{4}-\frac{\pi^2}{32}$(提示：$\tan^2 x=\sec^2 x-1$)；

(6)$2e+\frac{1}{2}e^2+\frac{2}{9}e^3-\frac{7}{18}$(提示：令 $x=e^t+1$)；

(7)$2-\frac{4}{e}$； (8)$2-\frac{2}{e}$.

第八节

【A组】

1.$\frac{14}{3}$. 2.$\frac{32}{3}$. 3.$e+\frac{1}{e}-2$. 4.$2a\pi x_0^2$. 5.$\frac{3}{10}\pi$. 6.12π. 7.$\frac{128}{7}\pi,\frac{64}{5}\pi$.

8.$\sqrt{5}+\frac{1}{2}\ln(2+\sqrt{5})$.

【B组】

1.4. 2.$\frac{1}{6}$. 3.$\frac{1}{3}$. 4.$1-\ln 2$. 5.$\frac{32\sqrt{2}}{15}\pi$. 6.$\frac{2}{15}\pi$. 7.$\frac{32}{35}\pi$. 8.2π.

9.$\frac{8}{5}\pi,\frac{3}{2}\pi$. 10.$1+\frac{1}{2}\ln\frac{3}{2}$. 11.$2\sqrt{3}-\frac{4}{3}$. 12.$8a$.

第九节

【A组】

1.$\frac{k}{2}$. 2.mgh. 3.$\frac{1}{4}\pi gR^4$. 4.$\frac{2}{3}\rho R^3$. 5.1.54×10^6J. 6.1250J.

7.$1.6\times 10^3 bh^2$. 8.$\frac{2}{3}a^2 b$.

【B组】

1.0.75J. 2.$\frac{4}{3}\pi r^4 g$. 3.$9.8\times 63\pi\times 10^3$J. 4.$1875\pi r$. 5.$187.5g$.

6.$2kq^2$. 7.2.2×10^6N. 8.$\frac{31}{3}$m.

9.(1) $\frac{5}{\pi}\left(\frac{\sqrt{2}}{2}+1\right)$A；　(2) $\frac{5}{\pi}(1+\cos 100\pi t_0)$A；　(3) $t_1=\frac{1}{300}$s；$t_2=\frac{1}{100}-\frac{1}{100\pi}\arccos\frac{2}{3}$s.

第十节

【A 组】

1. $\frac{\pi}{2}$.

2.(1)1；(2) 发散；(3) 发散；(4) 发散.

3. 1.

4. 1.

5. 发散$\left(\text{提示：}\frac{2x+3}{x^2+2x+2}=\frac{2(x+1)}{(x+1)^2+1}+\frac{1}{(x+1)^2+1}\right)$.

6. 当 $q<1$ 时,收敛;当 $q\geqslant 1$ 时,发散.

【B 组】

1. π.

2.(1) 发散；(2) $\frac{1}{2}$；(3) 发散；(4) 发散.

3. $\frac{1}{2}$.　4. $\frac{1}{6}$.　5. $\frac{1}{3}$.　6. 发散.

7. 当 $q<1$ 时收敛,当 $\geqslant 1$ 时发散.

单元自测题

一、1. $e^{-x}+C$.　2. $-\sin\frac{x}{2}$.　3. $\frac{1}{x}+C$.　4. $\frac{1}{2}f^2(x)+C$.　5. $\frac{1}{2}\sin^2 x+C$.

6. $2x\tan x^2$.　7. 8π.　8. 0.

二、1. D.　2. D.　3. B.　4. A.　5. A.　6. D.　7. A.　8. C.

三、1. $\frac{1}{12}\ln\left|\frac{3+2x}{3-2x}\right|+C$.　2. $\frac{1}{2}x+\frac{1}{4}\sin 2x+C$.

3. $\sqrt{x^2-4}-2\arccos\frac{2}{x}+C$(提示：令 $x=2\sec t$).

4. $x\arccos x-\sqrt{1-x^2}+C$.　5. 12(提示：分母有理化).

6. $-\frac{1}{2}$.　7. $\frac{1}{4}\ln 3$.　8. $1-\frac{\pi}{4}$.

四、1. $\frac{5}{48}$.　2. $\frac{4}{3}\pi ab^2$.

第四章

第一节

【A 组】

1.(1)$2\sqrt{6}$； (2)$(1,7,-3)$；

(3)$\boldsymbol{a}+\boldsymbol{b}=5\boldsymbol{i}-5\boldsymbol{j}-7\boldsymbol{k},\boldsymbol{a}-\boldsymbol{b}=-\boldsymbol{i}-9\boldsymbol{j}+\boldsymbol{k},-3\boldsymbol{a}=-6\boldsymbol{i}+21\boldsymbol{j}+9\boldsymbol{k},|\boldsymbol{a}|=\sqrt{62}$；

(4)$m=3,n=-1$； (5)$\frac{1}{\sqrt{59}},\frac{7}{\sqrt{59}},\frac{-3}{\sqrt{59}}$.

2.(1)C； (2)B； (3)C； (4)B； (5)D.

3.(1)略； (2)x 轴上，y 轴上，xOz 坐标面上，坐标原点； (3)$\sqrt{21},\sqrt{41}$；

(4)$(3,4,1\pm7\sqrt{2}),(3,-1\pm2\sqrt{5},0)$；

(5)$\boldsymbol{a}+\boldsymbol{b}=9\boldsymbol{i}-9\boldsymbol{k},\boldsymbol{a}-\boldsymbol{b}=\boldsymbol{i}-4\boldsymbol{j}+3\boldsymbol{k},-3\boldsymbol{a}=15\boldsymbol{i}+6\boldsymbol{j}+9\boldsymbol{k},|\boldsymbol{a}|=\sqrt{38}$；

(6)$\sqrt{83},\cos\alpha=\frac{5}{\sqrt{83}},\cos\beta=\frac{7}{\sqrt{83}},\cos\gamma=\frac{3}{\sqrt{83}}$； (7)$\left(\frac{1}{\sqrt{19}},\frac{-3}{\sqrt{19}},\frac{3}{\sqrt{19}}\right)$；

(8)$m=-3,n=\frac{1}{3}$； (9)$(1,\pm2,2)$； (10)$\cos\gamma=-\frac{3}{7}$.

【B 组】

1.等腰直角三角形.

2.$|\boldsymbol{a}|=\sqrt{38},\cos\alpha=\frac{2}{\sqrt{38}},\cos\beta=\frac{-3}{\sqrt{38}},\cos\gamma=\frac{5}{\sqrt{38}}$,

$\boldsymbol{b}=\pm\left(\frac{2}{\sqrt{38}},\frac{-3}{\sqrt{38}},\frac{5}{\sqrt{38}}\right),\boldsymbol{a}=\sqrt{38}a^0$.

3.合力 $\boldsymbol{F}=\boldsymbol{F}_1+\boldsymbol{F}_2=(-1,5,-1),\cos\alpha=\frac{-1}{\sqrt{27}},\cos\beta=\frac{5}{\sqrt{27}},\cos\gamma=\frac{-1}{\sqrt{27}}$.

第二节

【A 组】

1.(1)4； (2)$\boldsymbol{a}=34\boldsymbol{i}-\boldsymbol{j}+25\boldsymbol{k}$； (3)$\boldsymbol{a}=k\boldsymbol{b}$； (4)$\frac{3}{4}\pi$；

(5)$\boldsymbol{a}\cdot\boldsymbol{b}=0$； (6)$\left(\frac{1}{\sqrt{14}},\frac{-2}{\sqrt{14}},\frac{3}{\sqrt{14}}\right)$.

2.(1)B； (2)A； (3)C； (4)B； (5)D； (6)B； (7)D； (8)C； (9)B.

3.(1)$\boldsymbol{a}\cdot\boldsymbol{b}=18,\boldsymbol{a}\cdot\boldsymbol{i}=3,\boldsymbol{j}\cdot\boldsymbol{b}=5$； (2)$\boldsymbol{a}\times\boldsymbol{b}=19\boldsymbol{i}+4\boldsymbol{j}+19\boldsymbol{k}$； (3)68；

(4)$\sqrt{3}$； (5)$\lambda>\frac{-23}{7},\lambda<\frac{-23}{7},\lambda=\frac{-23}{7}$,不存在.

【B 组】

1.2.　2.$\pm\left(0,\frac{4}{5},-\frac{3}{5}\right)$.　3.$\sqrt{181},\sqrt{97}$(提示：$|\boldsymbol{a}|=\sqrt{\boldsymbol{a}\cdot\boldsymbol{a}}$).　4.4.

第三节

【A 组】

1. (1) yOz； (2) $\frac{19}{7}$； (3) $Ax+By+Cz=0$； (4) $Cz+D=0$； (5)垂直；

(6) $\frac{x}{3}+\frac{y}{-5}+\frac{z}{6}=1$； (7) $-(x-3)+2(y+4)+4(z-5)=0$；

(8) $\frac{x+2}{3}=\frac{y}{5}=\frac{z-3}{0}$； (9) $\begin{cases}x=-3-3t,\\y=1+4t,\\z=4+t\end{cases}$ $(-\infty<t<+\infty)$；

(10) $\begin{cases}2x-3y+9=0,\\x+3z-9=0.\end{cases}$

2. (1)A； (2)A； (3)B； (4)D； (5)C； (6)C； (7)D； (8)D.

3. (1) $2x-7y+5z=0$； (2) $2x+y-3z+2=0$； (3) $3x-7y+2z+1=0$；
(4) $4x+2y-16z-46=0$； (5) $2x-3y-5z=0$； (6) $9y-z-2=0$；
(7) $14x-10y-2z+38=0$； (8) $2x-3y-z+1=0$；
(9) $\frac{x-1}{2}=\frac{y-2}{-1}=\frac{z+5}{1}$； (10) $\frac{x+5}{3}=\frac{y+2}{2}=\frac{z-0}{1}$；
(11) $\frac{x+1}{3}=\frac{y-3}{-2}=\frac{z+2}{5}$； (12) $\frac{x-1}{-1}=\frac{y-1}{-2}=\frac{z-0}{6}$；
(13) $\begin{cases}x=-2+2t,\\y=-6+5t,\\z=0+t\end{cases}$ $(-\infty<t<+\infty)$； (14) $x-y-z+2=0$.

【B 组】

1. $x+y+z+4=0$.

2. $2x+z=0$.

3. $\frac{x-1}{7}=\frac{y+2}{8}=\frac{z-3}{-5}$(提示:所求直线的方向向量,同时垂直于已知直线的方向向量和已知平面的法向量).

4. $\begin{cases}x+y+z-6=0,\\3x+2y-5z+11=0\end{cases}$ (提示:利用平面束方程).

5. $\frac{3}{2}\sqrt{2}$(提示:过该点作与直线垂直的平面,得交点,点到直线的距离,就是点到该交点的距离).

第四节

【A 组】

1. (1) $(x-1)^2+(y+1)^2+z^2=4$； (2) $y^2+z^2=2x$； (3) $z^4=4(x^2+y^2)$；
(4) $x^2+z^2=y$； (5) $y^2+z^2=2x$.

2. (1)C； (2)A； (3)B.

3.(1)$y^2+z^2=5x$,图略；(2)$\frac{x^2+y^2}{4}+\frac{z^2}{9}=1$,图略.

【B组】

1.(1)椭球面；(2)圆柱面；(3)椭圆柱面；(4)抛物柱面；(5)双曲柱面；(6)单叶双曲面；(7)球面；(8)双叶双曲面；(9)双曲抛物面；(10)椭圆锥面.

2.(1)xOz 坐标面上的抛物线；(2)平行于 yOz 坐标面的椭圆；(3)xOy 坐标面上的椭圆；(4)平行于 xOy 坐标面的椭圆.

单元自测题

一、1. $\boldsymbol{b}=\lambda\boldsymbol{a}$. 2. $(-3,1,2)$. 3. 6. 4. 4. 5. y. 6. $\boldsymbol{a}\cdot\boldsymbol{b}=0$. 7. $\boldsymbol{a}\times\boldsymbol{b}=0$.

8. $\frac{5}{7}\sqrt{14}$. 9. $\left(\frac{1}{\sqrt{14}},\frac{-2}{\sqrt{14}},\frac{3}{\sqrt{14}}\right)$. 10. yOz.

二、1. C. 2. B. 3. D. 4. A. 5. C. 6. C. 7. B. 8. C.

三、1. $2x+3y-z-5=0$.

2. $9y-z-2=0$.

3. $\frac{x+1}{3}=\frac{y-3}{-2}=\frac{z+2}{5}$.

4. $7x+5y-z-9=0$.

5. $\begin{cases}x=2t,\\y=5t-1,\\z=t+1\end{cases}$ $(-\infty<t<+\infty)$.

6. $2x-2y-z+6=0$.

7. $\frac{x+1}{3}=\frac{y-2}{-1}=\frac{z-1}{1}$.

8.(1)$y^2+z^2=5x$,图略；(2)$\frac{x^2+y^2}{4}+\frac{z^2}{9}=1$.

9.(1)椭球面；(2)单叶双曲面.

第五章

第一节

【A组】

1.(1)一阶；(2)二阶；(3)三阶；(4)一阶.

2.(1)是；(2)是；(3)否；(4)是.

【B组】

(1)$y=\ln|x|+C$；(2)$y=-\cos x+C_1x+C_2$；(3)$y=\frac{3}{2}x^2+2$.

第二节

【A组】

1.(1)$y=Cx$； (2)$\frac{5}{2}y^2=x^3+\frac{5}{2}x^2+C$； (3)$\arcsin y=\arcsin x+C$；

(4)$e^y=\frac{1}{2}e^{2x}+\frac{1}{2}$； (5)$y=\frac{4}{x^2}$.

2.(1)$y=e^{-x}(x+C)$； (2)$y=\frac{x^2}{3}+\frac{3x}{2}+2+\frac{C}{x}$； (3)$y=e^{-\sin x}(x+C)$；

(4)$y=Ce^{-x^2}+1$； (5)$y=\frac{\pi-1-\cos x}{x}$； (6)$y=\frac{8}{3}-\frac{2}{3}e^{-3x}$.

【B组】

1.(1)$y=\frac{1}{2\ln(x+1)+C}$； (2)$\ln(1-e^y)=C-\ln(1+e^x)$；

(3)$\cos y=\frac{\sqrt{2}}{2}\cos x$； (4)$y=e^{2\sin x+1}$.

2.(1)$y=\cos x(C-2\cos x)$； (2)$y=\frac{1}{\sin x}(1-5e^{\cos x})$.

第三节

【A组】

(1)$y=C_1e^x+C_2e^{-2x}$； (2)$y=C_1+C_2e^{4x}$； (3)$y=C_1\cos 4x+C_2\sin 4x$；
(4)$y=C_1e^{5x}+C_2e^{-x}$； (5)$y=(C_1+C_2x)e^{-2x}$； (6)$y=(C_1+C_2x)e^{3x}$.

【B组】

(1)$y=4e^x+2e^{3x}$； (2)$y=(3-x)e^{2x}$； (3)$y=3e^{2x}\sin x$.

第四节

【A组】

(1)$y=C_1e^{-x}+C_2e^{2x}-1$； (2)$y=(C_1+C_2x)e^{2x}+1$；

(3)$y=C_1\cos 2x+C_2\sin 2x+\frac{1}{4}x$.

【B组】

(1)$y=C_1\cos\sqrt{2}x+C_2\sin\sqrt{2}x+\sin x$； (2)$y=(1-3x)e^{3x}+2$.

第五节

略.

单元自测题

一、1. 3. 2. $y=e^x+C_1x+C_2$. 3. 3. 4. 2. 5. $y=Cx^2$. 6. $x^2+y^2=C$.
7. $y=C(x+1)^2$. 8. $y=Cxe^{\frac{x^2}{2}}$.

二、1. D.　2. A.　3. B.　4. B.　5. A.　6. B.　7. A.　8. A.　9. C.　10. B.　11. C.
12. A.　13. B.　14. B.　15. C.

三、1. 验证略，$y=-e^{-3x}+e^{-2x}$.

2. $2x^2+y^2=1$.

3. $y=e^{-\sin x}(x+C)$.

4. $y=\frac{1}{x}(\sin x-x\cos x+C)$.

5. $y=\left[\frac{2}{3}(x+1)^{\frac{3}{2}}+\frac{1}{3}\right](x+1)^2$.

6. $y=\tan\left(x+\frac{\pi}{4}\right)$.

7. $(e^x+1)(e^y-1)=C$.

8. $y=\frac{x}{\cos x}$.

9. $y=Cx^2-x^2\ln x$.

10. $y=\frac{e^x}{x}-ex$.

11. $y=(x+1)^2\left[\frac{(x+1)^2}{2}+C\right]$.

12. $y=C_1e^x+C_2e^{-2x}$.

13. $y=e^{-x}(C_1\cos 2x+C_2\sin 2x)$.

14. $y=(C_1+C_2x)e^{-2x}$.

第六章

第一节

【A 组】

1. (1)1；　(2)0；　(3)$\frac{24}{57}$；　(4)$\frac{1}{(n+1)(n+2)^{n+1}}$；　(5)$|q|<1, |q|\geqslant 1$；

(6)1；　(7)$\frac{x}{1-x}$.

2. (1)收敛；　(2)发散；　(3)收敛；　(4)发散.

【B 组】

(1)发散；　(2)收敛；　(3)发散；　(4)收敛；　(5)发散；　(6)发散.

第二节

【A 组】

1. (1)$p>1, p\leqslant 1$；　(2)$\rho<1, \rho>1, \rho=1$.

2. (1)收敛；　(2)发散；　(3)收敛.

3. (1)发散；　(2)收敛.

【B组】

(1)发散； (2)收敛； (3)$a>1$ 收敛,$a\leqslant 1$ 发散； (4)收敛； (5)收敛.

第三节

【A组】

1.(1)B； (2)B； (3)A； (4)A.

2.(1)条件收敛； (2)绝对收敛； (3)绝对收敛； (4)条件收敛； (5)绝对收敛；(6)条件收敛.

【B组】

1.(1)收敛； (2)收敛； (3)收敛； (4)发散； (5)发散.

2.(1)发散； (2)条件收敛.

3.$x>1$ 时发散,$x=1$ 时条件收敛,$0<x<1$ 绝对收敛.

4.条件收敛.

第四节

【A组】

1.(1)收敛； (2)2； (3)$(-3,3)$.

2.(1)收敛半径为1,收敛区间为$(-1,1)$； (2)收敛半径为1,收敛区间为$[-1,1]$；(3)收敛半径为3,收敛区间为$[-3,3)$； (4)收敛半径为1,收敛区间为$[-1,1]$；(5)收敛半径为$\sqrt{2}$,收敛区间为$(-\sqrt{2},\sqrt{2})$.

3.$[-3,3]$.

【B组】

1.(1)收敛半径为0,在点 $x=0$ 处收敛；

(2)收敛半径为2,收敛区间为$[-1,3)$；

(3)收敛半径为2,收敛区间为$(-\sqrt{2},\sqrt{2})$；(4)收敛半径为3,收敛区间为$(-3,3)$.

2.(1)$\frac{1}{(1-x)^2}$； (2)$\frac{1}{2}\ln\frac{1+x}{1-x}$,$\frac{1}{2\sqrt{2}}\ln\frac{2+\sqrt{2}}{2-\sqrt{2}}$.

3.收敛域为$(-1,1)$,和函数为$\frac{3x-2x^2}{(1-x)^2}$.

第五节

【A组】

(1)$\sum_{n=1}^{\infty}\frac{(-1)^{n-1}}{n}x^n,(-1,1]$； (2)$\sum_{n=1}^{\infty}\frac{(\ln a)^n}{n!}x^n,(-\infty,+\infty)$；

(3)$\sum_{n=1}^{\infty}(-1)^n x^n,(-1,1)$； (4)$(1+x)\sum_{n=1}^{\infty}\frac{(-1)^{n-1}}{n}x^n,(-1,1]$.

【B组】

1.$\sum_{n=1}^{\infty}\frac{(-1)^n}{2^{n+1}}(x-1)^n$. 2.$\sum_{n=1}^{\infty}\frac{(-1)^n}{5^{n+1}}(x-2)^n$. 3.$\sum_{n=1}^{\infty}\frac{\cos\left(\frac{n\pi}{2}-\frac{\pi}{3}\right)}{n!}\left(x+\frac{\pi}{3}\right)^n$.

4. $\sum_{n=1}^{\infty}\left(\frac{1}{2^{n+1}}-\frac{1}{3^{n+1}}\right)(x+4)^n$.

单元自测题

一、1. 充分条件. 2. 收敛. 3. S. 4. 1. 5. 发散. 6. $\alpha>\frac{3}{2}$. 7. $\frac{x^2}{(1-x)^2}$.

二、1. B. 2. A. 3. C. 4. A.

三、1. (1)发散； (2)收敛； (3)发散； (4)收敛.

2. (1)绝对收敛； (2)条件收敛.

3. (1)收敛半径为$\frac{1}{3}$，收敛区间为$\left[-\frac{1}{3},\frac{1}{3}\right)$；

(2)收敛半径为∞，收敛区间为$(-\infty,+\infty)$.

4. (1)$\frac{1}{(1-x)^2}$； (2)$-x+\frac{1}{2}\ln\left|\frac{1+x}{1-x}\right|$.

5. $\frac{(-1)^n}{3^{n+1}}(x-3)^n$.